이 찬 석

shineston@hanmail.net / legend-drone@naver.com

약력
화신사이버대학교 드론학과 겸임교수 2023 ~
㈜레전드 드론 대표 2022 ~
Drone-Nom(드론놈)항공교육원장 2017 ~
고신대학교 일반대학원 박사과정 수료 2009.

경력
Drone & Robotics 선박검사 민간자격제도 개발 / (사)한국선급 2018
한국해양대학교/동서대학교/신라대학교   특강 / 캠프 2018 ~
부산직업능력교육원 드론학부 강사 2017 ~
김해현대직업전문학교 드론학부 강사 2017 ~
밀양직업전문학교 드론학부 강사 2017 ~

자격
초경량비행장치 무인멀티콥터 조종자 2017, 한국교통안전공단
초경량비행장치 무인멀티콥터 지도조종자(교관) 2017, 한국교통안전공단
초경량비행장치 무인멀티콥터 평가조종자(평가관) 2017, 한국교통안전공단
드론지도사 2017, 한국모형항공협회
국가직무능력표준(NCS) 드론항공운송분야 제1호 등록교관/강사 고용노동부
드론국가자격 실기시험위원 시험 최초/유일 만점자 한국교통안전공단

주요저서
2019 비법전수 레전드 드론 무인멀티콥터 필기시험문제, 2019.01, 크라운출판사
비법전수 레전드 드론 구술실기시험, 2019.05, 크라운출판사
레전드 드론 파이널, 2019.07, 크라운출판사
비법전수 레전드 드론 무인멀티콥터 필기시험문제, 2020. 2021. 2022, 크라운출판사

학과시험 세목

- 이 책을 펴내며
- 자격증 가이드
- 자격시험 안내

1. 항공 법규

순서	세목 번호	세목의 내용	페이지
1	1-000	목적 및 용어의 정의	026
2	2-002	공역 및 비행 제한	032
3	3-010	초경량 비행장치의 범위 및 종류	040
4	4-012	신고를 요하지 아니하는 초경량 비행장치	048
5	5-020	초경량 비행장치의 신고 및 안전성 인증	050
6	6-023	초경량 비행장치 변경/이전/말소	055
7	7-030	초경량 비행장치의 비행자격 등	059
8	8-031	비행계획 승인	065
9	9-032	초경량 비행장치 조종자 준수사항	070
10	10-040	초경량 비행장치 사고/조사 및 벌칙	075

2. 비행 이론 · 운용 이론

순서	세목 번호	세목의 내용	페이지
1	11-060	비행 준비 및 비행 전 점검	088
2	12-061	비행 절차	094
3	13-062	비행 후 점검	098
4	14-070	기체의 각 부분과 조종 면의 명칭 및 이해	101

순서	세목 번호	세목의 내용	페이지
5	15-071	추력 부분의 명칭 및 이해	113
6	16-072	기초 비행 이론 및 특성	122
7	17-073	측풍 이착륙	126
8	18-074	엔진 고장 등 비정상 상황 시 절차	134
9	19-075	비행장치의 안정과 조종	138
10	20-076	송수신 장비 관리 및 점검	147
11	21-077	배터리의 관리 및 점검	157
12	22-078	엔진의 종류 및 특성	164
13	23-079	조종자의 역할	172
14	24-080	비행장치에 미치는 힘	174
15	25-082	공기 흐름의 성질	181
16	26-084	날개의 특성 및 형태	187
17	27-085	지면 효과, 후류 등	194
18	28-086	무게 중심 및 Weight & Balance	200
19	29-087	사용 가능 기체(GAS)	205
20	30-092	비행 안전 관련	212
21	31-093	조종자 및 인적 요소	221
22	32-095	비행 관련 정보(AIP, NOTAM) 등	227

3. 항공 기상

순서	세목 번호	세목의 내용	페이지
1	33-100	대기의 구조 및 특성	236
2	34-110	착빙	243
3	35-120	기온과 기압	248
4	36-140	바람과 지형	260
5	37-150	구름	272
6	38-160	시정 및 시정 장애 현상	280
7	39-170	고기압과 저기압	288
8	40-180	기단과 전선	292
9	41-190	뇌우 및 난기류 등	299

4. 알짜배기 기출문제 · 모의고사

알짜배기 기출문제 200선	308
알짜배기 기출문제 200선 정답 및 해설	329
실전 모의고사 1회	347
실전 모의고사 2회	352
실전 모의고사 3회	357
실전모의고사 4회	362
실전모의고사 5회	368
실전 모의고사 1회 정답 및 해설	373
실전 모의고사 2회 정답 및 해설	376
실전 모의고사 3회 정답 및 해설	380
실전모의고사 4회 정답 및 해설	384
실전모의고사 5회 정답 및 해설	392

이 책을 펴내며

나의 기억 속에 있는 RC(Radio Control/무선 조종)는 부자들의 장난감, 어른들이나 가지고 놀 만한 비싼 장난감이었다. 20여 년 전 히로보(Hirobo)사의 헬리콥터를 구입하여 조립하던 시절, 가슴이 두근두근했던 추억을 잊을 수 없다. 세월은 흐르고 어느덧 중국이라는 나라가 이 분야에 진입하면서 세상이 변했다. 웬만한 월급쟁이의 수입으로는 살 수 없었던 헬리콥터를 단돈 몇만 원이면 내 손에 받아 볼 수 있는 세상이 된 것이다. 물론 연기를 내뿜는 거대한 엔진 헬기는 아니지만, 손바닥 위에 올려질 만큼 작고 기대 이상의 성능을 보여주는 제품들이 나왔다. 평생 유일한 취미로 RC만을 고집했던, 그리고 RC 때문에 많은 재산을 탕진했던 나에게는 무척이나 반가운 일이 되었다.

뉴스에서는 4차 산업혁명 시대라는 이야기가 늘 나온다. 그중에서도 드론이 4차 산업혁명을 이끌어 간다고 말한다. 누군가의 "드론 자격증으로 돈을 번단다."는 말에 솔깃하여 이 세계에 뛰어들게 되었고, 이제는 "직업이 무엇입니까?" 하고 물으면 "드론 놈(Drone-Nom/드론 하는 사람-필자가 만든 신조어)입니다."라고 답하는 상황이 되었다.

요즘 무척 행복하다. 평생 동안 단지 취미 생활이었던 드론이 이제는 취미이자 직업으로 바뀐 것이다. 살아오며 늘 부러워했던 사람들이 개그맨, 운동선수, 화가, 예술가, 가수, 성악가, 탤런트, 영화배우였다. 그들은 자신들이 가장 좋아하고 잘하는 일을 하면서 돈을 번다. 직업이 곧 취미이며 생활인 사람들이기에 항상 동경의 대상이었는데, 이제는 그들이 전혀 부럽지 않다. 왜냐하면 위에 나열한 직업들 뒤에 당당히 "Droneer(드로니어/드론 기술자-필자가 만든 신조어)"라고 적을 수 있게 되었으니.

전에는 헬기와 비행기를 챙기면 아내가 싫어했다. "쉬는 날 집에서 애나 볼 것이지, 공원에 가서 하루 종일 쓸데없는 짓을 한다."고 잔소리하기 일쑤였다. 하지만 근래에는 "여보, 나 공원에 드론 날리러 간다."고 하면, "당신 실력이 좋아야 더 잘 가르칠 수 있다."고 열심히 연습하라며 오히려 응원을 한다. 이럴 때 딱 어울리는 말이 '격세지감'일 것이다.

이 책은 초경량 비행장치 자격 제도가 도입된 이후 자격증에 도전하고자 하였던 수많은 선배들의 기억을 더듬어 복원한 기출 문제들을 다량 소개한다. 더불어 지금까지 국내에서 출간된 어떤 드론 관련 도서보다도 많은 양의 문제를 수록하고 있다. 사람의 기억으로 복원한 문제들은 각자 기억을 토해낸 자들의 수준에 맞게 오자로 범벅이었다. 필자 또한 자격시험을 치른 후 이 문제들을 다시금 공부하면서 수차례 수정을 거쳐 오늘의 문제를 완성하였다. 이미 여러 직업학교와 대학교에서 강의하며 자격 제도에 도전하는 응시생들에게 나누어 준 족집게 같은 문제들이다. 가르쳐 온 이들을 지금까지 단 한 명의 열외도 없이 100% 합격으로 이끈, 적중률 최고의 문제들이다. 이 알짜배기 문제들을 『비법전수 레전드 드론』과 함께 나눌 수 있게 되어 무척이나 기쁘다.

이 책으로 공부하는 모든 응시생에게 당부하고 싶은 말이 있다. 먼저 한 번에 합격하기를 소망한다. 필자가 자격시험에 도전했을 때 어떤 평가관이 해준 조언이 머릿속을 떠나지 않는다. "이론시험에 합격하였다고 공부에 손을 놓지 말고, 합격했으니 이제부터 처음으로 돌아가 다시 제대로 공부해서 드론 산업의 발전에 기여하면 좋겠다." 오늘 이 책을 통해 드론 산업의 발전과 관련하여 나에게 주어진 부분에 대해 조금이나마 기여를 하고자 한다.

응시생 여러분도 합격의 영광 후에 각자의 형편에 맞게 공부하거나 연구하여 드론 산업의 앞날에 기여하는 일에 동참해 주시기를 부탁한다. 그리하여 중국이 가져갔던 바통을 여러분과 함께 되찾아오기를 소원한다.

끝으로 동서대학교 윤창원 교수님과 신라대학교 김광일 교수님께 감사한다. 자료와 후원을 아끼지 않으신 석동곤 평가위원, 멋진 조언을 해 주신 박장환 평가위원께 감사의 말을 전한다. 이 책이 출간되기까지 편집으로 수고해 주신 크라운출판사 이윤희 팀장님께 감사하고, 출간을 허락하신 이상원 회장님께 감사드린다.

저자 Legend-drone 이 찬 석

자격증 가이드

1. 초경량 비행장치 조종자 자격시험 제도

초경량 비행장치 조종자 자격시험은 조종자의 전문성을 확보하여 안전한 비행, 항공 레저 스포츠 사업 및 초경량 비행장치 사용 사업의 건전한 육성을 도모하기 위해 국가에서 시행하는 자격시험으로 11가지 종목이 있다.

자격 분류	기준	종목		면제과목
초경량 비행장치 조종자	기체의 종류	유인	동력	동력 비행장치, 회전익 비행장치, 동력 패러글라이더
			무동력	패러글라이더, 행글라이더, 유인 자유 기구, 낙하산류
		무인		비행기, 비행선, 헬리콥터, **멀티콥터**

2. 초경량 비행장치 조종자 자격증
(국문과 영문 각 1장씩 발급)

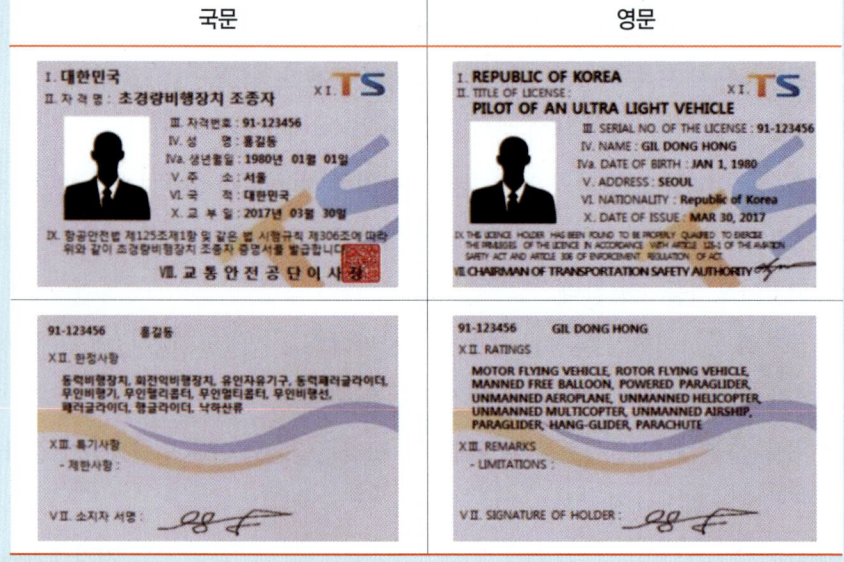

010

• 자격증에 포함되는 내용

번호	내용	번호	내용	번호	내용
I	발급 국가	V	주소	X	교부일
II	자격명	VI	국적	XI	발급 기관
III	자격 번호	VII	소지자 서명	XII	한정 사항
IV	성명	VIII	발급 기관장 직인	XIII	특기 사항
IVa	생년월일	IX	발급 증명 내용		

3. 초경량 비행장치 무인 멀터콥터 소개

무인 멀티콥터는 사람이 탑승하지 않고 무선 장비를 통해서 모든 비행을 제어하며 헬리콥터와 유사한 비행을 하지만, 동작하는 방식은 전혀 다르다. 현재까지는 항공 촬영과 농약 살포, 수색 등을 위주로 활용되고 있으나 탑재되는 임무 장비에 따라 발전 가능성은 무궁무진하다.

4. 멀티콥터의 발전 전망

항공 촬영	취미/레저
방제/방역/농약 살포	레이싱/배틀/축구
수색/구조/구급	태양광/플랜트
과학 연구/탐사 활동	낚시/양식장
군사 목적 정찰/폭격	측량/통신
물자 수송/택배	다양한 공연

Ⅰ. 초경량 비행장치 무인 멀티콥터 조종자 자격 취득 후 농업 방제단, 방송국, 공무원 등 초경량 비행장치 사용 사업체에 취업할 수 있으며, 지도조종자 과정을 통해 교관으로 활동할 수도 있다. 또한 평가조종자 과정을 통해 국가 지정 전문 교육기관의 장이 될 수도 있다. 과학기술정보통신부 발표 '무인 이동체 기술 혁신과 성장 10개년 로드맵'에서는 더욱 다양한 드론 활용 직업군을 제시하고 있다.

Ⅱ. 드론 산업은 다양한 첨단 기술들이 접목되어 새로운 가치를 창출하는 4차 산업혁명의 총아라고 할 수 있다. 이에 따라 신규 서비스 창출 플랫폼으로 활용되고 다양한 활용 서비스 시장에서 적용 가능하며 산업 전반에 큰 파급 효과를 가져오고 있다. 특히 드론 배송 시장은 DJI 등이 선점한 기존 드론 시장과 차별되어, 아직 태동기 단계에 있으며 절대 강자가 없는 미개척

분야이다. 따라서 우리나라도 시장 주도 기회를 가질 수 있는 잠재력이 아주 큰 시장이다.

- 4차산업혁명위원회 키워드 중

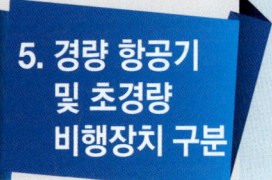

5. 경량 항공기 및 초경량 비행장치 구분

경량 항공기 조종사	초경량 비행장치 조종자
타면 조종형 비행기, 체중 이동형 비행기, 경량 헬리콥터, 자이로플레인, 동력 패러슈트	동력 비행장치, 회전익 비행장치, 유인 자유 기구, 낙하산류, 동력 패러글라이더, 인력 활공기 (패러글라이더, 행글라이더), 무인(비행기, 멀티콥터, 헬리콥터, 비행선)

자격시험 안내

1. 응시 자격

1) 자격 사항

   ① 만 14세 이상(단, 4종은 만 10세 이상)

   ②

등급 운용가능범위	온라인 교육	학과 시험	실기 시험	지원가능 비행경력
1종 150kg 이하	불가	기존 조종 자격학과 시험과 동일 1,2,3종 무인 헬리콥터 조종자격 취득자는 학과면제	기존 조종 자격 실기 시험과 동일	① 1종 무인멀티콥터 조종시간 20시간 이상 ② 2종 무인멀티콥터 취득 후 1종 조종시간 15시간 이상 ③ 3종 무인멀티콥터 취득 후 1종 조종시간 17시간 이상 ④ 1종 무인헬리콥터 취득 후 1종 무인멀티콥터 조종시간 10시간 이상
2종 25kg 이하			약식 실기시험	① 1종 또는 2종 무인멀티콥터 조종시간 10시간 이상 ② 3종 무인멀티콥터 취득 후 1, 2종 조종시간 7시간 이상 ③ 2종 이상 무인헬리콥터 취득 후 1, 2종 무인멀티콥터 조종시간 5시간 이상
3종 7kg 이하			×	① 3종 이상 무인멀티콥터 조종시간 6시간 이상 ② 3종 이상 무인헬리콥터 취득 후 3종 이상 무인멀티콥터 조종시간 3시간 이상
4종 2kg 이하	온라인 전용	온라인 시험	면제	한국교통안전공단배움터(https://edu.kotsa.or.kr) 온라인교육 및 온라인 학과시험 통과 후 교육수료증 발급

   ※ 4종 무인멀티콥터 교육수료증을 가진 자가 1, 2, 3종 조종자격시험에 지원하는 경우 학과시험은 면제되지 않음

   ③ 전문 교육기관 해당 과정 이수

   ※ 경량 및 초경량 전문 교육기관 현황 조회 : 항공 교육 훈련 포털(www.kaa.atims.kr)

2) 응시 자격 문의 : 031)645-2100

3) 응시 자격 제출서류

① (필수) 비행 경력 증명서 1부
② (필수) 유효한 보통 2종 이상 운전면허 사본 1부
　※ 유효한 보통 2종 이상 운전면허 신체검사 증명서 또는 항공 신체검사 증명서도 가능
③ (추가) 전문 교육기관 이수 증명서 1부(전문 교육기관 이수자에 한함)
　※ 과거 민간 협회 자격을 공단 국가 자격으로 전환하는 경우 별도 절차에 따르므로 공단에 확인

4) 응시 자격 신청 방법

- 정의 : 항공안전법 등 관련 규정에 의한 응시 자격 조건이 충족되었는지를 확인하는 절차
- 시기 : 학과시험 접수 전부터(학과시험 합격 무관)~실기시험 접수 전까지
- 기간 : 신청일 기준 3~4일 정도 소요(실기시험 접수 전까지 미리 신청)
- 장소 : [TS 한국교통안전공단(www.kotsa.or.kr) 로그인]-[사업 소개]-[항공/초경량 자격시험]-[시험 정보 안내]-[시험 정보 안내 - 경량/초경량]-[학과시험 안내]-[학과시험 접수 신청 바로 가기]
- 대상 : 자격 종류/항공기 종류가 다를 때마다 신청
　※ 대상이 같은 경우 한 번만 신청 가능하며, 한번 신청된 것은 취소 불가
- 효력 : 최종 합격 전까지 한 번만 신청하면 유효
　※ 학과시험 유효기간 2년이 지난 경우 제출서류가 미비하면 다시 제출
　※ 제출서류에 문제가 있는 경우 합격했더라도 취소 및 민형사상 처벌 가능
- 절차 : [응시자 : 제출서류 스캔 파일 등록]-[응시자 : 해당 자격 신청]-[공단 : 응시 조건/면제 조건 확인/검토]-[공단 : 응시 자격 처리(부여/기각)]-[공단 : 처리 결과 통보(SMS)]-[응시자 : 처리 결과 홈페이지 확인]

2. 1차 학과시험(필기)

1) 학과시험 면제 기준

구분	응시하고자 하는 자격	해당 사항	면제과목
다른 종류의 자격을 보유한 경우	초경량 비행장치 조종자(무인 헬리콥터, 무인 멀티콥터)	무인 헬리콥터 소지자	무인 멀티콥터 학과시험
		무인 멀티콥터 소지자	무인 헬리콥터 학과시험
전문 교육기관을 이수한 경우	초경량 비행장치 조종자	초경량 비행장치 조종자/종류 과정 이수	전 과목

2) 접수 기간

- 접수 담당 : 031)645-2100

- 접수 일자 : 시험 시행일 기준 2일 전, 접수 시작일 20:00~접수 마감일 23:59
- 접수 변경 : 시험 일자/장소를 변경하고자 하는 경우 환불 후 재접수
- 접수 제한 : 정원제 접수에 따른 접수 인원 제한(서울 50, 부산/광주/대전 각 10석)
- 응시 제한 : 이미 접수한 시험의 결과가 발표된 이후 다음 시험 접수 가능
  ※ 목적 : 응시자 누구에게나 공정한 응시 기회 제공

3) 접수 방법
- [TS 한국교통안전공단(www.kotsa.or.kr)]-[고객 참여]-[항공/초경량 자격시험]-[원서 접수]-[학과시험 접수]
- 자격 분류에는 [초경량 비행장치] 선택, 종류에는 [무인 멀티콥터] 선택
- 결제수단 : 인터넷(신용카드, 계좌이체)

4) 환불 방법 : 환불 마감일의 23:59까지 홈페이지 [시험 원서 접수]-[접수 취소/환불] 메뉴 이용, 환불담당 : 031) 645-2106

5) 응시료 : 48,400원

6) 시험 과목 및 범위 : 항공 법규, 항공 기상, 비행 이론과 운용(70점 이상 합격, 유효기간 2년)

	항공 법규	해당 업무에 필요한 항공 법규
초경량 비행장치 조종자(통합 1과목 40문제, 과목당 50분)	항공 기상	가. 항공 기상의 기초 지식 나. 항공 기상 통보와 일기도의 해독 등(무인 비행장치는 제외) 다. 항공에 활용되는 일반 기상의 이해 등(무인 비행장치에 한함)
	비행 이론 및 운용	가. 해당 비행장치의 비행 기초 원리 나. 해당 비행장치의 구조와 기능에 관한 지식 등 다. 해당 비행장치 지상 활주(지상 활동) 등 라. 해당 비행장치 이·착륙 마. 해당 비행장치 공중 조작 등 바. 해당 비행장치 비상 절차 등 사. 해당 비행장치 안전 관리에 관한 지식 등

7) 시험 장소

(1) 항공 학과시험장
- 서울시험장(50석)
  - 항공자격시험장(서울 마포구 구룡길15, 02-3151-1500)

- 부산시험장(10석)
  - 부산경남지역본부(부산 사상구 학장로256, 051-324-2464,2474)
  - 화물시험장(15석)
- 광주시험장(10석)
  - 호남지역본부(광주 남구 송암로96, 062-606-7634) 화물시험장(17석)
- 대전시험장(10석)
  - 중부지역본부(대전 대덕구 대덕대로1417번길31, 042-931-4324)
  - 화물시험장(20석)

(2) 지역 CBT 시험장

- 화성시험장(28석)
  - 화성드론자격센터(경기도 화성시 송산면 삼존로200, 031-645-2100)
- 김천시험장(10석)
  - 김천드론자격센터(경북 김천시 개령면 덕촌리 493-1)
- 춘천시험장(10석)
  - 춘천화물시험장(강원도 춘천시 동내로10, 033-240-0101)
- 대구시험장(19석)
  - 대구화물시험장(대구 수성구 노변로33, 053-794-3811)
- 전주시험장(6석)
  - 전주화물시험장(전북 전주시 덕진구 신행로44, 063-212-4743)
- 제주시험장(12석)
  - 제주운전정밀시험장(제주시 삼봉로79, 064-723-3111)

8) 시행 방법

- 시험 담당 : 031)645-2100
- 시행 방법 : 컴퓨터에 의한 시험 시행(CBT 시험)
- 시작 시각 : 평일(11:00, 13:30, 15:00, 16:30), 주말(09:30)
  ※ 시작 시각은 여러 종류의 시험 시행으로 인해 시험 일자에 따라 달라질 수 있음

- 응시 제한 및 부정행위 처리
  - 반드시 수험표와 신분증을 지참하여 시험장에 입장- 시험 시작 시각 이후에 시험장에 도착한 사람은 응시 불가
  - 시험 도중 무단으로 퇴장한 사람은 재입장할 수 없으며 해당 시험 종료 처리
  - 부정행위 또는 주의 사항이나 시험 감독의 지시에 따르지 아니하는 사람은 즉각 퇴장 조치 및 무효 처리하며, 향후 2년간 공단에서 시행하는 자격시험의 응시 자격 정지

9) **합격 발표**
- 발표 방법 : 시험 종료 즉시 시험 컴퓨터에서 확인
- 발표 시간 : 시험 종료 즉시 결과 확인(공식적인 결과 발표는 홈페이지에서 18:00 발표)
- 합격 기준 : 70% 이상 합격(과목당 합격 유효)
- 합격 취소 : 응시 자격 미달 또는 부정한 방법으로 시험에 합격한 경우 합격 취소
- 유효기간 : 해당 과목 합격일로부터 2년간 유효
  - 학과 합격 유효기간 : 최종 과목 합격일로부터 2년간 합격 유효
  - 실기 접수 유효기간 : 최종 과목 합격일로부터 2년간 접수 가능

10) **시행일** : 상시 시험으로 [TS 한국교통안전공단(www.kotsa.or.kr)]-[사업 소개]-[자격시험 정보]-[항공/초경량 자격시험]-[연간 시험 일정]에서 확인 가능

11) **준비물** : 수험표, 신분증(주민등록증 혹은 운전면허증)
(항공 학과시험장은 1~12월 매주 월요일+월 1회 토요일 / 지방 화물시험장은 1~12월 매주 수요일 / 공휴일 다음 날 오전은 시험 시행 불가)

3. 2차 실기시험

1) **실기시험 면제 기준** : 없음

2) **접수 기간**
- 접수담당 : 031-645-2103
- 접수 일자 : (실비행시험) 시험일 2주 전(前) 수요일~시험 시행일 전(前) 주 월요일, 접수 시작일 20:00~마감일 23:59
- 접수 변경 : 시험 일자·장소를 변경하고자 하는 경우 환불 후 재접수
- 접수 제한 : 정원제 접수에 따른 접수 인원 제한
- 응시 제한 : 이미 접수한 시험의 결과가 발표된 이후 다음 시험 접수 가능
  ※ 목적 : 응시자 누구에게나 공정한 응시 기회 제공

3) **접수 방법** : 공단 홈페이지 항공 종사자 자격시험 페이지
- [TS 한국교통안전공단(www.kotsa.or.kr) 로그인]-[사업 소개]-[항공/초경량 자격시험]-[시험 정보 안내]-[시험 정보 안내 - 경량/초경량]-[실기시험 안내]-[실기시험 접수 신청 바로 가기]

4) **환불 방법** : 환불 마감일의 23:59까지 홈페이지 [시험 원서 접수]-[접수 취소/환불] 메뉴 이용, 환불담당 : 031)645-2106

5) 응시료 : 72,600원(응시자가 비행장치 준비)

6) 시험 과목 및 범위

초경량 비행장치 조종자	가. 기체 및 조종자에 관한 사항
	나. 기상·공역 및 비행장에 관한 사항
	다. 일반 지식 및 비상 절차 등
	마. 비행 전 점검
	바. 지상 활주(또는 이륙과 상승 또는 이륙 동작)
	사. 공중 조작(또는 비행 동작)
	아. 착륙 조작(또는 착륙 동작)
	자. 비행 후 점검 등
	차. 비정상 절차 및 비상 절차 등

7) 채점 기준표

- 등급 표기 : S(만족, Satisfactory), U(불만족, Unsatisfactory)
- 모든 항목 S등급이어야 합격

초경량 비행장치 조종자(무인 멀티콥터)	초경량 비행장치 조종자(무인 헬리콥터)
구술시험	
1. 기체에 관련한 사항 2. 조종자에 관련한 사항 3. 공역 및 비행장에 관련한 사항 4. 일반 지식 및 비상 절차 5. 이륙 중 엔진 고장 및 이륙 포기	1. 기체에 관련한 사항 2. 조종자에 관련한 사항 3. 공역 및 비행장에 관련한 사항 4. 일반 지식 및 비상 절차 5. 이륙 중 엔진 고장 및 이륙 포기
실기시험(비행 전 절차)	
6. 비행 전 점검 7. 기체의 시동 8. 이륙 전 점검	6. 비행 전 점검 7. 기체의 시동 8. 이륙 전 점검
실기시험(이륙 및 공중 조작)	
9. 이륙 비행 10. 공중 정지 비행(호버링) 11. 직진 및 후진 수평 비행 12. 삼각 비행 13. 원주 비행(러더턴) 14. 비상 조작	9. 이륙 비행 10. 공중 정지 비행(호버링) 11. 상승 및 하강 비행 12. 직진 및 후진 수평 비행 13. 좌우 수평 비행 14. 원주 비행(러더턴) 15. 비상 조작

실기시험(착륙 조작)	
15. 정상 접근 및 착륙 16. 측풍 접근 및 착륙	16. 정상 접근 및 착륙 17. 측풍 접근 및 착륙

실기시험(비행 후 점검)	
17. 비행 후 점검 18. 비행 기록	18. 비행 후 점검 19. 비행 기록

실기시험(종합 능력)	
19. 안전거리 유지 20. 계획성 21. 판단력 22. 규칙의 준수 23. 조작의 원활성	20. 안전거리 유지 21. 계획성 22. 판단력 23. 규칙의 준수 24. 조작의 원활성

8) **시험 장소** : 응시자 요청에 따라 별도 협의 후 시행

구분	상시실기시험장(무인 멀티콥터 전용 시험장)				
지역	경기	강원	충청	전라	경상
시험장 소재지	화성, 고양	영월, 춘천	청양, 부여	전주, 광주, 진안	영천, 문경, 울진, 진주, 김해, 사천, 김천
1월~12월	매주 화, 수요일에 실시(오전 8시부터 시험 시작)				

구분	응시자가 교육받은 전문 교육기관 시험장에서 시험 실시							
구역	1구역		2구역		3구역		4구역	
지역(광역 단위)	경기 인천	충북	강원	전남 광주	충남 대전 세종	경남 부산 울산	전북 제주	경북 대구
1월~12월	월 1~2회 목, 금요일에 실시(구역별 일정 차이 있음/같은 구역은 같은 날 시험)							

* 시험 장소/일자 및 응시 가능 인원은 한국교통안전공단 홈페이지에서 확인
* 전문 교육기관의 구역 지정은 공단에 신청한 비행장의 주소 기준, 상설 시험장은 지역 무관 응시 가능
* 드론자격센터(화성)는 실기시험장 및 전문교육기관의 모든 시험일자 시행

9) **시행 방법**
- 시험 담당 : 031)645-2100
- 시행 방법 : 실비행형 시험(실비행 + 구술 면접)
- 시작 시각 : 공단에서 확정 통보된 시작 시각(시험 접수 후 별도 SMS 통보)

- 응시 제한 및 부정행위 처리
  - 사전 허락 없이 시험 시작 시각 이후에 시험장에 도착한 사람은 응시 불가
  - 시험위원 허락 없이 시험 도중 무단으로 퇴장한 사람은 해당 시험 종료 처리
  - 부정행위 또는 주의 사항이나 시험 감독의 지시에 따르지 아니하는 사람은 즉각 퇴장 조치 및 무효 처리하며, 향후 2년간 공단에서 시행하는 자격시험의 응시 자격 정지

10) 합격 발표

- 발표 방법 : 시험 종료 후 인터넷 홈페이지에서 확인
- 발표 시간 : 시험 당일 18:00
- 합격 기준 : 채점 항목의 모든 항목에서 "S"등급 이상 합격
- 합격 취소 : 응시 자격 미달 또는 부정한 방법으로 시험에 합격한 경우 합격 취소

4. 자격증 발급

1) 자격증 신청 제출서류

① (필수) 증명사진 1부
② (필수) 보통 2종 이상 운전면허 사본 1부
  ※ 보통 2종 이상 운전면허 신체검사 증명서 또는 항공 신체검사 증명서도 가능

2) 신청 방법

- 발급 담당 : 031)645-2100
- 수수료 : 11,000원
- 신청 기간 : 최종 합격 발표 이후(인터넷 : 24시간, 방문 : 근무시간)
- 신청 장소
  - 인터넷 : 공단 홈페이지 항공 종사자 자격시험 페이지
  - 방문 : 항공시험처 사무실(평일 09:00~18:00)
  ※ 주소 : 경기도 화성시 송산면 삼존로 200
- 결제수단 : 인터넷(신용카드, 계좌이체), 방문(신용카드, 현금)
- 처리 기간 : 인터넷(2~3일 소요), 방문(10~20분)
- 신청 취소 : 인터넷 취소 불가(전화 취소 031)645-2100 자격 발급 담당자)
  ※ 이밖에 자세한 사항은 TS 한국교통안전공단(www.kotsa.or.kr)-[사업 소개]-[자격시험 정보]-[항공/초경량 자격시험]-[시험 정보 안내]-[시험 정보 안내 - 경량/초경량]에서 확인하실 수 있습니다.

연간 초경량 비행장비 조종자 증명 시험 일정

정부시책에 따라 공휴일 등이 발생하는 경우 시험일정이 변경될 수 있음

1) 학과시험 일정(시험 일정은 교통안전공단의 사정에 따라 변경될 수 있음)

구분	항공 학과시험장 서울, 부산, 광주, 대전 (50석, 10석, 10석, 10석)		지방 CBT 시험장		제주(12석)
			화성(28석), 김천(10석)	부산, 광주, 대전, 춘천, 대구, 전주 (15석, 17석, 20석, 10석, 19석, 6석)	
일정	매주 화	월 1회 넷째 토	매주 월·수	격주 수요일	월 1회 첫째 수
차시	1차 11:00 2차 13:30 3차 15:00	1차 9:30	1차 11:00 2차 13:30 3차 15:00 4차 16:30	1차 13:30 2차 15:00 3차 16:30	1차 13:30 2차 15:00

* 정부 정책에 따라 공휴일 등이 발생하는 경우 시험 일정이 변경될 수 있음
* 시험 일정이 변경되는 경우 국가자격시험 홈페이지 공지사항에서 확인 가능
* 시험 취소(환불)는 시험일 3일전 23:59까지 가능, 학과시험 환불담당: 031)645-2102

2) 실기시험 일정(시험일정은 제반환경에 따라 변경될 수 있음)

• 초경량 비행장치 조종자 증명 시험 (실비행형 = 실비행 + 구술면접)

구분	상설실기시험장 (무인멀티콥터/무인헬리콥터 전용시험장)				
지역	경기	강원	충청	전라	경상
시험장 소재지	화성, 고양	영월, 춘천	청양, 부여	광주, 전주, 진안	김해, 사천, 영천, 문경, 울진, 진주, 김천
1월~12월	매주 화, 수요일에 실시 (오전8시부터 시험시작) ※ 진안, 부여, 진주, 울진의 경우 응시수요에 따라 주1회만 실시				

지역	시험장명	시험장명	주소
경기	고양	대덕드론비행장	경기도 고양시 덕양구 덕은동 520-68
	화성	한국교통안전공단 드론자격시험센터	경기도 화성시 송산면 삼존로 200
강원	영월	영월스포츠파크	강원도 영월군 영월읍 하송리 73 영월스포츠파크
	춘천	거두리 잔디구장	강원도 춘천시 동내면 거두리 1156 춘천 거두리 잔디구장
충청	청양	청양공설운동장	충남 청양군 청양읍 청산로 293 청양 공설운동장
	보은	구병산 천연잔디구장	충북 보은군 마로면 적암리 121번지 구병산 천연잔디구장

전라	광주	북구 드론비행연습장	광주광역시 북구 추암로 30
	전주	완산생활체육공원 인조잔디구장	전북 전주시 완산구 중인동 361-1
	진안	상전면 체련공원	전북 진안군 상전면 주평리 1013 진안 상전면 체련공원
경상	김해	김해시 드론연습장	경남 김해시 마사리 1365-1
	사천	곤양축구장	경남 사천시 곤양면 서정리 81번지
	영천	영천시민운동장	경북 영천시 운동장로 84
	울진	울진농업기술센터	경북 울진군 매화면 매화매실길 76 울진 농업기술센터
	김천	김천드론자격센터	경북 김천시 개령면 덕촌2길 110
	문경	영강체육공원 축구장	경북 문경시 흥덕동 47번지 문경 영강체육공원 축구장
	진주	진주스포츠파크	경남 진주시 문산읍 월아산로 973 진주스포츠파크 A축구장

* 시험 장소/일자별로 응시 가능 인원에 따라 응시인원 제한
* 실기시험 취소(환불) 또는 일자 변경은 시험일 전 주의 월요일 23:59까지 가능. 단, 월요일이 공휴일인 경우는 시험시행일 전주 화요일 23:59까지.
* 실기시험 환불담당: 031)645-2106

• 초경량 비행장치 전문교육기관 시험일정

구분	인가받은 전문교육기관 교육장 기준 시험 시행			
구역	1구역	2구역	3구역	4구역
해당지역	경기, 인천 충북	전남, 광주 강원	충남 대전, 세종 경남 울산, 부산	전북, 경북 대구, 제주
시험일정	매월 1회, 목 / 금요일 연속 2일 간 실기시험 실시			

* 구역의 지정은 공단에 신청한 비행장의 주소 기준 (시험장 변경 필요시 마감일 이전까지 동일 구역에 한하여 변경가능)
* 전문교육기관 시험일자는 전월 시험이 종료된 후 시험실적에 따라 단축될 수 있음

1 항공 법규

01 목적 및 용어의 정의
02 공역 및 비행 제한
03 초경량 비행장치의 범위 및 종류
04 신고를 요하지 아니하는 초경량 비행장치
05 초경량 비행장치의 신고 및 안전성 인증
06 초경량 비행장치 변경/이전/말소
07 초경량 비행장치의 비행자격 등
08 비행계획 승인
09 초경량 비행장치 조종자 준수사항
10 초경량 비행장치 사고/조사 및 벌칙

01

(1-000) 목적 및 용어의 정의

1 항공안전법의 목적

(01) 이 법은 「국제민간항공협약」 및 같은 협약의 부속서에 채택된 표준과 권고되는 방식에 따른다.

(02) 항공기, 경량 항공기 또는 초경량 비행장치가 안전하게 항행하기 위한 방법을 정함으로써 생명과 재산을 보호하고, 항공 기술 발전에 이바지함을 목적으로 한다.

2 항공안전법 용어의 정의

❶ 항공기 : 공기의 반작용(지표면 또는 수면에 대한 공기의 반작용은 제외한다. 이하 같다)으로 뜰 수 있는 기기로서 최대 이륙 중량, 좌석 수 등 국토교통부령으로 정하는 기준에 해당하는 다음 각 목의 기기와 그 밖에 대통령령으로 정하는 기기(비행기, 헬리콥터, 비행선, 활공기)

❷ 경량 항공기 : 항공기 외에 공기의 반작용으로 뜰 수 있는 기기로서 최대 이륙 중량, 좌석 수 등 국토교통부령으로 정하는 기준에 해당하는 비행기, 헬리콥터, 자이로플레인(Gyroplane) 및 동력 패러슈트(Powered Parachute) 등이 있다.

❸ **초경량 비행장치** : 항공기와 경량 항공기 외에 공기의 반작용으로 뜰 수 있는 장치로서 자체 중량, 좌석 수 등 국토교통부령으로 정하는 기준에 해당하는 동력 비행장치, 행글라이더, 패러글라이더, 기구류 및 무인 비행장치 등이 있다.

❹ **국가기관 등 항공기** : 「공공기관의 운영에 관한 법률」에 따른 공공기관으로서 대통령령으로 정하는 공공기관이 소유하거나 임차(賃借)한 항공기로서 다음의 임무를 수행하는 항공기를 말한다. (군용, 경찰용, 세관용 항공기는 제외)
- ㉮ 재난·재해 등으로 인한 수색·구조
- ㉯ 산불의 진화 및 예방
- ㉰ 응급환자의 후송 등 구조·구급 활동
- ㉱ 그 밖에 공공의 안녕과 질서 유지를 위하여 필요한 업무

❺ **초경량 비행장치 사고** : 초경량 비행장치를 사용하여 비행을 목적으로 이륙[이수(離水)를 포함한다. 이하 같다]하는 순간부터 착륙[착수(着水)를 포함한다. 이하 같다]하는 순간까지 발생한 다음 각 목의 어느 하나에 해당하는 것으로서 국토교통부령으로 정하는 것을 말한다.
- ㉮ 초경량 비행장치에 의한 사람의 사망, 중상 또는 행방불명
- ㉯ 초경량 비행장치의 추락, 충돌 또는 화재 발생
- ㉰ 초경량 비행장치의 위치를 확인할 수 없거나 초경량 비행장치에 접근이 불가능한 경우

❻ **비행 정보 구역** : 항공기, 경량 항공기 또는 초경량 비행장치의 안전하고 효율적인 비행과 수색 또는 구조에 필요한 정보를 제공하기 위한 공역(空域)으로서 「국제민간항공협약」 및 같은 협약 부속서에 따라 국토교통부 장관이 그 명칭, 수직 및 수평 범위를 지정·공고한 공역을 말한다.

❼ **영공** : 대한민국의 영토와 「영해 및 접속수역법」에 따른 내수 및 영해의 상공을 말한다.

❽ **항공로** : 국토교통부 장관이 항공기, 경량 항공기 또는 초경량 비행장치의 항행에 적합하다고 지정한 지구의 표면상에 표시한 공간의 길을 말한다.

❾ **항공 종사자** : 제34조 제1항에 따른 항공 종사자 자격증명을 받은 사람을 말한다.
- 항공 업무에 종사하려는 사람은 국토교통부령으로 정하는 바에 따라 국토교통부 장관으로부터 항공 종사자 자격증명을 받아야 한다. 다만, 항공 업무 중 무인 항공기의 운항 업무인 경우에는 그러하지 아니한다.

⑩ **비행장** : 「공항시설법」 제2조 제2호에 따른 비행장을 말한다.
  - 항공기·경량 항공기·초경량 비행장치의 이륙(이수), 착륙(착수)을 위하여 사용되는 육지 또는 수면의 일정한 구역으로 대통령령으로 정하는 것

⑪ **항행 안전시설** : 「공항시설법」 제2조 제15호에 따른 항행 안전시설을 말한다.
  - 유선 통신, 무선 통신, 인공위성, 불빛, 색채 또는 전파를 이용하여 항공기의 항행을 돕기 위한 시설로서 국토교통부령으로 정하는 시설

⑫ **관제권** : 비행장 또는 공항과 그 주변의 공역으로서 항공 교통의 안전을 위하여 국토교통부 장관이 지정·공고한 공역

⑬ **관제구** : 지표면 또는 수면으로부터 200m 이상 높이의 공역으로서 항공 교통의 안전을 위하여 국토교통부 장관이 지정·공고한 공역

⑭ **초경량 비행장치 사용 사업** : 「항공사업법」 제2조 제23호에 따른 초경량 비행장치 사용 사업
  - 타인의 수요에 맞추어 국토교통부령으로 정하는 초경량 비행장치를 사용하여 유상으로 농약 살포, 사진 촬영 등 국토교통부령으로 정하는 업무를 하는 사업

⑮ **초경량 비행장치 사용 사업자의 등록** : 「항공사업법」 제2조 제24호에 따른 초경량 비행장치 사용 사업자

  ㉮ 자본금 또는 자산 평가액이 3천만 원 이상으로서 대통령령으로 정하는 금액 이상일 것(다만, 이륙 중량이 25kg 이하인 무인 비행장치만을 사용하여 초경량 비행장치 사용 사업을 하려는 경우는 제외)
  ㉯ 초경량 비행장치 1대 이상 등 대통령령으로 정하는 기준에 적합할 것
  ㉰ 그 밖에 사업 수행에 필요한 요건으로서 국토교통부령으로 정하는 요건을 갖출 것

⑯ **이착륙장** : 「공항시설법」 제2조 제19호에 따른 이착륙장
  - 비행장 외에 경량 항공기 또는 초경량 비행장치의 이륙 또는 착륙을 위하여 사용되는 육지 또는 수면의 일정한 구역으로서 대통령령으로 정하는 것

확/인/문/제

01 다음 중 항공법의 목적과 관계없는 것은?
① 항공 운송 사업의 통제
② 항공기 항행의 안전 도모
③ 항공 시설 설치, 관리의 효율화
④ 항공의 발전과 복리 증진

> **해설**
> 항공법은 항공과 항공기 항행의 안전, 발전, 효율 증대, 질서 확립 등을 위해 만들어졌다.

02 항공법에 대한 내용 중 바르지 못한 것은?
① 국제민간항공조약의 규정과 동 조약의 부속서로서 채택된 표준과 방식에 따른다.
② 항공기 항행의 안전을 도모하는 방법을 정한 것이다.
③ 시행령과 시행규칙은 국토부령으로 제정되었다.
④ 항공 운송 사업의 질서 확립과 항공 시설의 설치, 관리의 효율화를 목적으로 한다.

> **해설**
> 항공법 시행령과 시행규칙은 대통령령으로 제정된다.

03 항공기의 정의를 옳게 설명한 것은?
① 민간 항공에 사용되는 대형 항공기를 말한다.
② 민간 항공에 사용할 수 있는 비행기, 비행선, 활공기, 회전익 항공기 등을 말한다.
③ 민간 항공에 사용하는 비행선과 활공기를 제외한 모든 것을 말한다.
④ 활공기, 회전익 항공기, 비행기, 비행선을 말한다.

> **해설**
> 항공기는 공기의 반작용(지표면 또는 수면에 대한 공기의 반작용은 제외한다. 이하 같다)으로 뜰 수 있는 기기로서 최대 이륙 중량, 좌석 수 등 국토교통부령으로 정하는 기준에 해당하는 다음 각 목의 기기와 그 밖에 대통령령으로 정하는 기기(비행기, 헬리콥터, 비행선, 활공기)이다.

04 항공법이 정하는 비행장이란?
① 항공기의 이착륙을 위하여 사용되는 육지 또는 수면
② 항공기를 계류시킬 수 있는 곳
③ 항공기의 이착륙을 위하여 사용되는 활주로
④ 항공기의 승객을 탑승시킬 수 있는 곳

> **해설**
> 항공기가 이착륙할 수 있는 육지와 수면은 비행장이 될 수 있다.

05 항공로 지정은 누가 하는가?
① 국토교통부 장관
② 대통령
③ 지방항공청장
④ 국제민간항공기구

> **해설**
> 우리나라 항공법의 주무부처는 국토교통부이다.

06 우리나라 항공법의 기본이 되는 국제법은?

① 일본 동경협약
② 국제민간항공조약 및 같은 조약의 부속서
③ 미국의 항공법
④ 중국의 항공법

> **해설**
> 우리나라는 ICAO(International Civil Aviation Organization/국제민간항공기구)의 조약 및 부속서를 항공법의 기본으로 하고 있다.

07 항공 교통관제 업무는 항공기 간의 충돌 방지, 항공기와 장애물 간의 충돌 방지 및 항공 교통의 촉진 및 질서 유지를 위한 일을 수행하는 업무이다. 다음 중 항공 교통관제 업무에 속하지 않는 것은? (시행규칙 205조)

① 비행장 관제 업무 ② 접근 관제 업무
③ 항로 관제 업무   ④ 조난 관제 업무

> **해설**
> 조난 관련 업무는 항공 교통과는 관계가 없다.

08 항공법에서 규정하는 "항공 업무"가 아닌 것은?

① 항공 교통관제
② 운항 관리 및 무선 설비의 조작
③ 정비, 수리, 개조된 항공기, 발동기, 프로펠러 등의 장비나 부품의 안전성 여부 확인
④ 항공기에 탑승하여 실시하는 조종 연습

09 우리나라 항공법의 목적은?

① 항공기의 안전한 항행과 항공 운송 사업 등의 질서 확립
② 항공기 등 안전 항행 기준을 법으로 정함
③ 국제 민간 항공의 안전 항행과 발전 도모
④ 국내 민간 항공의 안전 항행과 발전 도모

> **해설**
> 항공법은 항공과 항공기 항행의 안전, 발전, 효율 증대, 질서 확립 등을 위해 만들어졌다.

10 다음 중 초경량 비행장치 사용 사업의 범위가 아닌 경우는?

① 비료 또는 농약 살포, 씨앗 뿌리기 등 농업 지원
② 사진 촬영, 육상 및 해상 측량 또는 탐사
③ 산림 또는 공원 등의 관측 및 탐사
④ 지방 행사 시 시범 비행

> **해설**
> 사용 사업은 초경량 비행장치를 사용하여 유상으로 농약 살포, 사진 촬영 등 국토교통부령으로 정하는 업무를 하는 사업을 포함한다.

11 다음 중 전파에 의하여 항공기의 항행을 돕는 시설은?

① 항공 등화
② 항행 안전 무선 시설
③ 풍향등
④ 착륙 방향 지시등

> **해설**
> 전파는 무선 통신 기술의 대표적인 방법이다.

12 비행장에서 이동하는 사람, 차량 등을 통제하는 곳은?

① 공항시설공사　② 항공안전본부
③ 관제탑　　　　④ 청원경찰

> **해설**
> 관제탑은 비행장 및 주변 공역에서 항공기의 항행 안전을 위한 업무를 담당하는 곳이다.

13 항공기 소음 피해 방지 대책을 수립·시행하는 곳은?

① 국토교통부 장관　② 지방자치단체장
③ 공항공사　　　　④ 항공안전본부

14 항공법의 목적과 관계없는 것은?

① 항공기 항행의 안전을 도모한다.
② 항공 시설의 설치와 관리를 효율적으로 한다.
③ 항공의 발전과 공공복리 증진에 이바지한다.
④ ICAO에 대응한 국내 항공 산업을 보호하기 위한 것이다.

> **해설**
> 항공법은 항공과 항공기 항행의 안전, 발전, 효율 증대, 질서 확립 등을 위해 만들어졌다.

15 국제민간항공기구(ICAO)에서 공식 용어로 사용하는 무인 항공기 용어는?

① Drone　② UAV
③ RPV　　④ RPAS

> **해설**
> ICAO는 RPAS(Remote Piloted Aircraft System)를 무인 항공기의 공식 명칭으로 하고 있다.

16 항공기의 항행 안전을 저해할 우려가 있는 장애물 높이가 지표 또는 수면으로부터 몇 m 이상이면 항공장애 표시등 및 항공장애 주간 표지를 설치해야 하는가? (단, 장애물 제한 구역 외에 한한다)

① 50m　　② 100m
③ 150m　 ④ 200m

> **해설**
> 항공장애 표시와 주간 표지는 150m 이상의 고도에 설치한다.

정답

01	①	02	③	03	②	04	①	05	①
06	②	07	④	08	④	09	①	10	④
11	②	12	③	13	①	14	④	15	④
16	③								

02

(2-002) 공역 및 비행 제한

1 공역의 개념

항공기의 활동을 위해 설정한 공간으로 영공과는 다르며, 공역의 특성에 따라 항행 안전을 위한 항행 지원이 이루어지도록 설정한 항공 교통 업무를 지원하기 위한 책임 공역

2 공역의 설정 기준

① 국가 안전 보장과 항공 안전을 고려할 것
② 항공 교통에 관한 서비스의 제공 여부를 고려할 것
③ 공역의 구분이 이용자의 편의에 적합할 것
④ 공역의 활용에 효율성과 경제성이 있을 것

3 공역의 분류

① 주권공역 (Territory)
  - 영공, 영토와 영해의 상공으로서 완전하고 배타적인 주권을 행사할 수 있는 공간

- 영토(Territory): 헌법 제3조에 의한 한반도와 그 부속도서
- 영해(Territorial Sea): 영해법 제1조에 의한 기선으로부터 측정하여 그 외측 12해리 (22.224km) 선까지 이르는 수역
- 공해상(Over the high seas)에서의 체약국의 의무: 체약국은 공해상에서 운항하는 항공기에 적용할 자국의 규정을 시카고조약에 의거하여 수립하여야 하며, 수립된 규정을 위반하는 경우 처벌 가능(시카고 조약 12조)

❷ 비행정보구역(FIR, Flight Information Region)

항공기, 경량항공기 또는 초경량비행장치의 안전하고 효율적인 비행과 수색 또는 구조에 필요한 정보를 제공하기 위한 공역으로서「국제민간항공협약」및 같은 협약 부속서에 따라 국토교통부장관이 그 명칭, 수직 및 수평 범위를 지정·공고한 영역

- FIR은 ICAO 지역항행협정에서의 합의에 따라 이사회가 결정하며, 국제민간항공협약 부속서 2 및 11에서 정한 기준에 따라 당사국들은 관할 공역 내에서 등급별 공역을 지정하고 항공교통업무를 제공하도록 규정하고 있다.

4 공역의 종류

(01) 등급별 구분

구분		내 용
관제 공역	A등급 공역	모든 항공기가 계기 비행을 해야 하는 공역
	B등급 공역	계기 비행 및 시계 비행을 하는 항공기가 비행 가능하고, 모든 항공기에 분리를 포함한 항공 교통관제 업무가 제공되는 공역
	C등급 공역	모든 항공기에 항공 교통관제 업무가 제공되나, 시계 비행을 하는 항공 기간에는 교통 정보만 제공되는 공역
	D등급 공역	모든 항공기에 항공 교통관제 업무가 제공되나, 계기 비행을 하는 항공기와 시계 비행을 하는 항공기 및 시계 비행을 하는 항공 기간에는 교통 정보만 제공되는 공역
	E등급 공역	계기 비행을 하는 항공기에 항공 교통관제 업무가 제공되고, 시계 비행을 하는 항공기에 교통 정보가 제공되는 공역
비관제 공역	F등급 공역	계기 비행을 하는 항공기에 비행 정보 업무와 항공 교통 조언 업무가 제공되고, 시계 비행을 하는 항공기에 비행 정보 업무가 제공되는 공역
	G등급 공역	모든 항공기에 비행 정보 업무만 제공되는 공역

(02) 공역별 구분

구분		내 용
관제 공역	관제권	항공안전법 제2조 제25호에 따른 공역으로서 비행 정보 구역 내의 B, C 또는 D 등급 공역 중에서 시계 및 계기 비행을 하는 항공기에 대하여 항공 교통관제 업무를 제공하는 공역
	관제구	항공안전법 제2조 제26호에 따른 공역(항공로 및 접근 관제 구역을 포함)으로서 비행 정보 구역 내의 A, B, C, D, E등급 공역에서 시계 및 계기 비행을 하는 항공기에 대하여 항공 교통관제 업무를 제공하는 공역
	비행장 교통 구역	항공안전법 제2조 제25호에 따른 공역 외의 공역으로서 비행 정보 구역 내의 D 등급에서 시계 비행을 하는 항공기 간에 교통 정보를 제공하는 공역
비관제 공역	조언 구역	항공 교통 조언 업무가 제공되도록 지정된 비관제 공역
	정보 구역	비행 정보 업무가 제공되도록 지정된 비관제 공역
통제 공역	비행 금지 구역	안전, 국방상, 그 밖의 이유로 항공기의 비행을 금지하는 공역
	비행 제한 구역	항공 사격, 대공 사격 등으로 인한 위험으로부터 항공기의 안전을 보호하거나 그 밖의 이유로 비행 허가를 받지 아니한 항공기의 비행을 제한하는 공역
	초경량 비행장치 비행 제한 구역	초경량 비행장치의 비행 안전을 확보하기 위하여 초경량 비행장치의 비행 활동에 대한 제한이 필요한 구역
주의 공역	훈련 구역	민간 항공기의 훈련 공역으로서 계기 비행 항공기로부터 분리를 유지할 필요가 있는 공역
	군 작전 구역	군사 작전을 위하여 설정된 공역으로서 계기 비행 항공기로부터 분리를 유지할 필요가 있는 공역
	위험 구역	항공기의 비행 시 항공기 또는 지상 시설물에 대한 위험이 예상되는 공역
	경계 구역	대규모 조종사의 훈련이나 비정상 형태의 항공 활동이 수행되는 공역

(03) 비행금지구역별 구분

	구분	관할기관	연락처
1	P73 - 서울도심 (대통령실 인근)	수도방위사령부 (화력과)	전화: 02-524-3353,3419,3359 팩스: 02-524-2205
2	P518 – 휴전선 지역	합동참모본부 (항공작전과)	전화: 02-748-3294 팩스: 02-796-7985
3	P61A - 고리원전	합동참모본부 (공중종심작전과)	전화: 02-748-3435 팩스: 02-796-0369
4	P62A - 월성원전		
5	P63A - 한빛원전		
6	P64A - 한울원전		
7	P65A - 원자력연구소		

8	P61B - 고리원전	부산지방항공청 (항공운항과)	전화: 051-974-2154 팩스: 051-971-1219
9	P62B - 월성원전		
10	P63B - 한빛원전		
11	P64B - 한울원전		
12	P65B - 원자력연구소	서울지방항공청 (항공운항과)	전화: 032-740-2153 팩스: 032-740-2159

비행 금지 구역의 구분

◎ P : Prohibited, 비행금지구역, 미확인 시 경고사격 및 경고 없이 사격가능
◎ R : Restricted, 비행제한구역, 지대지, 지대공, 공대지 공격가능
◎ D : Danger, 비행위험구역, 실탄배치
◎ A : Alert, 비행정보구역

(04) 공항별 구분

구분		관할기관	연락처
1	인천	서울지방항공청(항공운항과)	전화 : 032-740-2153 팩스 : 032-740-2159
2	김포		
3	양양		
4	울진	부산지방항공청(항공운항과)	전화 : 051-974-2146 팩스 : 051-971-1219
5	울산		
6	여수		
7	정석		
8	무안		
9	제주	제주지방항공청(안전운항과)	전화 : 064-797-1745 팩스 : 064-797-1759
10	광주	광주기지(계획처)	전화 : 062-940-1110~1 팩스 : 062-941-8377
11	사천	사천기지(계획처)	전화 : 055-850-3111~4 팩스 : 055-850-3173
12	김해	김해기지(작전과)	전화 : 051-979-2300~1 팩스 : 051-979-3750
13	원주	원주기지(작전과)	전화 : 033-730-4221~2 팩스 : 033-747-7801
14	수원	수원기지(계획처)	전화 : 031-220-1014~5 팩스 : 031-220-1167

번호	지역	기지명	연락처
15	대구	대구기지(작전과)	전화 : 053-989-3210~4 팩스 : 054-984-4916
16	서울	서울기지(작전과)	전화 : 031-720-3230~3 팩스 : 031-720-4459
17	예천	예천기지(계획처)	전화 : 054-650-4517 팩스 : 054-650-5757
18	청주	청주기지(계획처)	전화 : 043-200-2112 팩스 : 043-210-3747
19	강릉	강릉기지(계획처)	전화 : 033-649-2021~2 팩스 : 033-649-3790
20	충주	중원기지(작전과)	전화 : 043-849-3033~4 , 3083 팩스 : 043-849-5599
21	해미	서산기지(작전과)	전화 : 041-689-2020~4 팩스 : 041-689-4155
22	성무	성무기지(작전과)	전화 : 043-290-5230 팩스 : 043-297-0479
23	포항	포항기지(작전과)	전화 : 054-290-6322~3 팩스 : 054-291-9281
24	목포	목포기지(작전과)	전화 : 061-263-4330~1 팩스 : 061-263-4754
25	진해	진해기지(군사시설보호과)	전화 : 055-549-4231~2 팩스 : 055-549-4785
26	이천	항공작전사령부(비행정보반)	전화 : 031-634-2202 (교환) → 3705~6 팩스 : 031-634-1433
27	논산		
28	속초		
29	오산	미공군 오산기지	전화 : 0505-784-4222 문의 후 신청
30	군산	군산기지	전화 : 063-470-4422 문의 후 신청
31	평택	미육군 평택기지	전화 : 0503-353-7555 팩스 : 0503-353-7655

확/인/문/제

01 비행장 및 그 주변의 공역으로서 항공 교통의 안전을 위하여 지정한 공역은?

① 관제구   ② 항공 공역
③ 관제권   ④ 항공로

> **해설**
> 관제권은 항공 교통의 안전을 위하여 관제탑으로부터 관제를 시행하는 구역으로 관제탑 중심으로부터 9.3km까지의 공역을 말한다.

02 완전히 비행이 금지된 곳은 아니지만 대공포 사격, 유도탄 사격 등으로 항공기에 보이지 않는 위험이 존재하므로 민간 비행기의 비행이 금지된 공역은?

① 금지 공역
② 제한 공역
③ 경고 공역
④ 군사 작전/훈련 공역

> **해설**
> 어떠한 위험으로부터 항공기의 안전을 보호하거나 그 밖의 이유로 비행 허가를 받지 아니한 항공기의 비행을 제한하는 공역을 비행 제한 공역이라 한다.

03 다음 중 국가 안전상 비행이 금지된 공역으로 항공 지도에 표시되어 있으며 특별한 인가 없이는 절대 비행이 금지되는 지역은?

① P-73   ② R-110
③ W-99   ④ MOA

> **해설**
> P73 구역은 서울 중심부로 비행 금지 구역, R75는 P73의 외곽 지역으로 비행 제한 공역, P518은 휴전선 인근 비행 금지 구역, P61-65는 원자력 발전소와 연구소 등으로 인한 비행 금지 구역이다.

04 초경량 비행장치 운용 제한에 관한 설명 중 틀린 것은?

① 인명 또는 재산에 위험을 초래할 우려가 있는 방법으로 비행하는 행위를 해서는 안 된다.
② 인명이나 재산에 위험을 초래할 우려가 있는 낙하물을 투여하는 행위를 해서는 안 된다.
③ 안개 등으로 지상 목표물을 육안으로 식별할 수 없는 상태에서 비행하는 행위를 해서는 안 된다.
④ 일몰 후에 비행을 한다.

> **해설**
> 초경량 비행장치 운용 시 조종자 안전수칙을 준수해야 한다.

05 비관제 공역 중 모든 항공기에 비행 정보 업무만 제공되는 공역은?

① A등급   ② C등급
③ E등급   ④ G등급

> **해설**
> 관제 및 비행 정보의 등급은 A〉B〉C〉D〉E〉F〉G 순이며 G등급은 비행 정보 업무만 제공된다.

06 비행 정보 구역(FIR)을 지정하는 목적과 거리가 먼 것은?

① 영공 통과료 징수를 위한 경계 설정
② 항공기 수색·구조에 필요한 정보 제공
③ 항공기 안전을 위한 정보 제공
④ 효율적인 항공기 운항을 위한 정보 제공

> **해설**
> 비행 정보 구역은 항공기의 운항과 안전에 필요한 정보를 제공하기 위한 구역이다.

07 지표면에서 고도 1,200피트 이하로 특별 관제 구역을 시계 비행할 때 주간 최저 비행 시정은?

① 800m   ② 1,000m
③ 1,200m   ④ 1,600m

08 초경량 비행장치 비행 공역이 포함된 "E등급" 공역 내에서 지표면 10,000피트 미만 고도 이하로 비행하고자 하는 경우에 적용하는 최저 비행 시정 기준은?

① 1,000m   ② 1,600m
③ 3,000m   ④ 5,000m

09 다음 공역의 정의 중 틀린 것은?

① 관제 공역 : 항공 교통의 안전을 위하여 항공기의 비행 순서·시기 및 방법 등에 관하여 국토교통부 장관의 지시를 받아야 할 필요가 있는 공역으로서 관제권 및 관제구를 포함하는 공역
② 비관제 공역 : 관제 공역 외의 공역으로서 항공기에 비행에 필요한 조언·비행 정보 등을 제공하는 공역
③ 통제 공역 : 항공 교통의 안전을 위하여 항공기의 비행을 금지 또는 제한할 필요가 있는 공역
④ 경계 공역 : 항공기 비행 시 조종사의 특별한 주의·경계·식별 등을 요구할 필요가 있는 공역

> **해설**
> 경계 공역은 대규모 조종사의 훈련이나 비정상 형태의 항공 활동이 수행되는 공역이다.

10 초경량 비행장치의 비행 안전을 확보하기 위하여 비행 활동에 대한 제한이 필요한 공역은?

① 관제 공역   ② 주의 공역
③ 훈련 공역   ④ 비행 제한 공역

> **해설**
> 허가를 받지 않은 자의 비행 활동에 제한을 두는 공역은 제한 공역이라 부른다.

11 항공 교통의 안전을 위하여 항공기의 비행 순서·시기 및 방법 등에 관하여 국토교통부 장관의 지시를 받아야 할 필요가 있는 공역은?

① 관제 공역 ② 비관제 공역
③ 통제 공역 ④ 주의 공역

> **해설**
> 비행 순서와 시기의 지시를 받는 구역은 관제권(관제 공역)이다.

12 다음 공역 중 통제 공역이 아닌 것은?

① 비행 금지 구역
② 비행 제한 구역
③ 초경량 비행장치 비행 제한 구역
④ 군 작전 구역

> **해설**
> 통제 공역은 비행 금지 구역, 비행 제한 구역, 초경량 비행장치 비행 제한 구역이 해당한다.

13 다음 공역 중 주의 공역이 아닌 것은?

① 훈련 구역 ② 비행 제한 구역
③ 위험 구역 ④ 경계 구역

> **해설**
> 훈련 구역, 위험 구역, 경계 구역은 주의 공역에 해당한다.

정답

01	③	02	②	03	①	04	④	05	④
06	①	07	④	08	④	09	④	10	④
11	①	12	④	13	②				

(3-010) 초경량 비행장치의 범위 및 종류

1 초경량 비행장치의 개념과 기준

(01) 개념(항공안전법 제2조 제3호)

　　항공기와 경량 항공기 외에 공기의 반작용으로 뜰 수 있는 장치로서 자체 중량, 좌석 수 등 국토교통부령으로 정하는 기준에 해당하는 동력 비행장치, 행글라이더, 패러글라이더, 기구류 및 무인 비행장치 등을 말한다.

(02) 초경량 비행장치의 기준

　　항공안전법 제2조 제3호에서 "자체 중량, 좌석 수 등 국토교통부령으로 정하는 기준에 해당하는 동력 비행장치, 행글라이더, 패러글라이더, 기구류 및 무인 비행장치 등"이란 다음 각호의 기준을 충족하는 동력 비행장치, 행글라이더, 패러글라이더, 기구류, 무인 비행장치, 회전익 비행장치, 동력 패러글라이더 및 낙하산류 등이다.

2 초경량 비행장치의 종류

(01) 동력 비행장치

동력, 즉 엔진을 이용하여 프로펠러를 회전시켜 추진력을 얻는 비행장치이자 착륙 장치가 장착된 고정익(날개가 움직이지 않는) 비행장치로서 다음의 각 요건에 적합해야 한다.

① 프로펠러를 회전함으로 추진력을 얻는 것
② 좌석이 1개인 비행장치로서 탑승자, 연료 및 비상용 장비의 중량을 제외한 장치의 자체 중량이 115Kg 이하
③ 착륙장치(차륜, skid, float 등)가 장착된 고정익 비행장치일 것
④ **타면 조종형** : 현재 국내에 가장 많이 있는 종류로 무게(115kg 이하) 및 좌석이 1개로 제한되어 있을 뿐 구조적으로 일반 비행기와 거의 같다고 할 수 있으며, 조종 면, 동체, 엔진, 착륙 장치의 4가지로 이루어져 있다. 타면 조종형이라고 하는 이유는 주 날개 및 꼬리 날개에 있는 조종 면(도움 날개, 방향타, 승강타)을 움직여, 양력의 불균형을 발생시킴으로써 조종할 수 있기 때문이다.

타면 조종형 비행장치

체중 이동형 비행장치

⑤ **체중 이동형** : 활공기의 일종인 행글라이더를 기본으로 발전해 왔으며, 높은 곳에서 낮은 곳으로 활공할 수밖에 없는 단점을 개선하여 평지에서도 이륙할 수 있도록 행글라이더에 엔진을 부착하여 개발하였다. 타면 조종형과 같이 무게(115kg 이하) 및 좌석이 1개로 제한을 받는다.

타면 조종형 비행장치의 고정된 날개와는 달리 조종 면 없이 체중을 이동하여 비행장

치의 방향을 조종한다. 또한 날개를 가벼운 천으로 만들어 분해와 조립이 용이하게 되어 있으며, 신소재의 개발로 점차 경량화되는 추세이다.

(02) 회전익 비행장치

고정익 비행장치와는 달리 1개 이상의 회전익을 이용하여 양력을 얻는 비행장치를 말한다. 즉 고정익의 경우는 날개가 고정되어 있고 비행장치가 전진하여 생기는 공기 속도로 양력을 발생시키는 반면, 회전익의 경우 비행장치가 정지되어 있더라도 날개를 회전시켜 발생하는 상대 속도를 이용하여 양력을 얻을 수 있다.

❶ **초경량 자이로플레인** : 고정익과 회전익의 조합형이라고 할 수 있으며 공기력 작용에 의하여 회전하는 1개 이상의 회전익에서 양력을 얻는 비행장치를 말한다.

무게(115kg 이하) 및 좌석(1개)이 제한을 받는다. 헬리콥터는 주 회전날개에 엔진 동력을 전달하여 추력과 양력을 얻는 데 반해, 자이로플레인은 동력을 프로펠러(주 회전날개가 아님)에 전달하여 추력을 얻게 되고 비행장치가 전진함에 따라 공기가 아래에서 위로 흐르면서 주 회전날개를 회전시켜 양력을 얻는다.

※ 자이로플레인은 고정익과 같이 꼬리 날개가 있어서 방향타, 승강타를 이용하여 방향 조종을 한다.

초경량 자이로플레인

초경량 헬리콥터

❷ **초경량 헬리콥터** : 일반 헬리콥터와 구조적으로 같지만, 무게(115kg 이하) 및 좌석(1개)이 제한을 받는다. 엔진을 이용하여 동체 위에 있는 주 회전날개를 회전시킴으로써 양력을 발생시키고, 주 회전날개의 회전면을 기울여 양력이 발생하는 방향을 변화시키면 앞으로 전진할 수 있는 추진력도 발생한다.

※ 꼬리 회전날개에서 발생하는 힘을 이용하여 비행장치의 방향 조종을 할 수 있다.

(03) 동력 패러글라이더

낙하산류에 추진력을 얻는 장치를 부착한 비행장치로 다음 각 항목의 하나에 해당해야 한다.

- ㉮ 착륙 장치가 없는 비행장치
- ㉯ 착륙 장치가 있는 것으로 좌석이 1개이고 탑승자, 연료 및 비상용 장비의 중량을 제외한 장치의 자체 중량이 115kg 이하인 비행장치다. 조종자의 등에 엔진을 메거나 패러글라이더에 동체를 연결하여 비행하는 두 가지 타입이 있으며, 조종 줄을 사용하여 비행장치의 방향과 속도를 조종한다.

※ 패러글라이더가 높은 산에서 평지로 뛰어내리는 것과 달리 낮은 평지에서 높은 곳으로 날아올라 비행을 즐길 수 있다는 장점이 있다.

동력 패러글라이더

행글라이더

패러글라이더

(04) 행글라이더 및 패러글라이더

체중 이동 등 인력에 의하여 조종하는 행글라이더와 패러글라이더로서 자체 중량 70kg 이하인 기체를 말한다.

① **행글라이더** : 가벼운 알루미늄합금 골조에 질긴 나일론 천을 씌운 활공기로서 쉽게 조립하고 분해할 수 있으며, 약 20~35kg의 경량이기 때문에 사람의 힘으로 운반할 수 있다.

※ 사람의 체중을 이동시켜 조종한다.

② **패러글라이더** : 낙하산과 행글라이더의 특성을 결합한 것으로 낙하산의 안정성, 분해, 조립, 운반의 용이성과 행글라이더의 활공성, 속도성을 장점으로 가지고 있다.

(05) 무인 비행장치

무인 비행장치(Unmanned Aerial Vehicles, UAV)란 사람이 타지 않고 원격 조종 또는 스스로 조종되는 비행체를 말한다. 무인 동력 비행장치로서 연료의 중량을 제외한 자체 중량이 150kg 이하인 무인 비행기, 무인 헬리콥터 및 무인 멀티콥터, 무인 비행선 등이 있다.

❶ **무인 비행기** : 사람이 타지 않고 무선 통신 장비를 이용하여 조종하거나 내장된 프로그램에 의해 자동으로 비행하는 비행체로서 구조적으로 일반 헬리콥터와 거의 같고, 레저용으로 쓰이거나 정찰, 항공 촬영, 해안 감시 등에 활용되고 있다.

❷ **무인 헬리콥터** : 사람이 타지 않고 무선 통신 장비를 이용하여 조종하거나 내장된 프로그램에 의해 자동으로 비행하는 비행체로서 구조적으로 일반 헬리콥터와 거의 같고, 항공 촬영, 농약 살포 등에 활용되고 있다.

❸ **무인 멀티콥터** : 사람이 타지 않고 무선 통신 장비를 이용하여 조종하거나 내장된 프로그램에 의해 자동으로 비행하는 비행체로서, 대부분 충전식 배터리를 동력원으로 4개 이상의 전동 모터로 구동되며 조종 면이 없이 모터의 속도로 기체를 제어하는 것이 특징이다. 항공 촬영, 농약 살포, 물품 배송 등에 활용되고 있다.

❹ **무인 비행선** : 가스 기구와 같은 기구 비행체에 스스로의 힘으로 움직일 수 있는 추진 장치를 부착하여 이동이 가능하도록 만든 비행체이다. 추진 장치는 전기식 모터, 가솔린 엔진 등이 사용되며 각종 행사 축하 비행, 시범 비행, 광고에 많이 쓰인다(무게 180kg 이하 및 길이 20m 이하로 제한됨).

무인 비행기

무인 헬리콥터

무인 멀티콥터

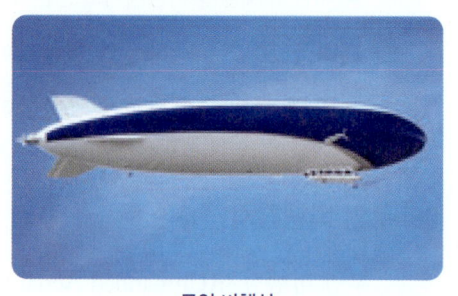
무인 비행선

(06) 기구류

기체의 성질이나 온도 차 등으로 발생하는 부력을 이용하여 하늘로 오르는 비행장치로 다음의 각 항목에 해당한다.

- ❶ **유인 자유 기구 또는 무인 자유 기구** : 기구는 비행기처럼 자기가 날아가고자 하는 쪽으로 방향을 전환하는 장치가 없다. 한번 뜨면 바람 부는 방향으로만 흘러 다니는, 그야말로 풍선이다. 운용 목적에 따라 고정을 위한 장치 없이 자유롭게 비행하는 것을 자유 기구라고 한다.
- ❷ **계류식 기구** : 비행 훈련 등을 위해 케이블이나 로프를 통해서 지상과 연결하여 일정 고도 이상 오르지 못하도록 하는 것을 계류식 기구라 한다.

자유 기구

계류식 기구

(07) 낙하산류

항력(抗力)을 발생시켜 대기(大氣) 중을 낙하하는 사람 또는 물체의 속도를 느리게 하는 비행장치를 말한다.

낙하산

(08) 기타 비행장치

그 외에 국토교통부 장관이 용도 등을 고려해 정하여 고시하는 비행장치를 뜻한다.

(09) 초경량 비행장치와 경량 항공기의 구별

구분	초경량 비행장치	경량 항공기
무게 기준	자체 중량 115kg 이하	최대 이륙 중량 600kg 이하
좌석 수	1인승	2인승 이하

(10) 무인 항공기와 무인 비행장치의 구별

❶ 우리나라의 경우 150kg을 기준으로 초과 시 무인 항공기라 하고, 이하인 경우 무인 비행장치로 구분한다.

❷ 미국의 경우 25kg 이하의 무인 비행장치를 소형 무인 항공기라 하고, 2kg 이하인 경우 초소형 무인 항공기로 규정한다.

(11) 초경량 비행장치의 유형별 기체 제한 범위

초경량 비행장치의 유형		사양(Specification)	조종자 증명	안전성 인증
동력 비행장치	타면 조종형 체중 이동형	1인승, 연료 제외 자체 중량 115kg 이하	○	○
회전익 비행장치	초경량 자이로플레인 초경량 헬리콥터	1인승, 연료 제외 자체 중량 115kg 이하	○	○
동력 패러글라이더	착륙 장치(×)	패러글라이더에 추진력을 얻는 장치를 부착한 비행장치	○	○
	착륙 장치(○)	1인승, 연료 제외 자체 중량 115kg 이하	○	○
무인 비행장치	무인 비행기 무인 헬리콥터 무인 멀티콥터	자체 중량 12kg 초과, 최대 이륙 중량 25kg 이하	○ *주 1)	×
		최대 이륙 중량 25kg 초과, 자체 중량 150kg 이하	○ *주 1)	○
	무인 비행선	자체 중량 12kg 초과 180kg 이하, 길이 7m 초과 20m 이하	○	○
기구류	열기구	공기 온도 차에 의한 부력에 의해 비행하는 장치	○ *주 2)	○ *주 2)
	가스 기구	헬륨 가스의 부력을 이용해 윈치 케이블을 이용하여 상승/하강하는 장치	○ *주 2)	○ *주 2)
행글라이더		비상용 장비를 제외하고 자체 중량 70kg 이하	×	○ *주 2)
패러글라이더		비상용 장비를 제외하고 자체 중량 70kg 이하	○ *주 3)	○ *주 3)

| 낙하산류 | 항력(抗力)을 발생시켜 대기(大氣) 중을 낙하하는 사람 또는 물체의 속도를 느리게 하는 비행장치 | ○ *주 3) | ○ *주 3) |

*주 1) 초경량 비행장치 사용 사업용에 한함
*주 2) 사람이 탑승하는 기구류에 한함
*주 3) 항공 레저 스포츠 사업용에 한함. 초경량 비행장치 기체 제한 범위의 유형, 사양, 자격증명 시험, 그리고 안전성 인증 검사 리스트 초경량 비행장치 기체 제한 범위의 유형, 사양, 자격증명 시험, 안전성 인증 검사 리스트

확/인/문/제

01 초경량 비행장치의 용어 설명으로 틀린 것은?

① 초경량 비행장치의 종류에는 동력 비행장치, 인력 활공기, 기구류, 무인 비행장치 등이 있다.
② 무인 동력 비행장치는 연료의 중량을 제외한 자체 중량이 120kg 이하인 무인 비행기 또는 무인 회전익 비행장치를 말한다.
③ 회전익 비행장치에는 초경량 자이로플레인, 초경량 헬리콥터, 무인 멀티콥터 등이 있다.
④ 무인 비행선은 연료의 중량을 제외한 자체 중량이 180kg 이하이고, 길이가 20m 이하인 무인 비행선을 말한다.

> **해설**
> 무인 비행장치는 연료를 제외한 자체 중량 150kg 이하의 무인 비행기 또는 회전익 비행장치를 말한다.

02 다음 초경량 비행장치 중 인력 활공기에 해당하는 것은?

① 비행선   ② 패러플레인
③ 행글라이더   ④ 자이로플레인

> **해설**
> 행글라이더와 패러글라이더는 대표적인 체중 이동형 비행장치이다.

03 다음 중 항공법상 초경량 비행장치라고 할 수 없는 것은?

① 낙하산류에 추진력을 얻는 장치를 부착한 동력 패러글라이더
② 하나 이상의 회전익에서 양력을 얻는 초경량 자이로플레인
③ 좌석이 2개인 비행장치로서 자체 중량 115kg을 초과하는 동력 비행장치
④ 기체의 성질과 온도 차를 이용한 유인 또는 계류식 기구류

> **해설**
> 초경량 비행장치는 좌석이 1개 이하이고, 자체 중량 115kg 이하여야 한다.

▶ 정답 ◀

| 01 | ② | 02 | ③ | 03 | ③ |

04

(4-012) 신고를 요하지 아니하는 초경량 비행장치
(항공안전법 시행령 제24조)

1 개요

제122조 제1항 단서에서 "대통령령으로 정하는 초경량 비행장치"란 다음 각호의 어느 하나에 해당하는 것으로서 「항공사업법」에 따른 항공기 대여업·항공 레저 스포츠 사업 또는 초경량 비행장치 사용 사업에 사용되지 아니하는 것을 말한다.

2 신고를 필요로 하지 아니하는 초경량 비행장치의 범위

① 행글라이더, 패러글라이더 등 동력을 이용하지 아니하는 비행장치
② 계류식(繫留式) 기구류(사람이 탑승하는 것은 제외한다)
③ 계류식 무인 비행장치
④ 낙하산류
⑤ 무인 동력 비행장치 중에서 최대이륙중량이 2kg 이하인 것
⑥ 무인 비행선 중에서 연료의 무게를 제외한 자체 무게가 12kg 이하이고, 길이가 7m 이하인 것
⑦ 연구기관 등이 시험·조사·연구 또는 개발을 위하여 제작한 초경량 비행장치

❽ 제작자 등이 판매를 목적으로 제작하였으나 판매되지 아니한 것으로서 비행에 사용되지 아니하는 초경량 비행장치

❾ 군사 목적으로 사용되는 초경량 비행장치

확/인/문/제

01 신고를 요하지 아니하는 초경량 비행장치의 범위에 들지 않는 것은?

① 계류식 기구류
② 낙하산류
③ 동력을 이용하지 아니하는 비행장치
④ 프로펠러로 추진력을 얻는 것

해설
신고를 요하지 않는 초경량 비행장치는 동력을 이용하지 않는 것이나 계류식 기구 또는 낙하산류가 해당한다.

02 신고하지 않아도 되는 초경량 비행장치는?

① 동력 비행장치
② 인력 활공기
③ 초경량 헬리콥터
④ 자이로플레인

해설
동력을 이용하지 않는 초경량 비행장치는 신고를 하지 않아도 된다.

03 신고를 해야 하는 초경량 비행장치는?

① 낙하산
② 계류식 기구
③ 군사 목적 동력 비행장치
④ 동력 비행장치

해설
동력을 이용하는 비행장치는 신고를 해야 한다.

04 신고를 요하지 않는 초경량 비행장치는?

① 무인 비행선
② 7미터를 초과하는 무인 비행선
③ 초경량 헬리콥터
④ 판매를 목적으로 만들었으나 사용하지 않고 보관해놓은 무인 비행기

해설
신고를 하지 않아도 되는 초경량 비행장치
① 행글라이더, 패러글라이더 등 동력을 이용하지 아니하는 비행장치 ② 계류식(繫留式) 기구류(사람이 탑승하는 것은 제외) ③ 계류식 무인 비행장치 ④ 낙하산류 ⑤ 무인 동력 비행장치 중에서 최대이륙중량이 2kg 이하인 것 ⑥ 무인 비행선 중에서 연료의 무게를 제외한 자체 무게가 12kg 이하이고, 길이가 7m 이하인 것 ⑦ 연구기관 등이 시험·조사·연구 또는 개발을 위하여 제작한 초경량 비행장치 ⑧ 제작자 등이 판매를 목적으로 제작하였으나 판매되지 아니한 것으로서 비행에 사용되지 아니하는 초경량 비행장치 ⑨ 군사 목적으로 사용되는 초경량 비행장치

05 신고해야 할 기체가 아닌 것은?

① 동력 비행장치
② 초소형 헬리콥터
③ 초소형 자이로플레인
④ 계류식 무인 기구

해설
계류식 무인 기구는 신고 대상이 아니다.

▶ 정답 ◀

01	02	03	04	05
④	②	④	④	④

05

(5-020) 초경량 비행장치의 신고 및 안전성 인증
(항공안전법 제301조, 제124조)

1 장치 신고 (항공안전법 제301조)

(01) 개요

초경량 비행장치 소유자 등은 법에 따른 안전성인증을 받기 전까지 초경량비행장치 신고서에 다음 각 호의 서류를 첨부하여 한국교통안전공단 이사장에게 제출해야 한다. 이 경우 신고서 및 첨부서류는 팩스 또는 정보통신을 이용하여 제출할 수 있다.
(안전성 인증 대상이 아닌 초경량 비행장치인 경우에는 초경량 비행장치를 소유하거나 사용할 수 있는 권리가 있는 날부터 30일 이내에 신고하여야한다)

2 안전성 인증 (항공안전법 제124조)

(01) 개요

국토교통부령으로 정하는 초경량비행장치를 사용하여 비행하려는 사람은 국토교통부장관이 정하여 고시하는 비행안전을 위한 기술상의 기준에 적합하다는 안전성인증을 받지 아니하고 비행하여서는 아니 된다. 이 경우, 안전성인증의 유효기간 및 절차·방법 등에 대해서는 국토교통부장관의 승인을 받아야하며, 변경할 때에도 또한 같다.

3 중량기준

최대이륙중량이 25kg을 초과하는 무인비행장치는 항공안전기술원으로부터 안전성 인증검사를 받고 비행하여야 한다.

4 안전 기준

초경량 비행장치를 사용하여 비행하려는 자는 비행 안전을 위한 기술상의 기준에 적합해야 한다.

5 안전성인증 검사 대상(항공안전법 시행규칙 제305조-초경량비행장치 안전성인증 대상 등)

(01) 검사의 대상 장치

동력비행장치(자체중량 115kg 이하)

(02) 행글라이더, 패러글라이더 및 낙하산류 (항공레저스포츠 사업에 사용되는 것)

(03) 기구류 (사람이 탑승하는 것만 해당)

(04) 다음 중 하나의 항목에 해당하는 경우

① 무인 비행기, 무인 헬리콥터, 무인 멀티콥터 중에서 최대 이륙 중량이 25kg을 초과하는 것
② 무인 비행선 중 연료의 중량을 제외한 자체 중량이 12kg을 초과하거나 길이가 7m를 초과하는 것
③ 회전익 비행장치(초경량 자이로플레인, 초경량 헬리콥터)
④ 동력패러글라이더

(05) 검사의 종류

① 초도 검사 : 비행장치의 설계 및 제작 후 최초로 안전성 인증을 받기 위해 실시하는 검사
② 정기 검사 : 초도 검사 이후 안전성 인증서의 유효기간이 도래하여 새로운 안전성 인

증서를 교부받기 위해 실시하는 검사

❸ **수시 검사** : 비행장치의 비행 안전에 영향을 미치는 엔진 및 부품의 교체나 수리, 개조 후 비행장치의 안전 기준에 적합한지를 확인하기 위해 실시하는 검사

❹ **재검사** : 정기 검사 또는 수시 검사에서 불합격 처분을 받은 항목에 대하여 보완, 수정 후 실시하는 검사

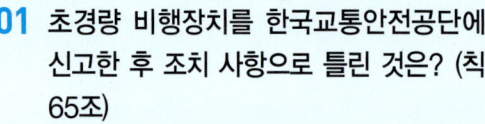

01 초경량 비행장치를 한국교통안전공단에 신고한 후 조치 사항으로 틀린 것은? (칙 65조)

① 신고한 초경량 비행장치의 측면 사진(가로 15cm×세로 10cm)을 조종석 내에 부착해야 한다.
② 초경량 비행장치 신고 증명서는 비행 시 휴대해야 한다.
③ 초경량 비행장치의 제원 및 성능이 변경된 경우 한국교통안전공단에 통보해야 한다.
④ 신고 증명서의 번호를 비행장치에 표시해야 한다.

> **해설**
> 초경량 비행장치의 신고 번호는 비행장치 외부에 표시한다.

02 다음 중 한국교통안전공단에 신고해야 하는 초경량 비행장치로 맞는 것은?

① 낙하산
② 계류식 기구
③ 군사 목적 동력 비행장치
④ 동력 비행장치

03 항공기 신고(등록) 기호표의 크기는?

① 가로 7cm, 세로 5cm
② 가로 5cm, 세로 7cm
③ 가로 7cm, 세로 4cm
④ 가로 4cm, 세로 7cm

> **해설**
> 초경량 비행장치의 등록 기호표는 가로 7cm, 세로 5cm의 크기로 제작해야 한다.

04 다음 등록 증명서 등의 비치가 면제되는 것 중 국토교통부령이 정하는 것은?

① 비행기
② 활공기
③ 회전익 항공기
④ 초경량 비행장치

> **해설**
> 등록을 하지 않는 활공기나 체중 이동형 비행장치는 등록증이 필요 없다.

05 초경량 비행장치를 소유한 자가 한국교통안전공단에 신고할 때 첨부해야 할 것이 아닌 것은?

① 초경량 동력 비행장치를 소유하고 있음을 증명하는 서류
② 비행 안전을 확보하기 위한 기술상의 기준에 적합함을 증명하는 서류
③ 초경량 동력 비행장치의 설계도, 설계 개요서, 부품 목록
④ 제원 및 성능표

> **해설**
> 초경량 비행장치를 신고할 때는 초경량 비행장치를 소유하고 있음을 증명하는 서류와 제원 및 성능표, 비행 안전을 확보하기 위한 기술상의 기준에 적합함을 증명하는 서류 등을 첨부해야 한다.

06 항공기 등록 기호표의 부착 시기는?

① 항공기 등록 시
② 안전성 인증 검사 신청 시
③ 항공기 등록 후
④ 안전성 인증 검사 시

> **해설**
> 항공기의 등록 기호는 항공기 등록 후 등록 번호를 발급받고 부착해야 한다.

07 초경량 동력 비행장치를 소유한 자는 다음 중 누구에게 신고해야 하는가?

① 지방항공청장
② 항공안전본부 자격관리과장
③ 항공안전본부 기술과장
④ 교통안전공단 이사장

> **해설**
> 초경량 비행장치 소유자는 한국교통안전공단 이사장에게 신고해야 한다.

08 신고 번호 표시 방법을 규정하는 곳으로 틀린 것은?

① 오른쪽 날개 윗면
② 왼쪽 날개 아랫면
③ 수직 꼬리 날개 양쪽
④ 조종 면 양쪽

> **해설**
> 신고 번호는 주익 또는 수직 안정판에 부착해야 한다.

09 초경량 비행장치 신고 번호표의 규격으로 맞는 것은?

① 3×5
② 7×5
③ 7×9
④ 9×11

> **해설**
> 초경량 비행장치의 등록 기호표는 가로 7cm, 세로 5cm의 크기로 제작해야 한다.

10 안전성 인증 검사를 받아야 하는 초경량 비행장치가 아닌 것은?

① 초경량 동력 비행장치
② 초경량 회전익 비행장치
③ 패러플레인
④ 유인 자유 기구

> **해설**
> 동력을 이용하지 않는 초경량 비행장치는 안전성 인증 검사를 받지 않아도 된다.

11 안전성 인증 검사를 받지 않은 비행장치를 비행에 사용하다 적발되었을 경우 부과되는 과태료는?

① 200만 원 이하
② 300만 원 이하
③ 400만 원 이하
④ 500만 원 이하

> **해설**
> 안전성 인증 검사를 받지 않고 비행을 한 경우 벌칙 500만 원 이하의 과태료에 해당한다.

12 초경량 비행장치의 인증 검사 종류가 아닌 것은?

① 정기 검사   ② 초도 검사
③ 수시 검사   ④ 중도 검사

> **해설**
> - 초도 검사 : 비행장치의 설계 및 제작 후 최초로 안전성 인증하는 검사
> - 정기 검사 : 초도 검사 후 인증서의 유효기간 도래로 인하여 실시하는 검사
> - 수시 검사 : 엔진 및 부품의 교체나 수리, 개조 후 실시하는 검사
> - 재검사 : 정기 검사, 수시 검사에서 불합격 처분받은 항목에 대한 보완, 수정 후 검사

13 초경량 비행장치의 인증 검사 종류 중 초도 검사 이후 안전성 인증서의 유효기간이 도래하여 새로운 안전성 인증서를 교부받기 위하여 실시하는 검사는?

① 정기 검사   ② 초도 검사
③ 수시 검사   ④ 재검사

14 국토교통부령으로 정하는 초경량 비행장치를 사용하여 비행하려는 사람은 비행 안전을 위한 기술상의 기준에 적합하다는 안전성 인증을 받아야 한다. 다음 중 안전성 인증 대상이 아닌 것은?

① 무인 기구류
② 무인 비행장치
③ 회전익 비행장치
④ 착륙 장치가 없는 동력 패러글라이더

> **해설**
> 동력을 이용하지 않는 초경량 비행장치는 안전성 인증을 받지 않아도 된다.

정답

01	①	02	④	03	①	04	②	05	③
06	③	07	④	08	④	09	②	10	④
11	④	12	④	13	①	14	①		

(6-023) 초경량 비행장치 변경/이전/말소
(항공안전법 제123조, 항공안전법 시행규칙 제302, 303조)

(01) 개요

❶ 초경량 비행장치 소유자등은 제122조제1항에 따라 신고한 초경량 비행장의 용도, 소유자의 성명 등 국토교통부령으로 정하는 사항을 변경하려는 경우에는 국토교통부령으로 정하는 바에 따라 국토교통부장관에게 변경신고를 하여야 한다.

❷ 국토교통부장관은 제1항에 따른 변경신고를 받은 날부터 7일 이내에 신고수리 여부를 신고인에게 통지하여야 한다.

❸ 국토교통부장관이 제2항에서 정한 기간 내에 신고수리 여부 또는 민원 처리 관련 법령에 따른 처리기간의 연장을 신고인에게 통지하지 아니하면 그 기간(민원 처리 관련 법령에 따라 처리기간이 연장 또는 재연장된 경우에는 해당 처리기간을 말한다)이 끝난 날의 다음 날에 신고를 수리한 것으로 본다.

1 변경/이전신고 (시행규칙 302조)

(01) 법 제123조제1항에서 "초경량비행장치의 용도, 소유자의 성명 등 국토교통부령으로 정하는 사항"이란 다음 각 호의 어느 하나를 말한다.

❶ 초경량 비행장치의 용도

❷ 초경량 비행장치 소유자등의 성명, 명칭 또는 주소
❸ 초경량 비행장치의 보관 장소

(02) 초경량 비행장치 소유자등은 제1항 각 호의 사항을 변경하려는 경우에는 그 사유가 있는 날부터 30일 이내에 별지 제116호서식의 초경량비행장치 변경·이전신고서를 한국교통안전공단 이사장에게 제출해야 한다.

2 말소신고 (시행규칙 303조)

(01) (항공안전법 제123조제4항)초경량비행장치소유자등은 제122조제1항에 따라 신고한 초경량 비행장치가 멸실되었거나 그 초경량 비행장치를 해체(정비 등, 수송 또는 보관하기 위한 해체는 제외한다)한 경우에는 그 사유가 발생한 날부터 15일 이내에 한국교통안전공단 이사장에게 말소신고를 해야 한다.

시행규칙 제303조(초경량비행장치 말소신고)
❶ 제123조제4항에 따른 말소신고를 하려는 초경량비행장치 소유자등은 그 사유가 발생한 날부터 15일 이내에 별지 제116호서식의 초경량 비행장치 말소신고서를 한국교통안전공단 이사장에게 제출해야 한다.
❷ 한국교통안전공단 이사장은 제1항에 따른 신고가 신고서 및 첨부서류에 흠이 없고 형식상 요건을 충족하는 경우 지체 없이 접수해야 한다.
❸ 한국교통안전공단 이사장은 법 제123조제6항에 따른 최고(催告)를 하는 경우 해당 초경량비행장치의 소유자등의 주소 또는 거소를 알 수 없는 경우에는 말소신고를 할 것을 관보에 고시하고, 한국교통안전공단 홈페이지에 공고해야 한다.

(02) 제123조제6항(직권말소)

❶ 초경량 비행장치 소유자 등이 제4항에 따른 말소신고를 하지 아니하면 국토교통부장관은 30일 이상의 기간을 정하여 말소신고를 할 것을 해당 초경량비행장치소유자등에게 최고해야 한다.

❷ 제6항에 따른 최고를 한 후에도 해당 초경량 비행장치 소유자 등이 말소신고를 하지 아니하면 국토교통부장관은 직권으로 그 신고번호를 말소할 수 있으며, 신고번호가 말소된 때에는 그 사실을 해당 초경량 비행장치 소유자 등 및 그 밖의 이해관계인에게 알려야 한다.

확/인/문/제

01 초경량 비행장치의 멸실 등의 사유로 신고를 말소할 경우에 그 사유가 발생한 날부터 며칠 이내에 한국교통안전공단 이사장에게 말소 신고서를 제출해야 하는가?

① 5일　　② 10일
③ 15일　　④ 30일

02 초경량 비행장치의 멸실, 말소 등록을 하지 않은 경우 1차 벌금은?

① 5만 원　　② 15만 원
③ 30만 원　　④ 100만 원

해설

위반 행위	근거 법조항 (항공안전법)	과태료 금액		
		1차 위반	2차 위반	3차 이상 위반
		50%	75%	100%
신고번호 미 표기, 허위표기	166조 5항4호	50	75	100
말소신고를 하지 않은 경우	166조 7항1호	15	22.5	30

단위 : 만 원

03 초경량 비행장치 소유자가 주소 이전을 했을 때 신고 기간은?

① 5일　　② 10일
③ 30일　　④ 60일

해설 초경량 비행장치의 소유자는 주소 이전, 변경 신고 사유 발생 시 30일 이내에 신고해야 한다.

04 다음 중 30일간의 신고 기간을 제공하는 변경 사유가 아닌 것은?

① 초경량 비행장치의 양도에 따른 소유자 변경 신고
② 초경량 비행장치의 용도 변경 신고
③ 초경량 비행장치 소유자의 주소 변경 신고
④ 초경량 비행장치의 분실 신고

해설 초경량 비행장치를 분실, 멸실, 해제한 경우는 15일 이내에 말소 신고를 해야 한다.

05 초경량 비행장치의 멸실 등의 사유로 신고를 말소할 경우, 그 사유가 발생한 날부터 며칠 이내에 한국교통안전공단 이사장에게 말소 신고서를 제출해야 하는가?

① 5일　　② 10일
③ 15일　　④ 30일

해설 초경량 비행장치의 말소 신고는 15일 이내에 해야 한다.

정답

01	02	03	04	05
③	②	③	④	③

(7-030) 초경량 비행장치의 비행자격 등
(항공안전법 제125조, 항공안전법 시행규칙 제306조)

1 조종자 증명

(01) 개요

동력 비행장치 등 국토교통부령으로 정하는 초경량 비행장치를 사용하여 비행하려는 사람은 국토교통부령으로 정하는 기관 또는 단체의 장으로부터 그가 정한 해당 초경량 비행장치별 자격 기준 및 시험의 절차·방법에 따라 해당 초경량 비행장치의 조종을 위하여 발급하는 증명을 받아야 한다.

(02) 조종자 증명 장비의 기준

사업용으로 이용되는 초경량 비행장치로서 최대이륙중량이 아래의 기준에 적합한 비행장치

용도	등급	무게(최대이륙중량)	실기시험 준비사항
교육 및 시험용	1종	25kg 초과 150kg(연료제외 자체중량) 이하	안전성인증서, 해당시험장 비행승인서, 기체보험가입증명서
	2종	7kg 초과 25kg 이하	기체보험가입증명서
교육용	3종	2kg 초과 7kg 이하	교육기간 동안 보험가입
면제	4종	250g 초과 2kg 이하	-
	완구류	250g 이하	-

(03) 응시 자격

만 14세 이상, 2종 보통 이상의 운전면허 또는 이를 갈음할 수 있는 신체검사 증명 소지자로서 (2)항의 해당 비행장치의 1종 20시간, 2종 10시간, 3종 6시간 이상인 자

※ 대다수 취미나 오락, 항공 촬영용으로 이용되는 드론은 자체 중량 2kg 이하의 경우로 조종자 증명(자격증 취득) 대상이 아니므로 비행을 위하여 별도의 자격 취득이 필요치 않다(자격증을 취득할 필요는 없지만 조종자 준수사항과 위반 시의 벌칙은 동일하게 적용되므로 취미용 또는 완구 드론을 비행하더라도 비행 공역 및 조종자 준수사항 등은 반드시 지켜야 한다). 2kg 이하의 기체를 운용하기 위해서는 한국교통안전공단배움터(https://edu.kotsa.or.kr)에서 온라인교육 및 온라인 학과시험 통과 후 교육수료증을 발급 받으면 되며, 250g 이하의 기체를 운용하기 위해서는 어떠한 자격도 필요치 않다.

(04) 자격의 취득 절차

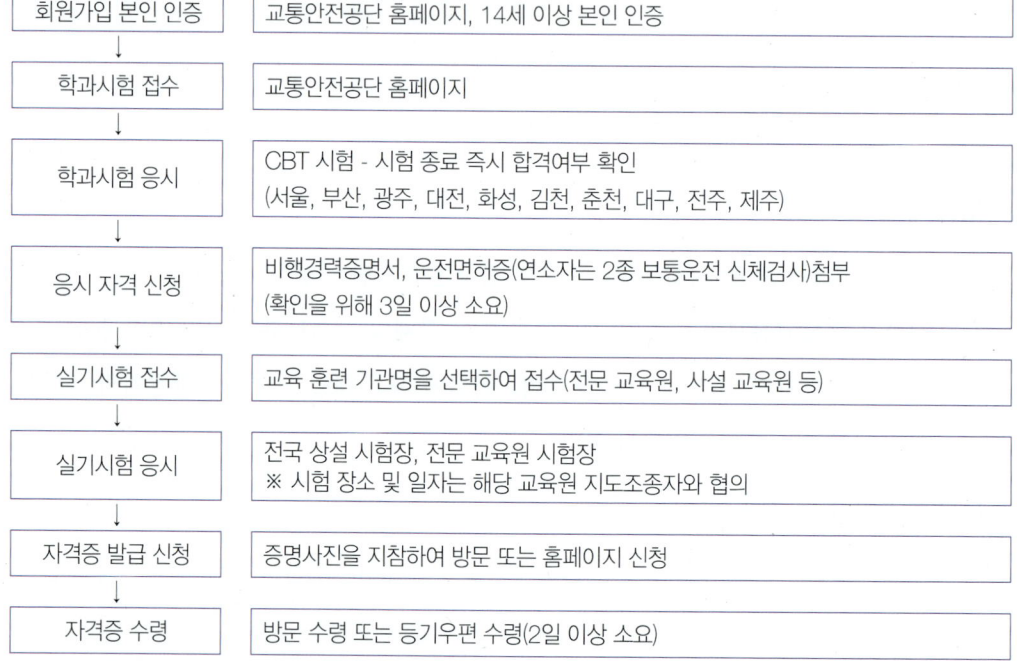

※ 실기시험을 위한 응시 자격 신청은 학과시험 합격 후에 가능하며 비행 실습 훈련(20시간 이상 비행)은 먼저 실시할 수 있다.

(05) 시험 방법

구분	학과시험		실기시험	
시험 과목	항공 법규 비행 이론, 운용 이론 항공 기상	10개 세목 22개 세목 9개 세목	구술시험 비행 전 절차 이륙 및 공중 조작 착륙 조작 비행 후 점검 종합 능력	5개 항목 3개 항목 6개 항목 2개 항목 2개 항목 5개 항목
	총 40문항으로 구성		총 23개 항목으로 구성	
평가 시간	50분		비행 실기 약 15분, 구술시험 약 10분	
시험 장소	서울, 대전, 광주, 부산		전국 상설 시험장 및 전문 교육기관 시험장	
합격 기준	70%(점) 이상 합격		비행 실기 및 구술 전 항목 만족(S, Satisfy)	
접수 방법	한국교통안전공단 홈페이지(www.ts2020.kr) 접수(시험 일정은 공단 홈페이지 공고를 참조)			
문의처	한국교통안전공단 항공시험처 031)645-2100			
전문 교육기관을 통하여 자격을 취득하려는 경우는 학과시험을 전문 교육기관에 위임하여 시행				

2 조종자격별 응시 기준

(01) 무인 멀티콥터 조종자 증명 자격 기준

❶ **학과시험** : 만 14세 이상

❷ **실기시험** : 다음 각호의 1에 해당하는 사람

등급별 응시자격

등급	비행 경력	비행경력 면제기준(자격취득자)	응시가능 연령	신체검사
1종	20시간	2종 - 15시간, 3종 - 17시간 무인헬리콥터 1종 - 10시간	만 14세 이상	항공신체검사증명 또는 2종 보통 이상 운전면허 또는 이를 갈음할 수 있는 신체검사증명
2종	10시간	3종 - 7시간 2종 이상 무인헬리콥터 - 5시간	만 14세 이상	
3종	6시간	3종 이상 무인헬리콥터 - 3시간	만 14세 이상	
4종		한국교통안전공단배움터(https://edu.kotsa.or.kr) 온라인교육 및 온라인 학과시험 통과 후 교육수료증 발급	만 10세 이상	면제

※ 비행경력증명에 사용되는 기체는 반드시 동종등급의 기체 또는 상위등급의 기체여야 한다.
※ 응시하고자 하는 등급보다 하급의 기체로 비행경력증명을 발급받은 경우는 응시자격이 부여되지 않는다.

(02) 무인 멀티콥터 지도조종자 자격기준 (만 18세 이상)

무인 멀티콥터 조종자 1종 자격 취득 및 무인멀티콥터를 조종한 시간이 총 100시간 이상인 사람

(03) 무인 멀티콥터 실기 평가 지도조종자 자격기준 (만 18세 이상)

무인 멀티콥터 조종자 1종 자격 및 지도조종자 자격 취득

무인 멀티콥터를 조종한 시간이 총 150시간 이상인 사람

3. 학과 및 실기 훈련 기준

(01) 학과 교육(전문 교육기관의 경우만 해당)

다음 표의 각 과목은 제시된 시간보다 같거나 그 이상의 시간을 반드시 교육받아야 한다.

과목	항공 법규	항공 기상	항공 역학	운용 이론	합계
시간	2	2	5	11	20

(02) 실기교육(전문교육기관, 사설교육기관, 기타교육기관 모두해당 – 1종 자격 기준)

과목	교관 동반 비행	단독 비행	합계
이착륙	2	3	5
공중 조작	2	3	5
지표 부근에서의 조작	3	6	9
비상 및 비상 절차	1	–	1
계	8	12	20

초경량비행장치 무인멀티콥터 조종자 실기시험 세부항목

구분		1종	2종	3종
01	구술 관련 사항	기체에 관련한 사항	기체에 관련한 사항	실기시험 면제
02		조종자에 관련한 사항	조종자에 관련한 사항	
03		공역 및 비행장에 관련한 사항	공역 및 비행장에 관련한 사항	
04		일반지식 및 비행절차	일반지식 및 비행절차	
05		이륙 중 엔진고장 및 이륙포기	이륙 중 엔진고장 및 이륙포기	
06	실기 관련 사항	비행 전 점검	비행 전 점검	
07		기체의 시동	기체의 시동	
08		이륙 전 점검 (LED, 프롭확인)	이륙 전 점검 (LED, 프롭확인)	

09	실기 관련 사항	이륙비행(이륙 후 기체점검)	이륙비행(이륙 후 기체점검)	실기 시험 면제
10		공중 정지비행(호버링)	직진 및 후진 수평비행	
11		직진 및 후진 수평비행	삼각비행	
12		삼각비행	마름모비행(대각비행)	
13		원주비행(러더턴)	측풍접근 및 착륙	
14		비상조작	비행 후 점검	
15		정상접근 및 착륙	비행기록	
16		측풍접근 및 착륙		
17		비행 후 점검		
18		비행기록		
19	종합 능력 관련 사항	계획성	계획성	
20		판단력	판단력	
21		규칙의 준수	규칙의 준수	
22		조작의 원활성	조작의 원활성	
23		안전거리 유지	안전거리 유지	

교육 및 시험용 기체: 1종(25kg 초과), 2종(7kg 초과~25kg 이하), 3종(2kg 초과~7kg 이하)

확/인/문/제

01 국토교통부 장관이 정하는 초경량 동력 비행장치를 사용하여 비행하고자 하는 자는 자격증명이 있어야 한다. 다음 중 초경량 동력 비행장치의 조종자격 증명을 발행하는 기관으로 맞는 것은?

① 항공안전본부
② 지방항공청
③ 한국교통안전공단
④ 국토교통부

해설
초경량 비행장치의 자격증명은 국토교통부 산하 한국교통안전공단에서 시행하는 조종자격 시험을 통해 교부받을 수 있다.

02 초경량 동력 비행장치의 자격증명 응시 자격 연령은?

① 만 14세   ② 만 16세
③ 만 18세   ④ 만 20세

해설
초경량 비행장치의 자격증명 응시 자격은 만 14세, 지도조종자는 만 19세에 부여된다.

03 자격증명 취소 처분이 있고 몇 년 후에 재응시할 수 있는가?

① 2년　　② 3년
③ 4년　　④ 5년

> **해설**
> 자격증명이 취소된 자는 2년이 경과하면 다시 응시할 수 있다.

04 초경량 비행장치 조종자 전문 교육기관 지정 기준으로 맞는 것은?

① 비행시간이 100시간 이상인 지도조종자 1명 이상 보유
② 비행시간이 300시간 이상인 지도조종자 2명 보유
③ 비행시간이 200시간 이상인 실기 평가조종자 1명 보유
④ 비행시간이 300시간 이상인 실기 평가조종자 2명 보유

> **해설**
> 전문 교육기관은 비행시간 150시간 이상인 실기 평가조종자 1명과 비행시간 100시간 이상인 지도조종자 1명 이상을 보유해야 한다.

05 초경량 비행장치 조종자 전문 교육기관 지정을 위해 한국교통안전공단 이사장에게 제출할 서류가 아닌 것은?

① 전문 교관의 현황
② 교육 시설 및 장비의 현황
③ 교육 훈련 계획 및 교육 훈련 규정
④ 보유한 비행장치의 제원

> **해설**
> 전문 교육기관이 한국교통안전공단에 제출해야 할 서류는 교육 시설 및 장비의 현황, 지도조종자 등 교육 인력의 현황, 교육 훈련 계획 및 규정, 보유한 장치의 증명 등이다.

06 전문 교육기관의 실기 평가조종자가 되기 위한 최소 비행시간은?

① 100시간　　② 150시간
③ 200시간　　④ 300시간

> **해설**
> • 지도조종자 : 100시간
> • 실기 평가조종자 : 150시간

정답

01	③	02	①	03	①	04	①	05	④
06	②								

(8-031) 비행계획 승인
(항공안전법 제127조, 항공안전법 시행규칙 제308조)

1 비행 승인

(01) 초경량 비행장치를 사용하여 비행 제한 공역(관제권, 비행 금지 구역)에서 비행하려는 사람은 미리 국토교통부 장관으로부터 비행 승인을 받아야 한다.

(02) 최대 이륙 중량 25kg 이하의 기체는 비행 제한 공역(관제권, 비행 금지 구역)을 제외한 공역의 고도 150m 이하에서는 비행 승인 없이 비행이 가능하다.

(03) 최대 이륙 중량 25kg 초과의 기체는 전 공역에서 사전 비행 승인 후 비행이 가능하다. 초경량 비행장치 비행 공역(UA)에서는 승인 없이 비행이 가능하다. (단, 25kg 초과 기체는 반드시 조종자 증명 필요)

비행장 주변 관제권
(반경9.3km)

비행금지구역
(서울 강북지역, 휴전선·원전주변)

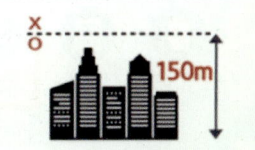
고도150m 이상

※ 위의 준수사항을 위반할 경우 300만 원 이하의 벌금 또는 과태료 처분 등 불이익을 받을 수 있다.

비행하기 전 반드시 승인받아야 하는 경우

2 비행 승인 기관

지역별로 승인 기관이 다르며 항공 사진 촬영의 경우는 모든 지역에서 국방부의 허가를 받아야 한다.

조건별 비행 승인(허가) 및 촬영 허가의 승인 기관은 다음의 표와 같다.

구분	비행 제한 구역 (R-75)	비행 금지 구역 (P-73A, B)	관제권		그 밖의 지역	
			민간(9.3km)	군(5.6km)	(150m 이하)	(150m 이상)
비행 승인 (국토부)	×	×	○	×	×	○
비행 허가 (국방부)	○	○	×	○	×	×
촬영 허가 (국방부)	○	○	○	○	○	○
공통사항	1. 25kg 이하의 기체에만 적용됨(25kg 초과의 기체는 모든 공역에서 허가(승인) 필요) 2. 공역이 2개 이상 겹칠 경우 각각의 기관 허가(승인)를 모두 받아야 한다.					

3 초경량 비행장치 비행 승인 방법

(01) 인터넷 접수(국토교통부 드론 One-stop 민원서비스)

비행승인 신청 방법(https://drone.onestop.go.kr/)

(02) 팩스로 접수 (항공안전법 시행규칙 별지 제122호 서식)

초경량 비행장치 비행 승인 신청서

※ 색상이 어두운 난은 신청인이 작성하지 아니하며, [ ]에는 해당되는 곳에 √표를 합니다.

접수 번호	접수 일시	처리 기간	3일

신청인	성명/명칭		생년월일	
	주소			

비행장치	종류/형식		용도	
	소유자		(전화 :)	
	신고 번호		안전성 인증서 번호 (유효만료 기간) (. .)	

비행계획	일시 또는 기간(최대 6개월)		구역	
	비행 목적/방식		보험 [ ] 가입 [ ] 미가입	
	경로/고도			

조종자	성명		생년월일	
	주소			
	자격 번호 또는 비행 경력			

동승자	성명		생년월일	
	주소			

탑재 장치	

「항공안전법」 제127조 제2항 및 같은 법 시행규칙 제308조 제2항에 따라 비행 승인을 신청합니다.

년 월 일

신고인 (서명 또는 인)

지방항공청장 귀하

작성방법

1. 「항공안전법 시행령」 제24조에 따른 신고를 필요로 하지 않는 초경량 비행장치 또는 「항공안전법 시행규칙」 제305조 제1항에 따른 안전성 인증의 대상이 아닌 초경량 비행장치의 경우에는 신청란 중 제①번(신고 번호) 또는 제②번(안전성 인증서 번호)을 적지 않아도 됩니다.
2. 항공 레저 스포츠 사업에 사용되는 초경량 비행장치이거나 무인 비행장치인 경우에는 제③번(동승자)을 적지 않아도 됩니다.

210mm×297mm[백상지(80g/㎡) 또는 중질지(80g/㎡)]

4 항공 촬영

(01) 항공 촬영의 승인

① 모든 항공 사진(동영상) 촬영은 원칙적으로 국방부의 승인을 받아야 한다. 그러나 명백히 중요한 국가, 군사시설이 아닌 지역으로 비행 금지 구역이 아닌 곳은 국방부에서 규제하지 않고 있다.

② 항공 촬영이 금지된 곳
  ㉮ 국가 및 군사 보호시설, 군사시설(예 : 군부대, 댐, 발전소, 공항, 항만 등)
  ㉯ 군수 산업시설 등 국가 보안상 중요한 시설 및 지역
  ㉰ 비행 금지 구역

③ 항공 촬영 허가와 비행 승인은 별도이므로 각각의 기관에 승인(허가)을 받아야 한다.

(02) 항공 촬영 승인 절차

① 비행의 목적이 항공 촬영인 경우 우선 국방부로부터 항공 촬영 허가를 받아야 한다.
② 국방부로부터 부여받은 항공 촬영 허가서를 첨부하여 해당 공역의 관할 기관에 비행 승인을 받아야 한다.

(03) 항공 촬영 신청 방법

국토교통부 드론 One-stop 민원서비스를 이용하면 편리하다.

항공사진 촬영 신청방법(https://drone.onestop.go.kr/)

확/인/문/제

01 초경량 비행장치를 제한 공역에서 비행하고자 하는 자는 비행계획 승인 신청서를 누구에게 제출해야 하는가?

① 대통령
② 국토교통부 장관
③ 국토교통부 항공국장
④ 지방항공청장

해설
비행계획 승인서는 국토교통부 장관에게 제출해야 하나 국토교통부 장관이 이 업무를 지방항공청장에게 위임하였으므로 지방항공청장에게 비행 승인 신청을 해야 한다.

02 다음 중 초경량 비행장치를 비행하고자 할 때의 설명으로 맞는 것은?

① 주의 공역은 지방항공청장의 비행계획 승인만으로 가능하다.
② 통제 공역의 비행계획 승인을 신청할 수 없다.
③ 관제 공역, 통제 공역, 주의 공역은 관할 기관의 승인이 있어야 한다.
④ CTA(Civil Training Area)는 비행 승인 없이 비행이 가능하다.

해설
관제구(미지정 공역) 또는 초경량 비행장치 비행 공역을 제외한 모든 공역에서의 비행은 승인을 필요로 한다.

03 초경량 비행장치를 이용하여 비행 정보 구역 내에 비행 시 비행계획을 제출해야 하는 사항이 아닌 것은?

① 교체 비행장
② 연료 재보급 비행장 또는 지점
③ 기장의 성명
④ 예상 소요 비행시간

해설
비행 승인 신고서에 포함될 내용으로는 신청인 정보, 비행장치의 종류 및 형식, 소유자, 신고 번호, 비행계획(비행 일시, 비행 목적, 경로/고도, 보험 가입 여부), 안전성 인증서 번호, 조종자 인적 사항, 탑재 장비 목록 등이다.

정답

01	02	03
④	③	④

09

(9-032) 초경량 비행장치 조종자 준수사항
(항공안전법 제129조, 항공안전법 시행규칙 제310조)

1 조종자 준수사항의 취지 (항공안전법 제129조제1항)

초경량 비행장치의 조종자는 초경량 비행장치로 인하여 인명이나 재산에 피해가 발생하지 아니하도록 국토교통부령으로 정하는 준수사항을 지켜야 한다.

※ 항공안전법 제310조에서 조종자 준수사항은 1) 금지항목 2) 준수항목으로 구분한다.

1) 금지항목 (항공안전법 시행규칙 제310조제1항)

[01] 초경량 비행장치 조종자는 다음 각 호의 어느 하나에 해당하는 행위를 해서는 안 된다.
(무인비행장치는 4, 5항 제외)

❶ 인명이나 재산에 위험을 초래할 우려가 있는 낙하물을 투하(投下)하는 행위
❷ 주거지역, 상업지역 등 인구가 밀집된 지역이나 그밖에 사람이 많이 모인 장소의 상공에서 인명 또는 재산에 위험을 초래할 우려가 있는 방법으로 비행하는 행위
❷-❷ 사람 또는 건축물이 밀집된 지역의 상공에서 건축물과 충돌할 우려가 있는 방법으로 근접하여 비행하는 행위
❸ 법 제78조 제1항에 따른 관제 공역·통제 공역·주의 공역에서 비행하는 행위. 다만, 법 제127조에 따라 비행 승인을 받은 경우와 다음 각 목의 행위는 제외한다.
  ㉮ 군사 목적으로 사용되는 초경량 비행장치를 비행하는 행위

㉰ 다음의 어느 하나에 해당하는 비행장치를 별표 23 제2호에 따른 관제권 또는 비행 금지 구역이 아닌 곳에서 제199조 제1호 나목에 따른 최저 비행 고도(150m) 미만의 고도에서 비행하는 행위
- 무인 비행기, 무인 헬리콥터 또는 무인 멀티콥터 중 최대 이륙 중량이 25kg 이하인 것
- 무인 비행선 중 연료의 무게를 제외한 자체 무게가 12kg 이하이고, 길이가 7m 이하인 것

❹ 안개 등으로 인하여 지상 목표물을 육안으로 식별할 수 없는 상태에서 비행하는 행위

❺ 별표 24에 따른 비행 시정 및 구름으로부터의 거리 기준을 위반하여 비행하는 행위

❻ 일몰 후부터 일출 전까지의 야간에 비행하는 행위. 다만, 제199조 제1호 나목에 따른 최저 비행 고도(150m) 미만의 고도에서 운영하는 계류식 기구 또는 법 제124조 전단에 따른 허가를 받아 비행하는 초경량 비행장치는 제외한다.

❼ 「주세법」 제3조 제1호에 따른 주류, 「마약류 관리에 관한 법률」 제2조 제1호에 따른 마약류 또는 「화학물질관리법」 제22조 제1항에 따른 환각물질 등(이하 "주류 등"이라 한다)의 영향으로 조종 업무를 정상적으로 수행할 수 없는 상태에서 조종하는 행위 또는 비행 중 주류 등을 섭취하거나 사용하는 행위

❽ 제308조제4항에 따른 조건을 위반하여 비행하는 행위
- 탑승자에 대한 안전점검 등 안전관리에 관한 사항
- 비행장치 운용 한계치에 따른 기상요건에 관한 사항(항공레저스포츠사업에 사용되는 기구류 중 계류식으로 운영되지 않는 기구류만 해당한다)
- 비행경로에 관한 사항

❽-❷ 지표면 또는 장애물과 가까운 상공에서 360° 선회하는 등 조종자의 인명에 위험을 초래할 우려가 있는 방법으로 패러글라이더를 비행하는 행위

❾ 그밖에 비정상적인 방법으로 비행하는 행위

2) 준수항목 (항공안전법 시행규칙 제310조제2항~6항)

※ ( )는 조항번호

(02) 초경량 비행장치 조종자는 항공기 또는 경량 항공기를 육안으로 식별하여 미리 피할 수 있도록 주의하여 비행해야 한다.

(03) 동력을 이용하는 초경량 비행장치 조종자는 모든 항공기, 경량 항공기 및 동력을 이용하지 아니하는 초경량 비행장치에 대하여 진로를 양보해야 한다.

(04) 무인 비행장치 조종자는 해당 무인 비행장치를 육안으로 확인할 수 있는 범위에서 조종해야 한다. 다만, 법 제124조 전단에 따른 허가를 받아 비행하는 경우는 제외한다.

(05) 「항공사업법」 제50조에 따른 항공 레저 스포츠 사업에 종사하는 초경량 비행장치 조종자는 다음 각호의 사항을 준수해야 한다.

❶ 비행 전에 해당 초경량 비행장치의 이상 유무를 점검하고, 이상이 있을 경우에는 비행을 중단할 것

❷ 비행 전에 비행 안전을 위한 주의 사항에 대하여 동승자에게 충분히 설명할 것

❸ 해당 초경량 비행장치의 제작자가 정한 최대 이륙 중량을 초과하지 아니하도록 비행할 것

❹ 동승자에 관한 인적 사항(성명, 생년월일 및 주소)을 기록하고 유지할 것

❺ 「항공사업법」 제50조에 따른 항공레저스포츠사업에 종사하는 초경량비행장치 조종자는 다음 각 호의 사항을 준수해야 한다.

　1. 비행 전에 해당 초경량비행장치의 이상 유무를 점검하고, 이상이 있을 경우에는 비행을 중단할 것

　2. 비행 전에 비행안전을 위한 주의사항에 대하여 동승자에게 충분히 설명할 것

　3. 해당 초경량비행장치의 제작자가 정한 최대이륙중량 및 풍속 기준을 초과하지 아니하도록 비행할 것

　4. 다음 각 목의 사항을 기록하고 유지할 것. 이 경우 다목부터 마목까지의 사항은 패러글라이더, 동력패러글라이더 및 기구류 중 계류식으로 운영되지 않는 기구류의 조종자만 기록·유지한다.

　　• 탑승자의 인적사항(성명, 생년월일 및 주소)

　　• 사고 발생 시 비상연락·보고체계 등에 관한 사항

　　• 해당 초경량비행장치의 제작사 매뉴얼에 따른 비행 전·후 점검결과 및 조치에 관한 사항

　　• 기상정보에 관한 사항

- 비행 시작·종료시간, 이륙·착륙장소, 비행경로 등 비행에 관한 사항

5. 기구류 중 계류식으로 운영되지 않는 기구류의 조종자는 다음 각 목의 구분에 따른 사항을 관할 항공교통업무기관에 통보할 것
    - 비행 전: 비행 시작시간 및 종료예정시간
    - 비행 후: 비행 종료시간

[06] 무인자유기구 조종자는 별표 44의3에서 정하는 바에 따라 무인자유기구를 비행해야 한다. 다만, 무인자유기구가 다른 국가의 영토를 비행하는 경우로서 해당 국가가 이와 다른 사항을 정하고 있는 경우에는 이에 따라 비행해야 한다.

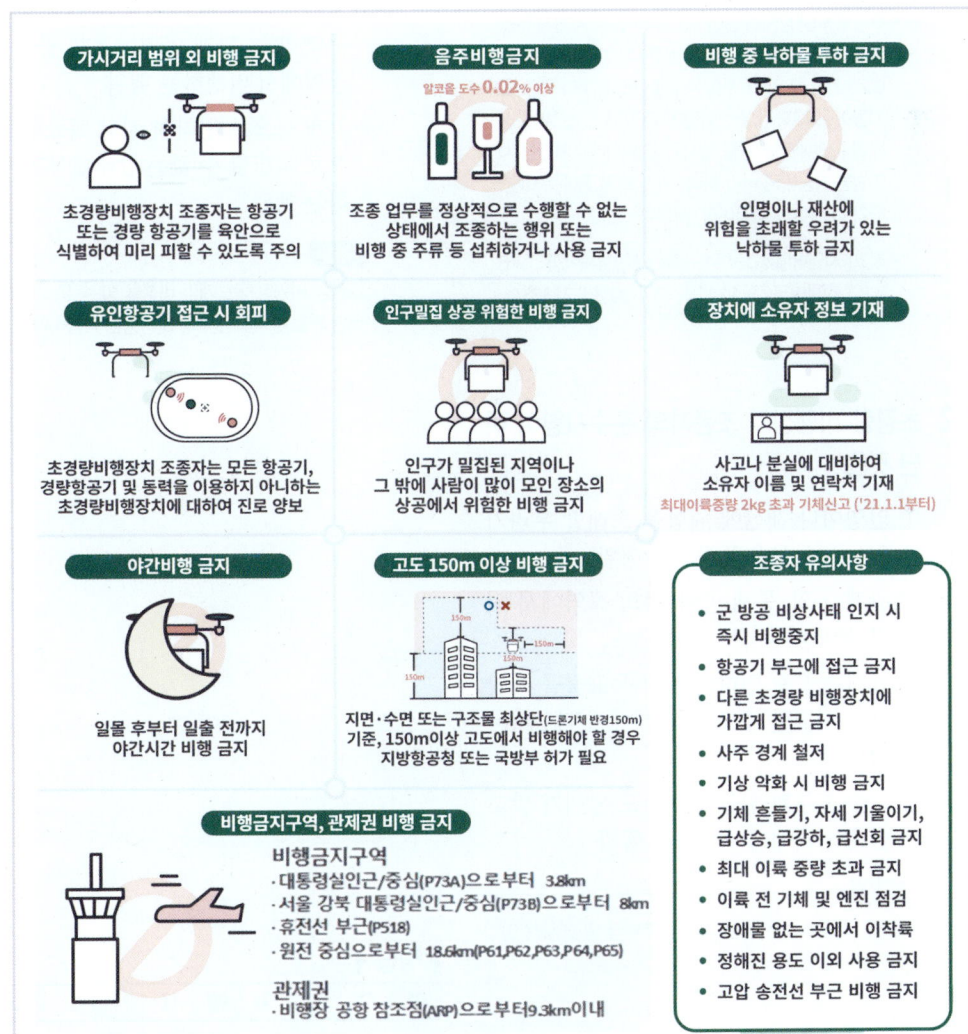

드론 조종자 체크 리스트

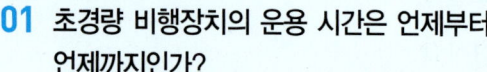

01 초경량 비행장치의 운용 시간은 언제부터 언제까지인가?

① 일출부터 일몰 30분 전까지
② 일출부터 일몰까지
③ 일출 30분 후부터 일몰까지
④ 일출 30분 후부터 일몰 30분 전까지

> **해설**
> - 초경량 비행장치는 일출 시로부터 일몰 시까지 운용할 수 있다. 일출 전 30분, 일몰 후 30분 또는 해가 뜨거나 진 후 해가 지평선(수평선)으로부터 약 -6° 기울어질 때까지 일상생활에 지장이 없는 밝은 상태의 시간에도 비행을 해서는 안 된다. 이 시간을 시민박명(상용박명)이라 하며, 해가 뜨기 전에는 미명, 해가 진 후에는 여명이라 부르기도 한다.
> - 참고) 시민박명(상용박명) : 0~-6°, 항해박명 : -6~-12°, 천문박명 : -12~-18°, 각각 30분씩 지속한다.

02 초경량 비행장치 조종자의 준수사항이 아닌 것은?

① 인명이나 재산에 위험을 초래할 우려가 있는 낙하물을 투하하는 행위
② 관제 공역, 통제 공역, 주의 공역에서 허가 없이 비행하는 행위
③ 안개 등으로 인하여 지상 목표물을 육안으로 식별할 수 없는 상태에서 비행하는 행위
④ 일출 후부터 일몰 전이라도 날씨가 맑고 밝은 상태에서 비행하는 행위

> **해설**
> 초경량 비행장치는 일출 시간 이후부터 일몰 시간 이전까지 비행할 수 있다.

03 초경량 비행장치 조종자는 비행 시 다음 각 호에 해당하는 행위를 하여서는 아니 된다. 해당 사항이 아닌 것은?

① 인명이나 재산에 위험을 초래할 우려가 있는 낙하물을 투하하는 행위
② 인명 또는 재산에 위험을 초래할 우려가 있는 방법으로 비행하는 행위
③ 승인을 얻지 않고 비행 제한을 고시하는 구역 또는 관제 공역·통제 공역·주의 공역에서 비행하는 행위
④ 안개 등으로 인하여 지상 목표물을 육안으로 식별할 수 없는 상태에서 계기 비행하는 행위

> **해설**
> 초경량 비행장치는 계기 비행을 할 수 없고, 육안으로 식별 가능한 거리까지 시계 비행만 가능하다.

정답
| 01 | ② | 02 | ④ | 03 | ④ | | |

(10-040) 초경량 비행장치 사고/조사 및 벌칙
(항공안전법 제2조의 제8호)

1 사고 – 항공·철도 사고 조사에 관한 법률의 적용(2005.11.8. 법률 제7692호)

항공·철도 사고에 관한 법률은 시카고협약의 부속서에서 정한 항공기의 사고 조사 기준에 준하여 규정하고 있다.

(01) 초경량 비행장치 사고의 정의(항공안전법 제2조)

초경량 비행장치를 사용하여 비행을 목적으로 이륙하는 순간부터 착륙하는 순간까지 발생한 다음 각 목의 어느 하나에 해당하는 것으로서 국토교통부령으로 정하는 것을 말한다.

① 초경량 비행장치에 의한 사람의 사망, 중상 또는 행방불명
② 초경량 비행장치의 추락, 충돌 또는 화재 발생
③ 초경량 비행장치의 위치를 확인할 수 없거나 초경량 비행장치에 접근이 불가능한 경우

(02) 초경량 비행장치 비상(고장)시 조치 사항

① 큰 소리로 주위에 비상 상황임을 알린다.
② 자세 제어 모드(Atti)로 신속히 전환하고 지체 없이 안전한 장소에 착륙시킨다.
③ 주위에 착륙하기 적합한 장소가 없거나 사람이 있는 경우는 나뭇가지나 사람이 없는 방향으로 착륙 또는 추락시켜야 한다.

(03) 사고 발생 시 조치 사항

❶ 인명 구호를 위해 신속히 필요한 조치를 취할 것
❷ 사고 조사를 위해 기체, 현장을 보존하고 도움이 될 수 있는 정황 및 장비 사진 및 동영상을 촬영할 것
❸ 사고에 따른 보험 처리 - 사고 발생 시 지체 없이 가입한 보험사에 보상에 대한 접수를 할 것

(04) 사고의 보고(항공안전법 시행규칙 제312조)

초경량 비행장치 사고를 일으킨 조종자 또는 그 초경량 비행장치 소유자 등은 다음 각 호의 사항을 지방항공청장에게 보고해야 한다.

❶ 조종자 및 그 초경량 비행장치 소유자 등의 성명 또는 명칭
❷ 사고가 발생한 일시 및 장소
❸ 초경량 비행장치의 종류 및 신고 번호
❹ 사고의 경위
❺ 사람의 사상(死傷) 또는 물건의 파손 개요
❻ 사상자의 성명 등 사상자의 인적 사항 파악을 위하여 참고가 될 사항

(05) 사고조사 기관

항공·철도사고조사위원회(Aviation and Railway Accident Investigation Board, 약칭: ARAIB)는 항공·철도사고등의 원인규명과 예방을 위한 사고조사를 독립적으로 수행하는 대한민국 국토교통부의 소속기관

2 보험(항공사업법 제70조)

1) 법적 근거

(01) 다음 각호의 항공 사업자는 국토교통부령으로 정하는 바에 따라 항공 보험에 가입하지 아니하고는 항공기를 운항할 수 없다.

- ❶ 항공 운송 사업자
- ❷ 항공기 사용 사업자
- ❸ 항공기 대여업자

(02) 소유자 또는 항공기를 사용하여 비행하려는 자는 국토교통부령으로 정하는 바에 따라 항공 보험에 가입하지 아니하고는 항공기를 운항할 수 없다.

(03) 경량 항공기 소유자 등은 그 경량 항공기의 비행으로 다른 사람이 사망하거나 부상한 경우에 피해자(피해자가 사망한 경우에는 손해배상을 받을 권리를 가진 자를 말한다)에 대한 보상을 위하여 같은 조 제1항에 따른 안전성 인증을 받기 전까지 국토교통부령으로 정하는 보험이나 공제에 가입해야 한다.

(04) 초경량 비행장치를 초경량 비행장치 사용 사업, 항공기 대여업 및 항공 레저 스포츠 사업에 사용하려는 자는 국토교통부령으로 정하는 보험 또는 공제에 가입해야 한다.

(05) 항공 보험 등에 가입한 자는 국토교통부령으로 정하는 바에 따라 보험 가입 신고서 등 보험 가입 등을 확인할 수 있는 자료를 국토교통부 장관에게 제출해야 한다. 이를 변경 또는 갱신한 때에도 또한 같다.

2) 보험의 종류

(01) **대인·대물(배상책임보험)** : 모든 사용사업업체는 필수가입

- 사고 시 배상 대상: 대인·대물
- 배상금액 한도: 사용사업 기본 배상한도는 1인 또는 건당 1억5천만원
- 보험료: 30~50만원 (연/1대당)

(02) **자차수리보험** : 선택사항

- 사고 시 배상 대상: 자가 기체(장치)
- 보상금액 한도: 수리비 보상한도 이내
- 보험료: 무인멀티콥터(약 300~600만원/1대당), 무인헬리콥터(약 2,000만원/1대당)

3 초경량비행장치의 주요 벌칙

(01) 초경량 비행장치의 불법 사용 등의 죄 (항공안전법 제161조, 162조)

❶ 3년 이하의 징역 또는 3천만원 이하의 벌금
  - 주류 등의 영향으로 초경량 비행장치를 사용하여 비행을 정상적으로 수행할 수 없는 상태에서 초경량비행장치를 사용하여 비행을 한 사람
  - 초경량 비행장치를 사용하여 비행하는 동안에 주류 등을 섭취하거나 사용한 사람
  - 국토교통부장관의 음주 측정 요구에 따르지 아니한 사람

❷ 비행안전을 위한 기술상의 기준에 적합하다는 안전성인증을 받지 아니한 초경량 비행장치를 사용하여 초경량 비행장치 조종자 증명을 받지 아니하고 비행을 한 사람은 1년 이하의 징역 또는 1천만원 이하의 벌금에 처한다.

❸ 초경량비행장치의 신고 또는 변경신고를 하지 아니하고 비행을 한 자는 6개월 이하의 징역 또는 500만원 이하의 벌금에 처한다.

❹ 국토교통부 장관의 허가를 받지 아니하고 무인 자유기구를 비행시킨 사람은 500만원 이하의 벌금에 처한다.

❺ 국토교통부 장관의 승인을 받지 아니하고 초경량 비행장치를 이용하여 관제권에서 비행함으로써 항공기 이착륙을 지연시키거나 회항하게 하는 등 비행장 운영에 지장을 초래한 사람은 500만원 이하의 벌금에 처한다.

❻ 국토교통부 장관의 승인을 받지 아니하고 초경량 비행장치 비행 제한 공역을 비행한 사람은 500만원 이하의 벌금에 처한다.

❼ (제162조 명령 위반의 죄) 초경량 비행장치 사용 사업의 안전을 위한 명령을 이행하지 아니한 초경량 비행장치 사용 사업자는 1천만원 이하의 벌금에 처한다.

안전관리제도	구 분						위반 시 처벌기준
최대이륙 중량기준	2kg 초과		250g초과~2kg이하		250g 이하		
	사업	비사업	사업	비사업	사업	비사업	
장치신고	○	○	○	×	○	×	징역 6개월 또는 벌금 500만원
신고번호 허위표시	○	○	○	×	×	×	과태료 100만원
말소신고 미이행 사고보고 미이행	○	○	○	×	×	×	과태료 30만원
조종자 증명	○ 1,2,3종	○ 1,2,3종	○ 3종	○ 4종	○ 3종	×	과태료 400만원
조종자 준수사항	○	○	○	○	○	○	과태료 300만원
보험가입	○	×	○	×	×	×	과태료 500만원
음주비행(0.02%)	○	○	○	○	○	○	징역 3년 또는 벌금 3천만원

최대이륙 중량기준	25kg 초과		25kg 이하		위반 시 처벌기준
	사업	비사업	사업	비사업	
사용 사업등록	○	×	○	×	징역 1년 또는 벌금 1천만원
안전성 인증검사	○	○	×	×	과태료 500만원
안전성 미인증 기체를 조종자 증명 없이 비행	○	○	×	×	징역 1년 또는 벌금 1천만원
비행승인 - 관제구(일반공역)	○	○	×	×	과태료 300만원
비행승인 - 관제권	○	○	○	○	과태료 300만원
비행승인 - 비행제한구역	○	○	○	○	벌금 500만원

※ 모든 공역에서 고도 150m 이상 비행 시는 무게와 상관없이 비행승인 필요 함

※ 최대이륙중량 25kg을 초과하는 기체 중 농업지원용 초경량비행장치 무인멀티콥터의 경우 비행금지구역이 아닌 곳에서는 별도의 비행승인 없이 비행이 가능하다. - 항공안전법 시행규칙 제308조제1항제3호가목(초경량비행장치 중 비료 또는 농약살포 등에 사용되는 장치로서 국토교통부령에서 정한 관제권, 비행금지구역 및 비행제한구역 외에서 비행하는 경우)

4 초경량 비행장치의 과태료(항공안전법 제166조)

(01) 500만원 이하의 과태료

❶ 초경량 비행장치의 비행안전을 위한 기술상의 기준에 적합하다는 안전성 인증을 받지 아니하고 비행한 사람

(02) 400만원 이하의 과태료

❶ 초경량 비행장치 조종자 증명을 받지 아니하고 초경량비행장치를 사용하여 비행을 한 사람 (250g 초과 모든 기체는 조종자증명 1~4종을 취득해야한다)

(03) 300만원 이하의 과태료

❶ 다른 사람에게 자기의 성명을 사용하여 초경량 비행장치 조종을 수행하게 하거나 초경량 비행장치 조종자 증명을 빌려 준 사람
❷ 다른 사람의 성명을 사용하여 초경량비행장치 조종을 수행하거나 다른 사람의 초경량 비행장치 조종자 증명을 빌린 사람
❸ ① 및 ②의 행위를 알선한 사람
❹ 국토교통부 장관의 승인을 받지 아니하고 초경량 비행장치를 사용하여 정하는 고도(150m)이상에서 비행하는 경우, 관제공역·통제공역·주의공역 중 관제권 등 국토교통부령으로 정하는 구역에서 비행한 사람
❺ 국토교통부령으로 정하는 준수사항을 따르지 아니하고 초경량 비행장치를 사용하여 인명이나 재산에 피해를 입힌 사람
❻ 국토교통부 장관이 승인한 범위 외 (야간)에서 비행한 사람

(04) 100만원 이하의 과태료

❶ 신고번호를 해당 초경량 비행장치에 표시하지 아니하거나 거짓으로 표시한 초경량 비행장치 소유자 등
❷ 국토교통부령으로 정하는 장비를 장착하거나 휴대하지 아니하고 초경량 비행장치를 사용하여 비행을 한 자

(04) 30만원 이하의 과태료

❶ 초경량 비행장치의 말소신고를 하지 아니한 초경량 비행장치 소유자 등
❷ 초경량 비행장치 사고에 관한 보고를 하지 아니하거나 거짓으로 보고한 초경량 비행장치 조종자 또는 그 초경량 비행장치 소유자 등

초경량비행장치 과태료 벌칙 일람표

위반행위	근거 법조항 (항공안전법)	1차 위반 50%	2차 위반 75%	3차 이상 위반 100%
안전성 인증검사를 받지 않고 비행	166조1항10호	250	350	500
조종자 증명을 받지 않고 비행	166조2항	200	300	400
조종자 증명을 대여·임차·알선	166조3항4호	150	225	300
비행승인을 받지 않고 비행	166조3항5호	150	225	300
조종자준수사항을 따르지 않고 비행	166조3항6호	150	225	300
국토부장관이 승인한 범위 외 비행	166조3항7호	150	225	300
신고번호 미 표기, 허위표기	166조5항4호	50	75	100
국토부령으로 정하는 장비를 장착하거나 휴대하지 않고 비행	166조5항5호	50	75	100
말소신고를 하지 않은 경우	166조7항1호	15	22.5	30
사고보고를 하지 않거나 허위보고	166조7항2호	15	22.5	30

확/인/문/제

01 항공 종사자는 항공 업무에 지장이 있을 정도의 주정 성분이 든 음료를 마실 수 없다. 혈중알코올농도 제한 기준으로 맞는 것은?

① 혈중알코올농도 0.02% 이상
② 혈중알코올농도 0.06% 이상
③ 혈중알코올농도 0.03% 이상
④ 혈중알코올농도 0.05% 이상

> **해설**
> 항공 종사자의 음주 단속 기준은 혈중알코올 농도 0.02% 이상이며 위반 시 벌금 3,000만 원 이하 및 3년 이하의 징역에 처한다.

02 초경량 비행장치의 사고를 보고해야 할 의무가 있는 자는?

① 기장
② 항공기 소유자
③ 정비사
④ 기장 및 항공기의 소유자

> **해설**
> 초경량 비행장치의 사고를 일으킨 조종자(기장) 또는 소유자

03 초경량 동력 비행장치를 사용하면서 법으로 정한 보험에 가입해야 하는 경우는?

① 영리 목적으로 사용하는 동력 비행장치
② 동호인이 공동으로 사용하는 패러글라이더
③ 국제대회에 사용하고자 하는 행글라이더
④ 모든 초경량 비행장치

> **해설**
> 초경량 비행장치를 사용 사업, 항공기 대여업 및 항공 레포츠 사업에 사용하려는 자는 국토교통부령으로 정하는 보험 또는 공제에 가입해야 한다.

04 자격증명 취소 사유가 아닌 것은?

① 자격증을 분실한 후 1년이 경과하도록 분실 신고를 하지 않은 경우
② 항공법을 위반하여 벌금 이상의 형을 선고받은 경우
③ 고의 또는 중대한 과실이 있는 경우
④ 항공법에 의한 명령을 위반한 경우

> **해설**
> 자격증을 분실한 자는 한국교통안전공단에 자격증 재발급 신청을 해야 하고, 비행 시에 조종자(기장)는 자격증을 반드시 휴대해야 한다.

05 영리를 목적으로 초경량 비행장치를 이용하여 초경량 비행장치 비행 제한 공역을 승인 없이 비행한 자의 처벌로 맞는 것은?

① 과태료 500만 원 이하
② 과태료 200만 원 이하
③ 1년 이하의 징역 또는 1000만 원 이하의 벌금
④ 과태료 300만 원 이하

> **해설**
> 비행 승인을 받지 않고 비행한 경우의 벌칙은 과태료 300만 원에 해당한다.

06 다음의 초경량 비행장치 중 국토교통부령으로 정하는 보험에 가입해야 하는 것은?

① 영리 목적으로 사용되는 인력 활공기
② 개인의 취미 생활에 사용되는 행글라이더
③ 영리 목적으로 사용되는 동력 비행장치
④ 개인의 취미 생활에 사용되는 낙하산

> **해설**
> 초경량 비행장치의 보험 가입 기준 : 1. 영리 목적일 것 2. 동력을 이용하는 비행장치일 것

07 항공법상에 무인 비행장치 사용 사업을 위해 가입해야 하는 필수 보험은?

① 기체 보험
② 자손 종합 보험
③ 대인/대물 배상 책임 보험
④ 살포 보험

> **해설**
> 모든 사용 사업에 이용되는 무인 비행장치는 대인/대물 배상 책임 보험에 가입해야 한다.

08 초경량 비행장치 사고로 분류할 수 없는 것은?

① 초경량 비행장치에 의한 사람의 사망, 중상 또는 행방불명
② 초경량 비행장치의 덮개나 부품의 고장
③ 초경량 비행장치의 추락, 충돌 또는 화재 발생
④ 초경량 비행장치의 위치를 확인할 수 없거나 비행장치에 접근이 불가한 경우

> **해설**
> 초경량 비행장치 사고는 비행을 목적으로 이륙하는 순간부터 착륙하기 전까지 발생한 인사 사고, 추락, 충돌, 화재, 초경량 비행장치를 확인할 수 없거나 접근이 불가능한 경우를 말한다.

09 초경량 비행장치에 의하여 사람이 사망하거나 중상을 입은 사고가 발생한 경우 사고 조사를 담당 하는 기관은?

① 항공, 철도사고조사위원회
② 관할 지방항공청
③ 항공 교통관제소
④ 한국교통안전공단

> **해설**
> 초경량 비행장치의 사고 조사는 항공, 철도사고조사위원회에서 담당한다.

10 항공사고조사위원회가 항공 사고 조사 보고서를 작성, 송부하는 기구 또는 국가가 아닌 곳은?

① NASA
② ICAO
③ 항공기제작국
④ 항공기운영국

> **해설**
> 항공사고조사위원회는 사고의 재발을 방지하고자 사고 조사 보고서를 국제민간항공기구(ICAO) 및 항공기제작국(사) 및 그 항공기를 운영하는 국가에 내용을 송부한다.

11 초경량 비행장치로 규정을 위반하여 비행을 한 자가 지방항공청장이 고지한 과태료 처분에 대하여 불복이 있는 경우 이의를 제기할 수 있는 기간은?

① 고지를 받은 날부터 10일 이내
② 고지를 받은 날부터 15일 이내
③ 고지를 받은 날부터 30일 이내
④ 고지를 받은 날부터 60일 이내

> **해설**
> 초경량 비행장치의 벌칙에 대하여 불복하는 자는 고지를 받은 날로부터 30일 이내에 지방항공청장에게 이의를 제기해야 한다.

12 다음의 과태료 및 벌금 규정 중 틀린 것은?

① 안전성 인증 검사를 받지 아니하고 비행한 자 : 500만 원 이하
② 보험에 가입하지 아니하고 초경량 비행장치를 사용하여 비행한 자 : 500만 원 이하
③ 초경량 비행장치를 신고하지 아니하고 비행한 자 : 300만 원 이하
④ 규정에 의한 비행 승인을 받지 아니하고 비행한 자 : 300만 원 이하

> **해설**
>
> 위반 시 과태료 사항
>
> | 조종자 준수 | 조종자 증명 | 보험 가입 | 안전성 인증 | 비행 승인 (25kg 이하) |
> | --- | --- | --- | --- | --- |
> | 300만 원 | 400만 원 | 500만 원 | 500만 원 | 300만 원 |
>
> 위반 시 벌금 사항
>
> | 장치 신고 | 사용 사업 등록 | 음주 비행 | 비행 승인 (25kg 초과) |
> | --- | --- | --- | --- |
> | 500만 원 | 1,000만 원 | 3,000만 원 | 300만 원 |

13 초경량 비행장치에 의하여 중사고가 발생한 경우 사고 조사를 담당하는 기관은?

① 관할 지방항공청
② 항공 교통관제소
③ 교통안전공단
④ 항공, 철도 사고조사위원회

14 초경량 비행장치 사고를 일으킨 조종자 또는 소유자는 사고 발생 즉시 지방항공청장에게 보고해야 한다. 이때 보고 내용이 아닌 것은?

① 초경량 비행장치 소유자의 성명 또는 명칭
② 사고의 정확한 원인 분석 결과
③ 사고의 경위
④ 사람의 사상 또는 물건 파손의 개요

> **해설**
> −초경량 비행장치로 인한 사고의 보고 내용
> ① 조종자 및 비행장치 소유자의 성명 및 명칭
> ② 사고 발생 일시 및 장소
> ③ 사고 기체의 종류 및 신고 번호
> ④ 사고 경위
> ⑤ 사람의 사상 또는 물건 파손 개요
> ⑥ 사상자 인적 사항 및 참고할 사항 등

15 초경량 비행장치 운용에 관한 법률 위반 시의 벌칙 중 틀린 것은?

① 비행 보험에 들지 않고 사용 사업을 한 자는 500만 원 과태료
② 조종자격 증명 없이 사업을 위해 비행한 자는 100만 원 벌금
③ 안전성 인증을 받지 않고 비행한 자는 500만 원 과태료
④ 조종 준수사항을 따르지 않고 비행한 자는 300만 원 벌금 또는 과태료

> **해설**
> 조종자 증명을 받지 않고 사업을 위한 비행을 한 자는 400만 원의 과태료를 부과한다.

정답

01	①	02	④	03	①	04	①	05	④
06	③	07	③	08	②	09	①	10	①
11	③	12	③	13	④	14	②	15	②

2 비행 이론 · 운용 이론

01 비행 준비 및 비행 전 점검
02 비행 절차
03 비행 후 점검
04 기체의 각 부분과 조종 면의 명칭 및 이해
05 추력 부분의 명칭 및 이해
06 기초 비행 이론 및 특성
07 측풍 이착륙
08 엔진 고장 등 비정상 상황 시 절차
09 비행장치의 안정과 조종
10 송수신 장비 관리 및 점검
11 배터리의 관리 및 점검
12 엔진의 종류 및 특성
13 조종자의 역할
14 비행장치에 미치는 힘
15 공기 흐름의 성질
16 날개의 특성 및 형태
17 지면 효과, 후류 등
18 무게 중심 및 Weight & Balance
19 사용 가능 기체(GAS)
20 비행 안전 관련
21 조종자 및 인적 요소
22 비행 관련 정보(AIP, NOTAM)등

01

(11-060) 비행 준비 및 비행 전 점검

1. 멀티콥터 비행 전 체크 사항 및 순서

(01) 비행 전 점검

❶ **날씨, 공역 확인** : 비행 전에 비행 당일의 일기예보를 미리 확인하고 비행 공역에서의 안전 점검(전, 후, 좌, 우측 상황, 풍향, 풍속, 시정 거리, 지구 자기장 수치를 확인)

❷ **기체 외관 점검** : 프로펠러, 모터, 변속기의 장착 상태와 파손 여부, 프레임 및 기체 외형의 변형 여부, 기체 배터리 충전 상태를 배터리 전압 측정기로 확인

❸ **조종기 점검** : 조종기 스위치(조이스틱), 안테나, GPS 안테나, 토글스위치의 조종 모드, 배터리 충전 상태 확인

❹ **시스템 점검** : 기체와 조종기 간 송수신 상태, GPS 수신 상태, 자세 모드 - GPS 모드 변환 확인

❺ **체크 리스트 작성** : 제조사에서 제공된 기체 제원 및 점검 방법에 따라 비행 전·후 상황에 맞는 점검을 실시하고 기록하여 기체의 정비, 점검에 대한 이력을 남긴다.

비행 전 점검표 작성 예시
1. 항공기 점검(Check List)

기체 번호	S7800S ☑	비행 목적	조종자 실기시험	점검자	이 찬 석				
	S7988S ☐				비행 일자 2025. 9. 17				
비행 전 H-METER	850:10	비행 후 H-METER	:	금회 운용 (H)	0.15 ☐	0.2 ☐	0.25 ☐		
					0.3 ☐	0.35 ☐	0.4 ☐		

NO	구분	점검 사항	확인 비행 전	확인 비행 후	이상 증상
1	배터리	① 손상 및 배부름 상태, 커넥터 연결 상태 확인	OK ☑	OK ☐	
		② 메인 배터리 잔량(충전 전압) 확인 ※ 전원 투입 후	OK ☑		
2	프로펠러	① 6조의 프로펠러 외관, 고정 상태 확인	OK ☑	OK ☐	
		② 균열, 뒤틀림, 파손, 좌·우 레벨 확인	OK ☑	OK ☐	
3	모터	① 모터 회전부 이물질, 유격, 과부하(타는 냄새) 확인	OK ☑	OK ☐	
		② 모터 베이스 고정 상태, 모터 회전 상태	OK ☑	OK ☐	
		③ 변속기 발열 상태, 과부하(타는 냄새) 확인	OK ☑	OK ☐	
4	기체	① GPS 안테나 고정 상태 확인(유격, 파손 여부)	OK ☑	OK ☐	
		② 메인 프레임 고정 상태(나사 풀림, 흔들림) 확인	OK ☑	OK ☐	
		③ 랜딩 기어 장착 상태, 균열, 휨, 파손 확인	OK ☑	OK ☐	
5	조종기	① 안테나, GPS 안테나 연결 상태, 조이스틱 유격 확인	OK ☑		
		② GPS 모드, M 모드, 전환 상태 확인	OK ☑		
		③ 조종기 배터리 잔량 확인	OK ☑		

2 공역 및 비행 전 확인 사항

NO	내용	확인	비고
1	비행장 주변 좌, 전방, 우, 후방 인명 피해 발생 요소를 확인	OK ☑	
2	비행장 주변 장애 요소, 시정 거리 확인	OK ☑	
3	비행 전 풍향, 풍속 확인	OK ☑	
4	시동 전 GPS 신호 수신 상태 확인	OK ☑	

5	비행 전 조종자 준수사항 확인	OK ☑
6	비행할 지역에 대하여 비행 승인 여부 확인	OK ☑
7	조종자 증명(자격증) 소지 여부 확인	OK ☑
8	조종자와 부조종자의 건강 상태 확인	OK ☑
9	안전모, 보호 안경, 마스크 등 안전한 복장 착용 상태 확인	OK ☑

기체 부분 점검(VANAI S1 기준)

프로펠러

※ 프로펠러 외관
※ 고정 상태
※ 균열, 뒤틀림, 파손
※ 좌우 레벨 확인

변속기와 암(Arm)

※ 변속기 발열 상태
※ 과부하(타는 냄새) 확인
※ 암의 유격(메인 프레임과)
※ 암의 휨 등 확인

GPS 안테나
메인 프레임
랜딩 스키드

※ 위에서 아래로 점검
※ GPS 안테나 고정 상태
※ GPS(컴퍼스) 방향 상태(12시)
※ 프레임 상·하판 결합 상태
※ 프레임 균열, 파손 확인
※ 랜딩 스키드 프레임 고정 상태
※ 랜딩 스키드의 휨, 균열 확인

배터리 점검과 장착

배터리 점검

※ 배터리 커넥터 상태
※ 배터리 배부름 상태
※ 배터리 외형, 찍힘 등
※ 배터리 체커 전압 확인
- 정격 전압 : 셀당 3.7V
- 만충 전압 : 셀당 4.2V
- 6셀 배터리 만충 시 : 25.2V

배터리 장착

※ + 우선, − 나중으로 연결할 것
※ Anti-spark 커넥터 사용
※ 커넥터는 깊숙이, 끝까지 결합
※ 결합 장비(Velcro) 항상 확인
※ 기체의 중심부에 견고히 설치

조종기 점검(DJI 조종기 기준)

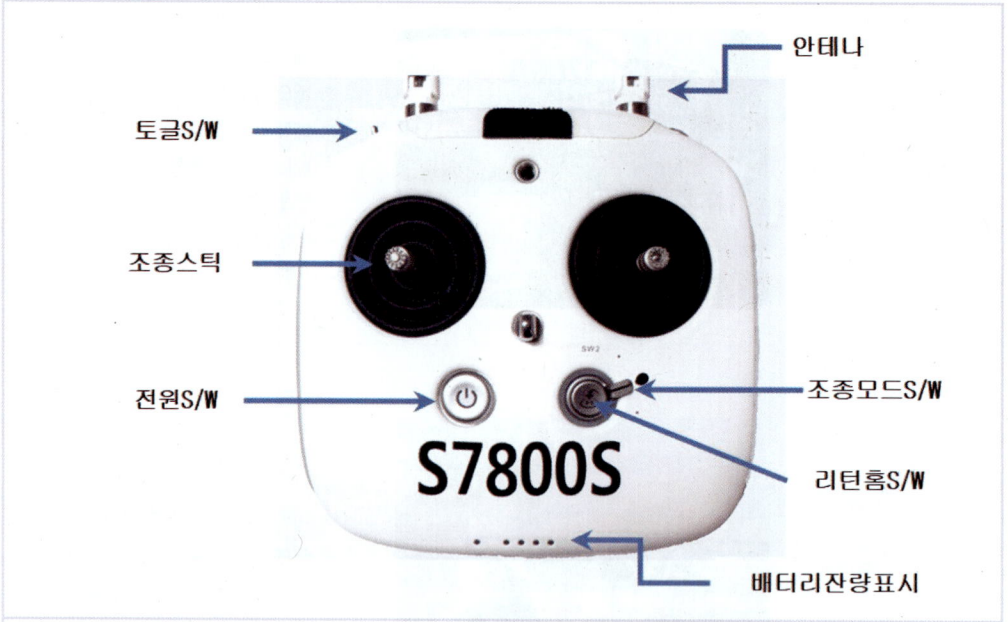

※ 위에서 아래로 순서를 정하여 빠짐없이 점검한다.
  ① 안테나 고정 상태 및 방향(두 안테나가 나란하게 되어야 전파가 멀리 도달)
  ② 토글스위치 GPS 모드(P) 확인
  ③ 조종 스틱의 원활한 작동 상태 확인(양손으로 스틱을 가장자리 부분으로 한 바퀴 회전)
  ④ 조종 모드 스위치 매뉴얼(수동 방제) 모드 확인
  ⑤ 전원 버튼을 한 번 눌러 조종기의 배터리 충전 상태(배터리 잔량) 확인

확/인/문/제

01 비행 전 반드시 점검해야 하는 사항이 아닌 것은?
① 조종기 점검 ② 배터리 점검
③ 조종자 점검 ④ 기체 점검

해설 비행 전에 기체, 조종기, 배터리를 점검해야 한다.

02 시계 비행을 하는 항공기에서 갖추어야 할 항공 계기가 아닌 것은?
① 나침반 ② 승강계
③ 시계 ④ 정밀 고도계

해설 시계 비행은 눈으로 방향을 직접 확인하므로 방위각의 의미가 약하다.

03 다음 중 기압 고도의 설명으로 맞는 것은?
① 고도계가 지시하는 고도
② 표준 대기압에 맞춘 상태에서 고도계가 지시하는 고도
③ 비표준 기압을 보정한 고도
④ 진고도와 절대 고도를 합한 고도

해설 기압 고도는 표준 대기압(1013.2hPa)에 맞추었을 때 그 고도계가 지시하는 고도를 말한다.

04 다음 중 비행 전보다 비행 후에 확인하기 더 쉬운 것은?
① 조종기 ② 전자 변속기
③ 프로펠러 ④ FC(비행 컨트롤러)

해설 전자 변속기는 비행 중 발열을 많이 한다. 특히 변속기의 상태가 좋지 않거나 수명이 다해가는 경우는 다른 변속기보다 더 많은 발열을 하게 되므로 비행 후 특별히 발열이 심한 변속기는 교체해야 한다.

05 다음 중 공역 확인에 반드시 들어가야 하는 내용은?
① 온도 ② 배터리
③ 구름의 양 ④ 풍향, 풍속

해설 공역 확인에 포함되어야 하는 내용은 전, 후, 좌, 후방의 지형과 시정 거리, 측풍의 풍향과 풍속이다. ② 배터리는 기체 점검 시에 확인해야 한다.

06 기체 체크 리스트에 반드시 기재되어야 하는 내용으로 맞는 것은?
① 기체의 명칭 ② 기체의 무게
③ 기체의 등록 번호 ④ 기체의 제원

해설 체크 리스트에 표시되는 내용은 날짜, 시각, 기체의 등록 번호, 비행시간, 비행의 목적, 점검자(조종자), 점검 내용이다. 기체의 명칭, 무게, 제원은 실기 평가 시 구술시험에 출제되는 질문 내용이다.

정답

01	③	02	①	03	②	04	②	05	④
06	③								

02
(12-061) 비행 절차

1 공역 확인 단계

안전한 비행을 위하여 비행할 공역에 대한 확인을 비행 전에 반드시 실시해야 한다.

① 전방 → 좌측 → 우측 → 후방의 순서에 따라 비행 예정 구역에 보이는 지형지물과 사람, 기타 비행의 안전에 장애가 될 수 있는 것이 있는지 확인한다.

② **시정** : 일반적으로 시계 비행(가시권 내 비행)의 경우 300m 이상의 시정이면 비행을 하는 데에는 크게 무리가 없으므로 안개, 심한 황사 등 시정 거리가 300m 미만인 경우는 비행의 진행 여부를 다시 생각해 보아야 한다.

③ **측풍** : 비행을 해야 하는 공역에서 현재 바람이 어느 방향인지 미리 확인하여 비상 착륙 시 등보다 안전하게 착륙할 수 있는 데이터를 확보한다.

2 이륙

① **이착륙지를 미리 선정** : 기체가 이륙하여 비행하다가 비상 상황을 만나거나 배터리가 소진하여 착륙해야 할 경우를 대비하여, 미리 안전한 착륙지를 선정해야 한다. 특히 경사진 곳과 사람이나 차량의 이동이 많은 곳을 피하고 기체 주변에 장애물과 하향풍에 의해 날려갈 물건이 없는지 확인해야 한다.

❷ **측풍 대비 이륙** : 이륙은 측풍을 감안하여 안전하게 진행되어야 한다. 측풍이 우에서 좌로 부는 경우 조종기의 에일러론 스틱을 이륙 직후 바람이 불어오는 우측으로 조작해야 기체가 수직으로 안전하게 이륙할 수 있다.

❸ **워밍업** : 일반적으로 시동을 걸면 로터는 일정한 속도로 회전을 하고 있다. 이를 아이들링(Idling)이라 하고, 보통 아이들링 상태가 되면 지체 없이 이륙을 한다. 하지만 계절에 따라 겨울에는 2분~5분 정도 워밍업을 해주어야 한다. 이는 GPS 및 FC, 송수신 장치의 온도 상승을 통해 신호 감도를 향상하고 배터리를 약간 소모하여 배터리 온도의 상승에 따른 효율을 올리기 위함이다.

❹ **급조작 금지** : 이륙 시 스로틀을 천천히 가속한다.

3 비행

❶ 비행 중 기체의 특성과 성능에 따라 각종 조작반의 급조작 및 과도한 조작을 자제한다.

❷ 조종자와 멀티콥터 간 가시권 이내, 지면으로부터 150m 이내를 유지하여 항공안전법이 정한 기준 범위 내에서 안전하게 비행해야 한다.

❸ 비행 중 기체 이상(진동, 잡음, 냄새 등)을 감지했을 경우는 주변에 큰 소리로 "비상"을 외치고 안전한 장소에 즉시 착륙시켜야 한다.

❹ 갑작스러운 일기 변화로 비, 안개, 천둥, 번개 등 악천후 상황과 돌풍이 발생해 초속 5m 이상의 강풍이 불 때에는 비행을 자제해야 한다.

❺ 지구 자기장 데이터의 교란 수치가 "5"등급 이상에서는 비행을 자제한다.

❻ 비행 중 항공안전법이 정한 조종자 안전수칙을 반드시 지키며 비행해야 한다.

4 착륙

❶ **착륙장** : 미리 정한 착륙장 또는 멀티콥터의 이착륙을 위하여 설치된 착륙장에 안전하게 착륙해야 한다.

❷ **시동의 정지** : 착륙 후 모터의 출력이 완전히 내려가 아이들링(Idling) 상태가 되고 난 후 모터를 정지시켜야 한다.

❸ **하드랜딩** : 급하게 충격을 주며 착륙한 경우 충격으로 인해 기체가 다시 튀어 오를 수 있으므로 스로틀을 급하게 조작하거나 시동 동작(조종 스틱을 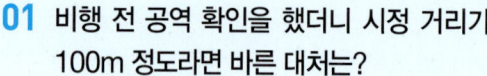 방향으로 동시에 동작)을 하게 될 경우 기체가 전복될 수 있으므로 각별히 주의해야 한다.

❹ **전원의 분리** : 기체가 착륙한 후에는 조종자가 기체의 전원을 분리하고 조종기의 전원을 끄기 전까지는 조종자 외의 다른 사람은 기체에 접근하지 않는다.

확/인/문/제

01 비행 전 공역 확인을 했더니 시정 거리가 100m 정도라면 바른 대처는?

① 보이는 곳까지만 드론을 보내면 된다.
② 드론이 안 보이면 후진하면 된다.
③ 카메라와 OSD가 있으므로 그냥 비행한다.
④ 시정 거리가 좋아질 때까지 기다린다.

> **해설**
> 시정 거리가 짧으면 주변에서 위험 요인이 다가와도 신속하게 확인하기 어려울 수 있다. 만족스러운 시정 거리가 나오지 않으면 비행을 취소하거나 시정이 확보될 때까지 기다리는 것이 좋다.

02 비행 전 공역 확인의 내용에 해당하지 않는 것은?

① 사방 확인
② 온도, 습도 확인
③ 풍향, 풍속 확인
④ 시정 거리 확인

> **해설**
> 공역 확인은 눈으로 확인할 수 있는 부분에 대하여 가능하다.

03 비행 시작 시 "워밍업"을 하는 이유 중 맞는 것은?

① 배터리를 빨리 닳게 하기 위해
② 배터리의 전압을 맞추기 위해
③ 배터리를 보호하기 위해
④ 배터리의 효율을 증대시키기 위해

> **해설**
> 워밍업을 하면 배터리를 약간 소모하면서 배터리 온도를 올려 배터리의 효율이 높아진다.

04 비행 중 기체의 이상이나 조종이 불가한 상황을 만났을 때의 행동 요령은?

① 조종기를 껐다가 다시 켠다.
② 호버링으로 잠시 대기한다.
③ 주위 사람에게 큰 소리로 비상이라고 외친다.
④ 신속하게 119에 신고한다.

> **해설**
> 비행 중 위험 요소 또는 비행에 이상이 있을 경우는 큰 소리로 "비상"을 외치고 주변 사람들을 피하게 한 후 신속히 안전한 장소에 착륙시켜야 한다.

05 전원 투입과 분리의 순서 중 맞는 것은?

① 조종기 먼저 켜고 기체 전원을 연결한다.
② 조종기와 기체 전원을 동시에 분리한다.
③ 기체 전원 먼저 연결하고 조종기를 켠다.
④ 요즘은 품질이 좋기 때문에 상관없다.

> **해설**
> 전원을 투입할 때는 조종기 먼저 기체 나중, 전원을 분리할 때는 기체 먼저 조종기 나중 순으로 해야 한다.

06 공역 확인 중 내가 비행할 가능성이 있는 구역에 사람이 지나가고 있다면 바른 대처는?

① 사람이 있는 쪽을 피해서 비행하면 된다.
② 사람이 지나갈 때까지 기다린다.
③ 사람의 키보다 높게 비행하면 상관없다.
④ 사람을 공역에서 쫓아낸다.

> **해설**
> 비행할 계획이 있는 공역에 위험 요소가 있거나 지나가는 사람이 있는 경우에는 그 위험 요소가 해제될 때까지, 사람이 지나가서 안전한 공역이 될 때까지 기다려야 한다.

정답

01	④	02	②	03	④	04	③	05	①
06	②								

03

(13-062) 비행 후 점검

1 비행 후 점검

❶ **기체 외관 점검** : 프로펠러, 모터, 변속기의 장착 상태와 파손 여부, 프레임 및 기체 외형의 변형 여부, 기체 배터리 방전 상태를 배터리 전압 측정기로 확인한다.

❷ **조종기 점검** : 조종기 스위치(조이스틱), 안테나, GPS 안테나, 토글스위치의 조종 모드, 배터리 방전 상태를 확인한다.

❸ **유지 · 보수** : 비행 후 발견한 고장 또는 파손 건에 대해서는 다음 비행 전까지 지체 없이 보수해야 한다.

❹ **조종기 · 배터리 관리** : 조종기의 전원이 분리형인 경우는 반드시 분리하여 보관하고 다음 비행 일정이 없는 경우 배터리를 장기 보관 모드(충전 정도 약 50~60%, 전압 셀당 3.8V 전후)로 설정한다.

비행 전후 배터리 관리 체계

구분	비행 전	비행 후
전원 투입/분리 순서	투입 : 조종기 → 기체	분리 : 기체 → 조종기
배터리 전압	만충 4.2V	50~60% 3.8V 장기 보관 모드

❺ **체크 리스트 작성** : 제조사에서 제공된 기체 제원 및 점검 방법에 따라 비행 전·후 상황에 맞는 점검을 실시하고 기록하여 기체의 정비, 점검에 대한 이력을 남긴다.

비행 후 점검표 작성 예시
1. 항공기 점검(Check List)

기체 번호	S7800S ☑ S7988S ☐	비행 목적	조종자 실기시험	점검자	이 찬 석				비행 일자 2025. 9. 17	
비행 전 H-METER	850 :10	비행 후 H-METER	850:25	금회 운용 (H)	0.15 ☐	0.2 ☐	0.25 ☑			
					0.3 ☐	0.35 ☐	0.4 ☐			

NO	구분	점검 사항	확인 비행 전	확인 비행 후	이상 증상
1	배터리	① 손상 및 배부름 상태, 커넥터 연결 상태 확인	OK ☐	OK ☑	
		② 메인 배터리 잔량(충전 전압) 확인 ※ 전원 투입 후	OK ☐		
2	프로펠러	① 6조의 프로펠러 외관, 고정 상태 확인	OK ☐	OK ☑	
		② 균열, 뒤틀림, 파손, 좌·우 레벨 확인	OK ☐	OK ☑	
3	모터	① 모터 회전부 이물질, 유격, 과부하(타는 냄새) 확인	OK ☐	OK ☑	
		② 모터 베이스 고정 상태, 모터 회전 상태	OK ☐	OK ☑	
		③ 변속기 발열 상태, 과부하(타는 냄새) 확인	OK ☐	OK ☑	
4	기체	① GPS 안테나 고정 상태 확인(유격, 파손 여부)	OK ☐	OK ☑	
		② 메인 프레임 고정 상태(나사 풀림, 흔들림) 확인	OK ☐	OK ☑	
		③ 랜딩 기어 장착 상태, 균열, 휨, 파손 확인	OK ☐	OK ☑	
5	조종기	① 안테나, GPS 안테나 연결 상태, 조이스틱 유격 확인	OK ☐		
		② GPS 모드, M 모드, 전환 상태 확인	OK ☐		
		③ 조종기 배터리 잔량 확인	OK ☐		

확/인/문/제

01 비행 후 점검하지 않아도 되는 것은?
① 배터리 ② 조종기
③ 변속기 ④ 프로펠러

해설
조종기는 비행 전에 충전 전압과 각종 선택 스위치의 위치 및 조작의 원활성을 점검하면 충분하다.

02 비행 후 다음 비행 일정이 약 2개월 후로 잡혔다. 다음 중 옳은 것은?
① 배터리를 충전하여 보관한다.
② 조종기 배터리를 분리하여 보관한다.
③ 기체에 배터리를 장착하여 보관한다.
④ 모터와 변속기를 떼어 놓는다.

해설
장기간 비행을 하지 않을 때는 조종기의 배터리를 분리하여 보관하고 기체용 배터리는 장기 보관 모드로 설정하여 보관하는 것이 좋다.

03 비행이 끝나고 나서 해야 하는 일이 아닌 것은?
① 기체 점검 ② 공역 확인
③ 배터리 점검 ④ 변속기 점검

해설
공역 확인은 비행 전에 실시한다.

04 비행 후 조종기를 들고 기체를 향해 가는 이유는?
① 조종기는 고가품이므로 지키기 위해서
② 조종기 신호를 더 잘 받게 하기 위해서
③ 다른 사람이 조종하여 기체를 훔쳐 가므로
④ 기체 전원 분리 전에 다른 사람이 시동을 걸 수 있으므로

해설
비행 후 기체의 전원을 분리하기 전에 다른 사람이 조종기를 만져서 멀티콥터의 시동을 걸게 되면 매우 위험한 상황이 된다. 조종자는 반드시 조종기를 들고 기체 옆에 안전하게 조종기를 위치시킨 후 기체의 배터리를 분리해야 한다.

▶ 정답 ◀
| 01 | ② | 02 | ② | 03 | ② | 04 | ④ |

04

(14-070) 기체의 각 부분과 조종 면의 명칭 및 이해

1 고정익 기체의 각 부분과 조종 면

(01) 항공기의 각 부분

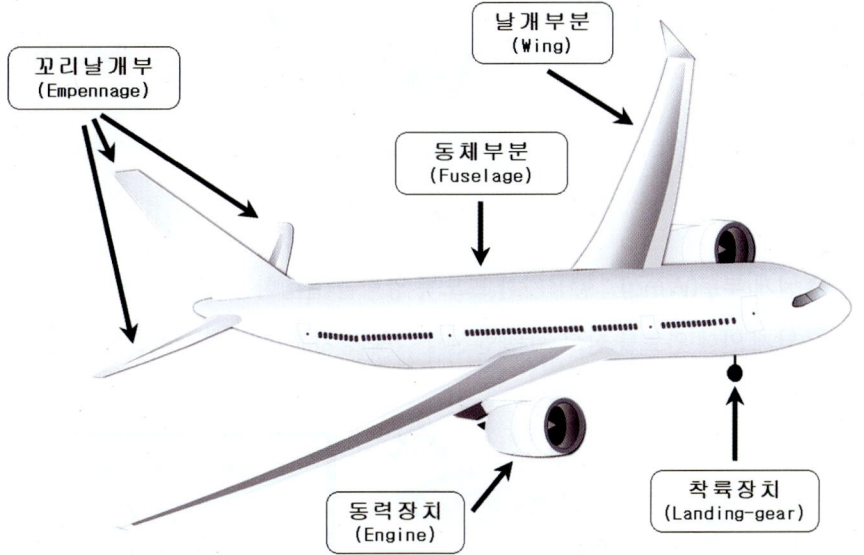

❶ **동체 부분(Fuselage)** : 항공기의 몸체를 구성하는 요소로 주로 승객과 화물의 적재 공간을 갖고 있으며 날개 부분과 꼬리 날개부를 연결하는 구조로 되어있다.

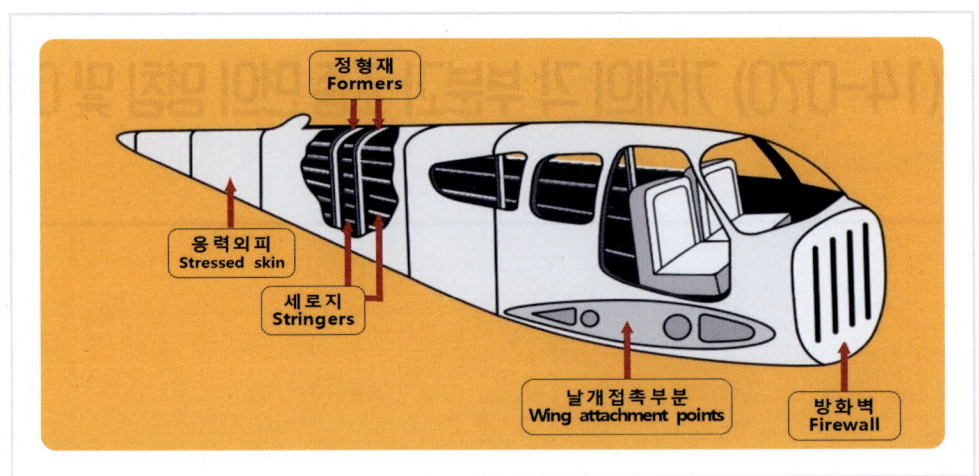

동체의 구조

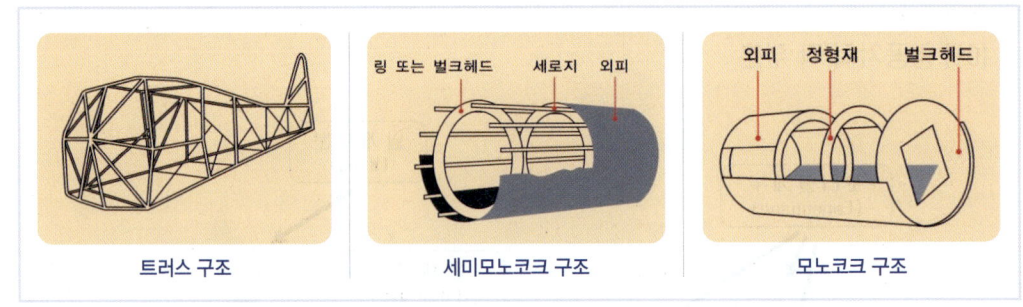

동체 구조의 유형

❷ **날개 부분(Wing)** : 항공기가 뜨도록 양력을 발생하는 장치로 대형 항공기에서는 주로 날개 안에 연료를 싣고 제트 엔진과 착륙 장치를 지지하는 역할을 한다.

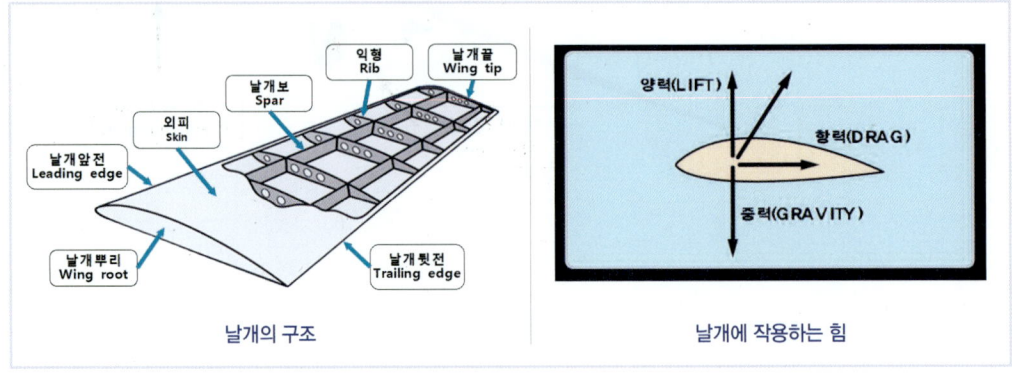

날개의 구조   날개에 작용하는 힘

- 날개는 비행 특성에 따라 여러 가지 모양을 취한다.

날개의 유형

❸ **꼬리 날개부(Empennage)** : 가로 안정판과 세로 안정판으로 구성되고 각각의 조종면에 의해 상승/하강(엘리베이터) 및 좌/우 선회(러더)의 역할을 한다.

꼬리 날개의 유형

❹ **동력 장치(Engine)** : 예전에는 엔진만을 항공기의 동력으로 사용하였으나 점차 다양한 종류의 원동기를 사용하게 되었다(제트 엔진, 왕복 엔진, 로터리 엔진, 에어 엔진, 모터 등).

❺ **착륙 장치(Landing Gear)** : 착륙 장치는 이륙과 착륙 시에 사용되는 장치로 대부분의 항공기에서 타이어 바퀴로 된 착륙 장치를 쓰고 있다. 착륙하는 장소에 따라 물 위에서 이착륙하기 위해 플로트(Float)를 달기도 하고, 설원 또는 초원에 착륙하기 위해 스키드(Skid)나 무한궤도를 장착하기도 한다.

타이어 랜딩 기어   플로트   스키드   무한궤도

(02) 항공기의 조종 면

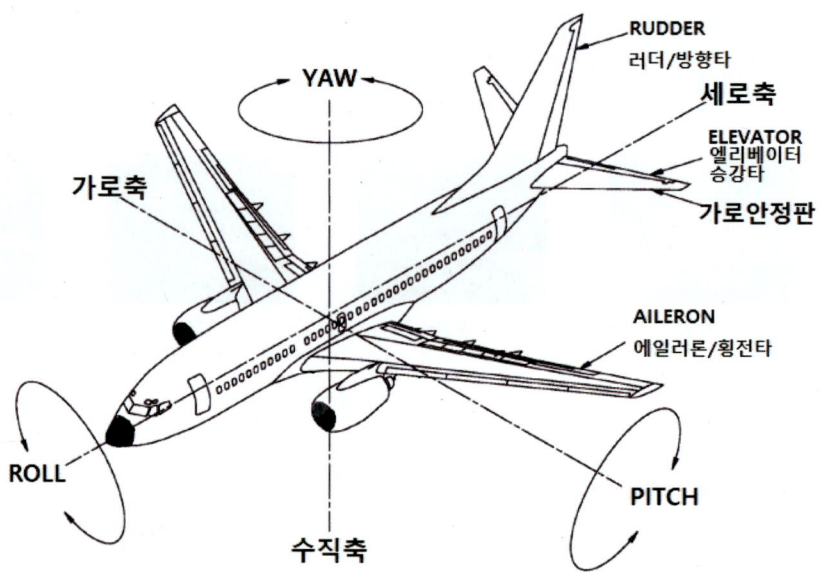

기체는 크게 3개의 축이 교차하는 구조로 되어있다. 이 3개의 축이 교차하여 만나는 점을 항공기의 무게 중심(CG/Center Of Gravity)이라 하고 이 중심을 기준으로 가로, 세로, 수직축을 갖게 된다.

❶ **세로축(Longitudinal Axis)** : 항공기의 기수에서 무게 중심을 통과하여 꼬리 끝까지 연결하는 가상의 축이다. 항공기의 세로축을 중심으로 좌우로 회전하려는 운동을 롤링(Rolling)이라 하며 도움 날개(Aileron/에일러론/횡전타/보조익)에 의해 조종된다.

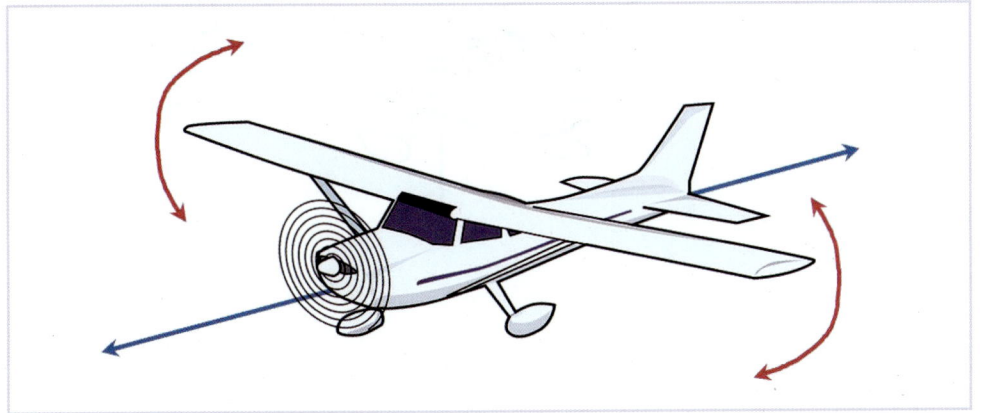

❷ **가로축(Lateral Axis)** : 항공기의 무게 중심을 통과하여 좌·우측 날개의 끝 방향으로 연결하는 가상의 축이다. 가로축을 중심으로 항공기는 기수의 상하 운동을 하는데 이를 종요 또는 피칭(Pitching)이라 하며 가로 안정판(Elevator/엘리베이터/승강타)에 의해 조종된다.

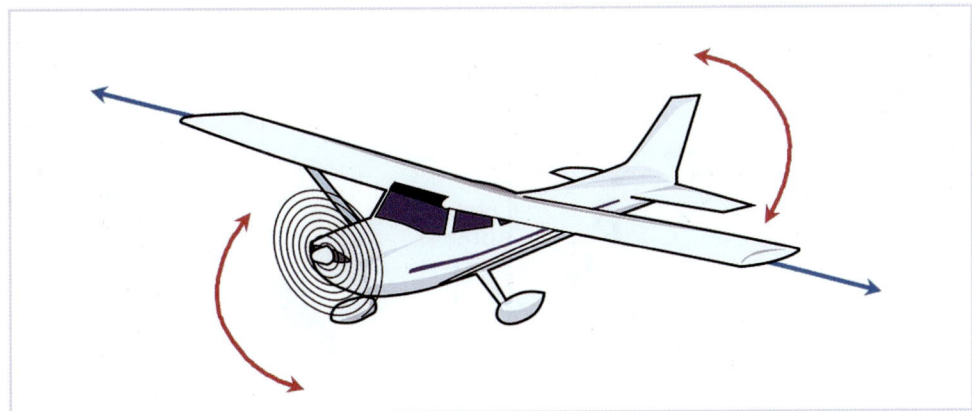

❸ **수직축(Vertical Axis)** : 항공기의 위아래로 무게 중심을 통과하는 축이다. 이 축을 중심으로 기수가 좌우 운동을 하는 것을 편요 또는 요잉(Yawing)이라 하고 수직 안정판(Rudder/러더/방향타)으로 조종한다.

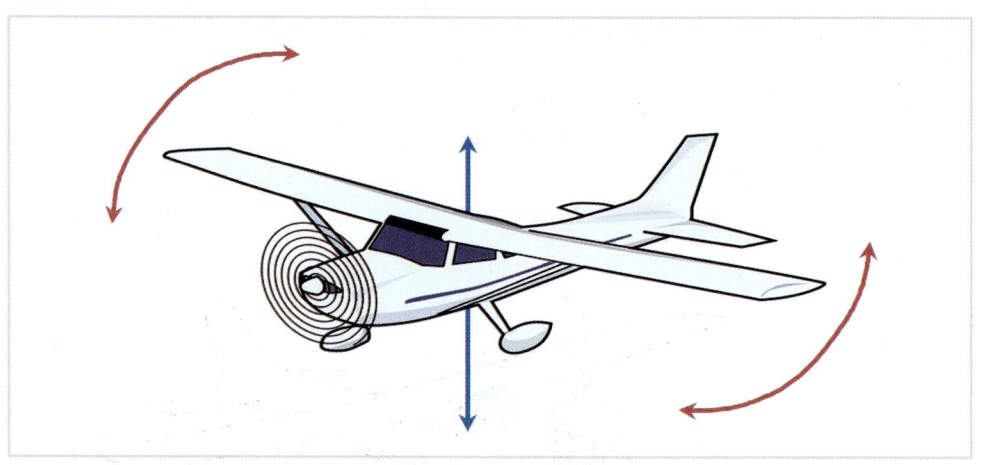

2 멀티콥터의 구조와 특성

(01) 멀티콥터의 구조

멀티콥터는 메인 프레임, 암, 모터와 변속기, 랜딩 스키드 등으로 이루어진 비행체이다. 측면 추력에 의해 양력을 일으켜 비행하는 항공기의 유선형 몸체의 라인과는 사뭇 다른 구조로 되어있다. 양력을 발생시키는 부분은 각 암의 끝단에 있는 모터와 프로펠러에 의해 이루어진다.

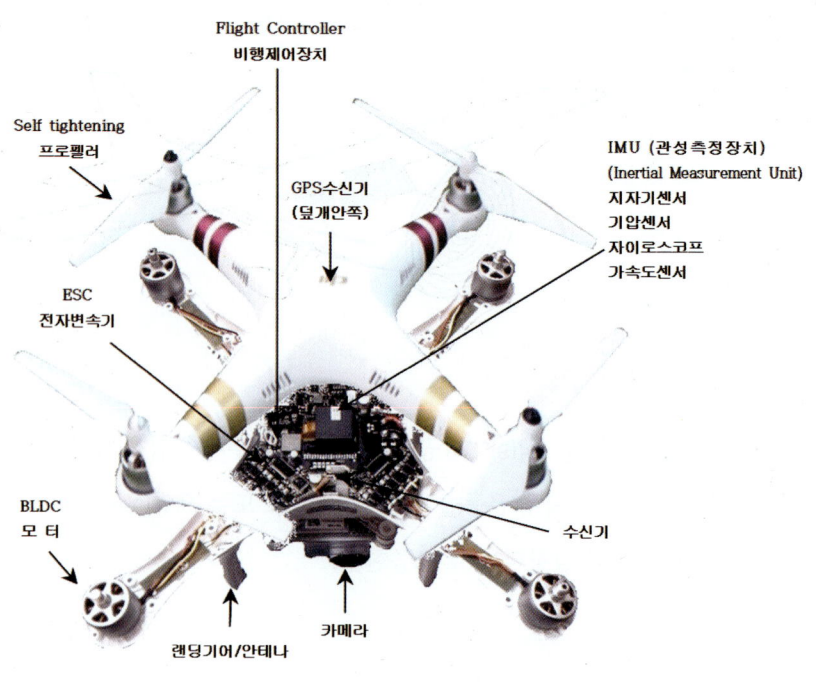

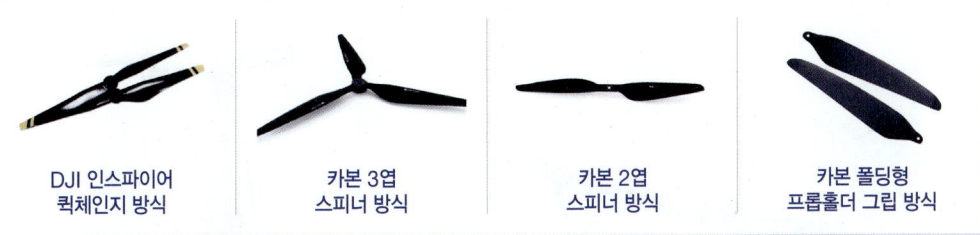

DJI 인스파이어 퀵체인지 방식	카본 3엽 스피너 방식	카본 2엽 스피너 방식	카본 폴딩형 프롭홀더 그립 방식

❶ 멀티콥터는 통상 4개 이상의 로터를 장착한 것으로 각 로터에 의해 발생하는 반작용(역토크)의 힘을 서로 상쇄시키는 구조로 되어있다.

❷ 멀티콥터는 반작용 상쇄를 위하여 짝수개의 동력 축과 로터를 갖고 있다.

※ 모노콥터는 로터가 단 1개이므로 반토크를 상쇄할 다른 로터가 없기 때문에 별도의 타면(비행기의 조종 면과 같은)을 장착해야만 비행이 가능하다.

※ 트라이콥터(펜타콥터)의 경우 동력 축 2개(4개)는 상쇄 작용을 하고 1개의 축은 좌우로 기울여서 상쇄하는 독특한 구조로 되어 있다. 또한 짝수개의 로터를 가진 것들보다 월등한 기동력을 갖고 있다.

❸ 드론의 로터 개수는 라틴어와 그리스어의 기수와 서수에 쓰이는 접두어를 섞어 부른다.

드론에 사용되는 로터의 개수에 따른 명칭

로터의 개수	우리말	라틴어	그리스어
1	모노	uni	mono
2	바이	bi	di
3	트라이	tri	tri
4	쿼드	quad	tetra
5	펜타	penta	penta
6	헥사	hexa	hexa
8	옥토	octo	okto
12	도데카	duodecim	dodeca
16	헥사데카	sedecim	hexadeca
18	옥타데카	octodecim	octadeca

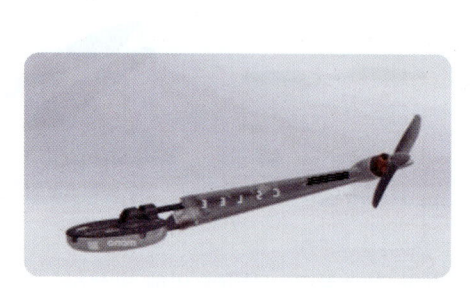
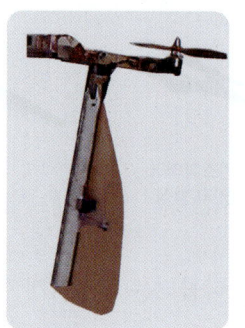

로터가 1개인 모노(Mono)콥터

로터가 2개인 바이(Bi)콥터

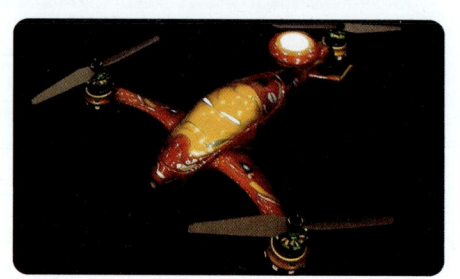

로터가 3개인 트라이(Tri)콥터

로터가 4개인 쿼드(Quad)콥터

로터가 5개인 펜타(Penta)콥터

로터가 6개인 헥사(Hexa)콥터

로터가 8개인 옥토(Octo)콥터

로터가 12개인 도데카(Dodeca)콥터

로터가 16개인 헥사데카(Hexadeca)콥터

조립상태   분해상태

로터가 18개인 옥타데카(Octadeca)콥터

확/인/문/제

01 비행기 구조 중에 비행 중 기수의 상하 방향 운동의 안정성을 만들어 주는 부분의 명칭으로 맞는 것은?

① 동체　　② 주 날개
③ 꼬리 날개　　④ 착륙 장치

해설
주 날개는 양력을, 꼬리 날개는 상하좌우 방향의 안정을 제어할 수 있다.

02 다음은 항공기를 부분별로 나눈 것이다. 맞는 것은?

① 날개, 착륙 장치, 동체, 꼬리 날개부, 동력 장치
② 동체, 날개, 동력 장치, 장비 장치
③ 날개, 동체, 꼬리 날개부, 착륙 장치, 각종 장비 장치
④ 날개, 동체, 꼬리 날개부, 착륙 장치, 엔진 장착부

해설
항공기의 5개 부분은 동체, 날개, 꼬리 날개부, 동력 장치, 착륙 장치이다.

03 응력 외피형 구조 형식에서 외피(Skin)가 주로 담당하는 응력은?

① 굽힘력　② 비틀림력
③ 전단력　④ 인장력

> **해설**
> 외피(Skin)는 동체의 둥근 원기둥 형태가 비틀어지지 않도록 잡아주는 역할을 한다.

04 날개에 걸리는 굽힘(하중)력을 담당하는 것은?

① Spar　② Rib
③ Skin　④ Spar Web

> **해설**
> 항공기의 날개보(Spar)는 익근으로부터 익단까지 이어져 날개가 굽혀지지 않도록 받쳐준다.

05 다음의 조종 면 중에서 기체의 수평 안정판 뒷부분에 부착되어 조종간(Control Stick)에 의해 작동되며 기수가 상하 운동을 하도록 하는 것은?

① 방향타(Rudder) 또는 방향키
② 도움 날개(Ailerons) 또는 보조익
③ 승강타(Elevator) 또는 승강키
④ 러더 트림(Rudder Trim)

> **해설**
> - 방향타 : 좌우 회전
> - 도움 날개 : 좌우 기울기
> - 승강타 : 상승 하강
> - 러더 트림 : 좌우 방향 보정

06 다음의 조종 면 중에서 기체의 수직 안정판 뒷부분에 부착되어 페달(Pedal)에 의해 작동되며 기체에 빗놀이(Yawing) 운동을 주는 것은?

① 방향타(Rudder) 또는 방향키
② 도움 날개(Ailerons) 또는 보조익
③ 승강타(Elevator) 또는 승강키
④ 러더 트림(Rudder Trim)

> **해설**
> Rudder~Yawing, Aileron~Rolling, Elevator~Pitching

07 다음의 조종 면 중에서 날개의 양 끝 뒷부분에 부착되어 조종간(Control Stick)에 의해 작동되며 기체를 좌 또는 우로 기울여 경사각을 주는 것은?

① 방향타(Rudder) 또는 방향키
② 도움 날개(Ailerons) 또는 보조익
③ 승강타(Elevator) 또는 승강키
④ 러더 트림(Rudder Trim)

> **해설**
> 기체를 좌우로 기울이는 조작은 에일러론(도움 날개/보조익/횡전타/Aileron)이다.

08 다음 중 주 조종 면 또는 1차 조종 면으로 구분되지 않는 것은?

① 도움 날개　② 승강타 트림
③ 승강타　④ 방향타

> **해설**
> 1차 조종 면은 도움 날개(에일러론/횡전타/보조익/Aileron), 승강타(엘리베이터/Elevator), 방향타(러더/Rudder)이다.

09 비행기의 3축 운동과 조종 면의 관계가 바르게 연결된 것은?

① 보조 날개와 Yawing
② 방향타와 Pitching
③ 보조 날개와 Rolling
④ 승강타와 Rolling

> **해설**
> Rudder~Yawing, Aileron~Rolling, Elevator~Pitching

10 비행기 방향타(Rudder)의 사용 목적은?

① 편요(Yawing)를 조종한다.
② 과도한 기울임을 조절한다.
③ 선회 시 필요한 경사를 준다.
④ 선회 시 하강을 막아준다.

> **해설**
> Rudder~Yawing, Aileron~Rolling, Elevator~Pitching

11 조종 면의 힌지 모멘트를 감소시켜 조종사의 조종력을 "0"으로 환원시키는 장치는?

① 트림 탭   ② 평형 탭
③ 서보 탭   ④ 스프링 탭

> **해설**
> 트림 탭은 조종간을 계속 일정 방향으로 잡고 있어야 하는 상황을 0 위치에 놓아도 그 기능이 가능하도록 환원시켜 주는 장치이다.

▶ **정답** ◀

01	③	02	①	03	②	04	①	05	③
06	①	07	②	08	②	09	③	10	①
11	①								

 (15-071) 추력 부분의 명칭 및 이해

1 멀티콥터에서의 추력 부분 명칭

(01) 추력의 전달 순서

멀티콥터의 추력 부분의 전달은 FC → 변속기 → 모터 → 프로펠러 순으로 이루어진다. 비행기는 추력을 담당하는 부분과 양력을 담당하는 부분이 각각 존재하지만 멀티콥터는 추력과 양력을 담당하는 부분이 프로펠러에 집중되므로 정지 비행이 가능하게 된다.

❶ **비행 컨트롤러(FC : Flight Controller)** : 멀티콥터의 현재 자세와 기울기, 움직임에 대한 센서의 신호와 조종기로부터 수신된 정보를 변속기로 보내는 장치로 컴퓨터에서 CPU(Central Processing Unit/중앙처리장치)와 같은 역할을 하며 컴퓨터처럼 명명하여 FCU(Flight Control Unit)라고 부르기도 한다.

CC3D

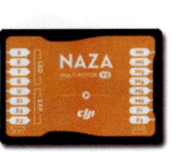
DJI-NAZA

MULTI-WII

DJI-A3

❷ **변속기(ESC : Electronic Speed Controller)** : 일명 전자 변속기라고도 부른다. 자동차의 기어를 바꾸는 변속기와는 구조적으로 전혀 다르며 오로지 전자 신호에 의한 모터의 회전과 출력을 제어하는 장치이다. 변속기는 FC의 신호를 받아 모터에 충분한 전류를 공급하기 위해 몇 가지 부분의 구조로 되어 있다.

- 연결 단자 : FC의 신호를 전달
- DC 입력 단자 : 배터리의 전류를 바로 공급받는 부분
- 모터 연결 커넥터 : 3상의 교류로 변환된 전류를 모터에 공급
- 콘덴서 : 모터 시동 시 배터리의 부족한 전력을 보충하고 교류만을 통과시켜 배터리를 보호하고 불안정한 전원을 안정적으로 공급하여 노이즈(Noise/잡음)를 제거한다.

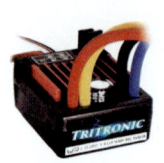   

브러시드 변속기 　　 CC3D 통합 변속기 　　 미니 BLDC 변속기 　　 DJI 팬텀 변속기

❸ **모터(Motor)** : 전기 에너지를 받아 기계 에너지로 바꾸는 장치로, 실제적인 추력을 얻기 위한 동력을 발생시키는 부분이다. 이전에는 정류자 방식의 단상 모터(Brushed Motor)가 주류를 이루었지만, 최근에는 브러시드 모터보다 출력도 높고 수명도 월등히 긴 3상 유도전류를 이용한 브러시리스 모터(BLDC/Brushless DC Motor)를 주로 사용하고 있다. 일반적으로 산업용 멀티콥터는 대부분 BLDC를 사용한다고 봐도 무방하고 취미용이나 완구류에서는 저렴한 브러시드 모터와 코어리스 모터를 많이 사용하고 있다.

브러시드 모터 　　 BLDC(인러너) 　　 BLDC(아웃러너) 　　 BLDC(위에서 본 모양)

❹ **프로펠러(Propeller)** : 회전하면서 추진력을 일으키는 프로펠러는 길이와 피치(Pitch/한 바퀴 회전 시 전진하는 거리)로 표시한다. 예를 들어 프로펠러에 24×7.5라고 적혀 있다면 지름은 24인치, 피치는 7.5인치가 된다. 프로펠러는 회전함으로써 반발력(반토크)을 발생시키므로 항상 서로 반대 방향으로 회전하는 프로펠러가 옆에 위치하게 된다. 회전하는 방향에 따라 시계방향(CW : Clock Wise)과 반시계방향(CCW : Counter Clock Wise)의 프로펠러가 있다.

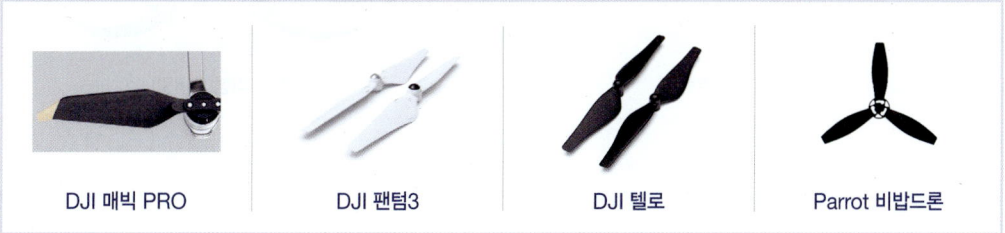

| DJI 매빅 PRO | DJI 팬텀3 | DJI 텔로 | Parrot 비밥드론 |

2 멀티콥터에서의 추력 발생 원리

(01) 추력을 얻는 방법

멀티콥터에서 추력을 담당하는 부분은 기체를 중심으로 사방으로 펼쳐진 로터(모터와 프로펠러의 집합체)이다. 이 로터의 회전에 의해 멀티콥터가 균형을 유지하고 이동할 수 있게 된다. 멀티콥터에서는 추력과 양력의 구분이 모호할 수 있고, 단순히 정지 비행(호버링)을 위해서 양력을 발생시키기도 하지만 바람이 많이 불면 호버링 자세를 수평으로 유지하기 위해 추력을 이용해야 하는 경우도 있다.

(02) 추력 발생 원리(무풍 시, 쿼드콥터를 기준으로)

❶ **정지 비행** : 일명 호버링(Hovering)이라 부르며 M1~M4번의 모든 로터가 균형을 이루어 멀티콥터의 중량만큼 양력을 발생시키면 된다. 정지 비행 시에는 비행체에 작용하는 4가지 힘, 곧 양력, 중력, 추력, 항력은 모두 평형을 이루게 된다.

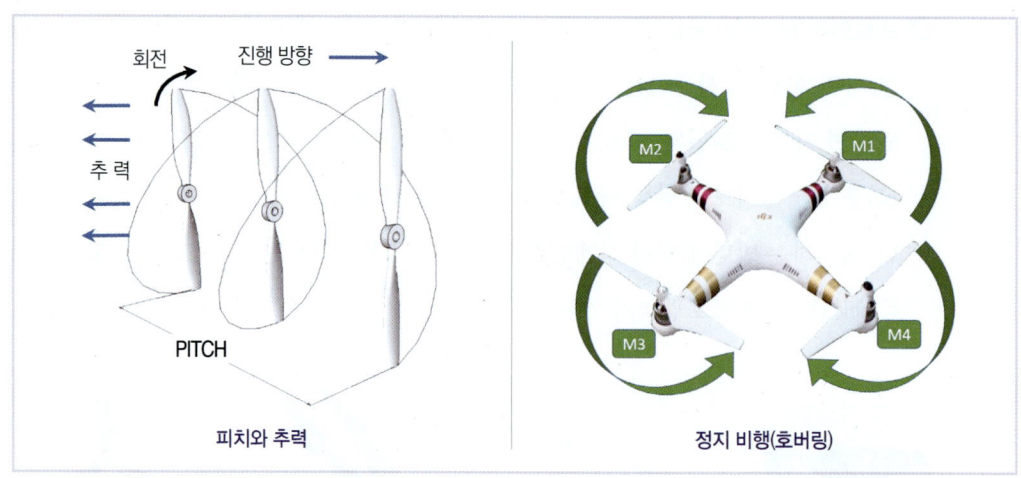

❷ 상승/하강 비행 : 모든 로터가 동일한 속도로 회전하면서 추력을 증가시켜 중력보다 양력(추력)을 크게 하면 상승하게 되고 반대로 추력을 감소시키면 하강하게 된다.

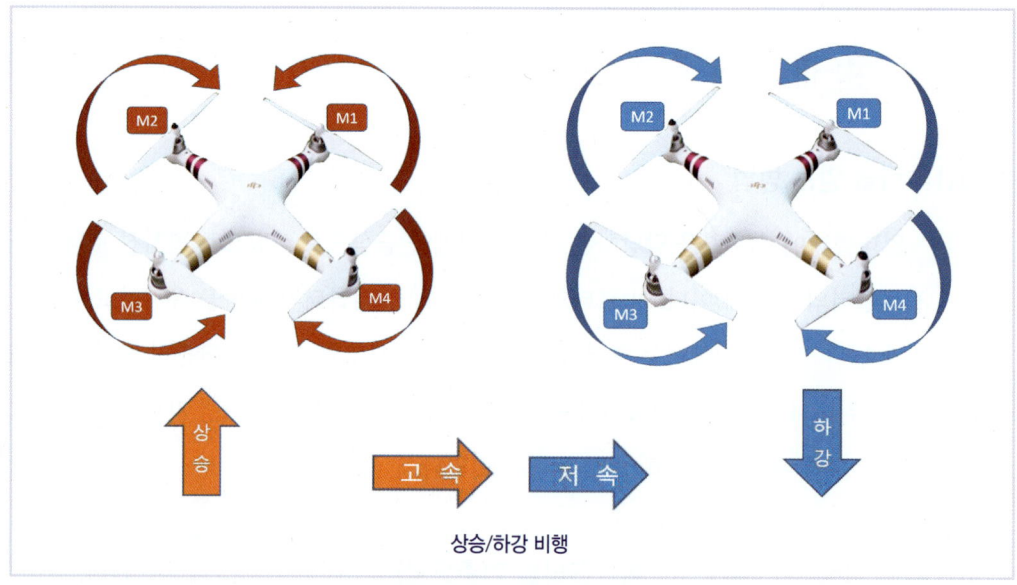

❸ **전진/후진 비행** : 전방에 위치한 로터는 정지 비행 수준의 회전을 유지한 채 후방에 위치한 로터의 추력을 증가시키면 전진, 반대로 하면 후진하게 된다.

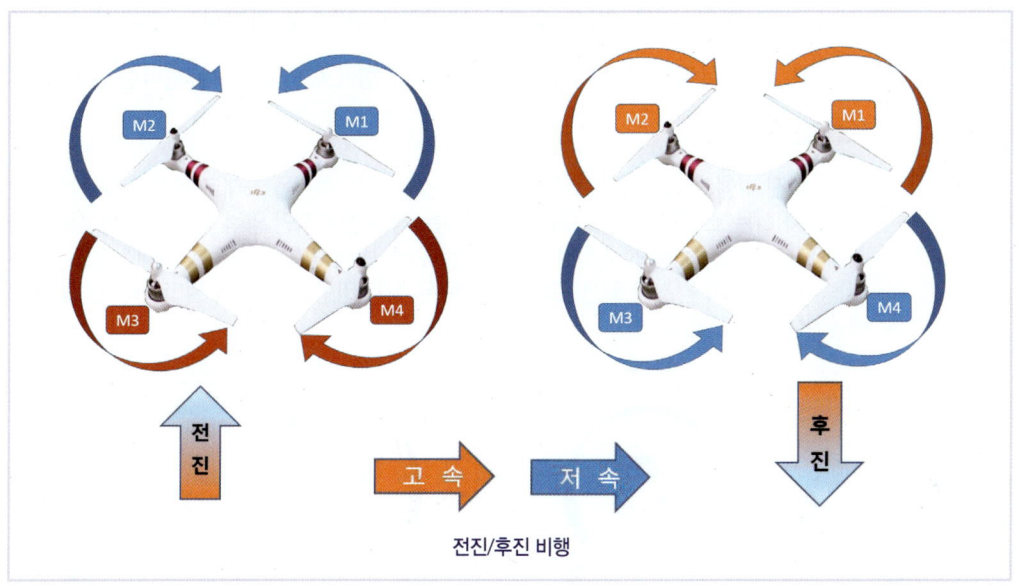

전진/후진 비행

❹ **좌/우 수평 비행** : 기체의 중심선을 기준으로 좌·우측 어느 한 방향의 추력을 증가시키면 반대 방향으로 수평 비행을 하게 된다. 좌측의 추력을 높이면 우측으로, 우측의 추력을 높이면 좌측으로 이동한다.

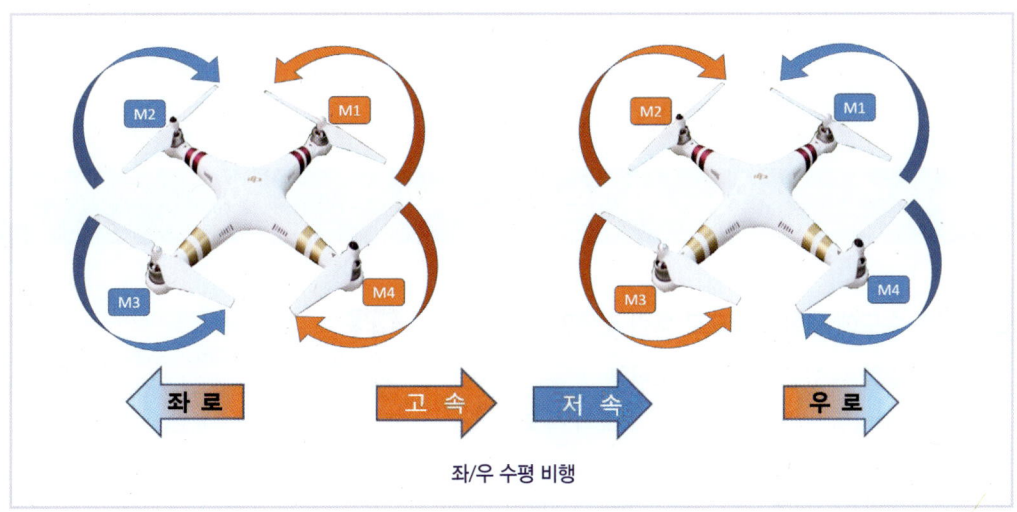

좌/우 수평 비행

❺ **좌/우 회전 비행** : 멀티콥터의 반토크를 이용한 비행으로 서로 회전하고자 하는 방향의 반대 방향으로 회전하는 로터의 회전수를 증가시켜 그 반발력을 이용하여 회전하게 된다. 좌로 회전하려는 경우 우측(시계방향/CW)으로 회전하는 로터의 회전 속도를 올리고, 우로 회전하려는 경우 좌측(반시계방향/CCW)으로 회전하는 로터의 회전 속도를 올린다.

※ 좌/우 회전 비행의 경우 회전 속도를 높이지 않는 쪽의 회전을 그대로 유지한 채 반토크를 이용하고자 하는 로터의 회전 속도만 증가시키는 경우 전체적인 양력 증가로 인한 상승 비행을 하게 되므로 특정 방향의 회전을 증가시키는 만큼 반대 방향의 회전은 상대적으로 감소시키되 증가한 회전과 감소한 회전으로 인한 양력은 정지 비행 시와 같이 멀티콥터의 중량만큼 양력을 발생시켜야 한다.

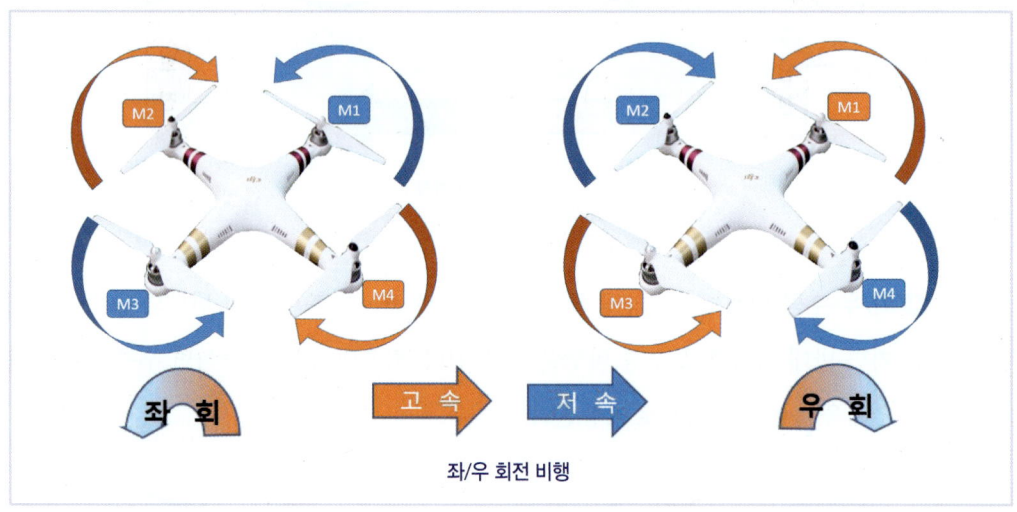

좌/우 회전 비행

확/인/문/제

01 실속 속도에 대한 설명으로 틀린 것은?

① 상승할 수 있는 최소의 속도이다.
② 수평 비행을 유지할 수 있는 최소의 속도이다.
③ 하중이 증가하면 실제 실속 속도는 커진다.
④ 실속 속도가 크면 이착륙 활주 거리가 길어진다.

해설

실속 속도는 비행기의 이륙과 착륙의 비행 성능을 결정하는 주요 요소이며 항공기의 안전 운항에 있어 엄격하게 제한되고 지켜져야 한다. 비행기가 추락하지 않고 수평을 유지할 수 있는 최저 속도이며 중량이 무거워질수록 실속 속도는 올라간다.

02 다음 중 필요 마력에 대한 설명으로 적당한 것은?

① 발동기에서 순수하게 프로펠러를 구동하는 마력이다.
② 수평 비행을 유지하기 위해 요구되는 마력이다.
③ 발동기가 낼 수 있는 최대의 마력이다.
④ 발동기 회전수가 최대일 때 낼 수 있는 마력이다.

> **해설**
> - 필요 마력 : 수평 비행을 유지하는 데 필요한 출력
> - 여유 마력 : 가속을 위해 출력을 올렸을 때 필요 마력을 뺀 나머지 여유 출력
> - 이용 마력 : 원동기가 비행을 위해 사용할 수 있는 전체 출력

03 동력 비행장치의 성능에서 상승력에 관한 설명으로 적절하지 않은 것은?

① 필요 마력이 작고 이용 마력이 크면 상승력이 좋다.
② 이용 마력이 크고 여유 마력이 크면 상승력이 좋다.
③ 여유 마력이 작고 이용 마력이 크면 상승력이 좋다.
④ 필요 마력이 작고 여유 마력이 크면 상승력이 좋다.

> **해설**
> 필요 마력은 적을수록 항공기의 출력 여유가 있고 이용 마력이 클수록 여유 마력도 커지게 된다. ①, ②, ④는 모두 같은 뜻이다.

04 다음 중 여유 마력에 대한 설명으로 틀린 것은?

① 여유 마력이 "0"일 때는 상승 비행 상태이다.
② 동력 비행장치의 상승력은 여유 마력에 의해 결정된다.
③ 여유 마력 = 이용 마력 - 필요 마력
④ 이용 마력이 크고 필요 마력이 작을수록 여유 마력이 커진다.

> **해설**
> 여유 마력이 "0"인 경우는 수평을 유지하며 등속 운동할 때이다.

05 동력 비행장치가 100km/h의 속도로 10km/h의 바람을 거슬러 직선 비행하고 있다. 이 동력 비행장치의 대지 속도(Ground Speed)는?

① 90km/h
② 110km/h
③ 100km/h
④ 해면 상공에서는 100km/h

> **해설**
> - 맞바람 속을 비행할 때의 지상 속도는 비행 속도-바람 속도 = 90km/h
> - 뒷바람 속을 비행할 때의 지상 속도는 비행 속도+바람 속도

06 활공비에 대한 설명으로 틀린 것은?

① 고도를 활공 거리로 나눈 값이다.
② 활공비가 좋다는 것은 활공각이 작다는 것이다.
③ 활공 거리를 최대 활공각으로 나눈 값이다.
④ 발동기의 출력이 완속인 상태에서 최대 비행 거리를 말한다.

> **해설**
> 활공비는 일정한 높이에서 얼마나 멀리 비행할 수 있는지를 말하며 활공기 전체의 양항비와 같다. 특히 글라이더에 있어서 활공비가 높다는 것은 더 멀리 날아갈 수 있다는 뜻이다.

07 이륙 거리를 짧게 하는 방법으로 바르지 못한 것은?

① 익면 하중을 크게 한다.
② 양력 계수를 크게 한다.
③ 플랩을 사용하여 양력을 증가시킨다.
④ 발동기의 출력을 크게 한다.

> **해설**
> 이륙 거리를 짧게 하는 방법 : 1. 양력을 증가시킨다(플랩을 사용한다). 2. 익면 하중을 작게 한다. 3. 출력을 크게 한다. 4. 정풍을 맞으며 이륙한다.

08 비행 방향의 반대 방향인 공기 흐름의 속도 방향과 Airfoil의 시위선이 만드는 사이 각을 말하며, 양력, 항력 및 피치 모멘트에 가장 큰 영향을 주는 것은?

① 상반각   ② 받음각
③ 붙임각   ④ 후퇴각

> **해설**
> • 상반각 : 동체로부터 날개 끝까지 위로 올라가는 각도
> • 받음각 : 공기 흐름 속에서 풍판(Airfoil)의 시위선이 만나는 각
> • 붙임각 : 비행기 동체에 날개가 붙어있는 각도
> • 후퇴각 : 비행기 위에서 봤을 때 날개가 뒤로 기울어진 각도

09 수평 직진 비행을 하다가 상승 비행으로 전환 시 받음각(영각)이 증가하면 양력은 어떻게 변화하는가?

① 순간 감소한다.
② 순간 증가한다.
③ 변화가 없다.
④ 지속적으로 감소한다.

> **해설**
> 수평 비행 후 받음각을 올리면 양력은 일시적으로 증가하나 출력을 증가시키지 않으면 다시 수평 직진 비행으로 돌아온다.

10 취부각(붙임각)에 대한 설명이 아닌 것은?

① Airfoil의 익현선(시위선)과 로터 회전면이 이루는 각을 말한다.
② 취부각(붙임각)에 따라서 양력은 증가만 한다.
③ 블레이드 피치각을 말한다.
④ 유도 기류와 항공기 속도가 없는 상태에서는 영각(받음각)과 동일하다.

> **해설**
> 취부각은 받음각(양력)을 결정짓는 요소로서 비행체의 운항 속도와 익면 하중, 기체의 무게까지 모두 감안하여 결정되어야 한다.

11 대칭형 Airfoil에 대한 설명 중 틀린 것은?

① 상부와 하부 표면이 대칭을 이루고 있으나 평균 캠버선과 익현선(시위선)은 일치하지 않는다.
② 중력 중심 이동이 대체로 일정하게 유지되어 주로 저속 항공기에 적합하다.
③ 장점은 제작 비용이 저렴하고 제작도 용이하다는 것이다.
④ 단점은 비대칭형 Airfoil에 비해 양력이 적게 발생하여 실속이 발생할 수 있는 경우가 더 많다는 것이다.

> **해설**
> 대칭형 Airfoil은 상하부가 완벽히 대칭을 이루고 캠버선과 익현선이 일치한다. 구조가 간단하고 제작 비용이 적지만 양력 발생이 적어 실속 발생 가능성이 더 높다.

12 잉여 마력(여유 마력)과 가장 관계가 깊은 것은?

① 상승률 ② 최대 수평 속도
③ 활공 성능 ④ 실속 속도

> **해설**
> 이용 마력과 여유 마력이 높고 필요 마력이 낮을수록 상승률이 높아진다.

13 활공비를 바르게 설명한 것은?

① 최대 활공각을 최소 활공각으로 나눈 것
② 활공 거리를 고도로 나눈 것
③ 고도를 활공 거리로 나눈 것
④ 활공 속도를 강하율로 나눈 것

> **해설**
> 활공비는 어떤 높이에서 얼마나 멀리 날 수 있는지를 계산한 것이다.

14 비행 중 항력이 추력보다 크면 다음 중 어떤 상황이 되는가?

① 가속도 운동 ② 감속도 운동
③ 등속도 운동 ④ 정지

> **해설**
> 중력과 양력, 추력과 항력이 같을 때 등속도 운동을 한다.

15 항공기가 급강하 시 속도의 변화는?

① 어느 정도까지 증가한 후 더 이상 증가하지 않는다.
② 중력 가속도에 따라 계속 증가
③ 지면에 닿을 때까지 계속 증가
④ 지면에 닿을 때까지 계속 감소

> **해설**
> 항공기가 급강하하면 초기에는 속도가 급하게 증가하지만 어느 정도 증가하면 더 이상 속도가 증가하지 않고 일정한 속도를 유지하게 된다.

16 다음은 실속 속도에 대한 설명이다. 틀린 것은?

① 양력 계수가 최대인 상태에서 비행 속도가 최소가 되는 속도
② 실속 속도는 익면 하중이 클수록 감소한다.
③ 실속 속도가 작을수록 착륙 속도는 작아진다.
④ 고양력 장치의 양력 계수 값을 크게 하면, 이착륙 시 비행기 성능을 향상시킨다.

> **해설**
> 실속 속도는 비행기가 추락하지 않고 수평을 유지할 수 있는 최저 속도를 말한다. 또한 비행기의 이륙과 착륙의 비행 성능을 결정하는 주요 요소이며 항공기의 안전 운항을 위해 엄격하게 제한되고 지켜져야 한다. 중량이 무거워질수록 실속 속도는 올라간다.

17 비행기에서 양력에 관계하지 않고 비행을 방해하는 항력을 통틀어 무엇이라 하는가?

① 압력 항력 ② 유도 항력
③ 조파 항력 ④ 유해 항력

> **해설**
> 양력에는 관여하지 않고 비행을 방해하는 모든 항력을 유해 항력이라 하며 형상 항력이라고도 한다. 유해 항력에는 형상(Form) 항력, 표면(Skin) 항력, 간섭(Interference) 항력이 있다.

▶ **정답** ◀

01	①	02	②	03	③	04	①	05	①
06	④	07	①	08	②	09	②	10	②
11	①	12	①	13	②	14	②	15	①
16	②	17	④						

06

(16-072) 기초 비행 이론 및 특성

1 기초 비행 이론(쿼드콥터를 기준으로)

❶ 멀티콥터에서 로터의 번호를 정하는 기준은 12시 방향을 기준으로 우측에 처음 위치한 로터를 1번으로 하고 반시계방향(CCW)으로 돌아가며 다음 순서의 번호를 부여한다. 쿼드콥터의 경우 1시 30분 방향(우측 상단)에 위치한 로터가 M1, 10시 30분 방향(좌측 상단)에 위치한 로터가 M2, 7시 30분 방향(좌측 하단)에 위치한 로터가 M3, 4시 30분 방향(우측 하단)에 위치한 로터가 M4의 번호를 받는다.

※ 회전익 항공기의 날개에 해당하는 이름은 로터라는 명칭이 정확하지만 추력(양력)을 발생시키는 동력원이 모터(Motor)이므로 사람들이 쉽게 1번 모터, 2번 모터와 같은 식으로 표현한다.

❷ 상승/하강 : 상승 - M1, M2, M3, M4 모두 회전수 증가/하강 - 모두 회전수 감소

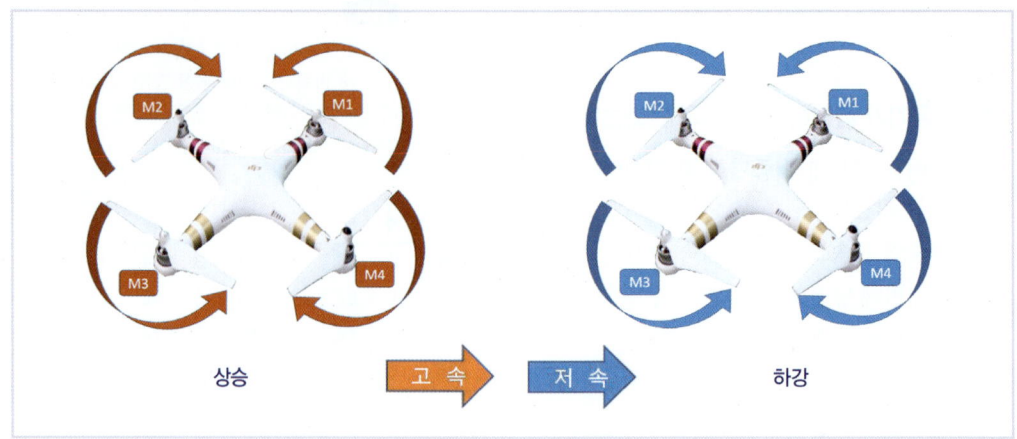

❸ **전진/후진** : 전진 – M3, M4 회전수 증가/후진 – M1, M2 회전수 증가

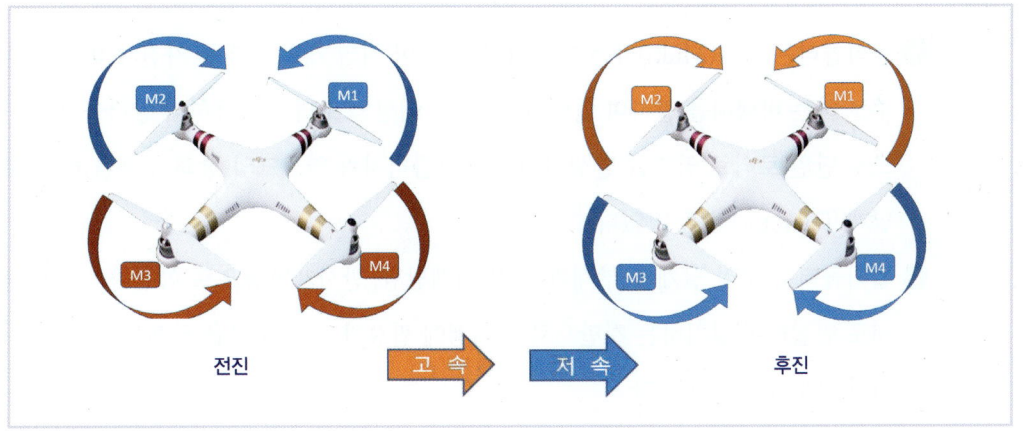

❹ **좌우 이동** : 좌로 이동 – M1, M4 회전수 증가/우로 이동 – M2, M3 회전수 증가

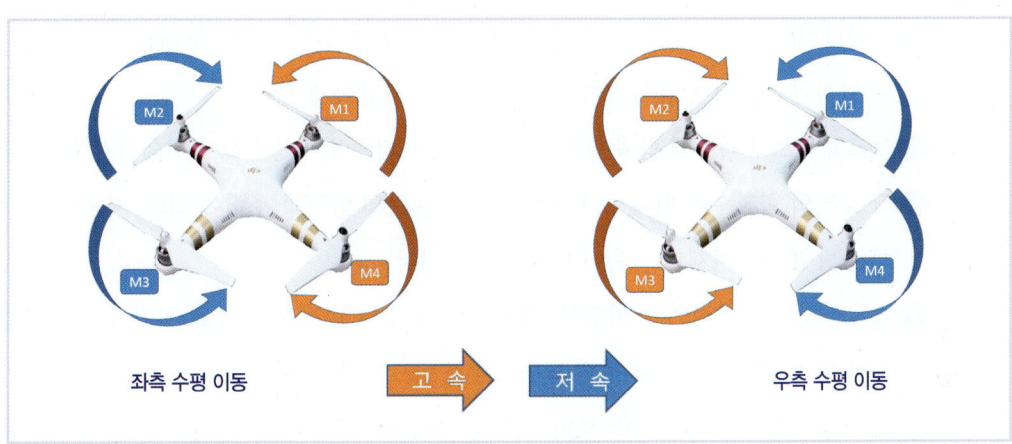

❺ **좌우 회전** : 좌회전 – M2, M4 증가 M1, M3 감소/우회전 – M1, M3 증가 M2, M4 감소

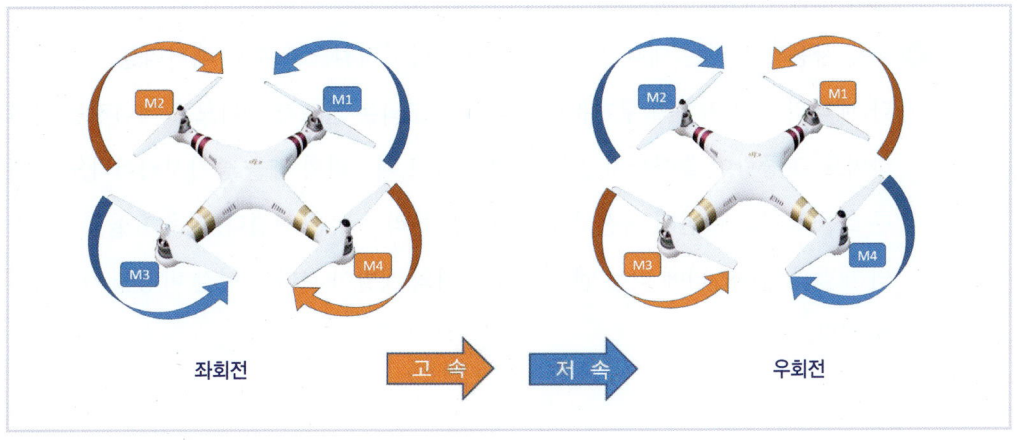

2 멀티콥터의 특성

❶ 멀티콥터는 멀티(Multi)라는 이름의 뜻과 같이 여러 개의 로터를 가진 호버링 비행을 주로 하는 비행체를 말하며 일반적으로 3개 이상의 로터를 이용하여 양력을 발생시키므로 단일 로터로 양력을 발생시키는 헬리콥터처럼 역토크의 상쇄 작용을 하는 꼬리 날개(Tail rotor)가 필요 없다.

❷ 멀티콥터는 꼬리 날개의 부재와 각각 시계방향, 반시계방향으로 회전하는 로터들을 서로 인접하여 설치하는 것만으로도 비행에 필요한 모든 구성을 하게 되므로 매우 간단한 구조를 갖추고 있다.

❸ 멀티콥터는 헬리콥터와 같이 수직 이착륙과 호버링 비행이 가능하며 단순히 모터 여러 개를 조합하여 만들 수 있으므로 대중들이 쉽게 접할 수 있다.

❹ 헬리콥터와 같이 기계적인 구성에 따른 비용이 발생하지 않아 헬리콥터나 비행기보다 가격이 저렴하며 유지 보수에 따른 비용과 시간이 절감된다.

❺ 토크와 역토크 작용에 의해 회전 속도가 빠른 로터의 반대 방향으로 비행체가 회전한다.

❻ 각 로터의 회전수에 따라 고속으로 회전하는 쪽의 양력과 추력에 의해, 저속으로 회전하는 방향으로 기체가 기울어져 비행하게 된다.

❼ 멀티콥터의 안정적인 호버링을 위한 최적의 로터 회전은 피치를 제어하는 헬리콥터보다 어려울 수 있으므로 비행 제어장치가 반드시 필요하다.

❽ 멀티콥터의 전방에 위치한 모터는 각각 앞쪽에서 보았을 때 중심부를 향해서 수렴하는 모양으로 회전하고 있다. 그 이유는 공기 속에서 비행하는 멀티콥터의 직진성을 향상하기 위함이다.

❾ 현재 사용되고 있는 대부분의 멀티콥터는 에너지원으로 주로 배터리를 사용하고 있다. 배터리는 그 자체의 무게뿐만 아니라 소모되는 연료가 아니므로 에너지를 다 소모하여도 그 중량이 줄어들지 않는 단점이 있고 배터리의 양을 증가시키더라도 그에 따른 효율의 감소로 인해 여전히 비행시간을 늘리는 것은 어렵다. 더욱 효율적인 배터리의 개발과 멀티콥터에 맞는 엔진 등 원동기의 개발이 보다 장시간 비행을 가능하게 할 수 있다.

확/인/문/제

01 쿼드콥터가 전진하려면 몇 번 모터의 회전수를 증가시켜야 하는가?

① 1번, 2번 ② 2번, 3번
③ 3번, 4번 ④ 4번, 1번

> **해설**
> 쿼드콥터의 모터 배치는 기체의 전방 1시 30분 방향을 1번, 10시 30분 방향을 2번, 7시 30분 방향을 3번, 4시 30분 방향을 4번으로 한다. 그리고 1번과 2번은 앞쪽, 3번과 4번은 뒤쪽에 있다. 또한 2번과 3번은 왼쪽, 4번과 1번은 오른쪽에 위치한다.

02 쿼드콥터가 비행하던 중 3번 모터가 정지하였을 때 발생하는 일은?

① 오른쪽 앞으로 고꾸라지며 추락한다.
② 왼쪽 뒤로 고꾸라지며 추락한다.
③ 기체가 오른쪽으로 심하게 돌고 추락은 하지 않는다.
④ 기체가 왼쪽으로 심하게 돌고 추락은 하지 않는다.

> **해설**
> 3번 모터는 왼쪽 아래에 있으므로 왼쪽 뒤로 고꾸라지며 추락하게 된다.

03 멀티콥터의 구성에서 필요 없는 요소는?

① 메인 로터 ② 프로펠러
③ 랜딩 기어 ④ 테일 로터

> **해설**
> 멀티콥터는 반토크는 발생시키지만 테일 로터는 필요가 없다.

04 쿼드콥터가 우회전을 하기 위해서 필요한 동작은?

① 오른쪽에 있는 모터의 속도 증가
② 반시계방향으로 회전하는 모터의 속도 증가
③ 시계방향으로 회전하는 모터의 속도 증가
④ 왼쪽에 있는 모터의 속도 증가

> **해설**
> 우회전은 시계를 기준으로 시계가 진행하는 방향과 같은 CW(Clock Wise) 방향이다. 우회전하기 위해서는 반시계방향인 CCW(Counter Clock Wise) 모터의 회전 속도가 증가해야 한다.

05 멀티콥터를 비행하던 중 좌회전 또는 우회전하였더니 고도가 상승하였다. 이때 고장 난 것은?

① 비행 컨트롤러(FC)
② GPS 수신기
③ 변속기
④ IMU(관성 측정 장치)

> **해설**
> 멀티콥터가 회전하기 위해서는 회전하려는 반대 방향 모터의 회전수는 증가하고 회전하려는 방향 모터의 회전수는 약간 감소해야 동일한 고도를 유지하면서 회전할 수 있다. 하지만 IMU(관성 측정 장치)가 고장 나면 고도가 상승하거나 하강하는 증상이 생긴다.

▶ **정답** ◀

01	02	03	04	05
③	②	④	②	④

07

(17-073) 측풍 이착륙

1 측풍(Cross Wind)

(01) 측풍이란?

항공기의 진행 방향에 직각으로 작용하는 바람 방향의 성분으로 순항 중에는 측풍에 의해 편류가 생기고, 어느 정도 이상의 측풍은 이착륙 시 장애를 주게 된다.

(02) 항공기에서 측풍의 영향

❶ 바람이 불어오는 방향에 있는 날개는 아래쪽의 압력이 높아져 상승하려는 경향이 있다.

❷ 동체가 바람을 막는 경우 바람이 불어가는 방향에 있는 날개가 아래로 내려가는 경향이 있으므로 기체가 바람이 불어가는 방향으로 기울어지게 된다.

❸ 수직 안정판을 바람이 밀게 되므로 기수가 바람이 불어오는 쪽으로 돌아가려고 한다.

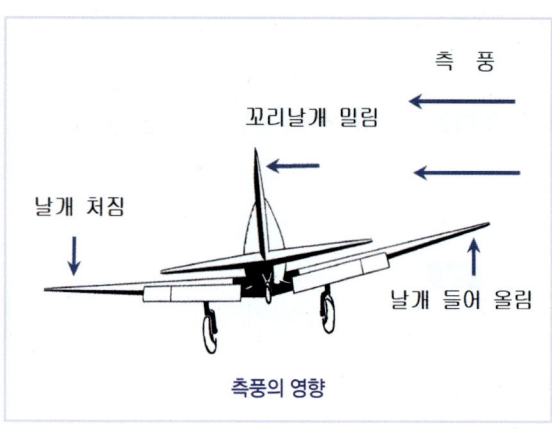

측풍의 영향

2 측풍 이륙(Cross-wind Take Off)

(01) 측풍 이륙이란?

고정익 항공기는 이륙 시 전진 방향 활주로에서 불어오는 정풍(맞바람)을 맞으며 이륙을 해야 받음각의 증가에 따른 양력 증가로 인해 짧은 활주만으로도 이륙이 가능하다. 측풍이 발생하여 활주로 중심선에 대해 직각의 풍향 상태가 되면 바람이 불어오는 쪽으로 수정된 기축 방향을 활주로 중심선에 일치시켜 이륙하게 되는 조작을 측풍 이륙(Cross-wind Take Off)이라고 한다.

측풍이 심할 때는 평소 이륙 시보다 더 오랫동안(더 빠른 속도에 이르도록) 지상에서 활주하여 충분히 실속 속도보다 높은 속도로 이륙하는 것이 안전하다.

3 측풍 착륙(Cross-wind Landing)

항공기의 측풍 착륙

(01) 측풍 착륙 방법

❶ 사이드슬립 착륙(Side-slip Cross-wind Landing)

고정익 항공기에서 측풍 착륙은 착륙할 때 활주로 중심선에 대하여 직각의 풍향 상태에서 착륙하게 되는 것이다. 우에서 좌로 측풍이 불면 기체가 좌측으로 기울게 되므로 에일러론을 우측으로 조작하여 우측 날개를 수평으로 유지하면서 착륙한다. 사이드슬립 착륙 방법은 측풍이 아주 강하지 않을 때 사용한다. 단점으로는 한쪽의 랜딩 기어가 먼저 땅에 닿게 되므로 착륙 시 하강 속도가 셀 경우 타이어 및 랜딩 기어의 파손을 가져올 수 있다.

Side-slip Approach

❷ 크래빙 착륙(Crabbing Cross-wind Landing/사비행斜飛行)

일명 "사비행"이라고도 하며 게걸음처럼 옆으로 가는 것을 말한다. 착륙 진입 시 바람 부는 쪽으로 적당하게 기수를 틀어 떠내려가지 않도록 하는 방법으로, 이 방법을 착륙에 이용하면 활주로의 방향과 비행기의 기수 방향이 틀리므로 착륙 직전에 기수를 다시 활주로와 일치시켜야 한다.

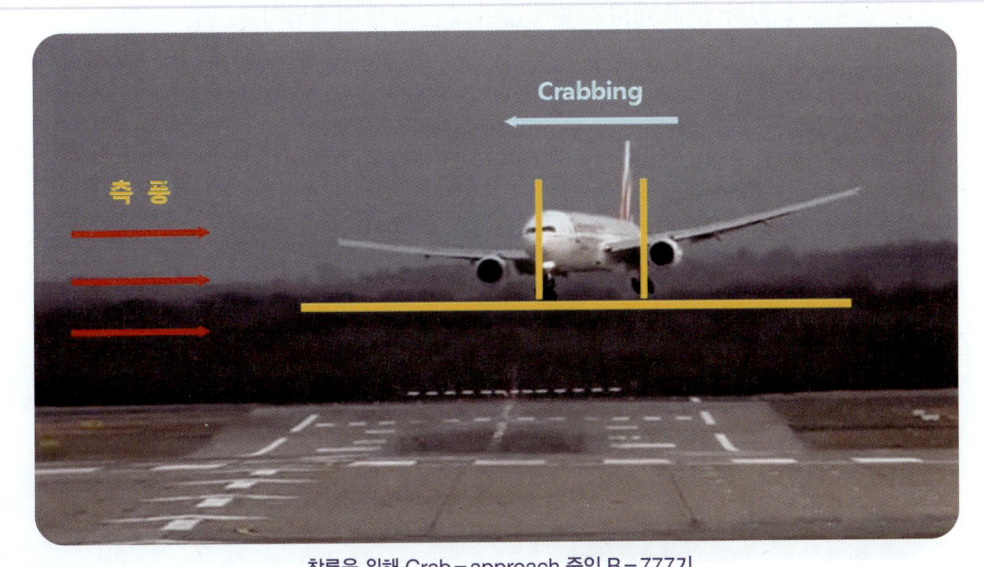

착륙을 위해 Crab-approach 중인 B-777기

※ 크래빙 착륙은 측풍 착륙 시 많이 이용되는 방법이나 전방을 향하고 있는 랜딩 기어와 착륙하는 방향이 과도하게 틀어지면 랜딩 기어 타이어의 파열 및 랜딩 기어 동작부의 파손을 가져올 수 있다.

B52는 Crabbing 착륙 시 좌우 20°까지 랜딩 기어가 기울어져 충격과 파손을 막는다.

❸ 혼합 착륙(Mixing Cross-wind Landing)

혼합 착륙은 사이드슬립 착륙 방법과 크래빙 착륙 방법을 적절하게 섞어서 착륙하는 방법이다. 사이드슬립 착륙 방법에서 과도한 기울기로 인해 날개나 엔진이 활주로에 충돌하는 위험으로부터 더 안전해지고, 크래빙 착륙의 충격에 의한 랜딩 기어의 파손을 줄이는 방법이다. 또한 착륙 직전에 비행기의 방향을 활주로와 일치시키는 시간도 단축할 수 있다. 주로 대형기에서 많이 쓰는 측풍 착륙법이다.

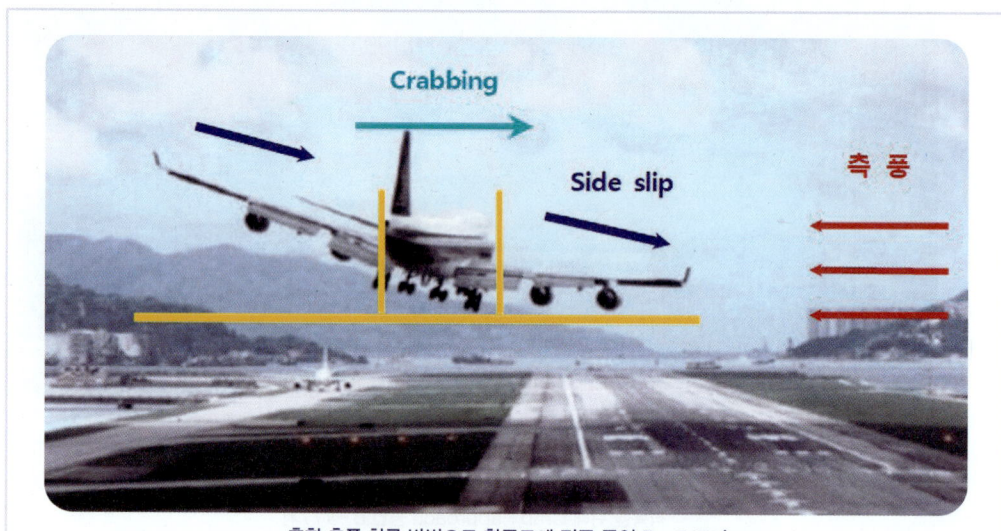

혼합 측풍 착륙 방법으로 활주로에 접근 중인 B-747기

4 멀티콥터의 측풍 이착륙

멀티콥터의 이착륙 시 측풍은 기체를 기울게 함과 동시에 바람을 따라 날려가게 하므로 기체를 바람이 불어오는 쪽으로 기울여 바람의 속도와 동일한 비행 속도를 만드는 것이 중요하다.

※ 5m/sec 이상의 측풍 시 비행을 하지 않는 것이 좋다.

❶ GPS 모드(포지션 모드) : 조종기의 스틱을 놓았을 때 기체가 바람의 속도에 따라 바람이 불어오는 쪽으로 기울어지며 제자리 비행을 한다.

❷ Atti 모드(자세 제어 모드) : 조종기의 스틱을 놓았을 때 기체는 수평을 유지하나 바람을 타고 날아간다. 하지만 기울기 센서에 의해 기체는 항상 수평을 유지해야 하므로 바람의 속도보다는 느리게 날려간다.

드론과 바람의 속도	기울기(바람이 불어오는 쪽이 앞쪽)	상태	이동 속도
최고 속도 전진	앞으로 많이 기울어짐	고속 전진	최고 속도 – 바람 속도
드론 속도 > 바람 속도	앞으로 기울어짐	저속 전진	드론 속도 – 바람 속도
드론 속도 = 바람 속도	앞으로 조금 기울어짐	정지	정지
드론 속도 < 바람 속도	수평 또는 뒤로 조금 기울어짐	저속 후진	바람 속도 – 드론 속도
최고 속도 후진	뒤로 아주 많이 기울어짐	초고속 후진	최고 속도 + 바람 속도

드론과 바람의 속도 기울기의 관계(측풍 10m/sec 이내일 때)

(01) 멀티콥터의 측풍 이륙

측풍 이륙 시 수직으로 이륙하는 멀티콥터는 바람이 불어오는 쪽이 상승하려는 영향으로 바람이 불어가는 쪽으로 기체가 기울어진다. 그러므로 이륙과 동시에 바람이 불어오는 방향으로 기울이면서 이륙해야 한다.

특히 이륙과 동시에 돌풍을 만나게 되면 엘리베이터 또는 에일러론을 바람이 불어오는 방향으로 즉시 조작하여 기체가 수직으로 이륙하도록 조작해야 한다.

❶ 측풍이 없을 때 보다 신속하게 스로틀을 조작하여 기체를 이륙시킨다.
❷ 이륙 직후 측풍이 불어오는 방향으로 조종 스틱을 기울여서 기체가 바람이 불어오는 방향으로 기울어진 채 제자리에 멈추도록 조작한다.
❸ 측풍 호버링을 실시한 상태에서 주어진 임무로 전환하여 비행한다.

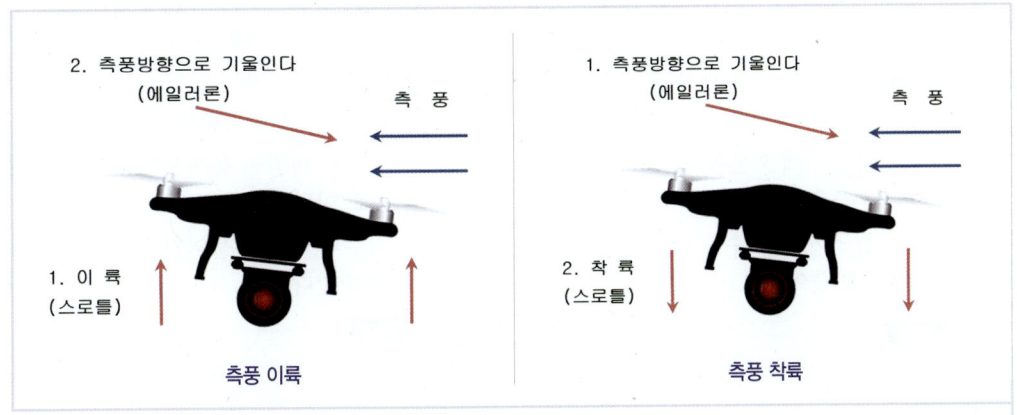

멀티콥터의 측풍 이착륙

(02) 멀티콥터의 측풍 착륙

멀티콥터의 착륙 시 측풍은 기체를 기울게 함과 동시에 바람을 따라 날려가게 하므로 착지하는 순간 측풍의 영향을 그대로 받고 있다면 기체가 전도될 가능성이 매우 높다. 측풍 시에는 기체가 기우는 방향을 민첩하게 판단하여 기울어지는 반대 방향으로 계속 조작하면서 기체를 수직으로 하강시키는 것이 중요하다. 또한 착륙 후 아이들링에 의해 발생하는 양력이 측풍의 영향으로 배가 되어 전도될 수 있으므로 지체하지 말고 신속하게 시동을 꺼야 한다.

❶ 착륙 위치에서 측풍 호버링 상태를 유지한다.
❷ 천천히 스로틀을 내려 착지한다.
❸ 랜딩 기어 전체가 안전하게 착지하면 즉시 시동을 끈다.

(03) 측풍 접근 및 착륙 과제

조종자 면허 시험의 실기비행 과제 중 마지막 과정으로 측풍 접근 및 착륙의 과제가 있다. 측풍은 그만큼 모든 항공기의 이착륙에 있어서 중요한 문제이다.

확/인/문/제

01 측풍이 불 때 이착륙 조작으로 틀린 것은?
① 이륙 시에 오른쪽 측풍이 불면 조종간을 우측으로 한다.
② 이륙 시에 왼쪽 측풍이 불면 조종간을 우측으로 한다.
③ 착륙 접근 시에 오른쪽 측풍이 불면 조종간을 우측으로 한다.
④ 착륙 접근 시에 기수를 바람이 불어오는 방향으로 틀어준다.

> **해설**
> 측풍 이착륙 시 바람이 불어오는 방향으로 조종해야 한다.

02 항공기가 받는 측풍의 영향이 아닌 것은?
① 바람이 불어오는 방향에 있는 날개가 상승하려는 경향이 있다.
② 바람이 불어가는 방향에 있는 날개가 아래로 내려가는 경향이 있다.
③ 기수가 바람이 불어오는 쪽으로 돌아가려고 한다.
④ 기수가 바람이 불어가는 쪽으로 돌아가려고 한다.

> **해설**
> 측풍의 영향은 바람이 불어오는 쪽의 날개가 들리고 불어가는 쪽은 내려간다. 또한 측풍이 수직 꼬리 날개를 쳐서 기수는 바람이 불어오는 쪽으로 기울려고 한다.

03 항공기의 측풍 착륙 방법이 아닌 것은?

① 사이드슬립(Side-slip) 착륙법
② 크래빙(Crabbing) 착륙법
③ 사이드슬립, 크래빙 혼합 착륙법
④ 롤링(Rolling) 착륙법

> **해설**
> 측풍 착륙 방법에는 사이드슬립(Side-slip), 크래빙(Crabbing), 혼합(Mixing) 착륙법이 있다.

04 멀티콥터의 측풍 착륙 방법으로 맞는 것은?

① 바람이 잠깐 멈추기를 기다렸다가 순식간에 착륙한다.
② 바람이 불어가는 방향으로 기울여서 착륙한다.
③ 최대한 기체를 수평으로 유지하여 착륙한다.
④ 바람이 불어오는 쪽으로 기울여서 착륙한다.

> **해설**
> 측풍 시 착륙은 바람이 불어오는 쪽으로 기울여서 기체가 정지 상태가 되면 스로틀을 천천히 내려서 착륙하고 착륙 즉시 시동을 끈다.

05 멀티콥터의 측풍 이착륙 방법으로 맞는 것은?

① 측풍이 불 때는 최대한 천천히 이륙한다.
② 이륙 후 재빨리 기체를 수평으로 만든다.
③ 이륙은 천천히, 착륙은 빨리하는 것이 좋다.
④ 착륙하면 바로 시동을 끈다.

> **해설**
> 측풍이 불 때는 평상시보다 빠른 속도로 이륙해야 측풍에 의한 날림을 피할 수 있고, 이륙 후에는 측풍이 불어오는 쪽으로 기체를 기울여야 정지 비행이 가능하다. 이륙은 빨리, 착륙은 천천히 해야 한다. 아이들링에 의한 양력과 측풍의 합력으로 기체가 전도될 수 있으므로 착륙 즉시 시동을 꺼야 한다.

06 방제용 멀티콥터가 측풍 비행을 하다가 갑자기 추락하였다면 그 이유는?

① 조종 스틱의 조작을 너무 급하게 해서
② 기체를 바람이 불어오는 쪽으로 너무 기울여서
③ FC의 수명이 다 되어서
④ 멀티콥터의 전원부가 좌, 우측으로 분리되어 있어서

> **해설**
> 방제용 멀티콥터 중 좌, 우측으로 전원 공급 장치를 분리한 경우 한쪽의 전원 공급 장치에서만 비행 컨트롤러의 전원을 공급하므로 컨트롤러의 전원을 공급하지 않는 쪽의 모터가 측풍으로 인해 전원을 많이 소모하게 되면 컨트롤러의 전압이 높게 나오더라도 반대편의 전원은 출력이 부족하여 기체가 공중에서 전도되면서 추락하게 된다.

07 측풍이 심하게 불어올 때 멀티콥터 모터의 회전수 변화는?

① 전체적으로 회전수가 증가한다.
② 시계방향으로 회전하는 모터의 회전수가 증가한다.
③ 바람이 불어오는 쪽 모터의 회전수가 증가한다.
④ 바람이 불어가는 쪽 모터의 회전수가 증가한다.

> **해설**
> 측풍이 불어오는 쪽으로 기체를 기울이기 위해서는 측풍이 불어가는 쪽 모터의 회전이 증가해야 한다.

정답

01	02	03	04	05
②	④	④	④	④
06	07			
④	④			

08

(18-074) 엔진 고장 등 비정상 상황 시 절차

1 비정상 상황

(01) 환경적 요인

멀티콥터는 GPS, 지자기 센서, 자이로 센서, 가속도 센서, 기압계 등 첨단 장비를 IMU(Inertial Measurement Unit/관성 측정 장치)에 탑재하고 있다. 지구에는 자기장이 흐르는데 이를 지자기라 부르고 IMU가 이를 읽어 방향을 유지한다. 지구 자기장은 그 강도가 항상 변하고, 특히 태양 흑점의 폭발 등 변화에 의해 방출된 에너지가 지구에 도달하면 지구의 자기장을 심각하게 교란하는 것으로 확인되었다. 이를 지자기 교란(지자기 폭풍)이라 하며, 항공 조종자는 비행 전에 항상 지자기 수치를 확인해야 한다. 지자기 폭풍이 일어나면 멀티콥터 외에도 전력 시스템을 교란하여 전압의 불안정을 가져온다. 그럼으로써 전력망 전송 체계가 붕괴하고 위성 항법 시스템(GPS, GLONASS)을 이용하는 장치의 수신율을 극도로 다운시킨다. 그 외에도 송유관 설비, 통신 등의 분야에 수일간 장애를 지속시키기도 한다.

갑자기 지구자기 교란 상황이 발생하면 무리하게 비행을 진행하지 말고 즉시 착륙하여 지자기 수치를 재점검한 후 안정권에 이르면 다시 비행을 할 수 있다.

(02) 기계적 요인

멀티콥터는 여러 가지 장비들의 집합체로 각 장비와 부품은 각각의 수명 주기를 갖는다. 정확한 데이터로 집계되지는 않았지만 사용자들 간에 비공식적으로 수명을 가늠하는 경우가 있다. 각 부품의 성능이 이전보다 저하된 것을 느끼면 유선 점검하고 성능 저하가 확인되면 교체 및 수리를 하는 것이 안전을 위하여 좋다.

멀티콥터의 비행 중 기계적 요인으로 인한 비정상 상황은 FC의 에러 및 변속기의 과부하, 모터의 과부하 및 모터 내부의 이물질 유입으로 인한 고착, 프로펠러나 프레임의 고정 부위가 헐렁하여 분리되는 경우 등을 들 수 있다.

❶ **비행 컨트롤러(FC)** : 일반적으로 2,000~3,000시간 정도의 수명을 갖고 있으며 배터리 과충전 및 하드랜딩에 의한 충격 등으로 수명이 급격하게 줄거나 손상을 받을 수 있다.

❷ **모터/변속기** : 모터와 변속기는 바늘과 실처럼 항상 맞물려 동작하는 부품으로서 300~500시간 정도의 수명을 갖고 있다. 특히 모터는 베어링 마모 등 일부 소리를 통해서도 수명의 다함을 가늠할 수 있으므로 비행 시 기체에서 나는 모터의 소리를 항상 기억해 두고 이상 음이 들릴 경우는 지체 없이 점검을 하는 것이 좋다.

❸ **배터리** : 우리가 사용하는 리튬폴리머 배터리는 약 500회의 충·방전을 할 수 있다. 하지만 방금 사용하고 분리하여 40℃ 이상으로 데워진 배터리를 바로 충전하거나 만충 상태에서 1주~2주 이상 보관하는 것은 배터리의 수명을 급격하게 단축하는 요인이 될 수 있다. (실사용 테스트에서는 평균 200회 전후의 충·방전 수명을 보였다)

❹ **프레임, 프로펠러, 임무 장비 등의 관리** : 멀티콥터의 프레임과 프로펠러 및 임무 장비 등은 대부분 스크루 볼트로 체결되어 있다. 비행 중 발생하는 진동에 의해 스크루가 풀어지면 상상하지 못한 사고로 이어질 수 있으므로 기체의 각 체결 부위는 비행 전 항상 점검해야 한다. 또한 볼트를 체결할 때 나사 풀림 방지제(Screw Rock)를 사용하여 진동에 의한 풀림을 예방할 수 있다.

2 비상 절차

(01) 비정상 상황 시 조치

비정상 상황이 발생하면 조종자는 비정상 상황의 내용을 인지하였을 경우 그 증상을 완화할 방법을 동원하여 안전하게 착륙시켜야 한다.

비정상 상황이 급하게 발생하고 그 내용을 확인하기 어려우며 증상에 따른 조작을 할 수 없을 때는 최대한 안전한 곳으로 이동하여 착륙 또는 추락시켜야 한다.

(02) 비상 절차

① **비상 발생** : 가장 먼저 주변에 비상 상황임을 알려야 한다. 큰 소리로 '비상'을 외치고 기체와 사람들 사이의 안전거리를 확보해야 한다.

② 지체 없이 인명과 시설의 피해가 없는 곳에 착륙시켜야 한다.

③ GPS 모드로 조작이 되지 않을 경우 자세 모드(Attitude, 애띠 모드)로 변환하여 착륙하고 자세 모드에서도 제어가 되지 않을 경우 인명과 시설에 피해가 가지 않는 곳에 착륙하거나 추락시켜야 한다.

④ 지자기 교란으로 인한 비상 상황에서 모든 방향 제어(엘리베이터, 러더, 에일러론)가 불가능할 경우 스로틀을 천천히 내려 안전하게 착륙시키거나 RTH(Return to Home) 기능을 이용하는 것이 좋다.

확/인/문/제

01 비행 중 GPS 수신이 정상적으로 되지 않아 비행이 원활하지 않을 경우 가장 먼저 해야 하는 행동은?

① 주위 사람들에게 "비상"이라고 크게 외치고 신속하게 안전한 곳에 착륙시킨다.
② 토글스위치 불량이므로 스위치를 다른 위치로 반복해서 이동시켜 본다.
③ 지체 없이 인명과 시설의 피해가 없는 곳에 추락시킨다.
④ Attitude(애띠/자세 제어) 모드로 변환하여 착륙시킨다.

> **해설**
> GPS가 고장 나면 우선적으로 자세 모드(Atti)로 전환하여 안전하게 착륙시킨 후 원인을 점검해야 한다.

02 멀티콥터의 로터 개수는 4개만으로도 모든 제어가 충분하다. 그런데 6개(헥사), 8개(옥토)를 쓰는 이유는?

① 더 무거운 짐을 들기 위해서
② 프로펠러의 크기를 작게 하기 위해서
③ 비행 시 방향성을 좋게 하기 위해서
④ 임무 장비 보호와 안전을 위해서

> **해설**
> 일반적인 헬리캠의 경우 로터가 4개인 경우가 대부분이다. 멀티콥터의 로터 개수를 많게 하는 이유는 고가의 임무 장비를 탑재하는 경우 고장으로 인한 추락으로 장비의 파손을 막기 위해 그리고 임무에 따라 무거워진 기체의 추락 시 인명 피해가 크므로 고장으로 인한 추락을 막기 위해서이다.

03 헥사콥터 비행 중에 모터 고장 상황으로 맞는 것은?

① 모터 2개가 나란히 정지하면 추락한다.
② 모터 1개가 정지하면 추락한다.
③ 3개까지 정지해도 추락하지 않는다.
④ 마주 보는 2개의 모터가 정지하면 추락한다.

> **해설**
> 헥사콥터는 모터가 6개이므로 모터 1개의 고장 시는 정상과 비슷한 비행이 가능하고, 연속해서 2개의 모터 고장 시는 추락하며, 한 칸 이상 건너서 2개의 모터가 정지하는 경우 정상적인 비행은 불가능하지만 안전하게 착륙시킬 수는 있다.

04 옥토콥터의 로터 8개 중 로터 4개가 1개씩 건너 정지하였다. 이때 발생하는 상황은?

① 쿼드콥터와 같이 4개로 비행하게 된다.
② 바로 추락한다.
③ 한쪽 방향으로 회전한다.
④ 좌우로 요동친다.

> **해설**
> 옥토콥터의 로터는 CW 4개, CCW 4개 장비하고 있다. 1개씩 건너 로터가 정지하면 CW 또는 CCW 중 한 가지 방향의 로터만 회전한다. 따라서 기체는 한쪽 방향으로 매우 빠르게 회전하게 된다. 이 경우 착륙은 시킬 수 있지만 빠르게 회전하는 상황에서 착륙하는 순간 랜딩 기어가 빠르게 회전하고 있으므로 전도될 가능성이 매우 크다.

05 비행 중 자기 교란이 심해져서 정상적으로 비행할 수 없을 때 취해야 하는 행동은?

① 천천히 착륙시키거나 RTH(리턴 홈) 한다.
② 자세 모드(Atti)로 전환하여 비행하면 된다.
③ 자기 교란이 멈출 때까지 안전한 곳에서 호버링 한다.
④ 자기 교란이 일어났으므로 GPS 모드로 비행하면 된다.

> **해설**
> 비행 중 자기 교란이 일어나면 지자기를 이용하는 컴퍼스의 측정이 불가능해져 기체의 방향을 제대로 잡을 수 없다. 따라서 기체를 이동시키지 말고 그 자리에서 천천히 착륙시키거나 RTH(리턴 홈)을 실시하여 기체가 스스로 마지막 이륙한 장소에 착륙하도록 유도하는 것이 가장 안전하다.

▶ **정답** ◀

01	02	03	04	05
④	④	①	③	①

09

(19-075) 비행장치의 안정과 조종

1 항공기의 안정성과 조종성

1. 안정

비행장치의 안정(Stability)과 조종(Controllability)은 항공기의 특성 가운데 가장 중요한 부분으로서 항상 상반되는 성질을 갖고 있다.

항공기의 안정성과 조종성은 설계에서부터 적용되어야 하며, 항공기가 안전하고 경제적으로 운항되기 위해서는 우수한 성능과 함께 만족할 만한 안정성과 그에 따른 조종성을 갖추어야 한다.

- 항공기의 안정성은 항공기가 일정한 비행을 하다가 바람이나 외력을 받은 후 이를 극복하거나 감소시켜 초기의 비행 상태를 회복하는 것이다. 그리고 안정성이 높다는 것은 조종사의 지속적인 조작 없이도 기체 스스로가 비행 상태를 회복하는 것을 말한다. 결국 안정성이 높을수록 안전한 항공기라고 볼 수 있다.
- 항공기의 조종성은 조종사의 조작에 대하여 즉각적으로 반응하여 기체가 움직이는 것이다. 조종성이 좋은 기체는 그만큼 기동성이 좋은 것이 된다. 항공기의 안정에는 동적 안정과 정적 안정이 있다.

(01) 동적 안정(Dynamic Stability) : 시간의 흐름에 따라 얼마나 빨리 평형 상태로

돌아오는지를 말하며 항공기가 진동에 의해 균형을 상실한 후 시간의 흐름에 따라 진폭이 감소하는 것은 안정, 진폭이 커지는 것은 불안정이라고 한다.

❶ **장주기 진동(Long Period Oscillation)** : 20~30초 주기의 진동이며 정적으로 안정된 항공기에서 주로 발생하고 조정이 쉽다.

❷ **단주기 진동(Short Period Oscillation)** : 지속적으로 1~2초 이내의 시간에 발생하는 진동으로 조종성이 매우 떨어지며 기체의 구조에 손상을 입힐 수 있다.

(02) 정적 안정(Static Stability) : 평형 상태를 벗어난 후 다시 원래의 형태로 돌아가려는 경향을 말한다.

❶ **평형 상태(Equilibrium Condition)** : 항공기에 작용하는 모든 힘이 균형 잡힌 상태로 힘의 변화가 없는 정상 비행 상태이다.

❷ **정적 불안정(Negative Static Stability)** : 평형 상태를 벗어난 후 초기의 평형 상태로부터 벗어나려는 경향을 말한다.

❸ **정적 중립(Neutral Stability)** : 평형 상태를 벗어난 후 그 상태를 유지하려는 경향을 말한다. 원래의 평형 상태로 복귀하지 않고 평형 상태를 벗어난 방향으로 이동하지도 않는 경우가 이에 해당한다.

축 방향	가로축(Y) Longitudinal Axis	세로축(X) Lateral Axis	수직축(Z) Vertical Axis
자세			
운동	Pitching(피칭)	Rolling(롤링)	Yawing(요잉)
안정성	세로 안정 Longitudinal Stability	가로 안정 Lateral Stability	수직 안정 Vertical Stability

가로, 세로, 수직축의 운동과 안정성의 관계

좌표축	방향	운동	작용하는 힘
X	전진	Roll	중력, 양력
Y	좌우측 날개	Pitch	추력, 항력
Z	수직	Yaw	측력, 외력

2. 안정성

항공기의 안정성은 무게 중심(CG)에 대하여 교차하는 세 축 X, Y, Z에 대한 안정성으로 각각 세로 안정성, 가로 안정성, 방향 안정성이라 부른다.

❶ **세로 안정성(Longitudinal Stability)** : 가로축(Y)에 대한 항공기의 운동을 안정시키는 것으로 세로 안정이 불안정하면 기수가 들리거나 처짐에 의해 급상승 또는 급강하하려는 경향을 보이므로 매우 위험하다. 세로 안정성은 수평 안정판의 승강타(Elevator)를 조작하여 피칭(Pitching) 운동을 통해 확보한다.

- 엘리베이터 스틱을 당기면 승강타는 위로 올라가며 기수가 상승한다.
- 엘리베이터 스틱을 앞으로 밀면 승강타는 아래로 내려가며 기수가 하강한다.

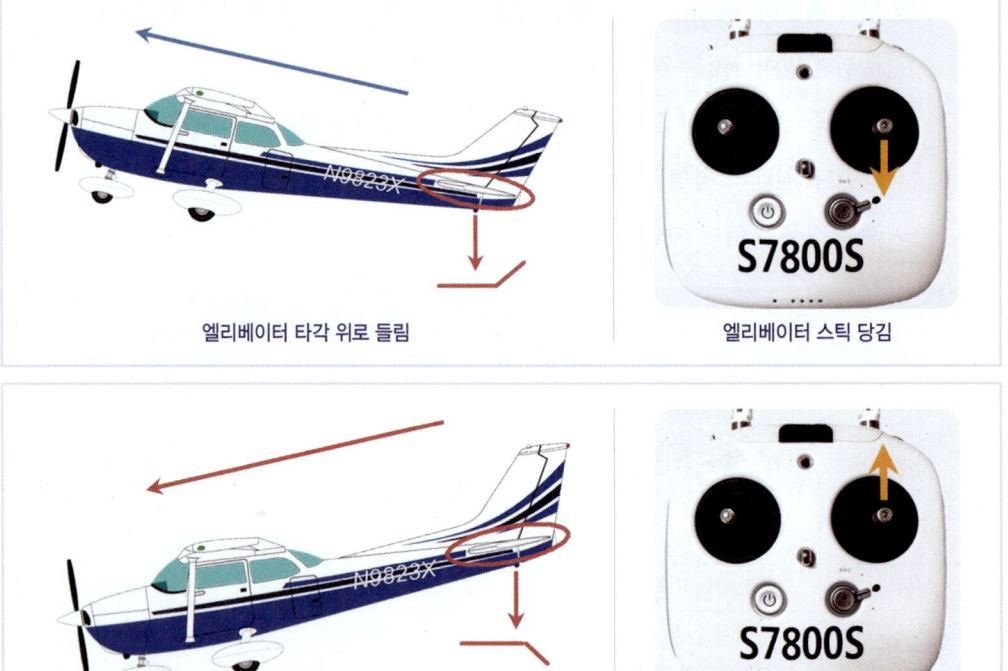

❷ 가로 안정성(Lateral Stability) : 세로축(X)에 대한 항공기의 운동을 안정시키는 것으로 좌우 날개 중 한쪽의 날개가 반대쪽보다 낮아졌을 때 가로로 안정시킨다. 가로 안정에 기여하는 요소는 상반각, 후퇴각, 무게 분포 등이 있다.

가로 안정성은 주익에 설치된 보조익(횡전타/Aileron/에일러론)을 조작하여 롤링(Rolling) 운동을 통해 확보한다.

- 에일러론 스틱을 오른쪽으로 하면 우측 보조익은 위로, 좌측 보조익은 아래로, 기체는 우로 롤링한다.
- 에일러론 스틱을 왼쪽으로 하면 우측 보조익은 아래로, 좌측 보조익은 위로, 기체는 좌로 롤링한다.

좌측 보조익 아래로 젖혀짐, 우측 보조익 위로 젖혀짐

에일러론 스틱 오른쪽

좌측 보조익 위로 젖혀짐, 우측 보조익 아래로 젖혀짐

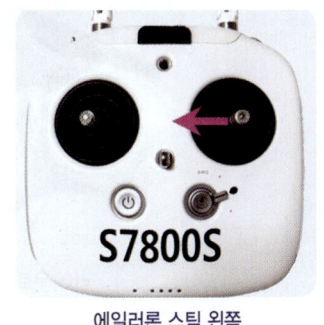
에일러론 스틱 왼쪽

❸ **방향 안정성(Vertical Stability)** : 수직축(Z)에 대한 항공기의 운동을 안정시키는 것으로 수직 안정판에 설치된 방향타(Rudder)를 조작하여 요잉(Yawing) 운동을 통해 확보한다.

- 러더 스틱을 왼쪽으로 하면 기수가 왼쪽으로 회전한다.
- 러더 스틱을 오른쪽으로 하면 기수가 오른쪽으로 회전한다.

러더 좌로 젖혀짐 | 러더 스틱 좌로

러더 우로 젖혀짐 | 러더 스틱 우로

확/인/문/제

01 동력 비행장치가 비행 중 어느 한쪽으로 쏠림이 생기면 조종사는 계속 조종간에 한쪽으로 힘을 주고 있어야 한다. 이런 경우 조종력을 "0"으로 해주거나 조종력을 경감하는 장치는?

① 도움 날개 ② 트림(Trim)
③ 플랩(Flap) ④ 승강타

> **해설**
> 트림은 조종력을 "0"으로 조정하여 조종력을 경감시켜 조종자의 피로를 줄여준다.

02 주 조종 면 중 승강타에 이상이 생겼을 때 역할을 대신하여 제어할 수 있는 장치는?

① Ailerons Trim
② Elevator Trim
③ Rudder Trim
④ Flap

> **해설**
> 각 조종 면별로 설치된 트림은 주 조종 면의 조작에 이상이 생겼을 경우 일부 역할을 대신할 수 있다.

03 다음 중에서 실속 속도를 감소시켜 이/착륙 거리를 줄여주는 장치는?

① 승강키 트림 ② 플랩
③ 에일러론 ④ 방향키

> **해설**
> 주익에 설치된 플랩은 고양력 장치로서 이륙 시 보다 짧은 거리에서 이륙을 가능하게 하고, 착륙 시 실속 속도를 감소시켜 착륙 거리를 단축한다.

04 다음 실속에 대한 설명 중 틀린 것은?

① 실속의 직접적인 원인은 과도한 받음각이다.
② 실속은 무게, 하중 계수, 비행 속도 또는 밀도 고도와 관계없이 항상 같은 받음각에서 발생한다.
③ 임계 받음각을 초과할 수 있는 경우는 고도 비행, 저속 비행, 깊은 선회 비행 등이다.
④ 선회 비행 시 원심력과 무게의 조화에 의해 부과된 하중들이 상호 균형을 이루기 위한 추가적인 양력이 필요하다.

> **해설**
> 실속의 원인은 과도한 받음각이며 받음각은 무게와 하중 계수, 비행 속도 등에 따라 변한다.

05 비행 중인 비행장치에 작용하는 4가지의 힘이 균형을 이룰 때는?

① 가속 중일 때
② 지상에 정지 상태로 있을 때
③ 등가속도 비행 시
④ 상승을 시작할 때

> **해설**
> 항력=추력, 중력=양력 모두 균형을 이룰 때는 등가속도 비행 시이다.

06 다음 보기 중에서 비행기의 세로 안정성(Longitudinal Stability)과 관계있는 운동은?

① Rolling ② Yawing
③ Pitching ④ Rolling and Yawing

해설
비행기의 세로축이 안정되었다는 것은 기수가 위아래로 안정되었다는 뜻으로 이는 Pitching 운동으로 표현된다.

07 비행기의 수직축을 중심으로 진행 방향에 대한 좌우 회전 운동은?

① 횡요(Rolling)   ② 종요(Pitching)
③ 편요(Yawing)   ④ 사이드슬립(Side-Slip)

해설
비행기의 수직축에서는 수직미익(수직 꼬리 날개가 달려있고) 방향타(Rudder)를 조작하여 Yawing(편요)을 제어한다.

08 비행기의 무게 중심을 지나는 기체의 전후를 연결하는 축은?

① 세로축(종축)   ② 가로축(횡축)
③ 수직축   ④ 평형축

해설
비행기는 기수로부터 꼬리까지 동체의 세로축과 주 날개의 방향으로 있는 가로축의 교차점에 무게 중심이 있다. 무게 중심을 전후로 연결하는 축은 세로축이다.

09 비행기의 축 중에서 세로축(종축)을 중심으로 하는 운동과 관계되는 것은?

① 보조익과 요잉   ② 보조익과 롤링
③ 방향타와 피칭   ④ 승강타와 요잉

해설
• 세로 안정성 : 세로 방향의 안정성으로 Pitching/피칭, 엘리베이터/승강타/Elevator와 관계가 있다.
• 세로축 운동 : 세로축을 중심으로 회전하는 운동은 가로 방향이므로 Rolling/롤링, 보조익/에일러론/횡전타/Aileron과 관계가 있다.

10 가로축(Lateral Axis)을 중심으로 한 운동을 조종하는 키는?

① 도움 날개(Aileron)
② 방향키(Rudder)
③ 승강키(Elevator)
④ 플랩(Flap)

해설
• 가로 안정성 : 가로 방향의 안정성으로 Rolling/롤링, 보조익/에일러론/횡전타/Aileron과 관계가 있다.
• 가로축 운동 : 가로축을 중심으로 회전하는 운동은 세로 방향이므로 Pitching/피칭, 엘리베이터/승강타/Elevator와 관계가 있다.

11 비행기에 쳐든각(상반각)을 주는 이유는?

① 옆놀이(옆미끄럼)를 방지하고 가로 안정성을 좋게 한다.
② 익단 실속을 방지한다.
③ 유도 항력을 적게 한다.
④ 키 놀이 모멘트에 대한 안정성을 준다.

해설
비행기 주 날개의 상반각은 옆으로 미끄러짐을 방지하고 가로 안정성을 좋게 한다.

12 비행기의 세로축과 날개의 시위선이 이루는 각도는?

① 상반각   ② 쳐든각
③ 취부각(붙임각) ④ 후퇴각

해설
비행기의 옆면 무게 중심을 지나는 세로축과 날개의 시위선이 만나는 각을 취부각(붙임각)이라 부른다. 취부각은 기체의 설계 시에 익면적과 무게 중심, 필요 양력을 계산하여 결정된다. 취부각은 비행기의 속도와 양력을 결정짓는 요소이므로 매우 민감하고 정확하게 설계되어야 한다.

13 항공기의 세로 안정성에 대한 설명 중 틀린 것은?

① 무게 중심 위치가 공기 역학적 중심보다 전방에 위치할수록 안전성이 좋다.
② 날개가 무게 중심 위치보다 높은 위치에 있을 때 안정성이 좋다.
③ 꼬리 날개 면적을 크게 하면 안전성이 좋다.
④ 꼬리 날개 효율을 작게 할수록 안정성이 좋다.

> **해설**
> 꼬리 날개는 가로 안정판, 세로 안정판으로도 불린다. 기체의 가로와 세로 안정을 충분히 조절할 수 있는 크기를 가져야 한다.

14 비행기의 조종 면과 운동 관계가 바르게 연결된 것은?

① 보조 날개와 Yawing
② 방향타와 Pitching
③ 보조 날개와 Rolling
④ 승강타와 Rolling

> **해설**
> 보조 날개 – Rolling, 방향타 – Yawing, 승강타 – Pitching

15 엘리베이터의 트림 탭을 올리면 항공기는 어떤 운동을 하게 되는가?

① 피칭 운동을 한다.
② 우선회를 한다.
③ 좌선회를 한다.
④ 기수가 올라간다.

> **해설**
> 트림은 조종 면을 약간 조절하여 조종점을 "0"으로 만들어 조종자의 피로를 덜어주는 것이다. 트림 탭을 움직이는 것은 조종 면을 움직이는 것과 같은 역할을 한다.

16 다음에 나열한 것 중 주 조종 면(Primary Flight Surface)이 아닌 것은?

① Aileron ② Trim Tab
③ Elevator ④ Rudder

> **해설**
> 비행기의 주 조종 면은 Aileron, Elevator, Rudder 이다.

17 비행기의 실속이 일어나는 가장 큰 원인은?

① 받음각이 너무 커지므로
② 엔진의 출력이 부족해지므로
③ 속도가 없어지므로
④ 불안정한 대기로 인한 비행기의 안정과 조종, 계기, 장비, 역학

> **해설**
> 실속의 원인은 과도한 받음각 때문이다.

18 비행체가 평형 상태를 벗어난 뒤 다시 원래의 평형 상태로 되돌아오려는 성질은?

① 동적 안정 ② 정적 안정
③ 동적 불안정 ④ 중립

> **해설**
> • 정적 안정 : 평형 상태를 잃은 기체가 원래 상태로 돌아오는 것
> • 동적 안정 : 시간이 지남에 따라 진동으로부터 다시 안정을 찾는 것

19 비행기의 방향 안정성을 위한 것은?

① 수직 안정판
② 수평 안정판
③ 주 날개의 상반각
④ 주 날개의 붙임각

> **해설**
> 수직 안정판은 기체의 꼬리 날개부에 수직면 방향으로 설치되어 기체의 전진 방향 안정성을 좋게 유지하는 역할을 한다.

20 항공기의 안정성 중 Rolling에 의한 안정성은?

① 가로 안정   ② 세로 안정
③ 방향 안정   ④ 동적 안정

> **해설**
> Rolling은 세로축을 중심으로 회전하는 운동으로 가로 안정에 해당한다.

21 항공기 계기의 구비 조건으로 가장 중요한 것은?

① 소형일 것
② 경제적이며 내구성이 클 것
③ 신뢰성이 있을 것
④ 정확성이 있을 것

> **해설**
> 계기의 구비 조건 순서는 정확성>신뢰성>내구성>경제성이다.

22 실속(Stall) 시 조종 능력을 상실하는 순서를 차례대로 맞게 쓴 것은?

① 방향타(Rudder) - 횡전타(Aileron) - 승강타(Elevator)
② 횡전타(Aileron) - 방향타(Rudder) - 승강타(Elevator)
③ 방향타(Rudder) - 승강타(Elevator) - 횡전타(Aileron)
④ 횡전타(Aileron) - 승강타(Elevator) - 방향타(Rudder)

> **해설**
> 비행기가 실속하게 되면 횡전타 - 승강타 - 방향타의 순으로 조종 능력을 상실한다. 실속의 이유는 과도한 받음각으로 인한 양력의 상실이므로 양력을 발생시키는 주익과 양력을 발생시키는 면과 나란한 수평 안정판이 순차적으로 조종 능력을 상실한다. 그리고 양력과는 상관없이 동작하는 방향타가 마지막으로 조종 능력을 상실하게 된다.

23 최종 비행 후 연료 탱크에 연료를 가득 채우는 이유는?

① 엔진 연료 호스에서 연료 탱크 상부까지 잔재되는 물을 억제하기 위해서
② 탱크의 빈 공간을 제거하여 연료 팽창을 억제하기 위해서
③ 탱크 내부의 빈 공간을 제거하여 습기가 응축되는 현상을 방지하기 위해서
④ 연료 증발을 억제하기 위해서

> **해설**
> 비행 직후 온도 차에 의한 팽창 여유 2%를 제외하고 연료 탱크에 연료를 가득 채워 빈 공간에 의한 결로 발생을 막아야 한다.

정답

01	②	02	②	03	②	04	②	05	③
06	③	07	③	08	①	09	②	10	③
11	①	12	③	13	④	14	③	15	④
16	②	17	①	18	②	19	①	20	①
21	④	22	④	23	③				

10

(20-076) 송수신 장비 관리 및 점검

1 송수신 장비

송수신 장비는 일반적으로 '송수신기'라고 부르며 '송신기'와 '수신기'를 함께 부르는 말이다. 송수신기는 바늘과 실처럼 항상 함께 운용되어야만 본연의 임무를 수행할 수 있기 때문에 '송수신기'라고 붙여서 부른다. 또한 송신기와 수신기는 각자의 전파 방식에서 특성을 갖기 때문에 서로 호환성이 중요하므로 항상 세트 단위로 이용하게 된다. 약어로 TX/RX라고 한다.

(01) 송신기(Transmitter/TX)

송신기는 실제로 장비의 조종을 위한 신호를 송신하므로 대개 따로 떼어서 부를 때는 '조종기'라고 부른다. 조종기는 원격 통제소에 고정하여 사용되는 고정식 장비와 비행체 부근에서 직접 눈으로 또는 화면을 통해 보면서 손으로 들고 조작하는 핸드헬드(Handheld) 방식의 조종기가 있다. 대개는 핸드헬드 방식의 조종기를 통칭하여 조종기라 부른다.

조종기의 구성은 다음과 같다.

❶ **조종간(Stick)** : 비행체의 상승, 하강, 좌/우 회전, 전/후 이동, 좌/우 이동을 담당한다.
❷ **트림(Trim) 또는 RTH(Return to Home) 버튼** : 트림은 기체의 균형이 맞지 않아 조

종간 스틱을 어느 위치에 놓아야만 호버링을 하게 되는 경우에 이를 안정화할 수 있도록 미세 조정하는 기능을 한다. 좌/우로 회전하거나 전/후/좌/우 방향으로 이동하는 반대 방향을 향해 조금씩 조정하여 그 이상 증상이 사라지게 되면 미세 조정이 끝난다. 대개 취미용으로 이용하는 기체와 후타바(Futaba) 또는 스펙트럼(Spectrum) 조종기들에 채용하고 있으며 방제용으로 많이 사용하는 DJI 제품군은 트림 스위치가 없고 RTH(Return to Home) 버튼을 제공한다. 말 그대로 순간 비행체의 위치를 파악하기 어려운 경우나 조종기의 고장, 기타 사고 발생 시에 이 버튼을 누르면 마지막 이륙하였던 장소로 돌아오는 기능으로 GPS를 장착한 경우에만 정확한 동작을 할 수 있다.

❸ 안테나(Antenna) : 조종기의 신호를 보내는 장치로 FM 방식을 쓰던 이전에는 흔히 뽑아서 사용하는 안테나를 썼으며 오직 전파를 보내는 역할만을 하는 것이 대부분이었다. 그러나 최근에는 2.4GHz의 주파를 사용하면서 대부분 짧은 안테나로 바뀌었다. 신호를 송신, 수신하는 양방향 통신을 하는 경우가 많다. 지향성, 무지향성의 종류 및 안테나의 방향에 따라 송수신 거리에 변화가 있다.

❹ 토글스위치(Toggle Switch) : 주로 비행 모드를 변경하거나 농약 살포, 랜딩 기어 올림 또는 내림 등 한번 조작 후 그 상태로 오래도록 비행하는 경우의 조종에 사용된다. 좌/우 또는 상/하 방향으로 설치하여 각각의 포지션에 따라 GPS 모드, 자세 제어 모드, 수동 모드, A/B의 기능 전환 등의 역할을 한다.

(02) 조종기의 조종 모드

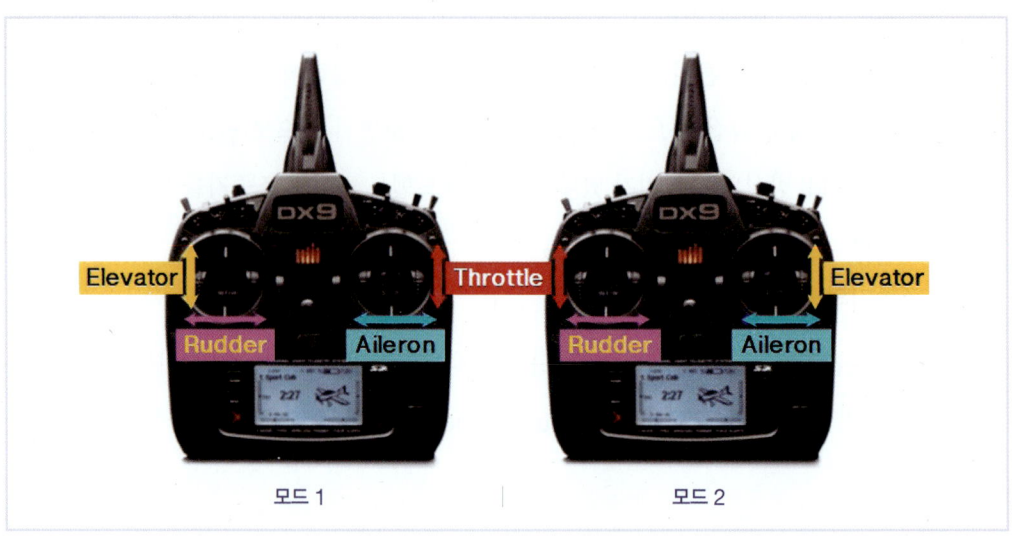

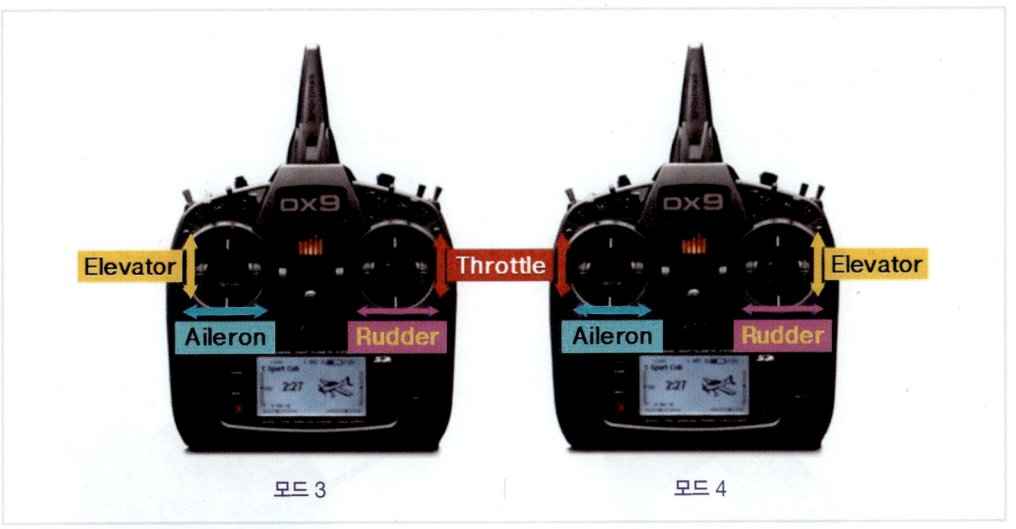

조종기의 조작 방식은 그림과 같이 4가지 조종 모드가 있으며 예전에는 주로 모드 1을 사용하였으나 근래에 들어 실제 헬리콥터나 비행기 사이클릭 피치의 조작과 같은 방식인 모드 2를 많이 사용하고 있다. 조종기 모드는 비행 시에 조종자와 기체 간에 조작하는 신호의 약속이 되므로 비행 전에는 반드시 조종자의 조종 모드와 조종기의 모드가 일치하는지 확인하고 시동해야 한다.

※ 조종기의 모드는 초보 조종자에게서 발생하는 가장 큰 사고 요인 중 하나이므로 항상 신경을 써야 한다.

(03) 수신기(Receiver/RX)

수신기는 조종기로부터 발신된 신호를 받아 비행 컨트롤러(Flight Controller/FC)에 전달하는 역할을 하는 것으로 조종기의 주파 방식에 따라 수신기를 선택해야 한다.

수신기 선택 시 유의사항은 아래와 같다.

❶ 수신기는 반드시 조종기와 상호 호환이 되는 것으로 장착해야 한다. 또한 호환성과 수신율이 높고 오동작/오류의 발생이 적은 양질의 수신기를 사용하는 것이 좋다.

❷ 비행체의 임무에 따라 수신기의 채널을 할당해야 하므로 자신이 사용하고자 하는 무선 장비에 맞는 채널을 가진 수신기를 선정해야 한다.

여기서 채널이란 1가지의 기능을 + 방향 또는 – 방향으로 동작하도록 신호를 주는 것이다. 예를 들어 무선 자동차의 경우 2개의 채널만으로 조종이 가능하고 1채널은 전/후진, 2채널은 좌/우 방향을 제어할 수 있다. 비행기의 경우 2~4채널까지를 비행에 적용하고 헬리콥터의 경우 4~6채널을 비행에 이용한다. 멀티콥터의 경우 비행에 필요한 4채널 외에 방제용 약제 펌프, 조종 모드 변경, 리턴 홈 스위치, 자동 방제 위치 설정 등에 각각의 채널을 할당해야 하므로 대개 9~14채널 정도의 신호를 수신할 수 있는 수신기를 사용하는 것이 일반적이다.

Kyosho 2채널 AM수신기　　Graupner 4채널 2.4GHz 수신기

Hitec 6채널 2.4GHz 수신기　　Futaba 14채널 2.4GHz 수신기

(04) 바인딩과 페어링(Binding/Pairing)

멀티콥터를 제어하는 송수신기를 다른 말로 '라디오링크'라고 부른다. 라디오링크(Radio Link)라는 뜻은 무선으로 서로 연결되어 있다는 뜻이다. 우리가 흔히 사용하는 라디오처럼 방송국에서 일방적으로 방송을 송출하고 우리는 그 음악이나 음성 메시지를 단순히 수신만 하게 되는 것과 달리 방송국에서 우리 라디오의 신호를 함께 받아들여 양방향으로 통신이 가능하게 하는 기술을 말한다. 결국 양방향으로 서로 전파의 간섭 없이 무선 장치를 서로 연결해야 할 필요가 생기게 되는데 두 장치 또는 여러 장치를 한 네트

워크로 묶어주는 기능을 바인딩과 페어링이라고 부른다.

※ 여기서 방송국을 조종기로, 라디오를 수신기로 이해하면 쉽다.

❶ **바인딩(Binding)** : 단어의 뜻 그대로 '서로 묶는다.'는 뜻으로 송신기의 고유 부호를 수신기가 읽어 들이는 것을 말하며 주로 완구, 취미용 비행체에서 많이 쓰는 방식이다. 바인딩 방식의 특징은 다음과 같다.

- 1대의 조종기로 1대~수백 대의 비행체를 동시에 제어할 수 있다.
- 대개 조종기의 신호를 수신기가 수신만을 하는 경우에 해당한다. 수신기가 별도의 신호를 조종기에 보내지 않는 경우가 대부분이다.
- 반드시 수신기부(멀티콥터)의 전원을 먼저 투입하고 조종기의 전원을 투입해야 한다.
- 바인딩을 위해서는 조종기의 전원을 켠 직후 특정한 동작을 가장 먼저 해야 한다. (乂 전원을 투입한 후 스로틀을 위로 끝까지 올렸다가 아래로 끝까지 한 번 내린다)
- 바인딩은 비행(전원 투입) 시마다 새로이 해주어야 한다.
- 바인딩을 시도하는 동안 다른 사람의 조종기가 내 비행체의 조종기로 바인딩이 되는 경우도 있으므로 비행을 시작할 때는 서로 바인딩 시간을 조절하여 순차적으로 바인딩을 해야 한다.
- 두 명 또는 여러 명이 같은 주파의 조종기와 수신기를 가지고 전파가 서로 도달되는 거리에서 비행하고자 할 경우 수신기 1대, 조종기 1대씩 각각 순차적으로 바인딩한다. 그렇게 하면 모두가 각자의 조종기로 각자의 비행체를 조종할 수 있다.
- 한번 바인딩이 되면 전원을 끄기 전까지는 바인딩 된 조종기 외에 다른 조종기의 신호는 받아들이지 않는다.
- 주파수 호핑(Frequency Hopping) 기술은 새로이 바인딩을 시도할 때 이미 사용된 주파수 외에 비어있는 주파수를 찾아서 연결하는 기술로 동시에 수십~수백 대의 비행체가 동시에 비행할 수 있도록 하는 기술이다.
- 바인딩 후 조종기의 전원을 껐다가 켜는 경우 대부분은 기체가 다시 조종기의 신호를 받아들이며 정상적으로 조종할 수 있다.
- 바인딩 후 조종기의 전원이 꺼지거나 조종기의 신호를 수신기가 수신하지 못할 경우에는 수신기에서 미리 설정한 동작을 하게 된다. 이를 페일 세이프(Fail Safe) 기능

이라고 하며 안전을 위하여 조종기의 신호를 수신할 수 없는 경우에 첫째, 제자리에 착륙하거나 둘째, 이륙하였던 자리로 돌아와서 착륙하거나 셋째, 그 자리에 계속 머무르도록 설정되어 있다.

- 바인딩 방식의 기체는 비행 전에는 기체의 전원을 먼저 켜고 조종기의 전원을 나중에 켜야 하지만, 비행 후에는 조종기의 전원을 먼저 끄고 기체 전원을 나중에 꺼야 한다.

바이로봇 XTS-30 바인딩

❷ **페어링(Pairing)** : '짝을 이룬다.'는 뜻으로 조종기와 수신기를 서로 연결하되 조종기는 수신기의 고유 호출 번호를, 수신기는 조종기의 고유 호출 번호를 각각 기억하여 메모리에 저장하는 연결 방식이다. 멀티콥터 조종자 자격증명 과정에서 말하는 '라디오 링크'가 바로 이 페어링을 말한다. 우리가 흔히 사용하는 블루투스 핸즈프리 등은 페어링 과정을 거치므로 언제든지 전원을 껐다가 켜면 서로 자동으로 연결된다.

페어링 방식의 특징은 다음과 같다.

- 초기 페어링 시에 특별한 조작을 하여 조종기와 수신기를 서로 연결한다. 대부분 조종기를 먼저 켜고 수신기를 켠 다음 수신기의 페어링 버튼(일부 제품에서 Bind로 표기)을 눌러주면 된다. (※ 블루투스 핸즈프리의 초기 페어링 시 1111 또는 0000 번호를 입력하는 것과 같은 개념)
- 한번 페어링 된 조종기와 수신기는 다음에 전원을 투입하면 자동으로 서로 연결되어 별도로 바인딩을 위한 동작을 하지 않아도 된다.
- 페어링 방식으로 연결된 조종기와 기체는 서로 전파를 주고받으며 여러 가지 정보

를 교환한다. 이를 OSD와 데이터링크라고 하는데 OSD(On Screen Display)는 조종기의 화면에 수신기가 읽어 들인 기체의 정보들을 보여준다. 이때 배터리 잔량, 비행시간, 남은 비행시간, 고도, 이동 거리, 현재 위치, 비행 궤적 등을 표시한다.

데이터링크(Data Link)는 OSD의 기본 기능 외에 카메라의 영상을 포함하는 경우가 있고, 데이터링크 및 OSD를 활용하기 위해서는 각 기능을 지원하는 수신기를 이용하거나 수신기와는 별도로 해당 장비를 기체에 설치해야 한다.

- 페어링 방식을 이용하는 조종기와 수신기가 더욱 고급 장비에 해당하며 바인딩 방식에서의 바인딩 타임을 별도로 가질 필요가 없다.
- 페어링 방식의 조종기는 비행 전에 조종기의 전원을 먼저 켜고 다음으로 기체의 전원을 켜야 한다. 비행 후에는 반대로 기체의 전원을 먼저 끄고 조종기의 전원을 꺼야 한다.

※ 바인딩 방식과 페어링 방식은 전원을 켜고 끄는 순서가 서로 반대이다.

페어링 버튼의 위치

페어링 전(적색 점등)

페어링 후(녹색 점등)

DJI 인스파이어2 페어링

(05) 무선 프로토콜(Radio Protocol)

우리는 흔히 '나는 2.4GHz 조종기다.'라고 말한다. 그러나 실제로는 조종기와 수신기의 제조사마다 또는 제품마다 다른 방식의 신호를 보내게 되는데 이것을 프로토콜(Protocol)이라 한다. 이 프로토콜이 같은 방식의 조종기와 수신기를 이용해야만 정상적인 제어를 할 수 있다. 최근에는 멀티 프로토콜(Multi Protocol)이라고 하여 여러 가지 프로토콜의 수신기를 제어할 수 있는 조종기도 있다.

제조사	프로토콜(Protocol)
스펙트럼(Spectrum)	DSM(Digital Spectrum Modulation)/DSM2/DSMX(X-tra)
후타바(Futaba)	FHSS/SFHSS/FASST/FASSTest(Frequency Hopping Spread Spectrum)

타라니스(Taranis)	ACCST(Advanced Continuous Channel Shifting Technology)
터니지(Turnigy)	AFHDS(Automatic Frequency Hopping Digital System)
Fly-sky	
JR-PROPO	DMSS(Dual-Mode Subscriber Software)
그라프너(Graupner)	HoTT(Hopping Telemetry Transmission)

2 송수신 장비의 관리

(01) 조종기 관리

❶ 조종기의 스틱, 토글스위치, 안테나 등은 조종 성능에 지대한 영향을 미치는 요소이며 가격이 매우 비싼 제품이 많으므로 운용을 하거나 보관을 할 때 상당한 주의를 요한다.
   - 조종기를 파지할 때 조종기를 떨어뜨리지 않도록 해야 한다.
   - 실수로 조종기를 떨어뜨린 경우는 모든 동작 요소에서 오작동이 없는지 시운전을 거친 후에 비행하는 것이 좋다.
   - 과도하게 강한 힘으로 스틱이나 스위치를 조작하는 것은 옳지 않다.
   - 보관 시에는 스틱이나 토글스위치, 안테나가 변형되거나 부서지지 않도록 완충 장치가 있는 전용 보관함에 보관하는 것이 좋다.
   - 장기간 보관 시 조종기는 전자제품으로서 습도에 민감하므로 보관함에는 방습제(실리카젤)를 넣어두는 것이 좋다.
   - 배터리 교체식 조종기의 경우 보관할 때는 배터리를 분리해 두는 것이 좋다.

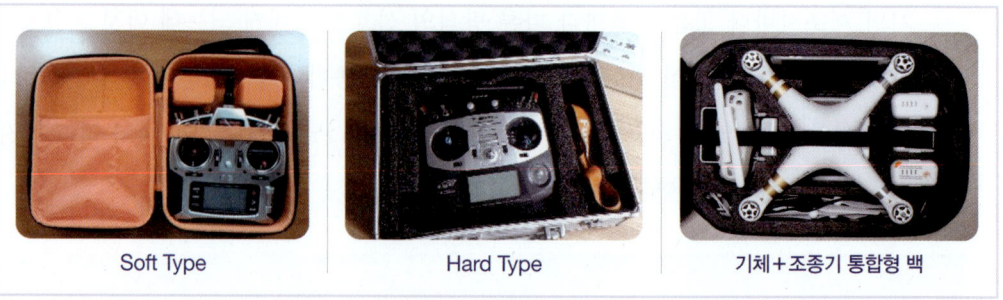

조종기 가방의 종류

(02) 수신기 관리

❶ 수신기는 기체의 제어를 위해 장착된 것으로 보관을 위하여 별도로 분리하는 경우는 드물지만 하드랜딩 또는 추락으로 인한 충격 발생 시에는 파손이 될 수 있으므로 기체를 운용할 때 각별히 주의해야 한다.
- 수신기의 안테나는 양호한 수신을 위하여 기체 외부로 노출된 경우가 많으므로 비행 전 점검 시 안테나의 위치를 확인하고 정상적으로 노출되어 있는지 확인할 필요가 있다.
- 기체가 스스로 RTH(리턴 홈)를 하게 되는 경우에는 수신기 안테나의 상태를 확인하는 것이 좋다.
- 수신기 제조사에서 제공하는 매뉴얼에서의 최저/최고 온도 범위에서 운용하는 것이 좋다. 기체 내부는 여러 가지 전자 장비의 발열로 인해 온도가 갑자기 상승하여 수신기의 오작동을 불러올 수 있는 환경이므로 기체의 공기 순환에 신경을 써야 한다.
- 수신기 또한 전자제품이므로 습기에 매우 민감하다. 가급적이면 비 오는 날 또는 매우 습한 날씨에 운용을 하는 것은 수신기를 위해서 좋지 않다.

확/인/문/제

01 다음 중 송신기를 뜻하는 약어는?
① TX ② RX
③ TRS ④ RTH

해설
- TX : Transmitter
- RX : Receiver
- TRS : Trunked Radio Service
- RTH : Return to Home

02 다음 중 송신기와 수신기 간에 서로 약속된 통신 언어의 명칭은?
① Serial ② USB
③ Protocol ④ Parallel

해설
- Serial : 단순, 직렬
- USB : Universal Serial Bus
- Protocol : 통신 규약
- Parallel : 병렬

03 조종기의 RTH 기능에 대해서 옳게 설명하고 있는 것은?

① RTH 버튼을 누르면 드론이 집으로 돌아온다.
② RTH 버튼을 누르면 처음으로 이륙한 장소로 돌아온다.
③ RTH 버튼을 누르면 그 자리에서 안전하게 착륙한다.
④ RTH 버튼을 누르면 마지막으로 이륙한 장소로 돌아온다.

> **해설**
> Return to Home 기능을 실행하면 드론이 마지막으로 이륙한 장소를 Home으로 기억하고 설정된 고도로 돌아온 다음 그 위치에 착륙한다.

04 만약 비행 중 조종기를 떨어뜨려 고장이 나거나 조종기의 전원이 비행 중 꺼지면 어떻게 되는가?

① 그 자리에서 시동이 꺼지며 추락한다.
② 알 수 없는 동작을 하며 마음대로 비행한다.
③ 배터리가 다 될 때까지 그 자리에서 호버링 한다.
④ 설정된 Fail Safe 기능대로 비행한다.

> **해설**
> 조종기와 수신기 간 신호가 끊어졌을 때(No Signal) 작동되는 Fail Safe 기능은 제조사에서 설정되거나 조종자가 미리 임의로 설정할 수도 있다. 저가형 제품은 그 자리에서 천천히 착륙하는 기능을 주로 사용하고 고급형 제품은 잠깐 제자리에 정지하다가 일정 시간이 지나면 RTH(Return to Home)로 되어 마지막에 이륙하였던 자리에 돌아와서 착륙한다.

05 조종기와 수신기의 전원을 켤 때마다 서로를 인식할 수 있도록 연결해주는 것은?

① 바인딩(Binding)
② 페어링(Pairing)
③ 커넥팅(Connecting)
④ 부팅(Booting)

> **해설**
> • Binding : 서로 묶는다는 뜻으로 조종기를 켤 때마다 다시 바인딩을 해주어야 한다.
> • Pairing : 서로 짝짓는다는 뜻으로 한번 페어링 하면 전원을 켰을 때 자동으로 서로 연결된다.

06 하나의 조종기로 여러 회사의 통신 언어를 가진 수신기를 제어할 수 있는 방식은?

① 멀티 펑션(Multi Function)
② 멀티 링크(Multi Link)
③ 멀티 페어링(Multi Pairing)
④ 멀티 프로토콜(Multi Protocol)

> **해설**
> • Multi Function : 여러 가지 기능
> • Multi Link : 여러 가지 동시 연결
> • Multi Pairing : 여러 가지 동시 연결
> • Multi Protocol : 여러 가지 통신 규약을 연결

▶ **정답** ◀

01	①	02	③	03	④	04	④	05	①
06	④								

11

(21-077) 배터리의 관리 및 점검

1 배터리의 관리

(01) 배터리의 사용

최근 멀티콥터에 이용되는 배터리는 대부분이 리튬폴리머(Li-Po) 배터리이다. 리포 배터리는 가볍고 고용량의 특성이 있어 멀티콥터의 전원 공급용으로는 현재까지 주력 배터리로 쓰이고 있다.

❶ 배터리의 용량 단위 : mAh(밀리암페어)로 표기하고 높을수록 용량이 많은 것이다. 대용량의 경우 '밀리'를 빼고 그냥 Ah(암페어)로 부르기도 한다.

❷ 배터리의 전압 단위 : V(볼트)로 표기한다. 여러 셀이 직렬로 합쳐진 배터리는 각 셀 간의 전압이 같아야 전류를 안정적으로 흘려보낼 수 있다. 대개 3.7V로 부르는 것은 리포 배터리의 정격 전압(공칭 전압)이며, 이를 완충하면 4.2V가 된다. 대부분 멀티콥터에 사용되는 6S 배터리의 경우 공칭 전압 22.2V에 완충 전압 25.2V이다.

(02) 배터리 사용 시 주의 사항

❶ 리포 배터리는 완전히 방전하면 수명이 현저하게 줄게 되므로 40~50% 정도 남았을 때 충전하는 것이 좋다.

❷ 배터리 배부름 또는 손상, 누액이 생긴 것은 절대 사용하지 말고 폐기해야 한다.

❸ 리포 배터리는 폭발성 물질을 함유하고 있으므로 고온다습 또는 한랭한 곳을 피하여 -10°C~40°C 사이에서 운용하고 장기 보관 시는 22~28°C의 습하지 않은 곳에 보관하는 것이 좋다.

❹ 배터리를 과하게 충전하면 내부 방전으로 인해 폭발, 화재의 위험을 초래하므로 충전 중에는 자리를 지키는 것이 좋다.

❺ 리포 배터리는 추운 곳에서는 제 성능을 발휘하지 못하므로 겨울철에는 적정한 온도를 맞추어서 사용하는 것이 좋다.

2 배터리의 보관

리튬폴리머 배터리를 보관할 때 가장 중요시되는 것은 셀(Cell)당 전압이다. 약 3.7~3.85V의 범위에서 보관하는 것이 좋다.

(01) 리포 배터리 보관 시 주의 사항

❶ 전열 기구, 화로, 화덕 주변에 보관 금지 – 폭발 위험

❷ 어린이, 애완견 주의 – 물어서 누액 발생

❸ 보관 적정 전압 유지 3.7~3.85V

❹ 보관 적정 온도 유지 22~28°C

❺ 낙하, 충격, 단락, 합선 주의

❻ 장기 보관 시 40~65% 충전된 상태에서 리포 전용 보관함에 보관

| 파우치형 | Bag형 | 군용 탄약통(가장 안전) |

리포 배터리 보관함

③ 리포 배터리의 폐기

배터리 배부름, 손상, 터짐, 누액, 밸런스 이상 등의 배터리는 수리하거나 재사용하지 말고 폐기 처리해야 한다.

① 배터리를 소금물에 담가 완전히 방전시킨다. 염소가스가 발생하므로 밀폐된 곳을 피하고 환기에 주의한다.
② 방전 후 전압을 체크하여 0V인 것을 확인하고 폐기한다.
③ 금속류와 접촉 시 스파크에 의한 발화의 가능성이 있으므로 단자에 절연 테이프를 감는 것이 안전하다.

④ 리포 배터리의 점검

리포 배터리의 점검 시 외형적인 부분과 내부적인 부분으로 나누어서 꼼꼼하게 점검해야 안전한 사용을 할 수 있다.

(01) 외부적인 부분

대부분 눈과 코, 손의 만짐을 이용해 감각에 의한 점검을 한다.

① 배터리의 외형상 찌그러진 부분, 보호 필름이 벗겨진 부분, 구멍이 나거나 찍힌 부분은 없는지 육안으로 확인한다.
② 배터리의 넓은 면이 기준면보다 불룩하게 튀어나온 부분이나 손으로 만져봤을 때 가스 또는 공기가 찬 것처럼 뚱뚱해진 곳은 없는지 확인한다.
③ 배터리 커넥터 및 밸런싱 충전 커넥터를 좌우로 훑어보면서 전선의 피복이 벗겨진 부분이나 커넥터 핀이 빠진 부분, 커넥터가 깨진 부분이 없는지 확인한다.
④ 코로 냄새를 맡아 전자제품 타는 특유의 냄새나 염소가스의 매캐한 냄새가 나는지 확인한다.

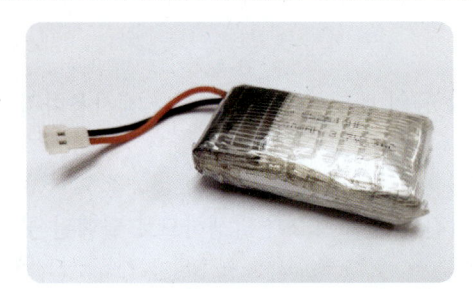
1셀 배터리 배부름

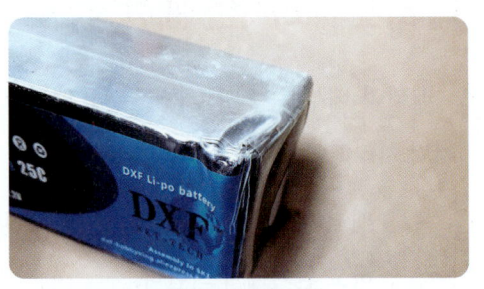
6셀 배터리 찌그러짐

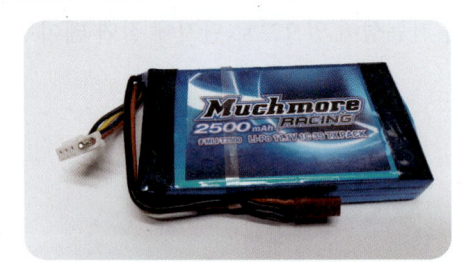
3셀 배터리 밸런싱 커넥터 깨짐

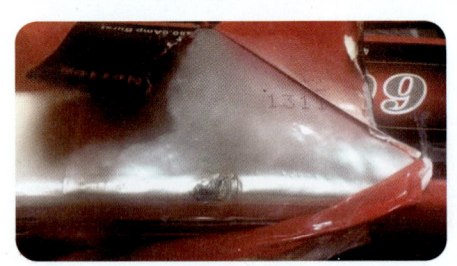
3셀 배터리 찍힘

배터리 육안 검사로 발견된 불량

(02) 내부적인 부분

배터리의 내부를 보거나 만질 수 없으므로 주로 배터리 체커 또는 리포알람 등의 장비를 활용한다.

❶ 리포알람 또는 배터리 체커를 밸런싱 커넥터와 연결하여 총 셀의 합계 전압과 각 셀의 전압에 이상이 없는지 확인한다.

❷ 각 셀 간 전압의 편차가 있을 때는 셀 밸런서를 이용하여 배터리 전압을 모두 같게 만들어 주어야 다음 사용 시에 전압의 편차를 줄이고 배터리의 수명을 오래 유지할 수 있다.

❸ 매번 충전 시마다 배터리의 내부 저항을 측정하여 열화된 셀은 없는지 확인한다.

❹ 배터리를 장기간 보관하고자 할 경우에는 배터리 충전기를 이용하여 장기 보관 모드로 설정하여 셀당 전압을 3.7~3.85V로 맞추어 건조하고 서늘한 곳 또는 배터리 전용 보관함에 안전하게 보관해야 한다.

❺ 비행 시 밸런싱 커넥터에 리포알람을 장착하여 이용하면 과도한 방전으로 인한 배터리의 손상을 막을 수 있다.(※ 리포알람의 저전압 알람 시작 전압은 사용자가 직접 설정할 수 있으므로 FC에서 지원하는 것과는 별개로 배터리 저전압 알람을 사용하면 더욱 좋다)

| 일반적인 리포알람 | 다기능 배터리 체커 |

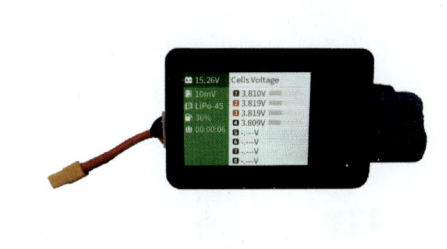
셀 밸런싱 기능이 있는 배터리 체커

배터리 체커가 장착된 멀티콥터

리포알람과 배터리 체커의 이용

확/인/문/제

01 배터리를 분리할 때의 순서는?

① + 극을 먼저 뗀다.
② 동시에 떼어낸다.
③ 무엇을 먼저 해도 무방하다.
④ − 극을 먼저 뗀다.

해설
전원 커넥터의 +와 −가 분리된 배터리의 경우 안티 스파크(Anti-spark)기능이 설치된 + 단자를 반드시 뒤에 연결해야한다. 배터리를 연결할 때는 − ☞ + 순으로, 배터리를 분리할 때는 반대로 + ☞ − 순으로 한다.
※ 일체형커넥터의 경우는 순서에 상관이 없다.

02 배터리를 오래 사용하는 방법으로 옳은 것은?

① 충전기는 정격 용량이 맞으면 여러 종류의 모델 장비를 혼용해서 사용한다.
② 10일 이상 장기간 보관할 경우 100% 만 충시켜 보관한다.
③ 비행 시마다 배터리를 만충시켜 사용한다.
④ 충전이 다 됐어도 배터리를 계속 충전기에 걸어 놓아 자연 방전을 방지한다.

해설
배터리는 비행 전에 충전하여 사용하는 것이 좋다. ①은 폭발이나 화재의 위험을 높이고, ②와 ④는 배터리의 수명을 현저히 떨어뜨린다.

03 리튬폴리머 배터리 보관 시 주의 사항이 아닌 것은?

① 더운 날씨에 차량에 배터리를 보관하지 않으며 적합한 보관 장소의 온도는 22°C~28°C이다.
② 배터리를 낙하, 충격, 또는 인위적으로 단락(합선)시키지 말아야 한다.
③ 손상된 배터리나 전력 수준이 50% 이상인 상태에서 배송하지 말아야 한다.
④ 화로나 전열기 등 열원 주변처럼 따뜻한 장소에 보관한다.

해설
리포 배터리는 22~28°C의 장소에 보관하는 것이 가장 좋다.

04 리튬폴리머(Li-Po) 배터리의 취급/보관 방법으로 부적절한 설명은?

① 배터리가 부풀거나, 누유 또는 손상된 상태일 경우에는 수리하여 사용한다.
② 빗속이나 습기가 많은 장소에 보관하지 말아야 한다.
③ 정격 용량 및 장비별 지정된 정품 배터리를 사용해야 한다.
④ 배터리는 –10°C~40°C의 온도 범위에서 사용한다.

해설
리포 배터리는 수리하여 사용하지 않는다.

05 리튬폴리머(Li-Po) 배터리 취급에 대한 설명으로 올바른 것은?

① 폭발 위험이나 화재 위험이 적어 충격에 잘 견딘다.
② 50°C 이상의 환경에서 사용될 경우 효율이 높아진다.
③ 수중에 장비가 추락했을 경우에는 배터리를 잘 닦아서 사용한다.
④ –10°C 이하로 사용될 경우 영구히 손상되어 사용 불가 상태가 될 수 있다.

해설
리포 배터리의 사용 온도는 –10°C~40°C이다.

06 리튬폴리머 배터리 사용상의 설명으로 적절한 것은?

① 비행 후 배터리 충전은 상온까지 온도가 내려간 상태에서 실시한다.
② 수명이 다된 배터리는 쓰레기와 함께 버린다.
③ 여행 시 배터리는 화물로 가방에 넣어서 운반이 가능하다.
④ 가급적 전도성이 좋은 금속 탁자 등에 두어 보관한다.

해설
② 수명이 다된 배터리는 소금물에 담가 방전하여 버린다. ③ 리포 배터리는 여행 시에 휴대해야 한다. ④ 리포 배터리는 폭발의 위험이 있으므로 밀폐 용기에 보관한다.

07 리튬폴리머 배터리의 보관 방법으로 적절한 것은?

① 뜨거운 곳이나 직사광선등 열이 잘 발생하는 곳에 보관한다.
② 자동차 안에 보관한다.
③ 화재 폭발의 위험이 있으므로 밀폐 용기에 보관한다.
④ 아무 곳에나 보관해도 상관없다.

> **해설**
> 20~28℃의 온도에서 밀폐 용기에 보관하는 것이 안전하다.

08 리튬폴리머 배터리를 소금물을 이용해 폐기하는 방법으로 틀린 것은?

① 대야에 물을 받고 소금을 한두 줌 넣어 소금물을 만든다.
② 배터리 전원 플러그가 소금물에 잠기지 않게 담근다.
③ 배터리에서 기포가 올라오는데 이 기포는 유해하므로 환기가 잘 되는 곳에서 한다.
④ 하루 정도 경과한 뒤 기포가 더 이상 나오지 않으면 완전 방전된 것이므로 폐기한다.

> **해설**
> 리포 배터리를 폐기할 때는 배터리와 커넥터 전체를 소금물에 잠기게 하여 방전시킨다.

09 다음 중 메모리 효과가 있는 배터리는?

① 리튬폴리머(Li - Po) 배터리
② 납(Pb) 축전지
③ 니켈카드뮴(Ni - Cd) 배터리
④ 리튬인산철(Li - FePO4) 배터리

> **해설**
> 니켈카드뮴(Ni - Cd), 니켈수소(Ni - Mh) 전지는 메모리 효과가 있다.

10 다음 중 2차 전지에 속하지 않는 배터리는?

① 리튬폴리머(Li - Po) 배터리
② 니켈수소(Ni - Mh) 배터리
③ 니켈카드뮴(Ni - Cd) 배터리
④ 알카라인 전지

> **해설**
> 알카라인 전지, 망간 전지, 수은 전지, 리튬 전지는 1차 전지(1회용 전지)이다.

11 리튬폴리머 배터리의 장점으로 틀린 것은?

① 에너지 저장 밀도가 크다.
② 높은 전압을 가진다.
③ 중금속을 사용한다.
④ 다양한 형상의 설계가 가능하다.

> **해설**
> • 리튬폴리머 배터리는 리튬(Li)이라고 하는 희토류(희소성 금속)를 사용한다.
> • 니켈카드뮴(Ni-Cd), 니켈수소(Ni-Mh), 수은(Hg) 전지는 중금속을 사용한 전지이다.

정답

01	①	02	③	03	④	04	①	05	④
06	①	07	③	08	②	09	③	10	④
11	③								

12

(22-078) 엔진의 종류 및 특성

국내 상용화된 멀티콥터 중에 엔진이라는 원동기를 장착한 제품은 아직 없다. 다만 무인 헬리콥터에는 2행정 및 4행정 왕복 엔진과 로터리 엔진을 장착한 제품이 있다. 왕복 엔진과 로터리 엔진에 대해 간략히 알아보자.

1 왕복 엔진(Reciprocating Engine)

(01) 왕복 엔진의 구조

내연기관 중 피스톤 기관이며 흡입, 압축, 폭발, 배기의 행정 수에 따라 2행정 기관과 4행정 기관으로 나누고 왕복 운동을 회전 운동으로 변환하여 운동 에너지를 얻는다.

멀티콥터의 특성상 다수의 로터를 하나 또는 두 개의 엔진으로 제어하기는 매우 어려운 일이다. 그러므로 현재까지는 멀티콥터에 왕복 엔진을 적용하는 경우 발전기를 이용하여 생산된 전력으로 다시 모터를 구동하는 하이브리드 방식이 가능하다.

4행정 왕복 엔진

2행정 왕복 엔진

왕복 엔진

2행정 왕복 엔진의 구조

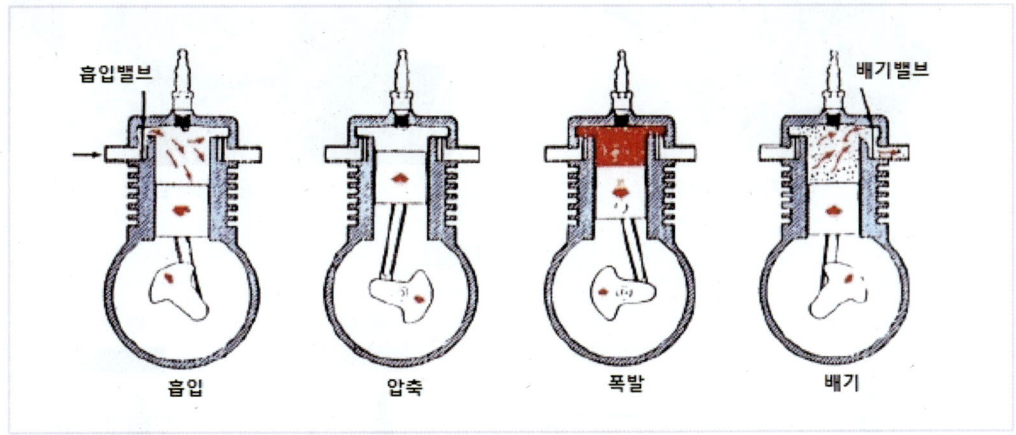
4행정 왕복 엔진의 구조

(02) 왕복 엔진의 장단점

❶ 장점

- 왕복 엔진은 고압축비를 사용하므로 연료의 효율이 좋은 편이다.
- 엔진의 내구성이 비교적 좋고 4행정의 경우 내구성이 매우 좋다.

❷ 단점
- 폭발의 위력에 의한 소음이 크고, 압축을 견뎌야 하므로 무게가 많이 나간다.
- 왕복 엔진의 특성상 진동이 많이 발생한다.

2 로터리 엔진(Rotary Engine)

(01) 로터리 엔진의 구조

왕복 엔진의 2행정 기관과 비슷한 연소의 순서를 가지는 로터리 엔진은 삼각형의 로터리 피스톤이 회전축을 중심으로 회전하면서 흡입, 압축, 폭발, 배기의 행정을 진행하게 된다. 로터리 엔진은 흡배기 밸브가 없으며 로터리 피스톤이 이 밸브의 역할을 하게 된다. 만든 사람의 이름을 따서 Wankel 엔진이라고도 부른다.

비행기용 로터리 엔진

오토바이용 로터리 엔진

로터리 엔진

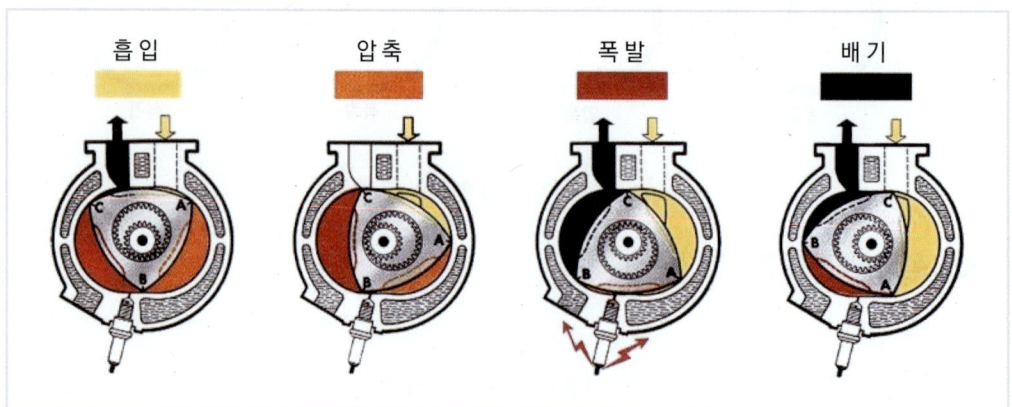

로터리 엔진의 구조

(02) 로터리 엔진의 장단점

❶ 장점
- 엔진의 크기와 중량이 적다(무게가 중요한 항공기에서는 매우 유리한 점이다).
- 회전 운동을 하면서 연소하므로 왕복 엔진에 비해 진동이 상대적으로 적다.

❷ 단점
- 로터리 피스톤의 에이펙스 실(Apex Seal)과 가스 실(Gas Seal)은 왕복 기관의 피스톤 링에 해당하는 부분으로 왕복 엔진보다 더 큰 마찰력을 요구하므로 내구성이 약하다.
- 2행정 기관의 특성과 같이 4행정에 비해 연료 효율이 낮다.

확/인/문/제

01 동력 비행장치에 주로 사용되는 연료 공급 방식은?
① 중력 공급 방식과 압력 공급 방식
② 압력 공급 방식
③ 제트 공급 방식
④ 중력 공급 방식

해설
연료 공급 방식은 연료 탱크의 하단에서 연료를 공급하는 중력 공급 방식과 연료 탱크 내에 배기가스 일부를 주입하여 그 압력으로 연료를 공급하는 압력 공급 방식이 있다.

02 왕복 엔진에서 윤활유의 역할이 아닌 것은?
① 기밀   ② 윤활
③ 냉각   ④ 방빙

해설
윤활유의 역할은 윤활, 냉각, 방청(녹 방지), 약간의 기밀 유지이다.

03 연료 탱크는 온도 팽창을 고려하여 여유 공간이 있어야 한다. 필요한 여유 공간은?
① 2% 이상   ② 4% 이상
③ 6% 이상   ④ 8% 이상

해설
연료 탱크는 비행 직후 연료를 다시 가득 채워 빈 공간으로 인한 결로를 방지해야 하며 온도에 따른 팽창 여유를 2%가량 둔다.

04 동력 비행장치 기관의 최대 회전수가 6,000 rpm이다. 프로펠러의 깃 끝 속도를 제한하기 위해 2:1 비율의 감속 기어를 장착했다면 이륙을 위한 최대 출력 상태에서 프로펠러는 1분 동안 몇 회전을 하는가?

① 6,000회전　② 3,000회전
③ 12,000회전　④ 5,800회전

해설
프로펠러의 회전수는 기관의 회전수×감속비이다.
6,000×(1/2)=3,000(rpm)

05 직접 프로펠러를 회전시키는 기관이 3,000 rpm으로 회전한다면 프로펠러의 회전수는?

① 1,500회전　② 4,500회전
③ 6,000회전　④ 3,000회전

해설
직접 프로펠러를 회전시키는 기관은 기관의 회전수와 프로펠러의 회전수가 항상 같다.

06 다음의 기관 계기 중에서 4행정 기관에는 반드시 필요하지만 2행정 기관에는 필요 없는 것은?

① 기관 회전계
② 윤활유 압력계
③ 실린더 헤드 온도계
④ 배기가스 온도계

해설
2행정 기관은 윤활유를 연료와 혼합하여 사용하므로 윤활유의 순환 계통이 없으므로 윤활유 압력계가 없다.

07 왕복 기관에서 압축비란?

① 압축 행정과 흡입 행정에서의 피스톤 운동 거리의 비율이다.
② 연소(폭발) 행정과 배기 행정에서의 연소실 압력 비율이다.
③ 피스톤이 하사점과 상사점에 위치했을 때의 실린더 체적의 비율이다.
④ 연소실 내에서의 연료, 공기 비율이다.

해설
압축비는 피스톤의 상하 이동 거리의 비율이며 압축비의 크기는 2행정 기관 〈 4행정 가솔린 기관 〈 4행정 디젤 기관 순이다.

08 4행정 기관에서 크랭크축(Crank Shaft)이 4회전 하는 동안에 몇 번의 폭발이 일어나는가?

① 2번　② 4번
③ 6번　④ 8번

해설
4행정 기관은 1회전에 흡입(하강)과 압축(상승), 2회전에 폭발(하강)과 배기(상승)의 순으로 2회전이 1 사이클을 이룬다.

09 2행정 기관이란 크랭크축이 몇 도 회전할 때 1 사이클을 완료하는가?

① 90°　② 180°
③ 360°　④ 720°

해설
2행정 기관은 1회전에 2행정으로 1 사이클을 이룬다. 하강(폭발, 흡입) 상승(압축, 배기)

10 4기통 기관의 점화순서가 1-3-2-4일 때 1번 실린더가 압축 행정을 하면 3번 실린더는 어떤 행정을 하는가?

① 흡입 행정   ② 압축 행정
③ 폭발 행정   ④ 배기 행정

> **해설**
>
> | 실린더 | 1 | 2 | 3 | 4 |
> |---|---|---|---|---|
> | 점화순서 | 1 | 3 | 2 | 4 |
> | 행정 | 압축 | 배기 | 흡입 | 폭발 |

11 2행정 기관의 특성을 4행정 기관과 비교한 내용 중 틀린 것은?

① 밸브 기구가 없거나 있어도 간단하다.
② 연료 소비율이 4행정 사이클 기관보다 적다.
③ 실린더가 과열되기 쉽다.
④ 마력당 중량이 가볍다.

> **해설**
>
> 2행정 기관은 구조가 간단하고 가볍게 만들 수 있지만 효율은 4행정 기관보다 떨어진다.

12 4행정 엔진의 배기 색이 백색이라면 어떤 상태인가?

① 소음기의 막힘
② 노즐의 막힘
③ 분사 시기가 늦음
④ 윤활유가 연소실에 올라감

> **해설**
>
> 윤활유는 연료보다 연소 효율이 떨어지므로 연소될 경우 불완전 연소를 초래하고 흰색 매연을 배출한다.

13 엔진에 사용되는 윤활유 성질을 나타내는 중요한 지표는?

① 점도   ② 습도
③ 온도   ④ 열효율

> **해설**
>
> 윤활유는 적당한 점도를 가져야만 윤활해야 할 부위에서 흘러내리지 않고 역할을 해낼 수 있다.

14 방열기(Radiator) 캡을 열어보았더니 냉각수에 기름이 떠 있다면 그 원인은?

① 물 펌프의 마모
② 정온기의 파손
③ 헤드 개스킷의 파손
④ 방열기 코어 막힘

> **해설**
>
> 냉각 시스템과 연소 시스템은 서로 개스킷(Gasket)으로 분리되어 있다.

15 다음 중 4행정 왕복 기관의 윤활유 소비가 과대하게 되는 원인은?

① 엔진 과열
② 마모된 피스톤 링
③ 기능이 약한 방열기
④ 부적절한 점화 시기

> **해설**
>
> 왕복 기관의 피스톤 링이 마모되면 윤활유가 연소실 내로 들어가 연소하여 윤활유의 과도한 소모 및 연소 가스의 크랭크실 유입을 유발한다. 또한 압축력이 약해져 결국 전체적인 출력 저하를 가져온다.

16 왕복 기관의 실제 점화 시기는?

① 압축 행정 - 상사점 전
② 흡입 행정 - 하사점 전
③ 압축 행정 - 상사점 후
④ 흡입 행정 - 하사점 후

> **해설**
> 왕복 기관의 점화 시기는 압축 후 상사점 직전이며 회전이 빨라질수록 점화 시기는 조금씩 앞으로 당겨진다.

17 왕복 기관의 작동 중 실린더 내의 압력이 가장 높을 때는?

① 상사점 전
② 하사점
③ 폭발 후 상사점 직후
④ 하사점 후

> **해설**
> 왕복 기관의 압력이 가장 높을 때는 폭발 직후이고, 가장 낮을 때는 배기 완료 후 흡기 시작점이다.

18 다음 중 피스톤 링의 작용이 아닌 것은?

① 마모 작용
② 열전도 작용
③ 연소실로 새는 오일 방지
④ 기밀(밀봉) 작용

> **해설**
> 피스톤 링은 피스톤의 마찰로 인한 마모를 방지하기 위해 설치된 장치이다.

19 실린더 내에서 작용하는 피스톤의 직선 운동을 회전 운동으로 바꾸는 것은?

① 커넥팅 로드
② 푸시로드
③ 크랭크 샤프트
④ 플라이휠

> **해설**
> 크랭크 샤프트는 직선 왕복 운동을 회전 운동으로 또는 회전 운동을 직선 왕복 운동으로 바꿔주는 장치이다.

20 항공기용 가솔린의 구비 조건이 아닌 것은?

① 발열량이 많아야 한다.
② 안전성이 커야 한다.
③ 부식성이 적어야 한다.
④ 안티노크성이 적어야 한다.

> **해설**
> 항공기용 가솔린 엔진은 안티노크성이 커야 안전하다.

21 왕복 기관에서 추운 겨울에 사용하는 윤활유의 조건은?

① 저인화성   ② 저점성
③ 고인화성   ④ 고점성

> **해설**
> 여름에는 점성이 높은 윤활유를, 겨울에는 점성이 낮은 윤활유를 써야 한다.

22 4행정 왕복 기관의 시동 후 가장 먼저 확인해야 하는 계기(Instrument)는?

① 윤활유(오일) 압력계
② 연료 압력계
③ 실린더 헤드 온도계
④ 다기관 압력계

> **해설**
> 4행정 기관은 시동 후 몇 분이 지나야만 워밍업이 끝나고 실제 사용 온도인 80℃에 도달하게 되므로 시동 후 확인할 수 있는 가장 중요한 계기는 윤활유 압력계이다.

23 4행정 왕복 엔진에서 총배기량이란?

① 크랭크축이 1회전 하는 동안 한 개의 피스톤이 배기한 총 용적
② 크랭크축이 2회전 하는 동안 한 개의 피스톤이 배기한 총 용적
③ 크랭크축이 1회전 하는 동안 전체 피스톤이 배기한 총 용적
④ 크랭크축이 2회전 하는 동안 전체 피스톤이 배기한 총 용적

> **해설**
> 왕복 기관의 배기량은 (실린더 면적×행정×실린더 수)
> (예 : 실린더 지름이 100mm, 행정이 100mm이고 4개의 실린더를 가진 왕복 기관의 경우 3.14×50×50×100×4=3,140cc)

정답

01	①	02	④	03	①	04	②	05	④
06	②	07	③	08	①	09	③	10	①
11	②	12	④	13	①	14	③	15	②
16	①	17	③	18	①	19	③	20	④
21	②	22	①	23	④				

(23-079) 조종자의 역할

1 조종자

조종자는 장비 종류에 적합한 조종자 자격을 취득하여, 무인 비행장치를 조종하는 사람으로 비행에 관한 최종 판단을 한다. 대규모 살포의 경우 2명이 서로 교대 작업하며 피로를 줄여야 한다. 조종자는 비행장치가 전방으로 전진 및 후진할 경우 속도를 인지하기 어려우므로 신호자의 지시에 따라 전/후진 비행 속도를 조절한다.

2 신호자

무전기로 전/후진 간 속도와 함께 조종자에게 비행장치가 논밭의 끝 선을 통과했는지 알리고, 필요할 경우 살포 장치의 On / Off 스위치를 누를 수도 있다. 오버런 상황이나 엔드라인 부근의 장해물(전선이나 표식 등) 유무를 명확하게 알려준다. 신호자에게는 잘 보이는 장해물이, 조종자에게는 보이지 않는 경우도 있다.

3 보조자

운반 차량을 운전하고, 무인 멀티콥터의 연료나 살포하는 농업용 약재를 준비하여 보급한다. 또한 대규모 살포 등의 경우 살포 작업할 포장을 안내할 수 있는, 지리에 익숙한 사람으로 정하는 것이 좋다.

확/인/문/제

01 무인 비행장치 조종자의 자격 요건이라 할 수 없는 것은?
① 정확하고 신속한 상황 판단력
② 합리적인 정보처리 능력
③ 신체적, 정신적 안정
④ 독선적이고 옹고집인 심성

해설
조종자는 비행에 대해 최종 판단을 해야 하므로 합리적인 정보처리 능력을 갖추고 신체적, 정신적으로 안정되어 있어야 한다.

02 멀티콥터의 이착륙 지점으로 적합하지 않은 곳은?
① 먼지나 흙이 날리지 않는 평평한 곳
② 작물 또는 시설에 피해가 없는 곳
③ 사람들이 많이 구경할 수 있는 곳
④ 평평한 잔디밭

해설
사람이 많거나 시설물의 피해가 있을 가능성이 있는 곳은 이착륙 지점으로 적합하지 않다.

03 멀티콥터 조종자가 갖추어야 할 신체 요소가 아닌 것은?
① 시력   ② 청력
③ 건강   ④ 장애가 없을 것

해설
멀티콥터 조종자는 신체적으로 시력, 청력 및 작업을 수행하기에 불리한 장애가 없어야 한다. 건강은 생리적 요소에 해당한다.

04 항공 방제 작업에 꼭 필요한 인원이 아닌 사람은?
① 보조자   ② 조종자
③ 신호자   ④ 운전기사

해설
항공 방제에 필요한 인력 : 조종자-자격증 보유, 보조자-무자격, 신호자-자격증 보유

▶ 정답 ◀
| 01 | ④ | 02 | ③ | 03 | ③ | 04 | ④ |

14

(24-080) 비행장치에 미치는 힘

비행장치가 지표면을 떠나 비행을 할 때 기체에는 여러 가지 힘이 작용한다. 예를 들어 비행을 위해 양력을 발생시키려면 중력을 이겨야 하고, 앞으로 나아가기 위해 추력을 발생시키면 그에 따른 항력이 발생한다.

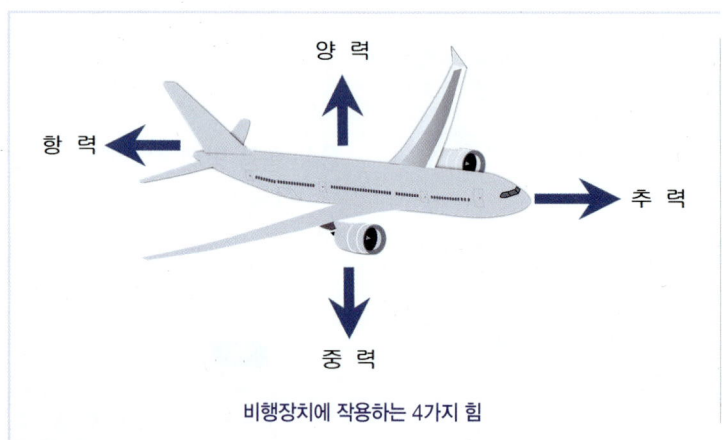

비행장치에 작용하는 4가지 힘

1 양력(Lift)

❶ 유체 속에서 물체가 진행 방향의 수직 방향으로 받는 힘을 말하며 위쪽으로 작용한다.
❷ 양력은 물체에 닿은 유체를 밀어내려는 힘에 대한 반작용이며 물체가 진행하는 방향에 대한 경사각과 물체의 면적, 흐름의 속도, 유체의 밀도에 따라 정해진다.

❸ 멀티콥터가 하늘에 뜰 수 있는 것은 양력 때문이다.

❹ 양력은 시간에 따른 공기의 양에 비례하여 커지므로 비행 속도 또는 로터의 회전 속도가 빨라질수록 양력은 증가하고, 고도가 증가하면 공기 밀도가 낮아지므로 같은 조건에서 양력이 적게 발생한다. 또한 같은 속도일 경우 양력은 더운 여름에 적게 발생하고 추운 겨울에 더 많이 발생한다.

※ 특히 여름철에 정량의 액제를 싣고 이륙한 방제용 무인 헬리콥터와 무인 멀티콥터의 추락이 잦은 이유가 여름철이 겨울철보다 약 20%의 양력 손실이 있기 때문이다. 예방법으로는 여름철에는 약제의 양을 약 20% 정도 적게 싣고 이륙하면 된다.

❺ 상대풍(풍판과 마주하는 기류의 방향)에 수직적으로 작용하는 힘이다. 그러므로 양력을 크게 함으로써 짧은 거리에서 이륙을 원활하게 할 수 있기 때문에 항공기의 이륙 시에 정풍을 맞는 것이다.

2 중력(Gravity)

❶ 지구의 만유인력에 의해 서로 잡아당기는 성질로 지구의 중심을 향해 아래쪽으로 작용하는 힘이다.

❷ 비행체가 이륙했다는 것은 중력보다 더 큰 양력을 얻었다는 뜻이다.

❸ 정속으로 운항하는 비행체에서는 양력과 중력이 균형을 이루었다고 볼 수 있다.

❹ 물체에 작용하는 중력의 크기는 무게(Weight) 또는 중량이라 부른다. 만약 양력보다 중력이 커지면 아래로 내려가고, 중력보다 양력이 커지면 위로 상승하게 된다.

3 추력(Thrust)

❶ 추력은 기체를 앞으로 나아가게 하는 힘이다. 비행기에서는 추력과 양력이 구분되지만, 멀티콥터는 중력 방향으로 추력을 발생시켜 양력을 얻으므로 양력과 추력이 같다.

❷ 더 큰 출력의 엔진을 가진 항공기가 더 큰 추력을 발생시킨다.

❸ 추력의 발생에 따라 항력이 발생하므로 추력에 의한 속력은 항력과 밀접한 관계를 갖는다. 결국 정지 또는 일정한 속도로 이동하는 비행체에서 추력과 항력은 같다.

4 항력(Drag/Reaction)

❶ 저항력이라고도 부르며 비행체가 앞으로 나아가려는 것에 저항하는 힘이다. 항력이 생기는 원인은 주위에 흐르는 유체의 종류, 운동하는 물체의 형태와 크기, 속도 등에 따라 다르다.

※ 항력을 발생시키는 힘을 외력이라고 하며, 외력에는 7대 기상 요소(기온, 기압, 습도, 구름, 강수, 시정, 바람)가 있다.

❷ 비행체가 가속을 할 수 있는 것은 추력의 힘이지만 항력과 추력이 동일해지는 시점이 비행체의 실제 속도가 된다.

❸ 항력은 추력에 비례하여 늘어나지만 공기와 기체가 닿는 면적과 공기의 밀도에 따라서 더 증가하거나 감소할 수 있다.

(01) 항력의 종류

❶ 유도 항력(Induced Drag) : 로터가 회전하면서 양력을 발생시킬 때 나타나는 유도 기류에 의해 생기는 항력이다. 고정익에서는 날개의 끝단에 윙렛(Winglet)이나 윙팁(Wing Tip)을 설치함으로써 유도 항력을 상당히 줄일 수 있다.

B747 클래식 윙렛

B737 블렌디드 윙렛

A320 샤크렛

B737 AT 윙렛

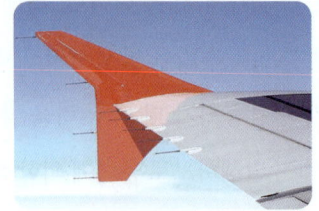
A320 윙팁 펜스

B737 스플릿 윙렛

유도 항력을 줄이기 위해 날개 끝에 설치한 여러 종류의 윙렛

❷ **형상 항력(Profile Drag)** : 회전익 비행체에서 프로펠러가 회전할 때 날개와 몸체의 형태에 따라 공기와 마찰하면서 생기는 항력으로 이것이 최소화되도록 설계해야 한다.

❸ **조파 항력(Wave Drag)** : 초음속 항공기에서 공기의 압축성 효과로 생기는 충격파에 의해 발생하며 충격파 뒤편으로 유체의 속도는 감소하나 압력과 온도, 밀도는 상승한다.

❹ **유해 항력(Parasite Drag)** : 모든 항공기의 표면에서 공기의 마찰로 인해 발생하는 항력으로 유해 항력은 속도의 제곱에 비례하며 증가한다. 유해 항력의 종류로는 형상 항력, 표면 항력, 간섭 항력 등이 있다.

유도 항력을 줄이기 위해 멀티콥터의 블레이드에 적용된 윙렛

멀티콥터 블레이드 윙렛의 모델이 된 레이키드 윙팁

확/인/문/제

01 비행 성능에 영향을 주는 요소를 틀리게 설명한 것은?

① 공기 밀도가 낮아지면 엔진 출력이 나빠지고 프로펠러 효율도 떨어진다.
② 습도가 높으면 공기 밀도가 낮아져 양력 발생이 감소한다.
③ 습도가 높으면 밀도가 낮은 것보다 엔진 성능 및 이착륙 성능이 더욱 나빠진다.
④ 무게가 증가하면 이착륙 시 활주 거리가 길어지고 실속 속도도 증가한다.

> **해설**
> 비행 성능에 영향을 주는 요소로는 공기 밀도, 습도, 무게 등이 있고 특히 습도가 높으면 엔진 성능을 크게 저하하므로 주의해야 한다.

02 다음은 비행기의 이륙 성능과 대기 압력의 관계에 대한 설명이다. 대기 압력 외 조건은 동일하다고 가정했을 때 맞는 것은?

① 대기 압력이 높아지면 공기 밀도 증가, 양력 증가, 이륙 거리 증가
② 대기 압력이 높아지면 공기 밀도 증가, 양력 감소, 이륙 거리 증가
③ 대기 압력이 높아지면 공기 밀도 증가, 양력 증가, 이륙 거리 감소
④ 대기 압력이 높아지면 공기 밀도 증가, 양력 감소, 이륙 거리 감소

> **해설**
> 같은 조건에서 기압이 높아지면 공기 밀도가 높아져 이륙과 착륙에 유리하다.

03 비행 중 날개에 작용하는 압력에 관해 합력 방향에 대한 설명으로 맞는 것은?

① 수직 위 방향으로 작용한다.
② 수직 아래 방향으로 작용한다.
③ 전방 아래 방향으로 작용한다.
④ 후방 아래 방향으로 작용한다.

> **해설**
> 비행 중 날개에 작용하는 압력은 양력이며 위쪽으로 작용한다.

04 비행기가 항력을 이기고 전진하는 데 필요한 마력은?

① 이용 마력   ② 여유 마력
③ 필요 마력   ④ 제동 마력

> **해설**
> • 이용 마력 : 실제 기체가 사용할 수 있는 전체의 마력
> • 필요 마력 : 비행기가 등가속 비행을 하기 위해 필요한 마력
> • 여유 마력 : (이용 마력－필요 마력)으로서 여유 마력이 클수록 상승 속도가 빠름

05 공기의 밀도는 동력 비행장치의 추력에 영향을 준다. 공기 밀도의 압력과 온도의 변화 대한 설명으로 맞는 것은?

① 공기 밀도는 압력과 온도가 각각 증가할 때 비례하여 커진다.
② 공기 밀도는 온도가 증가하면 증가하고 압력이 증가하면 감소한다.
③ 공기 밀도는 온도가 증가하면 감소하고 압력이 증가하면 커진다.
④ 공기 밀도는 압력과 온도가 각각 증가할 때 반비례하여 감소한다.

> **해설**
> 공기 밀도와 온도는 서로 반비례한다.

06 비행 중 날개에 발생하는 항력으로 공기와의 마찰에 의하여 발생하며 점성의 크기와 표면의 매끄러운 정도에 따라 영향을 받는 항력은?

① 유도 항력　　② 마찰 항력
③ 조파 항력　　④ 압력 항력

> **해설**
> 유도 항력은 날개에 의해서, 마찰 항력은 표면과 공기의 마찰에 의해서, 조파 항력은 초음속 항공기의 충격파에 의해서, 압력 항력은 항공기의 정면과 공기의 부딪힘에 의해서 발생한다.

07 다음에 열거한 것은 항력의 종류이다. 초경량 동력 비행장치에서 발생하지 않는 항력은?

① 마찰 항력　　② 압력 항력
③ 유도 항력　　④ 조파 항력

> **해설**
> 조파 항력은 초음속 항공기의 후류에서 발생하므로 초경량 동력 비행장치에서는 발생할 수 없다.

08 다음 중 날개의 가로세로비에 영향을 받는 항력은?

① 유도 항력　　② 조파 항력
③ 마찰 항력　　④ 압력 항력

> **해설**
> 유도 항력은 날개에 의해서, 마찰 항력은 표면과 공기의 마찰에 의해서, 조파 항력은 초음속 항공기의 충격파에 의해서, 압력 항력은 항공기의 정면과 공기의 부딪힘에 의해서 발생한다.

09 날개에서 발생하는 항력에 가장 많은 영향을 주는 것은?

① 공기 밀도
② 날개의 면적
③ 날개 시위의 길이
④ 공기 흐름의 속도

> **해설**
> 날개에서 발생하는 항력을 포함하여 대부분의 항력은 공기 흐름의 속도에 비례하여 증가한다.

10 동력 비행장치의 비행 속도를 2배로 증가시켰다. 다른 조건은 일정하다고 볼 때 양력과 항력에 대한 설명으로 바른 것은?

① 항력만 2배로 증가한다.
② 양력만 2배로 증가한다.
③ 양력은 2배로 증가하고 항력은 1/2로 감소한다.
④ 양력과 항력 모두 증가한다.

> **해설**
> 비행 속도가 증가하면 양력이 증가하지만 그만큼 항력도 증가하게 된다.

11 날개의 면적은 변함이 없이 같은 조건으로 날개의 가로세로비(Aspect Ratio)를 크게 했을 경우에 대한 설명으로 틀린 것은?

① 유도 항력 계수가 작아진다.
② 유도 항력이 작아지고 활공 거리가 길어진다.
③ 활공 거리가 길어진다.
④ 유도 항력이 커지고 착륙 거리가 짧아진다.

> **해설**
> 유도 항력은 날개의 가로세로비에 따라 커진다. 또한 날개의 길이가 길어질수록 착륙 거리는 짧아진다.

12 날개의 형태 중 날개의 끝을 뿌리보다 높게 하는 상반각에 대한 설명으로 맞는 것은?

① 비행 중 항력이 작아진다.
② 옆 미끄럼을 방지한다.
③ 선회 성능이 좋아진다.
④ 날개 끝 실속을 방지한다.

> **해설**
> 날개의 상반각은 가로 안정성을 좋게 한다.

13 비행장치에 작용하는 힘은?

① 양력, 무게, 추력, 항력
② 양력, 중력, 무게, 추력
③ 양력, 무게, 동력, 마찰
④ 양력, 마찰, 추력, 항력

> **해설**
> 비행장치에 작용하는 힘 중 양력=중력(무게), 추력=항력이며 이때 등속 비행 상태이다.

14 유도 항력을 줄이기 위한 방법이 아닌 것은?

① 윙렛을 설치한다.
② 타원형 날개를 사용한다.
③ 종횡비를 크게 한다.
④ Vortex Generator를 사용한다.

> **해설**
> 유도 항력을 줄이기 위해서는 주로 윙렛(Winglet)을 설치하거나 타원형 날개, 종횡비를 크게 하는 방법이 있다. Vortex Generator(소용돌이 발생 풍판)은 진동을 잡기 위해 사용한다.

15 항력의 종류 중 속도가 증가하면 감소하는 항력은?

① 유도 항력 ② 형상 항력
③ 유해 항력 ④ 총 항력

> **해설**
> 모든 항력은 속도와 밀접하여 속도가 증가하면 함께 증가한다. 그러나 유도 항력은 일정 속도까지는 증가하지만 지속적으로 속도가 증가하면 오히려 감소한다.

16 유도 항력의 원인은?

① 날개 끝 와류 ② 속박 와류
③ 간섭 항력   ④ 충격파

> **해설**
> 유한한 가로세로비를 갖는 양력 면 날개의 뒷전에 와류에 의해 발생하는 항력을 유도 항력이라 한다.

17 Fabric 표면이 팽팽하지 않고 흐느적거리거나 울퉁불퉁하고 코팅하지 않은 경우, 즉 항공기의 외피가 거칠수록 많이 발생하는 항력은?

① 압력 항력 ② 유도 항력
③ 마찰 항력 ④ 간섭 항력

> **해설**
> 유도 항력은 날개에 의해서, 마찰 항력은 표면과 공기의 마찰에 의해서, 조파 항력은 초음속 항공기의 충격파에 의해서, 압력 항력은 항공기의 정면과 공기의 부딪힘에 의해서 발생한다.

▶ **정답** ◀

01	③	02	③	03	①	04	③	05	③
06	②	07	④	08	①	09	④	10	④
11	④	12	②	13	①	14	④	15	①
16	①	17	③						

15

(25-082) 공기 흐름의 성질

1 공기의 흐름

(01) 공기의 이동

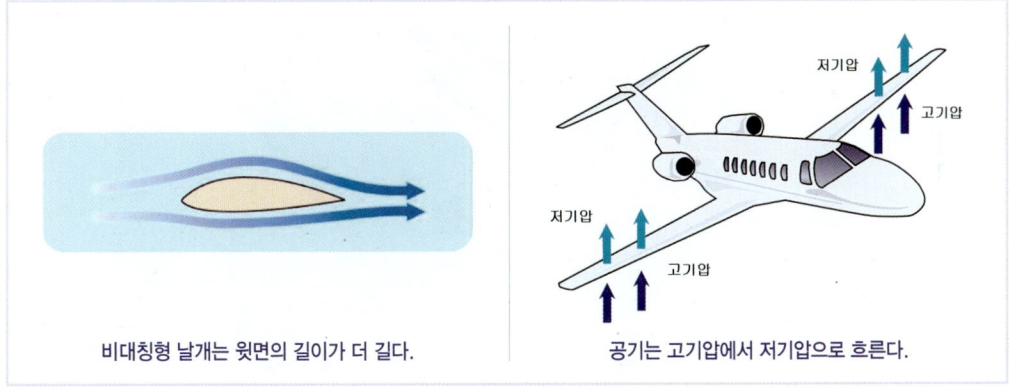

공기 흐름의 원리

❶ 공기는 고기압에서 저기압 쪽으로 흐른다. 이는 날개 구조에 의해 생기는 기압 차 때문이다.

❷ 공기 압력이 큰 아래에서 공기 압력이 적은 위쪽으로 밀어 올리는 힘을 양력이라 부른다. 양력은 속도에 비례하며, 양력이 중력을 이길 때 기체가 상승하게 된다.

❸ 양력은 항공기 날개가 상대풍에 대하여 움직이는 각에 의해 발생한다. 날개의 수평, 하강, 상승 방향에 따라 상대풍이 변하게 된다.

❹ **상대풍** : 풍판과 상대하는 공기의 흐름으로, 공기 중에서 풍판이 움직이는 것에 의해 상대풍이 발생한다.

- 상대풍은 풍판(날개)에 상대적인 공기의 흐름을 말한다.
- 날개가 움직이는 방향에 따라 상대풍 방향도 변한다.
- 날개가 수평으로 이동할 경우 상대풍은 날개 방향과 같이 수평으로 날개에 대하여 평행하게 이동한다.
- 날개를 위로 하여 이동할 경우 상대풍은 아래로, 날개를 아래로 하여 이동할 경우 상대풍은 위로 작용한다.

(02) 압축성(Compressibility)

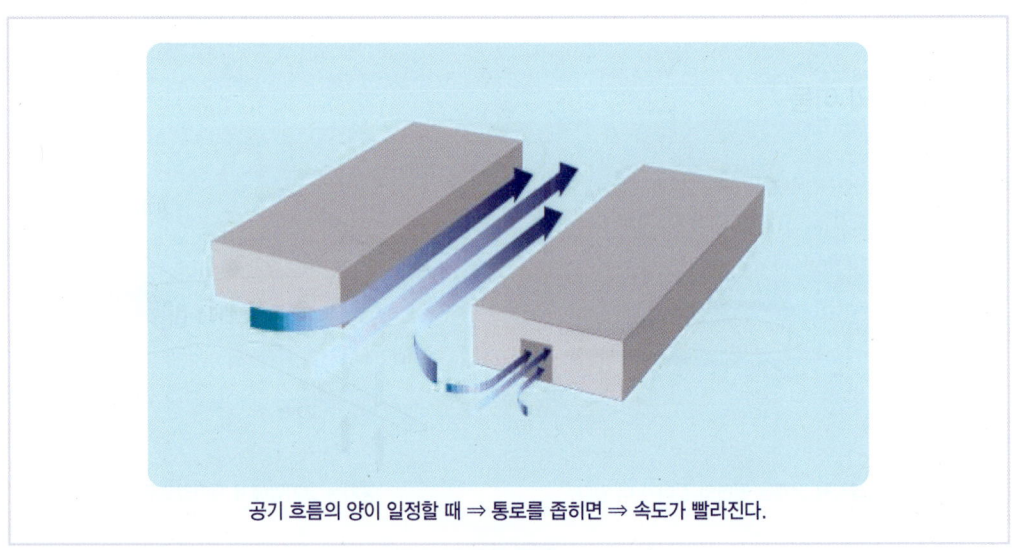

공기 흐름의 양이 일정할 때 ⇒ 통로를 좁히면 ⇒ 속도가 빨라진다.

연속의 법칙

❶ 공기나 액체와 같이 모든 유체는 압력을 받으면 체적이 작아지면서 밀도가 커지게 된다.

❷ 유체의 밀도가 변하는 성질을 압축성(Compressibility)이라 하며 기체는 액체에 비해서 압축성 효과가 상대적으로 매우 크다.

❸ 압축성 효과가 아주 작아서 무시할 수 있는 경우가 있는데 이러한 흐름을 비압축성 흐름(Incompressible Flow)이라고 하며 이때 유체의 밀도는 일정하다.

❹ 유체의 체적이 변하면서 밀도가 변하는 흐름을 압축성 흐름(Compressible Flow)이라 한다.

❺ 압축성의 영향은 항공기의 속도 영역에 따라서 공기 흐름의 성질을 크게 변화시킨다.

❻ 공기가 느린 속도로 유관 내를 흐를 때는 공기에 압축이 일어나지 않는다.

❼ 이때 유관의 단면적이 작을수록 유속은 빨라지고 압력은 떨어지며, 반대로 단면적이 클수록 유속은 늦어지고 압력은 올라간다.

❽ 압축성 효과를 무시하였으므로 단면적에 대한 밀도의 변화는 없다.

❾ 공기의 속도가 점점 빨라지면 압축성 효과가 발생하게 된다.

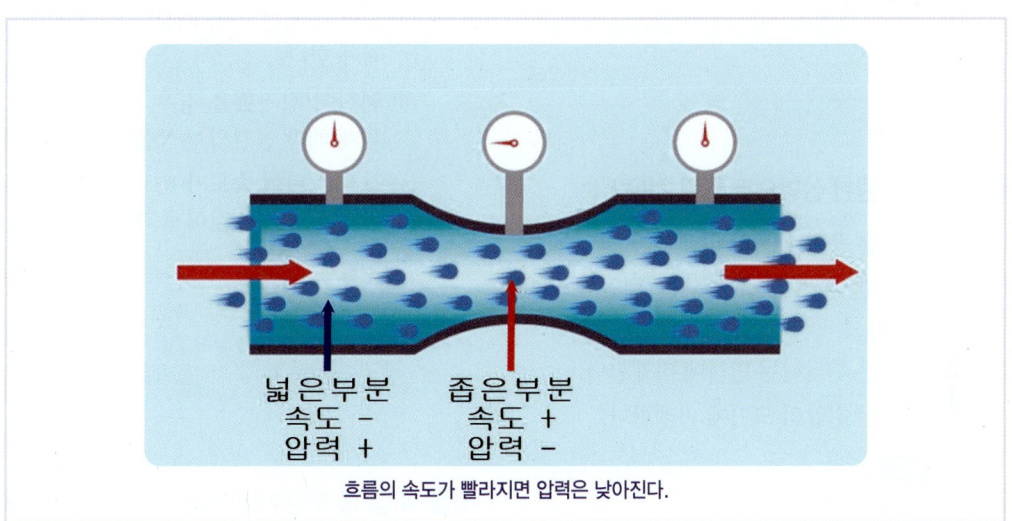

베르누이 정리

확/인/문/제

01 공기의 흐름에 관한 설명으로 맞는 것은?

① 공기 밀도가 높으면 단위 시간당 부딪히는 공기 입자 수가 많으므로 동압이 크다.
② 공기 밀도가 높으면 단위 시간당 부딪히는 공기 입자 수가 많으므로 동압이 작다.
③ 공기 밀도가 높으면 단위 시간당 부딪히는 공기 입자 수가 적으므로 동압이 크다.
④ 공기 밀도가 높으면 단위 시간당 부딪히는 공기 입자 수가 적으므로 동압이 작다.

> **해설**
> 동압은 공기 밀도, 곧 공기의 입자 수와 밀접하게 관계가 있다.

02 동압에 관한 설명으로 틀린 것은?

① 동압은 공기 밀도와 비례한다.
② 동압은 공기 흐름 속도의 제곱에 비례한다.
③ 동압은 부딪히는 면적에 비례한다.
④ 동압은 정압의 크기에 비례한다.

> **해설**
> 전압＝동압＋정압

03 비행 중 비행기의 전면에 작용하는 압력에 대한 설명으로 맞는 것은?

① 비행기의 모든 면에 작용하는 압력은 같다.
② 전압＝동압＋정압
③ 공기 밀도가 증가하면 감소한다.
④ 공기 온도가 증가하면 증가한다.

> **해설**
> 비행기의 모든 면에 작용하는 압력은 다르며 밀도가 증가하면 압력은 증가한다.

04 동력 비행장치에 장착된 프로펠러의 피치를 비행 중 임의로 변경할 수 있을 때의 조치로 맞는 것은?

① 이륙 중에는 순항 때보다 깃각을 비교적 크게 한다.
② 순항 중에는 이륙 때보다 깃각을 비교적 작게 한다.
③ 엔진이 정지했을 경우 깃각을 0도에 가깝게 해야 엔진의 손상을 줄일 수 있다.
④ 깃각은 비행 속도가 빠르면 크게, 느리면 작게 조절하는 것이 좋다.

> **해설**
> 이륙 시에는 깃각을 순항 시보다 작게 하고 엔진 정지 시에는 깃각을 90°에 놓아 엔진의 손상을 줄인다. 비행 속도를 빨리할수록 깃각을 크게 한다.

05 비행 중 항공기의 날개에 걸리는 응력에 관해 바르게 설명한 것은?

① 윗면에는 인장 응력이, 아랫면에는 압축 응력이 생긴다.
② 윗면에는 압축 응력이, 아랫면에는 인장 응력이 생긴다.
③ 윗면과 아랫면 모두 다 압축 응력이 생긴다.
④ 윗면과 아랫면 모두 다 인장 응력이 생긴다.

> **해설**
> 비행기의 두 날개는 중심에서 동체를 받치면서 위로 휘어지게 된다. 따라서 윗면에는 압축 응력이, 아랫면에는 인장 응력이 생기게 된다.

06 베르누이 정리에서 일정한 것은?

① 정압
② 전압
③ 동압
④ 전압과 동압의 합

> **해설**
> 베르누이 정리 : 전압=동압+정압 ☞ 전압은 항상 일정하다.

07 베르누이 정리에 대한 설명으로 맞는 것은?

① 유체 속도가 빠르면 정압은 낮아진다.
② 유체 속도는 정압에 비례한다.
③ 정압은 속도와 비례한다.
④ 유체 속도는 압력과 무관하다.

> **해설**
> 베르누이 정리에서 유체 속도와 정압은 반비례한다.

08 날개 골의 받음각이 증가하여 흐름의 떨어짐 현상이 발생할 경우 양력과 항력의 변화는?

① 양력과 항력이 모두 증가한다.
② 양력과 항력이 모두 감소한다.
③ 양력은 증가하고 항력은 감소한다.
④ 양력은 감소하고 항력은 급격히 증가한다.

> **해설**
> 받음각이 필요 이상으로 증가하여 흐름이 떨어지면 오히려 양력은 감소하고 항력이 급격히 증가하게 된다.

09 다음은 양력이 발생하는 원리의 기초가 되는 베르누이 정리에 대한 설명이다. 틀린 것은?

① 전압(P_t) = 동압(q) + 정압(P)
② 흐름의 속도가 빨라지면 동압이 증가하고 정압이 감소한다.
③ 음속보다 빠른 흐름에서는 동압과 정압이 동시에 증가한다.
④ 동압과 정압의 차이로 비행 속도를 측정할 수 있다.

> **해설**
> 베르누이 정리 : 전압=동압+정압 ☞ 전압은 항상 일정하다.

10 피토(Pitot)관을 이용한 속도계의 원리로 바른 것은?

① 속도 = (정압 + 동압) − 정압
② 속도 = (동압 − 정압) × 정압
③ 속도 = 전압 − 동압
④ 속도 = (동압 × 정압) − 전압

> **해설**
> 속도는 전압(정압+동압)에서 정압을 빼면 된다.

11 다음은 수평 비행 상태에서 날개 윗면과 아랫면의 공기의 흐름을 설명한 것이다. 맞는 것은?

① 날개 아랫면보다 윗면의 흐름 속도가 크고 정압이 크다.
② 날개 아랫면보다 윗면의 흐름 속도가 크고 동압이 작다.
③ 날개 아랫면보다 윗면의 흐름 속도가 크고 전압이 크다.

④ 날개 아랫면보다 윗면의 흐름 속도가 크고 정압이 작다.

해설
흐름의 속도가 빨라지면 정압은 작아진다.

12 정압공에 결빙이 생겼을 경우 정상적인 작동을 하지 못하는 계기는?

① 고도계　　② 속도계
③ 승강계　　④ 모두 해당한다.

해설
정압공에 결빙이 생기거나 막히면 모든 지시계가 정상적으로 작동할 수 없다.

13 유관을 통과하는 완전 유체의 유입량과 유출량은 항상 일정하다는 법칙은?

① 가속도의 법칙
② 관성의 법칙
③ 작용 반작용의 법칙
④ 연속의 법칙

해설
연속의 법칙(Principle of Continuity) : 관 속을 가득 채워 흐르고 있는 유체는 모든 단면을 통과하는 유량이 일정하다.

14 항공기 날개의 상하부를 흐르는 공기의 압력 차에 의해 발생하는 압력의 원리는?

① 작용 반작용의 법칙
② 가속도의 법칙
③ 베르누이 정리
④ 관성의 법칙

해설
항공기의 양력은 베르누이 정리로 설명할 수 있다.

15 양력을 발생시키는 원리를 설명할 수 있는 법칙은?

① 파스칼 원리
② 에너지 보존 법칙
③ 베르누이 정리
④ 작용 반작용 법칙

해설
베르누이 정리란 유체는 속도가 빨라지면 압력이 낮아지고 속도가 느려지면 압력이 높아진다는 원리이다. 비행기 날개의 단면을 보면 아래쪽보다 위쪽의 길이가 더 길다. 따라서 같은 공간을 지날 때 날개 위쪽의 공기는 아래쪽보다 더 빠른 속도로 지나야만 날개를 지난 후 같은 위치에서 다시 만날 수 있다.
이런 원리로 날개의 아래쪽은 압력이 높아져서 날개를 받쳐주고, 날개의 위쪽은 압력이 낮아져서 날개를 들어 올리게 되어 양력이 생긴다.

▶ **정답** ◀

01	①	02	④	03	②	04	④	05	②
06	②	07	①	08	④	09	③	10	①
11	④	12	④	13	④	14	③	15	③

(26-084) 날개의 특성 및 형태

1 날개 이론

(01) 날개의 정의

날개(Airfoil)는 비행체의 부속 기관으로서 공기 중에서 효율적으로 양력을 최대화하고 항력을 최소화하도록 유선형의 단면을 가지고 있다.

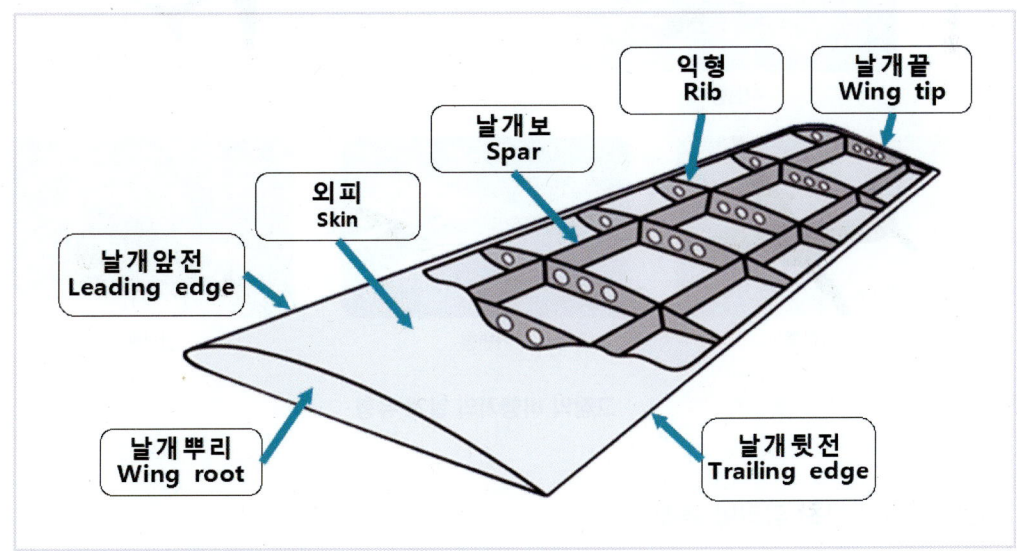

고정익 항공기의 날개 구조

❶ 날개는 동체에 고정되고 날개로부터 얻은 양력으로 비행을 한다.
❷ 날개의 역할은 양력, 추진력, 안정성 및 조종성을 발생시키는 것이다.
❸ 날개는 익현선, 전연, 후연, 평균 곡률 선의 적절한 조합이다.

(02) 날개의 형태별 특징

❶ 직선형 날개 : 동체의 좌우에 수직으로 부착되어 있고 주로 경비행기에 많이 사용된다.
❷ 후퇴형 날개 : 화살표 모양과 유사하게 뒤쪽으로 기울어져 있는 형태로 여객기의 대부분과 제트기 등 고속으로 운항하는 기체에 많이 사용된다.
❸ 테이퍼형 날개 : 직선형 날개와 비슷하게 수직으로 부착되어 있다. 날개의 뿌리로부터 가장자리로 갈수록 전/후방이 같이 좁아지는 형태이며 구조적으로 매우 튼튼하다.
❹ 가변형 날개 : 주로 전투기에 사용되며 고속과 저속을 오가며 다양한 비행 스킬이 필요할 때 사용된다.
❺ 삼각형 날개 : 후퇴형 날개의 단점을 보완한 것으로 초음속 비행기에 적합하다.

고정익 비행기의 날개 유형

(03) 날개의 부착 위치별 특징

❶ 고익기(High Wing Plane) : 주 날개를 동체 위에 장치한 비행기로 무게 중심이 아래

에 있기 때문에 적은 상반각을 갖는다. 세로 안정성이 좋고 저익기보다 안전성이 좋지만 조종성은 떨어진다. 주로 수송기나 초보 연습용으로 많이 사용된다.

❷ **중익기(Mid Wing Plane)** : 주 날개가 고익기보다는 조금 아래에 위치한 기체로 고익기와 저익기의 장점을 고루 갖추어 주로 전투기에 많이 사용된다.

❸ **저익기(Low Wing Plane)** : 주 날개를 동체 아래에 장치한 구조로 무게 중심이 위쪽에 위치하여 안정성이 매우 떨어지므로 상반각을 크게 하여 이를 보완한다. 저익기는 조종성이 좋아 높은 기동성을 보여준다.

고익기 　중익기 　저익기

(04) 꼬리 날개

❶ 꼬리 날개는 수평 안정판, 수직 안정판을 말하며 세로 및 수직축의 안정과 조종을 담당한다.

❷ 기체의 크기, 운항 속도에 따라 그 모양이 결정된다.

일반형 　V형 　T형 　십자형

꼬리 날개의 유형

(05) 회전익 항공기의 날개

❶ 회전축(마스트)을 중심으로 로터의 중앙으로부터 끝까지 꼬임각이 변한다.

❷ 날개는 동심원을 그리는 형태로 회전하므로 익근은 속도가 느리고 익단은 빠르다.

❸ 회전익 항공기의 날개를 떼어내어 1개를 부를 때는 블레이드(Blade)라 한다. 그리고 2개~여러 개의 블레이드(깃)가 고정 피치의 덩어리로 된 것을 프로펠러(Propeller)라 하며, 블레이드가 2개 이상 조합되어 회전체의 모양을 갖춘 경우는 로터(Roter)라 부른다.

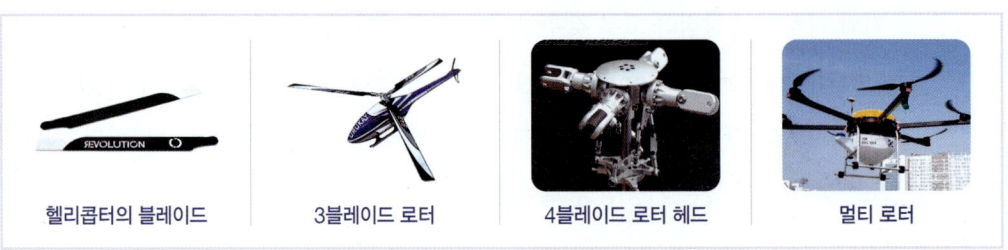

헬리콥터의 블레이드 | 3블레이드 로터 | 4블레이드 로터 헤드 | 멀티 로터

(06) 블레이드와 프로펠러의 종류

❶ 블레이드와 프로펠러는 사용되는 기체의 성향에 따라 고정 피치형과 가변 피치형으로 나뉜다.

가변 피치 블레이드 | 고정 피치 블레이드 | 고정 피치 프로펠러

❷ 블레이드(프로펠러)의 재질은 예전에는 주로 목재가 사용되었으나, 기술의 발달로 복합 소재, 카본(탄소) 섬유 소재의 블레이드가 개발되고 있다.

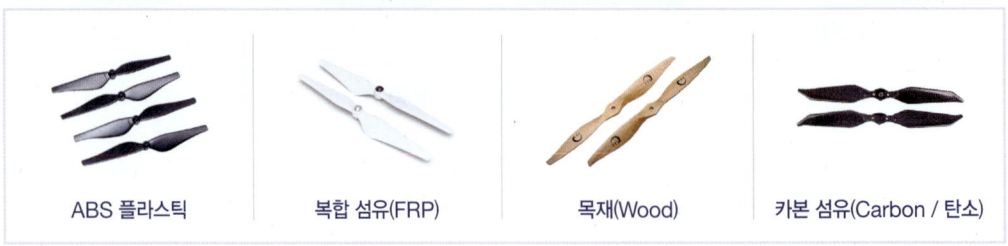

ABS 플라스틱 | 복합 섬유(FRP) | 목재(Wood) | 카본 섬유(Carbon / 탄소)

확/인/문/제

01 무풍 상태에서 지상에 계류 중인 비행기의 날개에 작용하는 압력을 설명한 것으로 맞는 것은?

① 날개 아랫부분의 압력보다 윗부분을 누르는 압력이 높다.
② 날개 윗부분의 압력이 아랫부분을 들어 올리는 압력보다 높다.
③ 날개 아랫부분의 압력과 윗부분의 압력은 같다.
④ 날개의 형태에 따라 다르다.

> **해설**
> 지상에 계류 중인 항공기의 날개는 양력을 발생시키지 않으므로 날개의 위아래에 작용하는 압력은 같다. 하지만 내부 응력은 위쪽에는 인장 응력, 아래쪽에는 압축 응력이 발생한다.

02 날개에 작용하는 양력에 대한 설명으로 맞는 것은?

① 양력은 날개의 시위선 방향의 수직 아래 방향으로 작용한다.
② 양력은 날개의 시위선 방향의 수직 위 방향으로 작용한다.
③ 양력은 날개의 상대풍이 흐르는 방향의 수직 아래 방향으로 작용한다.
④ 양력은 날개의 상대풍이 흐르는 방향의 수직 위 방향으로 작용한다.

> **해설**
> 양력(Lift)은 중력에 반하여 들어 올리는 힘이므로 위쪽으로 작용한다.

03 다음 설명 중 활공 거리가 가장 긴 것으로 맞는 것은?

① 활공각이 작은 경우
② 양항비(L/D)가 작은 경우
③ 활공비가 작은 경우
④ 양항비가 1인 경우

> **해설**
> 활공 거리는 활공한 거리와 높이의 비율이므로 활공각이 클수록 활공 거리는 짧고 활공각이 작을수록 활공 거리는 길어진다. 양항비가 높을수록 활공 거리는 길어진다.

04 일반적으로 보조 날개(Aileron)는 날개의 끝에 장착된다. 그 이유는?

① 날개의 구조, 강도 때문에
② 익단 실속을 지연시키기 위해
③ 나선 회전을 방지하기 위해
④ 보조 날개의 효과를 높이기 위해

> **해설**
> (모멘트 = 힘 × 회전축에서 힘이 작용선에 긋는 수직선의 거리)의 원리에 따라 보조 날개를 멀리 설치할수록 높은 힘을 얻어 큰 효과를 얻을 수 있다.

05 캠버의 형태를 만들어 내는 날개 시위 방향의 구조 부재로 Airfoil을 유지하는 중요한 기능을 하는 것은?

① Spar
② Rib
② Stringer
④ Torsion Box(비틀림 방지 상자)

> **해설**
> 리브(Rib/익형)는 날개에 사용되는 구조물 중 가장 많은 수량이 사용되며 날개의 단면과 모양이 일치한다.

06 비행 중 날개에서 최대 휨 모멘트는 어느 부분에서 발생하는가?

① 날개 뿌리(Wing Root)
② 날개 끝(Wing Tip)
③ 날개 중앙
④ 날개의 모든 부분에서 동일하게

> **해설**
> 날개의 휨 모멘트는 중심부인 날개의 뿌리 부분에서 발생한다.

07 꼬리 날개(Empennage)의 구성으로 맞는 것은?

① 플랩, 보조 날개, 승강타, 수직 안정판
② 방향타, 수직 안정판, 승강타, 수평 안정판
③ 플랩, 방향타, 수평 안정판, 수직 안정판
④ 보조 날개, 플랩, 방향타, 수평 안정판

> **해설**
> 꼬리 날개는 수평 안정판, 수직 안정판, 승강타, 방향타로 구성된다.

08 날개를 구성하는 부품으로 옳은 것은?

① 외피(Skin), 리브(Rib), 세로대(Longeron)
② 리브(Rib), 날개보(Spar), 세로지(Stringer)
③ 외피(Skin), 날개보(Spar), 리브(Rib), 벌크헤드(Bulkhead)
④ 외피(Skin), 날개보(Spar), 세로지(Stringer), 리브(Rib)

> **해설**
> 날개는 외피, 날개보, 세로지, 리브로 이루어진다.

09 받음각이 변하더라도 모멘트 계수의 값이 변하지 않는 점은?

① 공기력 중심
② 압력 중심
③ 반력 중심
④ 중력 중심

> **해설**
> 에어포일에서 압력은 한 점에 작용하는 것이 아니라 에어포일 표면 전체에 분포한다. 피칭 모멘트의 값이 "0"이 될 수 있는 점을 압력 중심, 무게 중심을 포함하는 개념을 공기력 중심이라 하고 공기력 중심은 시위선 길이의 1/4로 해석한다.

10 날개의 받음각에 대한 설명으로 틀린 것은?

① 기체의 중심선과 날개의 시위선이 이루는 각이다.
② 날개 골에 흐르는 공기 흐름의 방향과 시위선이 이루는 각이다.
③ 받음각이 증가하면 일정한 각까지 양력과 항력이 증가한다.
④ 비행 중 받음각은 변할 수 있다.

> **해설**
> 받음각은 상대풍과 시위선이 만나는 각이다.

11 받음각이 "0"일 때 양력 계수가 "0"이 되는 날개 골은?

① 캠버가 큰 날개 골
② 대칭형 날개 골
③ 캠버가 크고 두꺼운 날개 골
④ 캠버가 작고 두꺼운 날개 골

> **해설**
> 대칭형 날개 골은 받음각이 없으면 양력이 없다.

12 날개에서 압력 중심(Center of Pressure)에 대한 설명으로 맞는 것은?

① 날개에서 양력과 항력이 작용하는 점이다.
② 받음각과는 관계가 없다.
③ 수평 비행 중 속도가 빨라지면 전방으로 이동한다.
④ 비행 자세에 영향을 받지 않는다.

> **해설**
> 에어포일에서의 압력은 한 점에서 작용하는 것이 아니라 에어포일 표면 전체에 분포한다. 피칭 모멘트의 값이 "0"이 될 수 있는 점을 압력 중심, 무게 중심을 포함하는 개념을 공기력 중심이라 한다. 공기력 중심은 시위선 길이의 1/4로 해석한다.

13 주 날개의 붙임각(취부각)에 대한 설명으로 맞는 것은?

① 날개의 시위선(Chord Line)과 공기 흐름 방향이 이루는 각
② 날개의 중심선(Center Line)과 공기 흐름 방향이 이루는 각
③ 날개의 시위선(Chord Line)과 기체의 세로축(X)이 이루는 각
④ 날개의 시위선(Chord Line)과 기체의 가로축(Y)이 이루는 각

> **해설**
> 취부각은 기체의 길이 방향에 대하여 날개의 시위선이 만나는 각이다.

정답

01	③	02	④	03	①	04	④	05	②
06	①	07	②	08	④	09	①	10	①
11	②	12	①	13	③				

17

(27-085) 지면 효과, 후류 등

1. 지면 효과(Ground Effect)

(01) 항공기의 지면 효과

항공기가 지면 부근에서 비행할 때 공기의 하향 흐름이 지면에 부딪히게 되고 이에 따라 주익과 지면 사이의 공기가 압축되어 공기 압력이 높아지므로 양력이 증가한다. 이러한 효과를 지면 효과(Ground Effect)라 하고, 지면 효과에 의해 비행기는 이륙 거리를 단축(플랩을 함께 이용)할 수 있다. 지면 효과를 이용하여 바다 위를 비행기처럼 날아서 이동하는 선박을 위그선(Wing - In - Ground Effect Ship)이라 부른다.

러시아의 군용 위그선(1960년대)

국산 위그선 Aron - 7(2010년대)

바다 위를 나는 위그선(위그선은 ICAO에서 선박으로 분류하고 있다)

(02) 회전익기의 지면 효과

　헬리콥터나 멀티콥터 등의 제자리 비행 시 로터에서 발생하는 하향 기류가 지면과의 충돌에 의해서 발생한다. 이 에어쿠션(Air Cushion)에 의해 상대적으로 추력의 증대 효과를 얻게 되어 적은 동력으로도 정지 비행(Hovering/호버링)이 가능해진다. 지면 효과는 로터(Rotor) 지름의 1/2 이하의 고도에서 그 효율이 증대되며, 지면에 가까울수록 더욱 증가한다. 장애물이 없고 평탄하며 바닥이 단단할수록 지면 효과는 크다.

지면 부근에서 호버링 중인 헬리콥터

에어쿠션을 활용한 호버크래프트

지면 효과(Ground Effect/Air Cushion) 이용 사례

❶ **지면 효과를 받고 있을 때 IGE(In Ground Effect)** : 지면과의 충돌로 유도 기류의 속도가 감소하므로 블레이드(Blade)는 영각을 더욱 크게 할 수 있어 더 효율적이며, 유도 항력은 감소하고 수직 양력이 증가한다. 또한 기류가 위에서 아래로 흘러 다시 외측으로 굽어 흐르기 때문에 익단 와류가 감소하여 블레이드 외측의 양력 발생 효율이 좋아진다.

❷ **지면 효과를 받지 않을 때 OGE(Out of Ground Effect)** : 유도 기류가 부딪힐 지면이 없어 하향 기류의 속도가 높아야만 충분한 양력을 얻을 수 있으므로 Blade의 영각이 줄어 효율이 감소한다. 즉, 양력이 줄어든다. 따라서 제자리 비행을 위해서는 스로틀(Throttle)을 올려야 한다.

지면 효과를 받을 때와 받지 않을 때의 현상

지면 효과를 받지 않을 때(OGE)	지면 효과를 받을 때(IGE)
• 로터 회전 속도가 빠르게 증가하여 하향풍의 지면 반사 효과 감소 • 중력 증가 • 수직 양력 감소	• 로터 회전 속도가 천천히 감소하여 하향풍의 지면 반사 효과 증가 • 중력 감소 • 수직 양력 증가

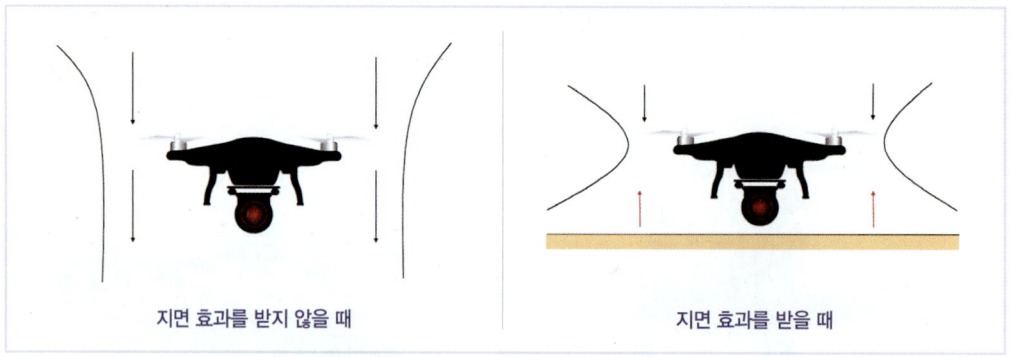

지면 효과와 정지 비행 시 하향풍의 속도

2 후류(Wake) : 레이싱 드론을 기준으로

정지된 유체 속에서 물체가 이동할 때 물체 뒤에서 쫓아가는 것처럼 보이는 흐름을 말한다. 항해 중인 배가 지나간 뒤에 나타나는 항적이 그 예이다.

(01) 후류의 영향

❶ 그림의 드론들과 같이 대부분의 레이싱 드론이 넓은 프레임을 사용하므로 고속으로 회전하는 로터의 후류와 프레임의 관계가 매우 안정적이지 않다.

일반적인 레이싱 드론의 프레임

❷ 일반적 형태의 레이싱 드론은 기체를 거의 세로로 세우다시피 하여 기수는 아래로 수직에 가깝게 기울이고 후방을 끌어올린 채 비행한다. 이 때문에 후류의 영향이 더 크다.

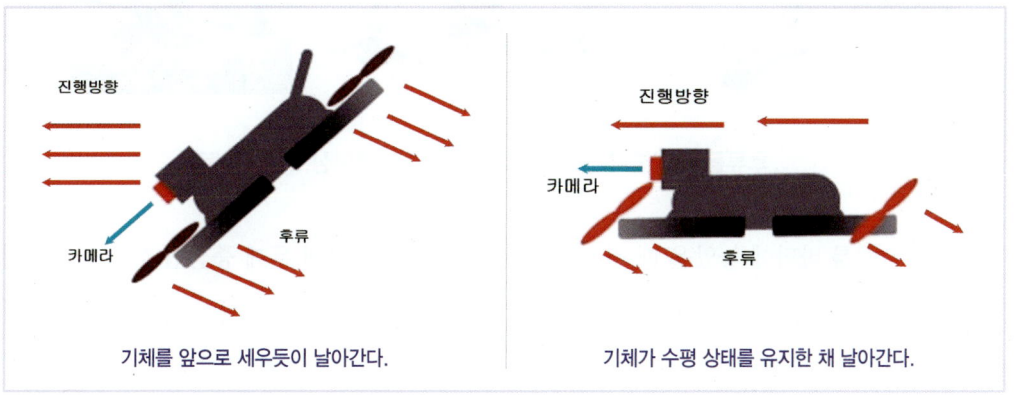

일반형 레이싱 드론과 틸트 로터형 레이싱 드론의 비행 방식

기체를 기울이지 않고 수평 상태로 날 수 있도록 고안된 틸트 로터는 다시 2가지 문제점을 발생시킨다.

❶ 틸트 로터의 축을 구동하는 새로운 동력 시스템의 추가로 기체가 무거워지고 에너지 소모가 많아진다.
❷ 전방 로터가 발생시킨 난류가 후방 로터에 그대로 작용하여 기체에 진동을 발생시키고 비행 성능을 저하한다.

Eachine의 틸트 로터 드론 Racer-180

후류를 줄여 안정적인 비행을 하는 방안은 틸트 로터(Tilt-roter)처럼 기체를 평면 상태로 두지 않더라도 수평으로 된 암을 최대한 얇은 폭으로 바꾸면서 수직 방향으로 프레임을 다시 구성하는 것이다.

후류를 줄여줄 수 있는 새로운 디자인의 레이싱 드론 프레임

기체를 바닥에 놓았을 때 좌우의 폭은 거의 없고 위아래 두께 중심인 형태의 프레임인 경우, 레이싱 드론이 고속으로 전진하기 위해 기수를 숙이고 기체가 거의 수직에 가깝도록 세워질 때 항력을 매우 적게 할 수 있다. 이때 후류 역시 함께 줄어들게 된다.

확/인/문/제

01 지면 효과에 대한 설명으로 맞는 것은?
① 공기 흐름 패턴과 함께 지표면 간섭의 결과이다.
② 날개에 대해 증가한 유해 항력으로 공기 흐름 패턴에서 변형된 결과이다.
③ 날개에 대한 공기 흐름 패턴의 방해 결과이다.
④ 지표면과 날개 사이를 흐르는 공기 흐름이 빨라져 유해 항력이 증가함으로써 발생하는 현상이다.

> **해설**
> 지면 효과는 공기의 흐름이 지표면과 만나서 만들어지는 간섭을 통해 얻는 힘이다.

02 항공기의 착륙 시 비행기가 지면 또는 수면에 접근함에 따라 날개 끝의 와류가 지면에 부딪혀 항력이 감소하여, 지면과 가까운 고도에서 비행기가 침하하지 않고 머무는 현상은?
① 대기 효과
② 날개 효과
③ 지면 효과
④ 간섭 효과

> **해설**
> 지면 효과는 지면과 가까운 고도에서 양력을 증가시키는 역할을 한다.

03 Ground Effect와 관계가 먼 것은?

① 이륙 시 정상 속도보다 낮은 속도로 이륙이 가능하나 그 효과를 벗어나면 실속하거나 침하될 수 있다.
② Ground Effect의 영향이 미치는 고도는 날개 길이(Span) 이하이다.
③ Down Wash와 Up Wash의 감소로 인하여 유도 항력이 감소한다.
④ 착륙 시 활주 거리가 짧아진다.

> **해설**
> 지면 효과는 지면과 가까운 공중에 떠 있을 때 또는 이륙을 할 때 이득을 얻는 것으로 이륙을 할 때 활주 거리는 짧아지지만 착륙을 할 때 활주 거리가 짧아지지는 않는다.

04 지면 효과로 인한 악영향은?

① 착륙 과정 중 갑자기 지상으로 침하한다.
② 안전한 착륙 속도에 당도하기 전까지 비행기를 부상시킨다.
③ 착륙 속도가 충분해도 비행기를 부상시킨다.
④ 착륙 과정에서 침하율과 일반적인 공기 완충 효과가 작용하지 않는다.

> **해설**
> 지면 효과로 인해 착륙 시에 불편함을 겪는 경우도 있다.

05 비행 후류(Wake Turbulence)에 관한 설명으로 틀린 것은?

① 대형 항공기가 지나간 항로는 극심한 후류와 조우할 수 있으므로 회피한다.
② 앞 비행기가 착륙한 지점보다 더 나아가서 착륙한다.
③ 앞 비행기가 이륙한 지점보다 더 나아가서 이륙한다.
④ 지상 활주(Taxing) 시 후류가 발생하지 않는다.

> **해설**
> 비행 후류를 피하려면 앞 비행기가 이륙한 후 충분한 시간 간격을 두고 이륙해야 한다.

▶ 정답 ◀

01	02	03	04	05
①	③	④	③	③

18

(28-086) 무게 중심 및 Weight & Balance

1 무게 중심

(01) 무게 중심(Center of Gravity)

❶ 막대 저울의 한쪽에는 무게 추를, 한쪽에는 무게를 재야 하는 물체를 걸었을 때 수평으로 균형을 이루는 점이 있다. 그 점을 '무게 중심'이라고 한다. 무게 중심은 양쪽의 무게가 같아지는 지점이 아니라 양쪽이 균형을 이루는 점이라는 표현이 더 정확하다.

막대 저울

한 팔 저울

무게 중심과 균형의 원리를 이용한 저울

❷ 항공기의 무게 중심은 항공 안전에 있어서 생명과 같은 것이다. 무게 중심이 각 항공기가 허용하는 범위를 벗어나 항공기가 균형을 잡지 못하면 추락할 수도 있기 때문이다.

지상에서 무게 중심이 뒤로 이동해 넘어진 비행기 | 넘어지지 않는 피사의 사탑

항공기와 건축물에서 무게 중심의 중요성

2 Weight and Balance

(01) 무게와 균형(Weight and Balance)

❶ **무게와 균형(Weight and Balance)** : 항공기에 작용하는 무게는 항공기의 무게, 조종사와 승무원, 화물의 무게를 포함한 무게이다. 이러한 중력에 의한 힘은 항공기의 구조와 설계 및 운용에 절대적으로 영향을 미친다.

❷ **무게 효과(Effects of Weight)** : 항공기의 무게는 양력(Lift) 발생에 절대적으로 영향을 미친다.

❸ **균형(Balance)** : 항공기의 무게 중심을 전후로 균형을 잡아야 하며, 항공기의 균형은 비행 성능과 안전성에 매우 중요하다. 균형이 잡히지 않은 항공기는 쉽게 추락할 수 있다.

❹ **무게 중심(CG/Center of Gravity)** : 항공기의 무게 중심은 항공기의 세 축(X, Y, Z/ 세로축, 가로축, 수직축)이 만나는 점에서 균형을 이룬다. 그리고 항공기에 적재되는 인원과 연료, 화물의 중량에 따라 이동한다.

- 무게 중심이 이동하더라도 적재물은 무게 중심 한계 범위 안에 있도록 배치해야 한다.

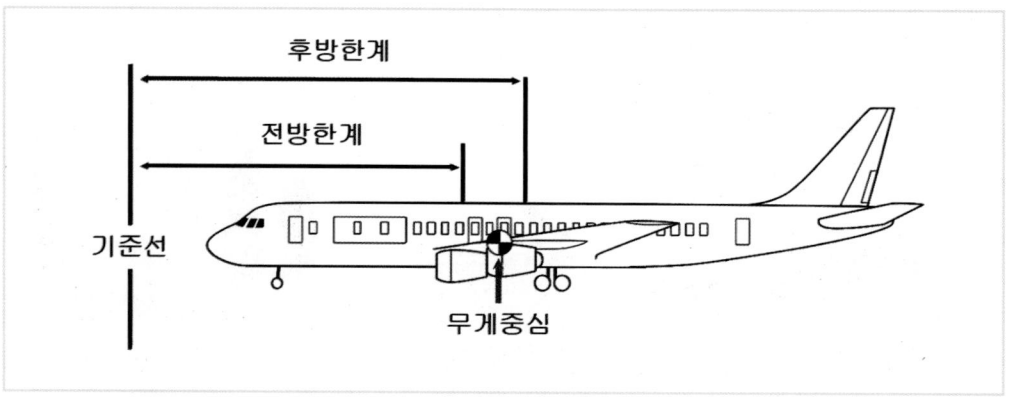

항공기의 무게 중심

❺ **항공기의 무게(Empty Weight)** : 항공기 자체의 무게로 기체, 엔진, 오일, 연료 등 제작사에서 제공하는 기본 부품 및 장비를 포함한다.

❻ **허용 하중(Useful Load)** : 항공기의 무게를 제외하고 탑재할 수 있는 최대 중량

❼ **기준선(Datum)** : 항공기의 제작 시 모든 제원의 기준이 되는 가상의 수직선으로 기지점이라고도 부른다.

❽ **암(Arm)** : 기준선으로부터 수직으로 이어진 수평선으로, 기준선으로부터 전방은 (+), 후방은 (-)로 표시한다. 멀티콥터에서는 메인 프레임과 모터를 연결하는 붐대를 말한다.

❾ **모멘트(Moment)** : 수평 선상에서 한 물체가 기준점으로부터 일정 거리 떨어진 곳에서 받는 힘으로 무게×거리의 값이다.

확/인/문/제

01 비행기의 무게 중심 위치가 정상 범위에서 앞쪽으로 이동했을 때의 상황으로 맞는 것은?

① 가로 안정성이 나빠진다.
② 실속(Stall) 및 스핀(Spin) 상황에서 회복력이 좋아진다.
③ 실속 회복 능력은 좋아지고 스핀 회복력은 나빠진다.
④ 실속 회복 능력은 나빠지고 스핀 회복력은 좋아진다.

해설
비행기의 무게 중심을 앞쪽으로 이동하면 실속과 스핀 상황에서 회복력이 좋아진다.

02 비행기의 가로 안정성을 좋게 하는 요소로 틀린 것은?

① 상반각(쳐든각)
② 킬 효과(Keel Effect)
③ 무게 중심의 후방 이동
④ 후퇴각(뒤처짐, Sweep Back)

해설
비행기의 가로 안정성을 좋게 하는 요소는 상반각, 킬 효과, 후퇴각 등이 있다.

03 비행장치의 스핀(Spin)으로부터 정상 회복을 시키기 가장 어려운 상태는?

① CG가 너무 전방에 있고 회전이 CG 주위에 있을 때
② CG가 너무 후방에 있고 회전이 세로축 주위에 있을 때
③ CG가 너무 후방에 있고 회전이 CG 주위에 있을 때
④ 실속이 완전히 발달하기 전에 스핀이 진입할 때

해설
CG가 전방에 있을 때 스핀으로부터 회복하기 유리하다.

04 CG가 후방으로 이동 시 비행장치의 변화는?

① 안정성과 조종성이 감소한다.
② 안정성이 감소하지만 조종하기 용이하다.
③ 조종성은 다소 감소하나 인정성은 증대한다.
④ CG가 초과하지 않는 한 안정성과 조종성이 증가한다.

해설
CG가 전방으로 이동하면 조종성과 안정성이 증가한다.

05 비행장치의 무게 중심은 주로 어느 축을 따라서 계산되는가?

① 가로축
② 세로축
③ 수직축
④ 세로축과 수직축

해설
비행장치의 무게 중심은 세로축, 가로축, 수직축 세 축의 교차점에 있으며 세로축을 중심으로 이동한다.

06 오늘날 항공기의 Weight & Balance를 고려하는 가장 중요한 이유는?

① 비행 시의 효율성 때문에
② 소음을 줄이기 위해서
③ 안전을 위해서
④ Payload를 늘이기 위해

> **해설**
> Weight & Balance를 고려하는 이유는 기체의 안정성을 확보하여 안전하게 운항하기 위함이다.

07 양력 중심(Center of Lift)이 무게 중심(Center of Gravity)의 뒤에 있는 이유는?

① 꼭 같은 위치에 있을 수는 없기 때문에
② 항공기의 전방에 조금 무거운 경향을 주기 위해서
③ 항공기의 후방에 조금 무거운 경향을 주기 위해서
④ 더 좋은 수직 안정을 갖기 위해서

> **해설**
> 양력 중심을 무게 중심보다 뒤에 있게 하면 CG를 앞으로 이동한 효과를 얻게 되어 안정성, 조종성이 좋아진다.

08 비행기 무게 중심이 전방에 있을 때 일어나는 현상이 아닌 것은?

① 실속(Stall) 속도 증가
② 순항 속도 증가
③ 종적 안정 증가
④ 실속(Stall) 회복 용이

> **해설**
> 무게 중심을 앞쪽으로 당기면 세로 안정성이 증가하고 실속이나 스핀으로부터 회복 쉽다. 또한 조종성이 좋아진다고 하지만 실속 속도는 약간 증가하게 된다.

09 다음 중 항공기의 중심 위치를 계산할 때 쓰는 Moment는?

① 길이 × 무게
② 길이 ÷ 무게
③ 무게 ÷ 길이
④ 무게 × 길이 ÷ 2

> **해설**
> 모멘트 = 길이 × 무게

10 비행기의 총 모멘트가 500kg이고 총 무게가 1,000kg일 때 이 비행기의 중심 위치는?

① 5m   ② 2m
③ 1m   ④ 0.5m

> **해설**
> 모멘트 = 길이 × 무게

11 앞바퀴(Nose Gear)형 항공기에서 무게 중심의 위치는?

① 주 바퀴(Main Gear) 바로 앞
② 주 바퀴 바로 뒤
③ 주 바퀴(Main Gear)와 앞바퀴(Nose Gear)의 중간 부분
④ 앞바퀴 바로 뒤

> **해설**
> 앞바퀴형 항공기에서 무게 중심은 뒷바퀴(주 바퀴) 바로 앞에 위치한다.

▶ 정답 ◀

01	②	02	③	03	③	04	①	05	②
06	③	07	②	08	②	09	①	10	④
11	①								

19 (29-087) 사용 가능 기체(GAS)

1 가스를 사용하는 비행체

(01) 열기구

하늘을 날고 싶은 인류의 꿈을 처음으로 실현한 비행체

발명 시기 : 1782년

발명자 : 프랑스의 몽골피에 형제(Joseph-Michel Montgolfier, Jacques-Etienne Montgolfier)

몽골피에 형제가 열기구를 발명하면서 공식적으로 사람이 하늘을 나는 꿈이 실현되기 시작했다. 몽골피에 형제는 1782년에 예비 실험 후 1783년 6월에 공개 실험에 성공하고, 1783년 9월에는 열기구에 동물을 태우고 비행에 성공하였으며, 같은 해 11월에는 열기구로 사람을 하늘로 올려보내는 행사에 성공했다. 1785년에는 영국 해협 횡단에 성공하면서 오락용에서 출발한 열기구는 상업용 및 각종 전쟁에서 정찰용으로도 널리 사용되었다.

몽골피에 형제의 열기구

몽골피에 형제의 열기구와 환호하는 시민들

세계 최초 비행체인 몽골피에 형제의 열기구

현대 열기구의 원리는 LPG 가스를 이용해서 기구의 풍선 속 기체를 데워 주위의 온도보다 더 뜨거운 공기로 풍선 속을 가득 메우고, 이 가벼워진 공기가 위로 향하면서 기구가 하늘로 뜨게 되는 것이다. 위로 뜨는 힘이 사람이나 물체를 들어 올리기 위해서는 풍선의 크기가 거대해야 한다. 땅에 착륙하기 위해서는 열기구 풍선 입구 가운데 위치한 버너를 끄면 된다.

오늘날의 열기구 축제

(02) 수소 기구

천재 수학자 '샤를의 법칙'을 탄생시킨 비행체

발명 시기 : 1783년

발명자 : 프랑스의 쟈크 샤를(Charles, Jacques Alexandre Cesar)

몽골피에 형제가 사람을 태워 비행에 성공하고 그 열흘 후인 1783년 12월 1일, 프랑스의 수학자이자 발명가인 쟈크 샤를은 친구인 니콜라스 루이스 로버트와 함께 수소 기구를 타고 550m까지 상승하는 기록을 세웠다. 후에 샤를의 이름을 따서 그 수소 기구 종류의 이름을 샤를리에(Charliere)라 부르게 되었다.

샤를은 수소 기구를 연구하여 1787년 '일정한 압력 하에 기체의 부피는 절대 온도에 비례한다.'는 샤를의 법칙을 발표하였다.

수소 기구를 "하늘에서 떨어진 악마"라고 표현하는 농민들

샤를이 비행한 수소 기구

샤를이 개발한 수소 기구

플라잉 수원의 헬륨 기구

플라잉 경주의 헬륨 기구

오늘날 헬륨 기구로 바뀌어 주로 관광용으로 활용되는 샤를의 수소 기구

(03) 비행선

정적부력(靜的浮力)으로 공중을 나는 경항공기

발명 시기 : 1900년

발명자 : 독일의 페르디난드 체펠린(Ferdinand Graf Von Zeppelin)

비행선은 비행기처럼 날개의 양력을 발생하게 하는 구조가 아니라, 수소나 헬륨 등 공기보다 가벼운 기체를 주머니에 담아 부양(浮揚)한다. 추진 장치가 없는 기구(氣球)와는 달리 추진 장치와 조종 장치를 갖추고 있는 경항공기의 일종이다.

역사상 가장 큰 비행선은 독일의 힌덴부르크호로 수용 인원 50명, 화물 적재량 18~27t, 항속거리 1만 3,000km, 선체 길이 248m, 900hp 기관 4대, 최대 속도 135km/h를 갖췄다.

미국의 군사용 비행선

폭발하는 세계 최대 비행선 힌덴부르크

2차 대전 이전의 수소 비행선

2차 세계대전의 전세를 바꿔 놓았던 노르망디 상륙 작전에도 수십 척의 비행선이 사용되었고, 최근까지 미 해군에서는 헬륨을 사용하여 대잠수함 초계용 비행선이 사용되고 있다. 또한 독일에서는 LZ 시리즈, 영국에서는 R 시리즈의 비행선이 있었다. 그러나 현재는 세계 각국에서 극히 소수의 비행선만이 광고·선전용으로 활용되고 있다.

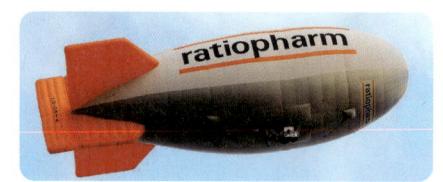
독일 제약 회사의 광고용 비행선

미국 타이어 회사의 광고용 비행선

오늘날의 광고용 헬륨 비행선

2 비행체에 사용하는 기체(GAS)

(01) 수소(Hydrogen/水素)

주기율표 1족 1주기에 속하는 비금속 원소로 원소 기호 H, 원자량 1.00794g/mol, 끓는점 -252.87°C, 녹는점 -259.14°C, 밀도 0.08988g/L이다. 지구상에 존재하는 가장 가벼운 원소로 무색·무미·무취의 기체이다. 주로 수소 분자 H_2로 이루어진다. 태양을 비롯한 우주에 수소 가스 및 원자 상태 수소의 존재가 인정된다. 수소는 연소하더라도 공해 물질을 내뿜지 않아 석탄, 석유를 대체할 무공해 청정 에너지원으로 중시되고 있다.

수소는 우주에 가장 많이 존재하는 원소로, 태양과 우주의 연료 역할을 한다. 다른 모든 원자는 이 원자로부터 시작되었다. 우주의 90% 이상이 수소로 되어 있으며 지구에서 탄소(C), 질소(N) 뒤를 이어 풍부한 원소이다. 하지만 수소 분자는 거의 없고, 물이나 석유 속에 탄소나 산소와 결합한 상태로 존재한다. 수소는 금속과 산을 반응시켜 얻으며, 물을 분해하여 얻기도 한다. 그리고 연료로 태워지거나 전기로 바뀔 때 산소와 결합하여 물이 된다.

수소는 가연성이 큰 기체로 불이 붙는 속도가 매우 빠르므로 폭발의 위험성이 크다. 그러나 수소를 안전하게 저장, 연소시키는 방법이 개발되어 이것이 앞으로 석유를 대체할 수 있는 연료로 주목받고 있다. 특히 태양 에너지를 이용하여 물을 분해하는 방법이 실용화 단계에 있다. 앞으로 석유 자원의 고갈과 함께 수소 연료의 실용화에 대한 연구가 활기를 띨 전망이다.

한편 수소는 공기보다 밀도가 작아 기구를 채우는 기체로 애용되었다. 그러나 정전기 마찰에 의해서도 폭발하므로 지금은 더 이상 기구를 채우는 데 이용하지 않는다. 대신 수소보다는 조금 무겁지만 안전성이 큰 헬륨을 사용한다.

(02) 헬륨(Helium)

주기율표 제18족에 속하는 비활성 기체 원소 가운데 원자 번호가 가장 작은 원소이다. 처음 발견 당시에는 지구상에서는 모르지만 태양 속에 존재하는 원소라는 뜻으로, 태양을 의미하는 그리스어 Helios에서 따 헬륨이라는 이름을 붙였다.

헬륨은 상온에서는 무색의 기체이다. 임계 온도 -267.9, 임계 압력 2.26atm, 1부피의 물에 0.00858부피 녹는다. 헬륨은 1 원자 분자로 되어 있어, 분자의 크기가 가장 작고 분자끼리 인력이 거의 작용하지 않아 이상 기체에 가깝다. 또한 가볍고 연소하지 않으므로 불활성 가스 용접(알루미늄, 스테인리스 용접)용 가스 및 기구용 가스로 사용되며 수소보다 안전하다.

(03) 공기(Air)

공기는 지구를 둘러싼 대기 하층을 구성하는 무색투명한 기체이다. 지구의 역사와 더불어 생성되었으며, 지구상 생물 존재에 꼭 필요한 역할을 한다. 오랜 시간 동안 연구한 결과 공기의 조성이 밝혀졌는데, 공기는 질소 78%, 산소 21% 외에 이산화탄소와 아르곤 헬륨 등의 미량 원소들로 구성되어 있다.

사람이 하늘을 날게 된 비행체 중 가장 먼저 성공한 것이 공기를 이용한 열기구이듯이 공기는 열을 가하면 그 부피가 팽창하면서 밀도가 낮아져 가벼워진다. 그로 인해 가벼운 공기로 가득 찬 열기구를 띄울 수 있게 되는 것이다. 최근에는 공기를 고압축하여 작은 압력 용기에 담은 다음에 엔진을 돌리기도 하고, 컴프레셔를 통해 압축된 공기로 각종 에어 공구를 구동시키기도 한다. 또한 공기는 지구 전체에 광범위하게 퍼져있고, 구하기 쉬우며 구입 비용이 발생하지 않는다는 이점이 있다.

공기 엔진으로 움직이는 완구 자동차

4개의 피스톤을 장비한 공기 엔진

공기 엔진의 활용

확/인/문/제

01 다음 비행체 중 가장 먼저 사람을 태우고 비행하는 데 성공한 것은?

① 라이트 형제의 비행기
② 샤를의 수소 기구
③ 체펠린의 수소 비행선
④ 몽골피에 형제의 열기구

해설
- 라이트 형제의 비행기 : 1903년
- 샤를의 수소 기구 : 1783년 12월
- 체펠린의 수소 비행선 : 1900년
- 몽골피에 형제의 열기구 : 1783년 11월

02 최근 들어 연료 전지로 이용되는 이 기체는 초기에는 분자가 매우 작고 가벼워 기구 또는 비행선에 주로 사용하는 GAS였다. 이 기체의 이름은?

① 헬륨   ② 아르곤
③ 수소   ④ 산소

해설
수소는 모든 기체 중에서 가장 가볍다.

03 "태양으로부터 왔다."라는 뜻을 가진 기체의 이름은?

① 헬리오스   ② 헬륨
③ 아르곤   ④ 수소

해설
헬리오스(Helios)에서 헬륨이라는 이름이 나왔다.

04 다음 중 외부로부터 에너지를 받지 않고 가장 오랫동안 비행할 수 있는 비행체는?

① 글라이더
② 열기구
③ 비행선
④ 헬륨 기구

해설
글라이더는 활공하면서 멀리까지 비행하도록 설계된 비행체, 열기구는 열을 내는 에너지를 다 소모하면 착륙하는 비행체, 비행선은 이동을 위해 동력을 소모하는 비행체이며 헬륨 기구는 별도의 에너지가 필요하지 않다.

정답

| 01 | ④ | 02 | ③ | 03 | ② | 04 | ④ |

20

(30-092) 비행 안전 관련

1 항공기의 안전 관리

(01) 항공 안전 관리 프로그램(ASMP/Aviation Safety Management Program) 운영

국가는 항공 안전 목표 달성을 위해 항공 안전 프로그램에 대하여 고시하고, 항공 안전 의무 보고를 아래와 같이 고시하고 있다.

항공 안전 관리 프로그램 관련 법령

■ 항공안전법 제58조(항공 안전 프로그램 등)
① 국토교통부 장관은 다음 각호의 사항이 포함된 항공 안전 프로그램을 마련하여 고시해야 한다.
  1. 국가의 항공 안전에 관한 목표
  2. 제1호의 목표를 달성하기 위한 항공기 운항, 항공 교통 업무, 항행 시설 운영, 공항 운영 및 항공기 설계, 제작 정비 등 세부 분야별 활동에 관한 사항
  3. 항공기 사고, 항공기 준사고 및 항공 안전 장애등에 대한 보고 체계에 관한 사항
  4. 항공 안전을 위한 조사 활동 및 안전 감독에 관한 사항
  5. 잠재적인 항공 안전 위해 요인의 식별 및 개선 조치의 이행에 관한 사항
  6. 정기적인 안전 평가에 관한 사항 등

② 다음 각호의 어느 하나에 해당하는 자는 제작, 교육, 운항 또는 사업 등을 시작하기 전까지 제1항에 따른 항공 안전 프로그램에 따라 항공기 사고 등의 예방 및 비행 안전의 확보를 위한 항공 안전 관리 시스템을 마련하고, 국토교통부 장관의 승인을 받아 운용해야 한다. 승인받은 사항 중 국토교통부령으로 정하는 중요 사항을 변경할 때도 또한 같다.

  1. 형식 증명, 부가형식 증명, 제작 증명, 기술 표준품 형식 승인 또는 부품 등 제작 증명을 받은 자
  2. 제35조 제1호부터 제4호까지의 항공 종사자 양성을 위하여 제48조 제1항에 따라 지정된 전문 교육기관
  3. 항공 교통 업무 증명을 받은 자
  4. 항공 운송 사업자, 항공기 사용 사업자 및 국외 운항 항공기 소유자 등
  5. 항공기 정비업자로서 제97조 제1항에 따른 정비 조직 인증을 받은 자
  6. 「공항시설법」 제38조 제1항에 따라 공항 운영 증명을 받은 자
  7. 「공항시설법」 제43조 제2항에 따라 항행 안전시설을 설치한 자

③ 국토교통부 장관은 제83조 제1항부터 제3항까지에 따라 국토교통부 장관이 하는 업무를 체계적으로 수행하기 위하여 제1항에 따른 항공 안전 프로그램에 따라 그 업무에 관한 항공 안전 관리 시스템을 구축 운용해야 한다.

④ 제1항부터 제3항까지에서 규정한 사항 외에 다음 각호의 사항은 국토교통부령으로 정한다.
  1. 제1항에 따른 항공 안전 프로그램의 마련에 필요한 사항
  2. 제2항에 따른 항공 안전 관리 시스템에 포함되어야 할 사항, 항공 안전 관리 시스템의 승인 기준 및 구축 운용에 필요한 사항
  3. 제3항에 따른 업무에 관한 항공 안전 관리 시스템의 구축 운용에 필요한 사항

■ **항공안전법 시행규칙 제134조(항공 안전 프로그램의 마련에 필요한 사항)**

① 법 제58조 제4항에 따라 항공 안전 프로그램을 마련할 때는 다음 각호의 사항을 반영해야 한다.
  1. 국가의 안전 정책 및 안전 목표
    가. 항공 안전 분야의 법규 체계
    나. 항공 안전 조직의 임무 및 업무 분장
    다. 항공기 사고, 항공기 준사고, 항공 안전 장애등의 조사에 관한 사항
    라. 행정 처분에 관한 사항
  2. 국가의 위험도 관리
    가. 항공 안전 관리 시스템의 운영 요건
    나. 항공 안전 관리 시스템의 운영을 통한 안전성과 관리 절차
  3. 국가의 안전성과 검증
    가. 안전 감독에 관한 사항
    나. 안전 자료의 수집, 분석 및 공유에 관한 사항

4. 국가의 안전 관리 활성화
　　가. 안전 업무 담당 공무원에 대한 교육 훈련, 의견 교환 및 안전 정보의 공유에 관한 사항
　　나. 항공 안전 관리 시스템 운영자에 대한 교육 훈련, 의견 교환 및 안전 정보의 공유에 관한 사항
5. 그 밖에 국토교통부 장관이 항공 안전 목표 달성에 필요하다고 정하는 사항

▣ 항공안전법 제59조(항공 안전 의무 보고)

① 항공기 사고, 항공기 준사고 또는 항공 안전 장애를 발생시켰거나 항공기 사고, 항공기 준사고 또는 항공 안전 장애가 발생한 것을 알게 된 항공 종사자 등 관계인은 국토교통부 장관에게 그 사실을 보고해야 한다.

② 제1항에 따른 항공 종사자 등 관계인의 범위, 보고에 포함되어야 할 사항, 시기, 보고 방법 및 절차 등은 국토교통부령으로 정한다.

(02) 항공 안전 자율 보고 및 금지 행위의 고지

　　누구나 항공 안전을 해치거나 해칠 우려가 있는 경우를 발견한 자는 항공 안전 자율 보고를 해야 하며, 국가는 비행 중 금지하는 행위를 고지해야 한다.

항공 안전 관리 프로그램 관련 법령

▣ 항공안전법 제61조(항공 안전 자율 보고)

① 항공 안전을 해치거나 해칠 우려가 있는 사건, 상황, 상태 등(이하 "항공 안전 위해 요인"이라 한다)을 발생시켰거나 항공 안전 위해 요인이 발생한 것을 안 사람 또는 항공 안전 위해 요인이 발생될 것이 예상된다고 판단하는 사람은 국토교통부 장관에게 그 사실을 보고할 수 있다.

② 국토교통부 장관은 제1항에 따른 보고(이하 "항공 안전 자율 보고"라 한다)를 한 사람의 의사에 반하여 보고자의 신분을 공개해서는 아니 되며, 항공 안전 자율 보고를 사고 예방 및 항공 안전 확보 목적 외의 다른 목적으로 사용해서는 아니 된다.

③ 누구든지 항공 안전 자율 보고를 한 사람에 대하여 이를 이유로 해고, 전보, 징계, 부당한 대우 또는 그 밖에 신분이나 처우와 관련하여 불이익한 조치를 해서는 아니 된다.

④ 국토교통부 장관은 항공 안전 위해 요인을 발생시킨 사람이 그 항공 안전 위해 요인이 발생한 날부터 10일 이내에 항공 안전 자율 보고를 한 경우에는 제43조 제1항에 따른 처분을 하지 아니할 수 있다. 다만, 고의 또는 중대한 과실로 항공 안전 위해 요인을 발생시킨 경우와 항공기 사고 및 항공기 준사고에 해당하는 경우에는 그러하지 아니하다.

⑤ 제1항부터 제4항까지에서 규정한 사항 외에 항공 안전 자율 보고에 포함되어야 할 사항, 보고 방법 및 절차 등은 국토교통부령으로 정한다.

■ **항공안전법 제68조(항공기의 비행 중 금지 행위 등)** 항공기를 운항하려는 사람은 생명과 재산을 보호하기 위하여 다음 각호의 어느 하나에 해당하는 비행 또는 행위를 해서는 아니 된다. 다만, 국토교통부령으로 정하는 바에 따라 국토교통부 장관의 허가를 받은 경우에는 그러하지 아니하다.

1. 국토교통부령으로 정하는 최저 비행 고도(最低飛行高度) 아래에서의 비행
2. 물건의 투하(投下) 또는 살포
3. 낙하산 강하(降下)
4. 국토교통부령으로 정하는 구역에서 뒤집어서 비행하거나 옆으로 세워서 비행하는 등의 곡예비행
5. 무인 항공기의 비행
6. 그 밖에 생명과 재산에 위해를 끼치거나 위해를 끼칠 우려가 있는 비행 또는 행위로서 국토교통부령으로 정하는 비행 또는 행위

2 항공 안전 관리 시스템(ASMS / Aviation Safety Management System)

(01) 항공 안전 관리 시스템의 승인

항공 안전 관리 프로그램 관련 법령

■ **항공안전법 시행규칙 제133조(항공 안전 관리 시스템의 승인 등)**

① 법 제58조 제2항에 따라 항공 안전 관리 시스템을 승인받으려는 자는 별지 제62호 서식의 항공 안전 관리 시스템 승인 신청서에 다음 각호의 서류를 첨부하여 사업·교육 또는 운항을 시작하기 30일 전까지 국토교통부 장관 또는 지방항공청장에게 제출해야 한다.

1. 항공 안전 관리 시스템 매뉴얼 1부
2. 항공 안전 관리 시스템 이행 계획서 및 이행 확약서 각 1부
3. 항공 안전 관리 시스템 승인 기준에 미달하는 사항이 있는 경우 이를 보완할 수 있는 대체 운영 절차 1부

② 제1항에 따라 항공 안전 관리 시스템 승인 신청서를 받은 국토교통부 장관 또는 지방항공청장은 해당 항공 안전 관리 시스템이 별표 20에서 정한 항공 안전 관리 시스템 승인 기준 및 국토교통부 장관이 고시한 운용 조직의 규모 및 업무 특성별 운용 요건에 적합하다고 인정되는 경우에는 별지 제63호 서식의 항공 안전 관리 시스템 승인서를 발급해야 한다.

③ 법 제58조 제2항 후단에서 "국토교통부령으로 정하는 중요 사항"이란 다음 각호의 사항을 말한다.

    1. 안전 목표에 관한 사항
    2. 안전 조직에 관한 사항
    3. 안전 장애등에 대한 보고 체계에 관한 사항
    4. 안전 평가에 관한 사항

④ 제3항에서 정한 중요 사항을 변경하려는 자는 별지 제64호 서식의 항공 안전 관리 시스템 변경 승인 신청서에 다음 각호의 서류를 첨부하여 국토교통부 장관 또는 지방항공청장에게 제출해야 한다.

    1. 변경된 항공 안전 관리 시스템 매뉴얼 1부
    2. 항공 안전 관리 시스템 매뉴얼 신구대조표 1부

⑤ 국토교통부 장관 또는 지방항공청장은 제4항에 따라 제출된 변경 사항이 별표 20에서 정한 항공 안전 관리 시스템 승인 기준에 적합하다고 인정되는 경우 이를 승인해야 한다.

(02) 항공 안전 관리 시스템에 포함되어야 할 사항

항공 안전 관리 시스템 관련 법령

■ 항공안전법 시행규칙 제135조(항공 안전 관리 시스템에 포함되어야 할 사항 등)

① 법 제58조 제4항 제2호에 따른 항공 안전 관리 시스템에 포함되어야 할 사항은 다음 각호와 같다.

    1. 안전 정책 및 안전 목표
        가. 최고 경영자의 권한 및 책임에 관한 사항
        나. 안전 관리 관련 업무 분장에 관한 사항
        다. 총괄 안전 관리자의 지정에 관한 사항
        라. 위기 대응 계획 관련 관계 기관 협의에 관한 사항
        마. 매뉴얼 등 항공 안전 관리 시스템 관련 기록·관리에 관한 사항
    2. 위험도 관리
        가. 위험 요인의 식별 절차에 관한 사항
        나. 위험도 평가 및 경감 조치에 관한 사항
    3. 안전성과 검증
        가. 안전성과의 모니터링 및 측정에 관한 사항
        나. 변화 관리에 관한 사항
        다. 항공 안전 관리 시스템 운영 절차 개선에 관한 사항
    4. 안전 관리 활성화
        가. 안전 교육 및 훈련에 관한 사항
        나. 안전 관리 관련 정보 등의 공유에 관한 사항
    5. 그 밖에 국토교통부 장관이 항공 안전 목표 달성에 필요하다고 정하는 사항

■ **항공안전법 시행규칙 제137조(항공 안전 의무 보고의 절차 등)**

① 법 제59조 제1항 및 같은 법 제62조 제5항에 따라 다음 각호의 어느 하나에 해당하는 자는 별지 제65호 서식에 따른 항공 안전 의무 보고서 또는 국토교통부 장관이 정하여 고시하는 전자적인 보고 방법에 따라 국토교통부 장관 또는 지방항공청장에게 보고해야 한다.

1. 법 제2조 제6호 각 목의 어느 하나에 해당하는 항공기 사고를 발생시키거나 항공기 사고가 발생한 것을 알게 된 항공 종사자 등 관계인
2. 별표 2에 따른 항공기 준사고를 발생시키거나 항공기 준사고가 발생한 것을 알게 된 항공 종사자 등 관계인
3. 별표 3에 따른 항공 안전 장애를 발생시키거나 항공 안전 장애가 발생한 것을 알게 된 항공 종사자 등 관계인(다만, 법 제33조에 따른 보고 의무자는 제외한다)

② 법 제59조 제2항에 따른 항공 종사자 등 관계인의 범위는 다음 각호와 같다.

1. 항공기 기장(항공기 기장이 보고할 수 없는 경우에는 그 항공기의 소유자 등을 말한다)
2. 항공 정비사(항공 정비사가 보고할 수 없는 경우에는 그 항공 정비사가 소속된 기관·법인 등의 대표자를 말한다)
3. 항공 교통관제사(항공 교통관제사가 보고할 수 없는 경우 그 관제사가 소속된 항공 교통관제 기관의 장을 말한다)
4. 공항 시설을 관리하는 자
5. 항행 안전시설을 관리하는 자
6. 항공 위험물을 취급하는 자

③ 제1항에 따른 보고서의 제출 시기는 다음 각호와 같다.

1. 항공기 사고 및 항공기 준사고 : 즉시
2. 항공 안전 장애
   가. 별표 3 제1호부터 제4호까지, 제6호 및 제7호에 해당하는 항공 안전 장애를 발생시키거나 항공 안전 장애가 발생한 것을 알게 된 자 : 인지한 시점으로부터 72시간 이내(동 기간에 포함된 토요일 및 법정 공휴일에 해당하는 시간은 제외한다) 다만, 제6호 가목·나목 및 마목에 해당하는 사항은 즉시 보고해야 한다.
   나. 별표 3 제5호에 해당하는 항공 안전 장애를 발생시키거나 항공 안전 장애가 발생한 것을 알게 된 자 : 인지한 시점으로부터 96시간 이내. 다만, 동 기간에 포함된 토요일 및 법정 공휴일에 해당하는 시간은 제외한다.

■ **항공안전법 시행규칙 제138조(항공 안전 자율 보고의 절차 등)**

① 법 제61조 제5항에 따라 항공 안전 자율 보고에 포함될 사항은 다음 각호의 경우를 말한다.

1. 공항 내 또는 공항 근처에 항공 안전을 해칠 우려가 있는 장애물 또는 위험물의 방치나 표식의 오류 등이 있는 경우

2. 항공기 운항 중 항공로 또는 고도로부터 위험을 초래하지 아니하는 이탈을 한 경우
3. 같은 시간대에 관제에 혼란을 초래할 가능성이 있는 유사 호출 부호가 사용된 경우
4. 운항 또는 정비 업무 중 정비 결함을 유발할 수 있는 혼동 오류가 있는 데이터 또는 절차가 있는 경우
5. 항공 안전을 해칠 우려가 있는 절차나 제도 등이 발견된 경우
6. 항공기 운항 중 공항 시설 또는 항공로 등에서 항공 안전을 저해할 우려가 있는 상태를 발견한 경우
7. 항공 정보 간행물 또는 항공기 운항에 시용되는 지도 등에서 항공 안전을 해칠 우려가 있는 표기 등을 발견한 경우
8. 인적 요소(Human Factor)를 통한 항공 안전을 해칠 요인이 감지된 경우
9. 그 밖에 국토교통부 장관이 정하여 고시하는 사항

② 제1항에 따른 항공 안전 위해 요인을 보고할 때는 별지 제66호 서식의 항공 안전 자율 보고서 또는 국토교통부 장관이 정하여 고시하는 전자적인 보고 방법에 따라 안전공단 이사장에게 보고할 수 있다.

③ 항공 안전 위해 요인 보고의 접수·분석 및 전파 등에 관하여 필요한 사항은 국토교통부 장관이 정하여 고시한다.

확/인/문/제

01 항공법에 의해 설치된 항공 장애등 및 주간 장애 표식의 관리 책임이 있는 자는?

① 항공 장애등 및 주간 장애 표식 설치자
② 국토교통부 장관
③ 비행장 소유자 또는 점유자
④ 해당 지방항공청

해설
항공 장애등 및 표지등은 각 지방항공청에서 관리한다.

02 초경량 동력 비행장치의 통행 우선순위로 맞는 것은?

① 모든 항공기와 초경량 무동력 비행장치에 대해 진로를 양보해야 한다.
② 항공기보다 우선하며 초경량 무동력 비행장치에 대해 진로를 양보해야 한다.
③ 초경량 무동력 비행장치보다 우선하며 항공기에 대해 진로를 양보해야 한다.
④ 모든 항공기와 무동력 초경량 비행장치보다 진로에 우선권이 있다.

해설
초경량 비행장치는 모든 항공기에게 우선권을 양보해야 한다.

03 초경량 비행장치로 비행 중 정면 또는 이와 유사하게 접근하는 다른 초경량 비행장치를 발견하였을 시 적절한 비행 방법은?

① 지면에 충돌 위험이 없는 범위 내에서 상대 비행장치의 아래쪽으로 진행하여 교차한다.
② 상대 비행장치가 나의 왼쪽으로 기수를 바꿀 것이므로 나는 오른쪽으로 기수를 바꾼다.
③ 상대 비행장치의 진로 변경을 알 수 없으므로 상대 비행장치가 기수를 바꿀 때까지 현재 상태를 유지한다.
④ 상대 비행장치의 진로를 신속히 파악하여 같은 진로로 기수를 변경한다.

> **해설**
> 동급의 비행 기체가 만났을 경우 각각 우측으로 기수를 바꿔 회피한다.

04 비행 중 진로를 양보해야 하는 상황으로 틀린 것은?

① 착륙 중이거나 착륙하기 위하여 최종 접근 중인 항공기에 대해 양보한다.
② 착륙을 위하여 접근 중에는 저고도 항공기에 양보한다.
③ 동력 비행장치는 무동력 비행장치에 대해 양보한다.
④ 뒤따르는 항공기가 나를 추월하고자 하면 우측으로 진로를 양보해야 한다.

> **해설**
> 뒤따르는 항공기에게 양보할 때는 왼쪽으로 양보해야 한다.

05 비행 방법에 관한 설명으로 맞는 것은?

① 이륙하고자 하는 때는 안전 고도 미만의 고도 또는 안전 속도 미만으로 선회가 가능하다.
② 비행장에서 이륙 가능한 기상 조건 여부는 조종사의 판단에 따른다.
③ 무선 통신 장비가 없는 경우에는 당해 비행장의 항공 교통관제 기관과 의사소통이 없어도 가능하다.
④ 비행장 내에서는 항공법 시행규칙 제185조 비행장 부근 비행 방법보다 항공 교통관제 기관의 지시가 우선한다.

> **해설**
> 비행장에서는 관제탑(항공 교통관제 기관)의 지시가 가장 우선한다.

06 비행 중 마주 보고 오는 다른 비행기를 회피하는 방향으로 바른 것은?

① 우측   ② 좌측
③ 위   ④ 아래

> **해설**
> 마주 오는 비행기를 회피할 때는 우측으로 회피해야 한다.

07 착륙 장치 중 소형기에서 가장 많이 사용하는 것은?

① 세 바퀴식
② 두 바퀴식
③ 갈매기식 바퀴
④ T형 바퀴

> **해설**
> 소형 비행기에서는 세 바퀴식 착륙 장치를 가장 많이 사용한다.

08 유압식 브레이크 장치에서 브레이크 페달에 스펀지(Sponge) 현상이 나타나는 이유는?

① 계통에 공기가 있어서
② 브레이크 라이닝이 마모되어서
③ 페달 장력이 작아져서
④ 계통 내에 작동유의 유출이 있어서

> **해설**
> 브레이크를 밟았을 때 브레이크가 듣지 않고 페달만 내려가는 경우 계통 속에는 순수하게 작동유만 있어야 한다. 그런데 공기를 일부 함유하게 되면 공기를 압축하는 동안 스펀지 현상이 나타나게 된다.

09 다음 중 타이어 공기압(팽창 압력)의 결정 요소가 아닌 것은?

① 타이어의 크기
② 외부 온도
③ 항공기의 활주 속도
④ 항공기의 무게

> **해설**
> 타이어의 공기압은 사용하는 곳의 온도, 사용 속도, 사용 중량에 따라 결정된다.

10 비행기 착륙 장치에서 타이어의 트레드 중앙 부분이 지나치게 마모되는 원인은?

① 브레이크의 결함
② 지나친 토우 인
③ 부족한 공기압
④ 과도한 팽창

> **해설**
> 타이어에 바람을 과도하게 많이 넣어 팽창시키면 회전 방향의 중앙 부분만 지면과 마찰을 하게 되어 마모율을 크게 할 수 있다.

▶ 정답 ◀

01	④	02	①	03	②	04	④	05	④
06	①	07	①	08	①	09	①	10	④

21

(31-093) 조종자 및 인적 요소

1 조종자(Pilot)

(01) 조종자의 개요

조종자는 자격증 취득 전부터 항공 종사자로서의 인식을 갖고 국내 항공 법령을 준수하며 지속적으로 학습하는 자세를 가질 필요가 있다.

(02) 조종자의 책임

조종자는 자신이 비행한 것에 대한 책임을 져야 하며 비행장치를 운용하면서 범죄 행위나 사회적 물의, 타인의 생명과 재산을 위협하는 행위를 하지 말아야 한다. 필요 이상의 과도한 조작으로 인한 사고가 초경량 비행장치 사고의 대부분인 만큼 조종자는 무엇보다 안전을 중시하며 업무에 임해야 한다.

(03) 조종자의 특성

❶ **신체적 요건** : 연령, 체중, 신장, 시력, 청력, 지각력, 인지력, 신체장애 상태 등
❷ **생리적 요건** : 건강 상태, 피로, 영양, 약물 복용, 음주 상태
❸ **심리적 요건** : 경험, 인성, 정서적 안정, 지식 습득, 주의력, 정보처리 능력
❹ **개인적 요건** : 개인의 가족 문제, 정신적 불안 요소, 남녀 문제, 생활 환경 등

(04) 인간의 능력에 대한 이해

- ❶ **신체 지각 능력 한계** : 인지적인 능력 한계 범위가 존재한다.
- ❷ **정신 기억 능력 한계** : 작동법, 기타 조작과 법령에 대한 기억 능력의 한계
- ❸ **주의 집중 능력 한계** : 장시간 작업 시 주의력 해이, 외부 자극에 대한 비정상적 반응
- ❹ **의사결정 능력 한계** : 작업 방법, 환경, 시간에 대한 개인적 견해와 해석으로 인한 결정 능력의 한계

(05) 인간의 오류로 인한 사고 발생 위험 요소

- ❶ **매너리즘에 빠지는 경우** : 늘 하는 일이므로 단순 반복적인 작업을 통해 업무가 지루하게 됨
- ❷ **순간적으로 복잡한 임무에 대한 부적응** : 평소에 하지 않던 복잡하고 다양한 임무가 주어질 때 일의 순서나 내용을 정상적으로 처리하지 못하는 경우
- ❸ **지식 부재에 따른 확인 절차 미비** : 업무나 장비에 대한 이해가 부족하여 점검, 확인을 부정확하게 하는 경우
- ❹ **과도한 자신감 또는 성과 위주의 업무 처리** : 평소의 작업 속도보다 과도하게 빠른 작업을 하거나 시간을 정해놓고 그 안에 일을 마무리하기 위해 무리하여 작업을 진행하게 되는 경우
- ❺ **상황 판단 또는 위험 인지력의 부족** : 작업 중 위험한 상황 또는 위험 요소를 제대로 인지하지 못하여 사고로 이어지는 경우
- ❻ **자기중심적인 의사결정과 위반 행위의 편리함을 찾을 때** : 관리 매뉴얼 또는 규정이 있음에도 불구하고 본인의 편리만을 찾아 규정을 무시하거나 법규를 위반하여 무리하게 작업을 진행하는 경우

(06) 조종자에 의한 사고 발생 원인

- ❶ **피로(Fatigue)** : 조종자에 의한 사고에서 가장 많은 비중을 차지한다. 장거리 자동차 운전자 및 노선버스 기사의 피로로 인한 교통사고 사례를 종종 뉴스에서 볼 수 있다. 조종자는 비행 전에 최상의 컨디션을 유지할 수 있도록 충분한 휴식과 숙면을 해야 한다.
- ❷ **금지 약물 및 음주 비행** : 초경량 비행장치 조종자 준수사항에서는 금지 약물 복용이나 음주 후 비행을 금지하고 있다. 특히 항공 종사자의 음주 단속 기준은 자동차 운전

자의 0.05%보다 현저하게 낮은 0.02%이며 이를 위반하여 비행하다 적발되는 경우 3년 이하의 징역이나 3천만 원 이하의 벌금에 처하게 된다.

(07) 조종자에 의한 사고 예방책

❶ 신체적 부분 : 항상 최상의 신체 상태를 유지할 수 있도록 규칙적인 생활을 하도록 노력하고 적당한 운동을 겸하여 건강한 체력을 유지하는 것이 좋다.
- 피로 관리 : 피곤할 때는 작업을 멈추고 쉬거나 잠을 자는 습관을 기른다.
- 수면 관리 : 하루 8시간 이상 충분한 수면을 취하도록 노력한다.
- 음주 관리 : 비행하기 전에는 절대로 음주를 하지 않고 숙취가 있는 경우는 숙취가 풀릴 때까지 비행을 해서는 안 된다.
- 운동 관리 : 자신의 체형과 연령, 건강 상태에 맞는 운동 처방을 받아 꾸준히 운동하여 건강한 체력을 유지하도록 노력한다.

❷ 심리적 부분 : 심리적으로 안정된 조종자는 돌발적인 행동으로 인한 사고의 위험이 적다. 항상 심리적으로 안정되도록 하는 것이 좋다.
- 긍정적 사고 함양 : 부정적 사고보다 긍정적인 마인드로 모든 일에 임하는 것이 좋다.
- 정서적 통제 훈련 : 마음이 상하거나 기분 나쁜 일이 있더라도 즉각 반응하고 화를 내는 것보다 차분하게 이성적으로 생각한 후 반응을 하는 습관을 지니는 것이 좋다.
- 명상 또는 QT(Quiet - Time) : 좋은 글을 읽고 명상을 하거나, 혼자만의 조용한 시간(종교 활동 포함)을 꾸준히 가지면 탁월한 심리적 안정을 찾을 수 있다.

❸ 지식적 부분 : 비행에 필요한 훈련, 지식의 습득을 충분히 진행하면 사고의 위험을 매우 낮출 수 있다.
- 위험 요소 인식 : 비행 전후 및 점검 시 꼼꼼하게 위험 요소를 관찰하고 위험 요소 발견 즉시 그로부터 안전하도록 조치하는 습관을 갖는다.
- 사전 지식 습득 및 학습 : 새로운 장비, 새로운 임무가 주어질 때 충분히 지식을 습득하고 학습한다면, 위급 상황을 만나도 당황하지 않게 된다.
- 규정 절차 준수 : 모든 일에는 정해진 순서와 절차가 있다. 이것을 지켰을 때 안전은 보장되고 이것을 지키지 않았을 때 일어나는 사고를 안전사고라고 한다. 특히 안전 수칙 및 법 규정은 타협하지 말고 지키도록 노력해야 한다.

신체적 부분	심리적 부분	지식적 부분
− 피로 관리 − 수면 관리 − 음주 관리 − 운동 관리	− 긍정적 사고 함양 − 정서적 통제 훈련 − 명상 또는 QT	− 위험 요소 인식 − 사전 지식 습득 및 학습 − 규정 절차 준수

2 인적 요소(Human Factor)

1. 인적 요인의 정의

인적 요소는 Human Factor, Ergonomics, Human Engineering 등 다양한 명칭으로 불린다.

(01) 휴먼 팩터(Human Factor) : 인간 요인으로 해석되며 주로 사람이기에 발생할 수 있는 오류(Error)에 중점을 두고 접근한다.

(02) 에르고노믹스(Ergonomics) : 일명 노동 공학이라 부르기도 하며 사람이 어떤 일을 함에 있어 보다 생산성을 높이는 방법에 중점을 두고 접근한다.

(03) 휴먼 엔지니어링(Human Engineering) : 인간공학이라 부르며, 사람의 신체적 특징이 작업 또는 어떤 장치, 물건과 조화롭게 이루어지게 한다. 그럼으로써 인간이 보다 편리하게 모든 일을 할 수 있도록 하는 인간의 편리에 중점을 두고 접근한다.

(04) ICAO APM(Accident Prevention Manual) : 국제민간항공기구는 항공기 사고, 준사고, 사고 방지와 이와 관련한 인간관계 및 인간의 능력에 대한 매뉴얼을 제공한다.

(05) 샌더스 앤 맥코믹(Sanders & McComick) : 인간의 생리적인 기본 측면과 심리적 측면을 연결하여 인간을 구성하고 있는 각 기관에 관한 기초 연구를 하였다.

2. 인적 요인의 비중

(01) 그래프의 시작점을 보면 기술적 결함에 의한 사고의 비중이 크지만 1980년대 이후는 컴퓨터의 등장으로 기술적 사고의 비중이 급격하게 줄어들고 오히려 인적 요인의 비중이 커진

것을 볼 수 있다. 단순히 인적 요인으로 인한 사고의 수가 늘어난 것이라기보다는 그것이 전체 사고에서 차지하는 비율을 뜻하므로 기술적 결함의 비율이 줄어든 것과 대조적으로 인적 요인이 비중을 크게 차지하게 되었다는 의미로 받아들여야 한다.

❶ 기술적인 결함으로 인한 사고는 거의 일어나지 않는다.
❷ 사고 대부분이 인적 요소에 의한 사고이며 인적 요소로 인한 사고는 증가할 수 있다.
❸ 조직을 원인으로 한 사고의 비중이 조금씩 커지고 있다.

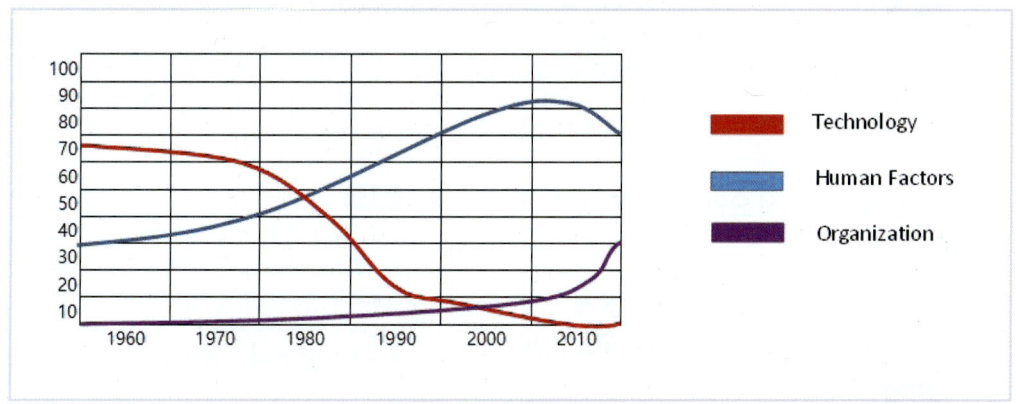

기술적 · 인적 · 조직적 사고율 추이

3. 인적 요인의 적용 목적

(01) 임무 수행의 효율성 제고

❶ 사람이 조작하는 부분을 사용하기 편리하도록 만들어 효율을 증대시킨다.
❷ 보다 편리하도록 만들어 에러(Error)를 감소시킨다.
❸ 같은 작업을 하는 경우 인적 요인을 감안하여 설계한 경우의 생산성이 높다.

(02) 사고율 감소, 인간의 가치 상승

❶ 안전율이 향상된다.
❷ 인간의 피로, 스트레스가 줄어든다.
❸ 보다 쾌적한 작업 환경이 되므로 직무의 만족도가 높아진다.
❹ 인간 삶의 질이 개선된다.

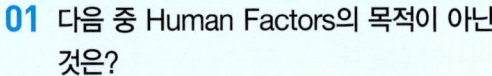

01 다음 중 Human Factors의 목적이 아닌 것은?

① 사용의 편리성 향상　② 생산성 향상
③ 기계적 성능의 향상　④ 안전 향상

> **해설**
> 인적 요인의 목적은 사람이 작업을 할 때 사용이 편리하도록 하여 생산성을 향상함과 동시에 안전을 확보하는 데 있다.

02 무인 항공기의 인적 요인 중 지식적 요인이 아닌 것은?

① 위험 요소 인식　② 정서적 통제
③ 사전 지식 습득　④ 규정 절차의 이해

> **해설**
> 정서적 통제는 심리적 요인에 해당한다.

03 초경량 비행장치 조종자의 기본 소양에 대한 설명 중 적절하지 않은 것은?

① 조종자는 지적 능력이 탁월해야 한다.
② 조종자는 기본적으로 직무 수행 능력을 판단하여 선발되어야 한다.
③ 적성은 지적 능력과 정보처리 능력에 따라 다르다.
④ 적성은 연령, 건강, 정신 상태와는 관계없이 변하지 않는다.

> **해설**
> 사람의 적성은 연령, 건강 상태, 정신적 상태에 따라 변한다.

04 컴퓨터의 발달과 보급으로 1980년대 이후 항공 사고의 유형이 바뀌었다. 다음 중 맞는 것은?

① 기계적인 결함으로 인한 사고는 일정하고 인적 요인으로 인한 사고는 늘어났다.
② 복잡한 기계들이 제어하게 되므로 오히려 기계적 결함으로 인한 사고가 늘어났다.
③ 기계적 결함으로 인한 사고와 인적 요인으로 인한 사고가 함께 감소했다.
④ 인간 조직의 문제로 인한 사고의 비율이 급격하게 증가하고 있다.

> **해설**
> 컴퓨터의 보급으로 기계적 결함으로 인한 항공기 사고가 급격하게 줄어들었고 지속적인 인적 요인의 분석과 교육으로 인적 요인으로 인한 사고도 2010년대 들어 감소하고 있다. 하지만 인간 조직의 문제로 인한 사고의 비율이 2000년대 들어서 급격하게 증가하고 있다.

05 21세기 들어 항공 사고의 요인별 비율에 대한 내용으로 맞는 것은?

① 기계적 결함으로 인한 비율이 감소하고 인적 요인으로 인한 비율이 늘어나고 있다.
② 기계적 결함으로 인한 비율이 증가하고 인적 요인으로 인한 비율이 감소하고 있다.
③ 인간 조직의 문제로 인한 사고의 비율이 가장 높다.
④ 여전히 기계적 결함으로 인한 사고의 비율이 가장 높다.

> **해설**
> 기계적 결함의 급격한 감소로 전체적인 항공 사고는 현저하게 줄었지만 상대적으로 인적 요인으로 인한 사고의 비율이 가장 높게 바뀌었다.

▎**정답** ▎
| 01 | ③ | 02 | ② | 03 | ④ | 04 | ④ | 05 | ① |

(32-095) 비행 관련 정보(AIP, NOTAM) 등

1. 비행 관련 정보(AIP), 기상 예보, 항공 정기 기상 보고 (METAR), 터미널 공항 예보(TAF), 항공 안전 정보

(01) 비행 관련 정보 간행물(AIP/Aeronautical Information Publication)

❶ ICAO 협약 부속서 제15권은 각 체약국 담당 부서에서 발행하는 자국 공역에서의 공항 및 지상 시설, 항로, 항공 통신, 일반 사항, 수색 구조 업무 등 종합적인 정보가 수록되어 있으며 정기 간행물이다.
  - 일반 사항 : 항행 시설, 업무 절차에 대한 설명, 국제 규정과 국내 규정의 차이 등을 설명
  - 항로 : 비행 정보 구역, 항공로, 비행 제한 구역 등 정보 제공
  - 비행장 : 공항에 대한 정보, 활주로 제원, 공항 출·도착, 비행 절차 등 정보 제공
  - 기타 : 항행 안전시설 개시, 휴지, 폐지, 중요 변경 사항, 비행장 이용 시 항공기의 운항에 장애 되는 사항, 이착륙과 비행에 관한 사항 등

(02) 기상 예보

❶ 비행 전 비행하고자 하는 지역의 기상 정보를 미리 입수해야 한다.

❷ 기상청(www.kma.go.kr)과 항공기상청(amo.kma.go.kr) 등에서 제공한다.
❸ 디지털 예보를 활용하면 보다 구체적인 지역의 정보를 받아볼 수 있다.

(03) 항공 정기 기상 보고(METAR/Meteorological Aerodrome Report)
❶ 매 정시 10분 전에 실시하는 관측으로, 1시간 간격으로 실시하지만 30분 간격으로 실시하는 곳도 있다.
❷ 보고 일자, 관측 소식별 문자, 시정, 활주로 가시거리, 현재 기상, 하늘 상태, 온도, 노점 등이 포함된다.

(04) 터미널 공항 예보(TAF)
❶ 일반적으로 24시간 동안 예측된 공항의 기상 요약이다. 지상풍, 수평 시정, 구름 등 중요 기상 상태의 예보를 제공한다.
❷ TAF는 METAR 보고서와 같은 부호를 사용하며 하루 4회 00시, 06시, 12시, 18시에 보고한다.

(05) 항공 안전 정보 출판물
❶ 국내 항공 정보 업무 담당 기관
   ㉮ 국토교통부 항공정책실
   ㉯ 서울지방항공청(항공정보과, 인천공항/김포공항/관내 지방공항출장소의 비행정보실), 부산지방항공청(항공관제국, 김해공항/제주공항/관내 지방공항출장소의 비행정보실)
   ㉰ 인천항공 교통관제소(항공정보과, 항공관제과, 통신전자과, 운영지원과)

❷ 항공 정보 출판물
   ㉮ AIP(Aeronautical Information Publication/항공 정보 간행물)
      - 한글과 영어로 된 단행본으로 발간되는 것으로 국내에서 운항하는 모든 민간 항공기의 능률적이고 안전한 운항을 위한 영구성 있는 항공 정보를 수록함
   ㉯ AIC(Aeronautical Information Circular/항공 정보 회람)
      - AIP나 NOTAM으로 전파하기 어려운 행정 사항을 담은 항공 정보를 제공
   ㉰ AIRAC(Aeronautical Information Regulation & Control/운영 방식 통보)
      - 운영 방식에 대한 변경을 필요로 하는 사항을 발효 일자를 기준으로 사전 통보하는 것

2 항공 고시보(NOTAM)

(01) 항공 고시보(Notice To Airman)

❶ 유효기간이 3개월인 항공 고시보는 항공 종사자들이 제때 알아야 할 공항 시설, 항공 업무 및 절차 등의 변경, 설정 등에 대한 사항을 고시한다.

❷ 항공 고시보는 항공 보안을 위한 시설과 업무 방식 및 설치, 변경 위험의 요소 등에 대해 운항 관계자들에게 국가에서 제공하는 고시로, 기상 정보와 함께 운항에 없어서는 안 되는 중요한 정보이다. 조종자는 비행 전 비행할 코스의 NOTAM을 체크하여 출발의 가부, 코스 선정(변경) 등 비행계획의 자료로 쓴다.

❸ NOTAM은 고시 방법에 따라 "NOTAM CLASS 1"과 "NOTAM CLASS 2"로 나뉜다. "NOTAM CLASS 1"은 돌발 또는 단기적인 사항을 신속히 알릴 때 사용되고, "NOTAM CLASS 2"는 장기적인 사항을 사전에 알리는 용도로 사용된다.

(02) 항공 고시보의 포함 사항

영문으로 발행된 국내 NOTAM

❶ 항공기의 안전 이동에 영향을 미치지 않는 주기장(Apron, 에이프런) 및 유도로(Taxiway) 관련 사항
❷ 다른 활주로를 이용하여 항공기를 안전하게 운항할 수 있거나 또는 필요한 경우 작업 장비를 제거할 수 있는 활주로 표지 작업
❸ 항공기 안전 운항에 영향을 미치지 않는 비행장(헬기장 포함) 주위의 일시적인 장애물
❹ 항공기 운항에 직접적으로 영향을 미치지 않는 비행장(헬기장 포함) 등화 시설의 부분적인 고장
❺ 사용 가능한 대체 주파수가 알려져 있고 운용될 수 있는 일부 공지 통신의 일시적인 장애
❻ 항공기 유도 업무의 부족 및 도로교통 통제에 관한 사항
❼ 비행장 이동 지역 내 위치 표지, 행선지 표지 또는 기타 지시 표지의 고장
❽ 시계 비행 규칙 하에 비관제 공역 내에서 실시하는 낙하산 강하로서 관제 공역의 경우에 공고된 장소 또는 위험 구역이나 금지 구역 내에서 실시하는 낙하산 강하
❾ 기타 이와 유사한 일시적인 상태에 관한 정보

(03) 항공 고시보의 발행 내용

❶ 비행장(헬기장 포함) 또는 활주로의 설치·폐쇄 또는 운용상 중요한 변경
❷ 항공 업무(AGA, AIS, ATS, CNS, MET, SAR 등)의 신설·폐지 및 운영상 중요한 변경
❸ 무선 항행과 공지 통신 업무에서 운영 성능의 중요한 변경·설치 또는 철거
　※ 여기에는 주파수 간섭이나 운영 재개와 변경, 공고된 업무 시간의 변경, 식별 부호 변경, 방위 변경(방향성 시설인 경우), 위치 변경, 50% 이상의 출력 증감, 방송 스케줄 또는 내용에 대한 변경, 특정 무선 항행 운용 및 공지 통신 업무 등의 불규칙성 또는 불확실성 등이 포함된다.
❹ 시각 보조 시설(Visual Aids)의 설치·철거 또는 중요한 변경
❺ 비행장 등화 시설 중 주요 구성 요소의 운용 중지 또는 복구
❻ 항행 업무 절차의 신설·폐지 또는 중요한 변경
❼ 기동 지역 내 중요한 결함 또는 장애의 발생 또는 제거
❽ 연료·기름 및 산소 공급의 변경 또는 제한
❾ 수색 구조 시설 및 업무에 대한 중요한 변경

❿ 항행에 중요한 장애물을 표시하는 항공 장애등의 설치·철거 또는 복구

⓫ 즉각적인 조치를 필요로 하는 규정 변경(예 : 수색 및 구조 활동을 위한 비행 금지 구역 설정)

⓬ 항행에 영향을 미치는 장애 요소의 발생(공고된 장소 이외에서의 장애물, 군사 훈련, 시범 비행, 비행 경기, 낙하산 강하를 포함)

⓭ 이륙/상승 지역, 실패 접근 지역, 접근 지역 및 착륙대에 위치한 항공 항행에 중요한 장애물의 설치·제거 또는 변경

⓮ 비행 금지 구역, 비행 제한 구역, 위험 구역의 설정·폐지(발효 또는 해제 포함) 또는 상태의 변경

⓯ 요격의 가능성이 상존하여 VHF 비상 주파수 121.5㎒를 지속적으로 감시할 필요가 있는 지역, 항공로 또는 항공로 일부분에 대한 설정 및 폐지

⓰ 지명 부호의 부여·취소 또는 변경

⓱ 비행장(헬기장 포함) 소방 구조 능력 등의 중요한 변경

※ 항공 고시보는 등급 변경 시에만 발행해야 하며, 등급 변경 사실이 명확히 표시되어야 한다.

⓲ 이동 지역의 눈, 진창, 얼음, 방사성 물질, 독성 화학물, 화산재 퇴적 또는 물로 인한 장애 상태의 발생·제거 또는 중요한 변경

⓳ 예방접종 및 검역 기준의 변경을 필요로 하는 전염병의 발생

⓴ 태양·우주 방사선에 관한 예보(가능한 경우에 한함)

㉑ 항공기 운항과 관련된 화산 활동의 중대한 변화, 화산 분출의 장소·일시·이동 방향을 포함한 화산재 구름의 수직/수평적인 범위, 영향을 받게 되는 비행 고도 및 항공로(Routes) 또는 항공로의 일부

㉒ 핵 또는 화학 사고에 수반되는 방사성 물질 또는 유독 화학물의 공기 중 방출, 사고 발생 위치, 일자 및 시간, 영향을 받게 되는 비행 고도 및 항공로 또는 그 일부와 이동 방향

㉓ 항공 항행에 영향을 주는 절차 및 제한 사항, 국제연합(UN)의 원조로 수행되는 구호 활동과 같은 인도주의적 구호 활동의 전개

㉔ 항공 교통 업무 및 관련 지원 업무 중단 또는 부분적인 중단 시의 단기간 우발 대책의 시행

확/인/문/제

01 항공 시설 업무, 절차 또는 위험 요소의 시설, 운영 상태 및 그 변경에 관한 정보를 수록하여 전기 통신 수단으로 항공 종사자들에게 배포하는 공고문은?

① AIC
② AIP
③ AIRAC
④ NOTAM

> **해설**
> - AIC(Aeronautical Information Circular/항공 정보 회람) : AIP나 NOTAM으로 전파하기 어려운 행정 사항을 담은 항공 정보를 제공
> - AIP(Aeronautical Information Publication) : 해당 국가에서 비행하기 위해 필요한 항법 관련 정보를 제공하는 항공 정보 간행물
> - AIRAC(Aeronautical Information Regulation And Control) : 정해진 간격에 따라 최신으로 개정되는 것
> - NOTAM(Notice to Airman) : 항공 고시보

02 항법의 4요소는 무엇인가?

① 위치, 거리, 속도, 자세
② 위치, 방향, 거리, 도착 예정 시각
③ 속도, 유도, 거리, 방향
④ 속도, 고도, 자세, 유도

> **해설**
> 항법의 4요소는 위치, 방향, 거리, 도착 시각이다.

03 NOTAM의 유효기간은 얼마인가?

① 1주　　② 1개월
③ 3개월　④ 1년

> **해설**
> NOTAM의 유효기간은 3개월이다.

04 다음 중 우리나라에 있는 지방항공청이 아닌 것은?

① 서울지방항공청
② 부산지방항공청
③ 광주지방항공청
④ 제주지방항공청

> **해설**
> 우리나라는 서울, 부산, 제주 세 곳에 항공청이 있다.

05 항공 정보 간행물은?

① NOTAM　② AIP
③ AIC　　　④ AIRAC

> **해설**
> AIP(Aeronautical Information Publication/항공 정보 간행물)
> - 한글과 영어로 된 단행본으로 발간되며, 국내에서 운항하는 모든 민간 항공기의 능률적이고 안전한 운항을 위한 영구성 있는 항공 정보를 수록
>
> AIC(Aeronautical Information Circular/항공 정보 회람)
> - AIP나 NOTAM으로 전파하기 어려운 행정 사항을 담은 항공 정보를 제공
>   - 법령, 규정, 절차 및 시설 등 주요한 변경이 장기간 예상되는 경우 또는 비행기 안전에 영향을 미치는 사항
>   - 기술, 법령 또는 행정 사항에 관련된 설명과 조언
>   - 매년 새로운 일련 번호를 부여하며 최근 대조표는 연 1회 발행
>
> AIRAC(Aeronautical Information Regulation And Control/항공 정보 관리 절차)
> - 운영 방식에 대한 변경을 필요로 하는 사항을 발효 일자를 기준으로 사전 통보하는 것

06 법령, 규정, 절차 및 시설 등의 변경이 장기간 예상되는 설명과 조언 정보를 통지하는 것은?

① 항공 고시보(NOTAM)
② 항공 정보 간행물(AIP)
③ 항공 정보 회람(AIC)
④ AIRAC

해설

AIC(Aeronautical Information Circular/항공 정보 회람)
- AIP나 NOTAM으로 전파하기 어려운 행정 사항을 담은 항공 정보를 제공
  - 법령, 규정, 절차 및 시설 등 주요한 변경이 장기간 예상되는 경우 또는 비행기 안전에 영향을 미치는 사항
  - 기술, 법령 또는 행정 사항에 관련된 설명과 조언
  - 매년 새로운 일련 번호를 부여하며 최근 대조표는 연 1회 발행

07 비행 금지 구역, 제한 구역, 위험 구역 설정 등 공역에 대한 정보를 제공하는 것은?

① AIC
② NOTAM
③ AIRAC
④ AIP

해설

NOTAM(Notice To Airman/항공 고시보)
- 조종사를 포함한 항공 종사자들이 적시에 알아야 할 내용으로 공항 시설, 항공 업무, 각종 절차 및 비행 금지 구역 등의 설정에 관한 정보를 국내·외 전자 공고문 형식으로 배포하며 유효기간은 3개월

간편하게 외우기 Tip !
- 중요 변경 사항, 법령 등 장기간 예상되는 것에 대한 사전 통보, 설명, 조언 ☞ AIC
- 정해진 Cycle에 따라 개정, 주로 운영 방식에 대한 내용 ☞ AIRAC
- 비행 금지 구역 등 공역에 대한 정보 등을 전기 통신 수단으로 항공 종사자에게 배포 ☞ NOTAM
- 비행장, 항행 안전, 교통, 통신, 기상 기본 절차 ☞ AIP

정답

| 01 | ④ | 02 | ② | 03 | ③ | 04 | ③ | 05 | ② |
| 06 | ③ | 07 | ② | | | | | | |

3 항공 기상

01 대기의 구조 및 특성
02 착빙
03 기온과 기압
04 바람과 지형
05 구름
06 시정 및 시정 장애 현상
07 고기압과 저기압
08 기단과 전선
09 뇌우 및 난기류 등

01

(33-100) 대기의 구조 및 특성

1 대기의 구조

1. 대기의 구성

(01) 대기(Atmosphere) : 지구의 중력에 의해 지구를 둘러싸고 있는 기체

(02) 대기의 성분 : 대기는 질소 78%, 산소 21%, 이산화탄소 0.04% 등으로 구성되어 있으며, 지표로부터 80km 정도의 고도까지는 밀도가 낮아지더라도 거의 일정한 비율로 섞여 있다.

(03) 대기권 : 지표면으로 시작하여 대류권, 성층권, 중간권, 열권, 외기권(극외권)으로 구분하고, 날씨의 변화가 있는 12km 이하는 대류권(Troposphere), 성층권부터는 광화학 반응이 일어나는 화학권(Chemosphere)이라고 부른다. 지구 대기의 99%는 약 40km 이내에 존재한다.

2. 대기권의 구조

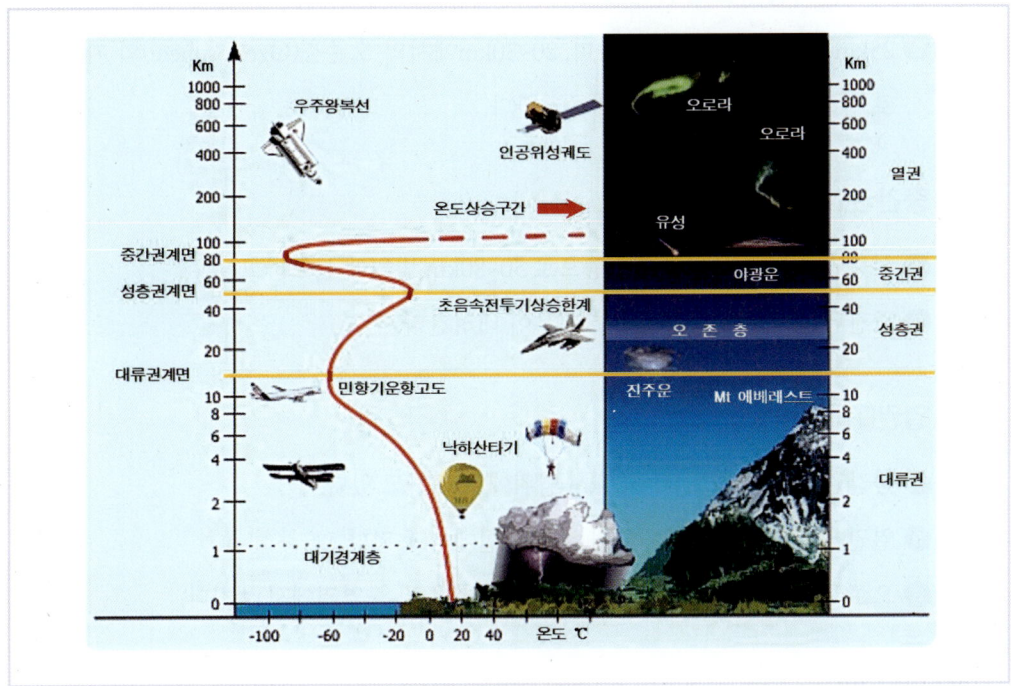

지구 대기의 구조

(01) 대류권(Troposphere)

① 지표로부터 평균 12km까지의 범위로 저위도 16~18km, 중위도 11km, 극지방 6~10km 까지 분포하고 있다.

② 기상(Weather)
- 대류 현상과 기상 현상은 대류권에서만 발생하는 현상이다.
- 대류권은 고도가 증가할수록 기온이 감소한다. (1,000ft당 2℃)
- 대류권은 지구 전체 수분의 5% 전후에 해당하는 수증기를 포함하고 있으며 비, 눈, 우박, 구름, 안개 등의 상태로 존재한다.

③ 대류권 계면(Tropopause)
- 대류권의 상층부로 대류권과 성층권의 경계에 있고 평균 17km 범위까지이다.
- 뇌우, 제트 기류, 청천 난류 등이 발생하며 항공 안전에 매우 민감한 구역이다.
- 기온감률은 2℃/km로 매우 적다.

(02) 성층권(Stratosphere)

　❶ 대류권 다음 층으로 17~50km 범위에 분포하고 있다.

　❷ 25km까지는 온도가 일정하며, 20~30km에서의 오존층(Ozonosphere)의 자외선 흡수로 인해 50km까지는 온도가 증가한다.

(03) 중간권(Mesosphere)

　❶ 성층권과 열권 사이의 대기층으로 50~80km 범위에 분포하고 있다.

　❷ 중간권은 고도가 상승할수록 기온이 내려간다.

(04) 열권(Thermosphere)

　❶ 중간권 위의 층으로 80~500km 범위에 분포하고 있다.

　❷ 열권에는 전리층이 존재하여 무선 통신에 이용된다.

　❸ 오로라(Aurora), 유성(Shooting Star)의 밝은 빛은 열권에서 생긴다.

(05) 외기권(Exosphere)

　❶ 열권 밖 500km에서 시작되며 통신용 인공위성이 있는 곳이다.

　❷ 공기의 농도가 매우 희박하여 공기의 분자가 서로 만나기도 힘든 곳이며 이전에는 외기권을 우주(Space/Universe)로 취급하였고, 지금도 우주라고 보는 견해가 많다.

2 대기의 특성

1. 대기의 열 순환

(01) 전도(Conduction)

　- 가열되어 뜨거워진 부분의 분자들이 움직이면서 에너지를 전달하는 방법으로 물질은 이동하지 않고 고온으로부터 저온으로 에너지만 이동하는 현상이다. 물체 간 직접 접촉으로 발생한다.

(02) 대류(Convection)

- 유체(액체)의 운동에 의한 에너지 전달 방법으로 위아래 수직 방향의 유체 운동을 통해 에너지가 전달된다.

(03) 이류(Advection)

- 유체 운동에 의해 기단이 수평 방향으로 이동하여 그 성질이 변화하는 과정으로 수증기와 열에너지가 운반된다.

(04) 복사(Radiation)

- 어떤 물체로부터 방출되는 모든 전자파를 총칭하는 말이다.
- 복사에 의한 에너지 전달에는 에너지 전달을 위한 매체가 필요 없다.
- 태양 에너지는 복사 에너지이다.

열의 이동

2. 지구의 특성

- 지구는 항성인 태양을 1년에 한 바퀴 돌고, 스스로는 매일 한 바퀴 서에서 동으로 회전한다. 태양을 도는 것을 공전, 스스로 도는 것을 자전이라 한다.
- 지구는 자전할 때 수직축에 의해 회전하지 않고 23.5° 기울어진 상태로 회전한다.
- 지구가 기울어져서 공전을 하게 됨으로써 사계절이 생기고 자전하게 됨으로써 밤과 낮이 생긴다.
- 지구의 표면은 70.8%가 수면(물·바다), 29.2%가 육지로 되어있다.

- 넓은 바다는 태양 에너지를 받아 수증기가 대류를 하여 발생하는 태풍(사이클론, 일로일로, 허리케인)을 통해 저위도의 따뜻한 에너지를 고위도 지역으로 전달한다.

3. 기상 요소와 해수면

(01) 기상의 7대 요소 : 강수, 구름, 기압, 기온, 바람, 습도, 시정

(02) 해수면의 기준과 수준원점

❶ 지구의 고도는 표준 대기(Standard Atmosphere)에 의해 정해진다.
- 표준 해수면의 기압 : 1,013.25hPa, 760mmHg, 29.92inHg
- 표준 해수면의 기온 : 15°C(59°F)
- 표준 해수면의 공기 밀도 : 0.001225g/㎤
- 기온감률 : 6.5°C/km, 2°C/1,000ft

❷ 우리나라 동·서·남해는 해수면의 높이와 조수간만의 차이가 매우 크다. 항상 변화하는 바닷물의 높이와 비교할 대상을 정하여 그것의 높이를 육지에 고정함으로써 바닷물의 높이를 비교하게 되는데, 이를 수준원점이라 한다.

❸ 우리나라는 1916년 인천의 평균 해수면을 기준으로 수준원점을 정하였고, 높이는 26.6871m로 그 위치는 현재의 인하대학교 내에 존재한다.

수준원점

확/인/문/제

01 다음 중 대기권에서 전리층이 존재하는 곳은?

① 중간권　　② 열권
③ 극외권　　④ 성층권

> **해설**
> 대기권 중 열권에는 자유전자와 이온이 밀집되어 전리층을 이루고 있어서 전파를 반사하거나 흡수할 수 있다.

02 대기권을 고도에 따라 낮은 곳부터 높은 곳까지 순서대로 바르게 분류한 것은?

① 대류권 - 성층권 - 열권 - 중간권
② 대류권 - 중간권 - 열권 - 성층권
③ 대류권 - 중간권 - 성층권 - 열권
④ 대류권 - 성층권 - 중간권 - 열권

> **해설**
> 대기권은 대류권(0~13km), 성층권(12~50km), 중간권(50~80km), 열권(80~500km) 순으로 구성된다. 열권 밖에는 극외권(외기권/500~3,000km)이 있다.

03 대류권 내에서 기온은 1,000ft마다 몇 도씩 감소하는가?

① 1℃　　② 2℃
③ 3℃　　④ 4℃

> **해설**
> 기온감률은 1,000ft 상승에 2℃씩 내려간다.

04 대기권 중 기상 변화가 일어나는 층으로, 상승할수록 온도가 내려가는 층은?

① 성층권　　② 중간권
② 열권　　④ 대류권

> **해설**
> 대류권은 0~13km에 걸쳐있고 대류 현상이 일어나며 높아질수록 기온은 내려간다.

05 기온의 변화가 거의 없으며 평균 높이가 약 17km인 대기권 층은?

① 대류권　　② 대류권 계면
③ 성층권 계면　　④ 성층권

> **해설**
> 대류권 계면은 성층권의 하단을 말한다.

06 대기를 구성하고 있는 공기의 비율로 맞는 것은?

① 산소 78% - 질소 21% - 기타 1%
② 산소 50% - 질소 50% - 기타 1%
③ 산소 21% - 질소 1% - 기타 78%
④ 산소 21% - 질소 78% - 기타 1%

> **해설**
> 대기는 78%의 질소와 21%의 산소, 0.2%의 이산화탄소 그리고 헬륨 등 기타 가스로 이루어져 있다.

07 대기권에 대한 설명으로 틀린 것은?

① 대기의 온도, 습도, 압력 등으로 대기의 상태를 나타낸다.
② 대기의 상태는 수평 방향보다 수직 방향으로 고도에 따라 심하게 변한다.
③ 대기권 중 대류권에서는 고도가 상승할 때 온도가 상승한다.
④ 대기는 몇 개의 층으로 구분하는데 온도의 분포를 바탕으로 대류권, 성층권, 중간권 등으로 나타낸다.

> **해설**
> 대류권에서는 고도가 상승하면 온도는 내려간다.

08 대기 중 산소의 분포율은?

① 10%   ② 21%
③ 30%   ④ 60%

> **해설**
> 대기 중 질소는 78%, 산소는 21% 분포한다.

09 대기권 중에서 지면에서 약 13km까지이며 대기의 최하층으로, 끊임없이 대류가 발생하여 기상 현상이 나타나는 곳은?

① 성층권   ② 대류권
③ 중간권   ④ 열권

> **해설**
> 대류권은 0~13km에 걸쳐있고 대류 현상이 일어나며 위치가 높아질수록 기온은 내려간다.

10. 장거리 무선 통신이 가능한 전리층이 있는 대기층은?

① 대류권   ② 성층권
③ 열권   ④ 중간권

> **해설**
> 대기권 중 열권에는 자유전자와 이온이 밀집되어 전리층을 이루고 있어서 전파를 반사하거나 흡수할 수 있다.

▶ 정답 ◀

01	②	02	④	03	②	04	④	05	②
06	④	07	③	08	②	09	②	10	③

(34-110) 착빙

1 착빙(Icing)

빙결 이하 온도에서 대기에 노출된 물체에 과냉각 물방울과 구름 입자가 충돌하여 얼음 피막을 형성하는 것을 말한다.

※ 과냉각 물방울 : 0℃ 이하의 온도에서 액체 상태를 유지하고 있는 수적

(01) 착빙이 생기는 이유와 조건

❶ 착빙이 생기는 이유

구름 안의 온도가 0℃ 이하의 저온이 되면 차차 빙정의 운립이 많아지지만, -20℃까지는 대부분 구름 입자가 수적으로 존재한다. 과냉각의 수적이 다른 물질과 충돌하면 동결하는 성질로 인해 항공기의 착빙도 과냉각 수적이 항공기에 충돌하여 일어난다.

항공기 날개 단면의 크기, 형태, 수증기의 양, 물방울의 크기, 항공기 속도, 바람의 속도 등에 따라 착빙의 형성이 영향을 받는다.

※ 착빙의 형성은 속도에 비례하고 온도에 반비례한다.

❷ 착빙의 형성 조건

㉮ 대기 중에 과냉각 물방울 존재
㉯ 항공기 표면의 자유 대기 온도가 0℃ 미만일 것

주익과 동체의 착빙

익단과 조종면 착빙

항공기 창문의 착빙

항공기의 착빙

(02) 착빙이 항공기에 미치는 영향

※ 착빙의 위험 요인 : 착빙은 날개의 공기 역학적 모양을 변화시키지는 않지만, 유연한 공기 흐름을 방해하여 공기 속도를 감소시킨다. 낮아진 공기 속도는 정상보다 빨리 공기 흐름을 분리하는 원인이 되어 양력을 감소시키므로 미량의 착빙이라도 비행 전에는 반드시 제거되어야 한다.

❶ 항공기 항력 증가/양력 감소, 중량 증가
❷ 엔진 입구 착빙 → 공기 흐름 방해, FOD(외부 이물 손상 - Foreign Object Damage) 가능
❸ 전방 시계 방해
❹ 지상에서 항공기 조작에 영향
❺ 승무원 시정 악화, 장비 고장
❻ 조종 면에 착빙 시 조작 방해
❼ 장비 기능 저하(동·정압, 안테나 등)
❽ 회전익/프로펠러에 착빙 시 떨림 현상

(03) 착빙의 방지

항공기의 날개나 헬기의 로터 내부에 발열 기능이 있는 코일을 삽입한 방빙 장치를 이용하여 착빙을 방지할 수 있다.

| 동체 제빙 | 주익 제빙 | 미익 제빙 |

항공기 제빙

2 착빙의 종류

❶ **흡입 착빙(Induction Icing)** : -7℃ ~ 21℃, 보통 상대 습도 80% 이상일 때 발생한다.
  - 기화기 착빙(Carburetor Icing) : 엔진을 비행 중 정지하게 만든다.
  - 흡기 착빙(Intake Icing) : 항공기 표면 온도가 0℃ 이하로 냉각 시 발생한다. 상대 습도가 10% 이하인 맑은 대기에서도 발생 가능하다.

❷ **구조 착빙(Structural Icing)**
  - 서리 착빙(Frost) : 백색, 얇고 부드럽다. 수증기가 0℃ 이하로 물체에 승화하는 것이다.
  - 거친 착빙(Rime) : 백색, 우윳빛이고 불투명하며 부서지기 쉽다.
    층운에서 형성된 작은 물방울이 날개 표면에 부딪혀 형성(-10 ~ -20℃, 층운형이나 안개비 같은 미소 수적의 과냉각 수적 속을 비행할 때 발생)된다.
  - 맑은 착빙(Clear) : 투명, 견고하며 매끄럽다.
    온난전선 역전 아래의 적운이나 얼음 비에서 발견되는 비교적 큰 물방울이 항공기 기체 위를 흐르면서 천천히 얼 때 생성되며, 착빙 중 가장 위험(가장 빠른 축적률 및 Rime Icing보다 떼어내기 곤란)하다. → 0℃ ~ -10℃, 적운형 구름에서 주로 발생한다.

확/인/문/제

01 착빙(Icing)에 대한 설명 중 틀린 것은?
① 양력과 무게를 증가시켜 추진력을 감소시키고 항력은 증가시킨다.
② 거친 착빙도 항공기 날개의 공기 역학에 심각한 영향을 줄 수 있다.
③ 착빙은 날개뿐만 아니라 Carburetor, Pitot관 등에도 발생한다.
④ 습한 공기가 기체 표면에 부딪히면서 결빙이 발생하는 현상이다.

> **해설**
> 착빙은 무게와 항력을 증가시키고 양력을 감소시킨다.

02 물방울이 비행장치의 표면에 부딪히면서 표면을 덮은 수막이 그대로 얼어붙는 투명하고 단단한 착빙은?
① 싸락눈
② 거친 착빙
③ 서리
④ 맑은 착빙

> **해설**
> 맑은 착빙은 수막이 그대로 얼음이 되는 것으로 착빙 중 가장 위험하다.

03 투명하고 단단한 얼음으로 처음 물방울이 얼어버리기 전에 다음 물방울이 붙기 때문에 전체가 하나의 덩어리가 되며 0°C일 때 잘 발생하는 착빙(Icing)은?
① 서리(Frost)
② 수빙(Rime Ice)
③ 우빙(Clear Ice)
④ 나무얼음

> **해설**
> 수빙에 대한 설명이다.

04 Icing(착빙 현상)에 관한 설명 중 틀린 것은?
① 양력을 감소시킨다.
② 마찰을 일으켜 항력을 증가시킨다.
③ 항공기의 이륙을 어렵게 하거나 불가능하게 할 수도 있다.
④ Icing(착빙 현상)은 지표면의 기온이 낮은 겨울철에만 조심하면 된다.

> **해설**
> 착빙은 지표뿐 아니라 높은 곳을 비행하는 비행기에 발생하며 365일 만날 수 있다.

05 다음 중 착빙(Icing)의 종류에 속하지 않는 것은?
① 이슬
② 서리
③ 수빙
④ 우빙

> **해설**
> 이슬은 얼지 않은 차가운 물방울을 말한다.

06 겨울철 비행기 날개의 서리를 제거하지 않았을 때 일어나는 현상으로 틀린 것은?

① 양력 감소
② 항력 증가
③ 공기 역학적 특성 저하
④ 비행 성능과 무관

해설
서리를 제거하지 않고 비행하면 서리 위에 다시 착빙이 생기면서 양력이 감소하고 중력과 항력은 증가하므로 비행 성능을 매우 나쁘게 한다.

07 서리가 비행의 위험 요소로 고려되는 이유는?

① 서리는 풍판 상부의 공기 흐름을 느리게 하여 조종 효과를 증대시킨다.
② 서리는 풍판의 기초 항공 역학적 형태를 변화시켜 양력을 감소시킨다.
③ 서리는 날개의 상부를 흐르는 유연한 공기의 흐름을 방해하여 양력 발생 능력을 감소시킨다.
④ 서리는 풍판 상부의 공기 흐름을 느리게 하여 항력을 감소시킨다.

해설
서리는 양력은 감소시키고 항력을 증대시킨다.

정답

01	①	02	④	03	②	04	④	05	①
06	④	07	③						

03

(35-120) 기온과 기압

1 기온(Temperature)

❶ **정의** : 지표면에서 1.5m 높이(백엽상)에 있는 대기(大氣)의 온도
❷ **측정 방법** : 1.25m~2m(통상 1.5m)에서 햇볕을 가린 상태에서 10분간 통풍 후 측정
❸ **해상에서의 측정** : 선박의 높이를 감안하여 해발 10m 높이에서 측정

(01) 온도와 열(Temperature & Heat)

❶ **온도(Temperature)** : 물리적으로 열평형 상태를 나타내는 척도이며, 미시적으로는 물질 구성 입자의 아주 미세한 내부 운동(열운동)의 에너지 평균을 정하는 척도로 물질 내에 있는 원자 또는 분자의 평균 운동 에너지를 온도라 정의하고 있다. 일반적으로 온도계에 새겨진 눈금으로 표시하며 물체의 양과는 무관한 세기의 성질이다.

❷ **열(Heat)** : 물체를 구성하는 원자나 분자의 운동량(에너지)이며, 열의 전달이란 이 운동 에너지가 다른 계(System)로 전달되는 것을 말한다. 모든 원자의 운동은 절대 온도인 -273℃에서 정지된다.

(02) 온도와 열에 관한 용어

❶ **열용량(Heat Capacity)** : 어떤 물질에 대하여 흡수된 열과 이에 대한 온도 상승의 비

율이다. 열용량이 큰 물체는 열을 많이 흡수(방출)하여도 온도가 잘 변하지 않으며 작은 물체는 그 반대이다.

❷ **비열(Specific Heat)** : 단위 질량에 가해진 열량과 이에 따른 온도 변화의 비를 말한다. 일반적으로 물질 1g의 온도를 1K 올리는 데에 필요한 열량(에너지)이라 표현하기도 한다.

❸ **현열(Sensible Heat)** : 느낌열이라고도 부른다. 어떤 물체 또는 열역학적 시스템의 부피, 압력 등은 변화시키지 않으면서 온도를 변화시키는 데 필요한 열로, 잠열(Latent Heat)과 대응되는 개념이다.

❹ **잠열(Latent Heat)** : 숨은열이라고도 부른다. 어떤 물질이 온도 변화 없이 상태 변화만 일으키는 데 필요한 열로, 현열(Sensible Heat)과 대응되는 개념이다.

❺ **비등점(Boiling Point)** : 끓는점이라고도 부른다. 액체 표면과 내부에서 기포가 발생하면서 끓기 시작하는 온도이다. 액체 표면으로부터 증발이 일어날 뿐만 아니라, 액체에서 기체로 물질의 상태가 변화되는 온도이다(지상에서 순수한 물 1기압의 비등점은 100℃이고, 에베레스트산 정상에서의 비등점은 71℃이다).

❻ **빙점(Freezing Point)** : 어는점이라고도 부른다. 액체를 냉각시켜 고체로 상태 변화가 일어나기 시작할 때의 온도이다. 순수한 물의 어는점과 녹는점은 항상 같은 온도(0℃)를 나타내며 물질마다 다른 값을 가지는 물질의 특성이 된다.

❼ **용융점(Melting Point)** : 녹는점 또는 융해점이라고도 한다. 녹는 물질이 순수한 물질이라면 그 물질이 녹는 동안 가열하여도 온도가 일정하게 유지되는 일정 온도 구간이 나타나며 고체와 액체가 공존할 때의 온도를 녹는점이라 한다. 순수한 물질은 녹는점과 어는점(Freezing Point)이 항상 같으며 물질마다 녹는점은 모두 다르므로 이것이 그 물질만이 가지는 고유한 성질인 물질의 특성이 된다. 예를 들어 물은 0℃에서 얼고, 얼음은 같은 온도인 0℃에서 녹는다.

(03) 기온의 단위

❶ **섭씨(Celsius – ℃)** : 1기압에서 순수한 물의 어는점을 0℃, 끓는점을 100℃로 하여 그 사이를 100등분 한 온도로 단위 기호는 ℃이다. 1742년 스웨덴의 천문학자이자 물리학자인 A. 셀시우스가 창시하였다. 절대영도는 -273℃이다.

❷ 화씨(Fahrenheit – °F) : 1기압 하에서 순수한 물의 어는점을 32°F, 끓는점을 212°F로 정하고 두 점 사이를 180등분 한 눈금이다. 단위는 °F를 사용한다. 1724년 독일의 물리학자 G. 파렌하이트가 창시하였다. 절대영도는 -460°F이다.

❸ 켈빈(Absolute Temperature/Kelvin Temperature : K) : 절대 온도는 1848년 켈빈(W. 톰슨)이 도입하였다. 단위는 켈빈(기호 : K)이다. 열역학 제2 법칙에 따라 정해진 온도로, 이론상 생각할 수 있는 최저 온도를 기준으로 하여 온도 단위를 갖는 온도를 말한다. 국제도량형위원회는 모든 온도 측정의 기준으로 절대 온도를 채택하고 있다. 절대 온도에서 물의 어는점은 273.15K, 끓는점은 373.15K이다. (※ 일반적으로 K 값의 소수 이하 자리는 사용하지 않는다)

온도의 단위 비교

단위	빙점(녹는점)	비등점(끓는점)	절대 온도
섭씨(°C)	0	100	-273
화씨(°F)	32	212	-460
켈빈(K)	273	373	0

(04) 기온의 변화

❶ **일일 변화** : 지구의 자전 현상에 따른 밤과 낮의 기온 차

❷ **지형에 따른 변화**

- 바다 : 기온의 변화가 크지 않다(육지보다 비열이 크기 때문).
- 황무지 : 수풀이 없고 먼지가 일어나는 황무지는 기온 변화를 조절 가능한 식물이 없으므로 수분 부족으로 인해 기온의 변화가 매우 크게 일어난다. (예 : 사막 지대의 밤과 낮의 기온 변화)
- 설원 : 눈으로 덮인 설원은 눈이 태양광(열)을 95% 이상 반사해 버리기 때문에 기온의 변화가 적다.
- 초원 : 동물과 식물의 생존에 필요한 수분이 존재하여 기온의 변화가 적다.

❸ **계절에 따른 변화**

- 지구의 공전에 의해 계절마다 태양으로부터 받아들이는 복사열의 변화에 따라 기온이 변한다.

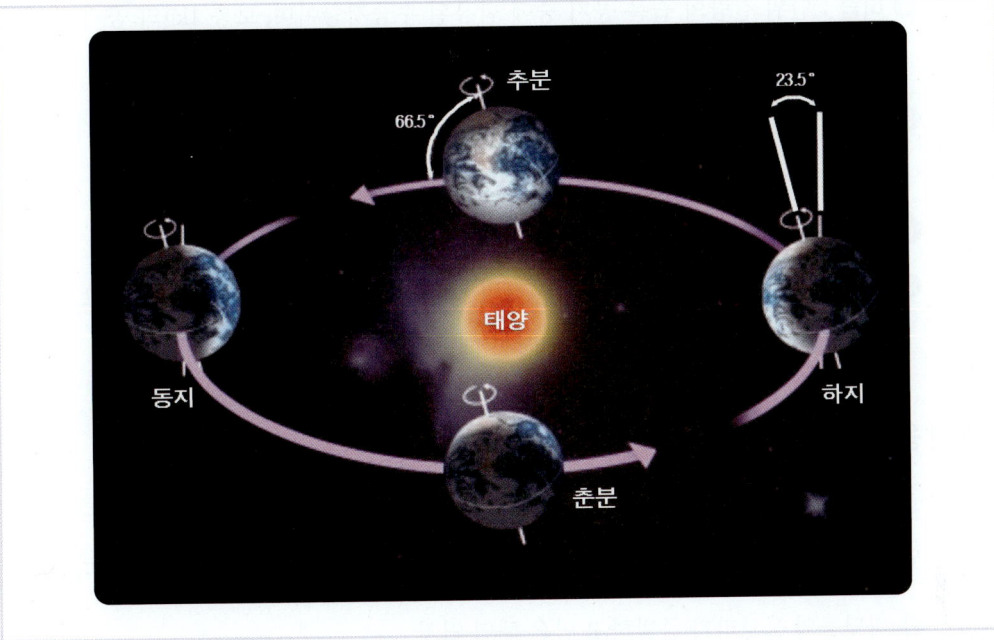

지구의 공전

(05) 기온감률(Temperature Lapse Rate)

❶ 지표로부터 출발하여 고도의 증가에 따라 기온이 감소하는 비율이다.

❷ 고도의 증가에 따라 일정한 비율로 기온이 내려가는데 그 수치는 표준 대기 조건에서 2°C/1,000ft(6.5°C/km)이다.

2 습도(Humidity)

(01) 습도(Humidity)

❶ **습도** : 대기 중에 포함되어 있는 수증기의 양과 그때의 온도에서 대기가 함유할 수 있는 최대 수증기량(포화 수증기)의 비를 백분율로 나타낸 것이다.

❷ **습도의 변화** : 주로 기온 변화에 의해 생기기 때문에 하루 동안 거의 규칙적으로 변화하며, 낮에는 낮아지고 밤이 되면 높아지는 경향이 있다.

❸ **절대 습도** : 공기 1㎥ 중에 포함된 수증기의 양을 g으로 나타낸다. 수증기 밀도 또는 수증기 농도라고도 한다.

❹ 비습 : 단위 질량의 습윤 공기 중에 함유된 수증기량이며, 보통 1kg의 공기 중에 함유되는 수증기의 양을 g으로 표시한다.

❺ 상대 습도 : 대기 중에 포함되어 있는 수증기의 양과 그때의 온도에서 대기가 함유할 수 있는 최대 수증기량(포화 수증기)의 비를 백분율로 나타낸 것이다.

❻ 포화 : 공기 중 수증기량이 상대 습도 100%에 도달한 것을 말한다.

❼ 이슬점 온도 : 수증기를 포함한 대기의 기압과 수증기량을 변화시키지 않고 기온을 떨어뜨렸을 경우, 수증기가 포화에 달할 때의 온도를 말한다.

(02) 응결핵(Condensation Nucleus)

대기 중의 수증기가 응결할 때 중심이 되는 작은 고체, 액체의 부유 입자를 말한다. 해염 입자, 연기 입자, 토양의 미세 입자들로 이루어져 있고 그 종류는 다음과 같다.

❶ 바닷물의 물보라가 증발하고 남은 해염 입자

❷ 연소에 의해서 생긴 미세한 입자나 연기 입자

❸ 지면에서 바람에 날려서 올라간 토양의 미세 입자

대기 중에서는 기온이 0°C 이상이 되어도, 보통 20°C 전후까지는 수증기가 응결해서 과냉각된 안개나 구름의 액상(液狀) 입자가 된다.

(03) 과냉각 물방울(과냉각수/Supercooled Water)

❶ 정의 : 액체 물방울이 0°C 이하의 온도에서도 얼지 않고 여전히 액체 상태로 존재하는 것을 말한다.

❷ 발생 환경 : 구름 알갱이는 −10°C~0°C에서는 주로 과냉각 물방울로, −20°C~−10°C에서는 과냉각 물방울과 빙정이 섞인 상태로, −20°C 이하에서는 거의 빙정으로 있다. 때로는 심할 경우 −40°C의 낮은 온도에서도 과냉각 물방울이 관측되기도 한다.

❸ 항공기에 미치는 영향 : 과냉각수는 항공기의 착빙(Icing) 현상을 유발하는 주요 원인이다.

(04) 이슬과 서리

❶ **이슬(Dew)** : 야간에 복사 냉각으로 지표 근처 물체의 온도가 이슬점 이하로 내려갔을 때, 공기 중의 수증기가 물체의 표면에 응결하여 생기는 물방울을 말한다. 조건으로는 표면이 토양으로부터 열을 절연할 것, 바람이 약하고 맑으며 비습(比濕)이 낮을 것, 하층 공기의 상대 습도가 높을 것 등이 있다.

※ **노점(Dew Point/이슬점)** : 공기를 서서히 냉각시켜 어떤 온도에 다다르면 공기 중의 수증기가 응결하여 이슬이 생긴다. 이때의 온도를 이슬점이라고 한다. 이슬점은 수증기의 양에 의해 결정되므로 공기 속에 있는 수증기의 양을 나타내는 기준이 된다.

❷ **서리(Frost)** : 수증기가 침착(沈着)하여 지표나 물체의 표면에 얼어붙은 것으로, 늦가을 이슬점이 0°C 이하일 때 생성된다. 서리는 춥고 맑은 새벽, 땅 표면이 냉각되어 온도가 내려감에 따라 발생한다. 즉, 0°C 이하의 온도에서 공기 중의 수증기가 땅에 접촉하여 얼어붙은 매우 작은 얼음이다. 서리의 결정 형태는 눈의 결정 형태와 같다.

이슬

서리

3 기압(Atmosphere)

(01) 기압이란?

대기권은 여러 가지 기체로 이루어져 있어 압력이 작용한다. 이때 단위 면적(1㎡)에 작용하는 공기의 무게에 의한 압력을 대기압 또는 기압이라고 한다. 상층으로 올라갈수록 공기의 양이 적어지므로 기압도 감소한다.

(02) 기압의 측정(Barometry)

❶ 수은 기압계(Mercury Barometer)
- 수은을 이용해 기압을 측정하는 기구이다. 토리첼리(Torricelli)의 실험을 응용하여 프랑스의 포르탕(Fortin)이 만들었다. 포르탕 수은 기압계라고도 한다.
- 표준 대기 해수면에서의 눈금은 29.92in - Hg 또는 760mm - Hg(15℃)이다.

❷ 아네로이드 기압계(Aneroid Barometer)
- 내부를 진공으로 한 얇은 금속제의 용기가 기압 변동으로 변형되는 것을 이용하여, 그 미소한 변형을 확대하면서 지침으로 기압을 지시하는 기압계이다.
- 액체를 사용하지 않는 기압계로서, 기압의 변화에 따른 수축과 팽창으로 공합(空盒, 금속 용기)의 두께가 변하는 것을 이용하여 기압을 측정한다.
- 자기 기압계와 구분하기 위해 아네로이드 지시 기압계라고도 하며, 공합을 이용하기 때문에 공합 기압계라고도 한다.
- 비교적 소형이며 가볍기 때문에 운반 시 편리하고 취급이 간단한 반면, 수은 기압계 보다 정밀도가 낮은 단점이 있다.
- 이동하기 쉽고 사용이 편리하여 주로 선박 등에 이용된다.

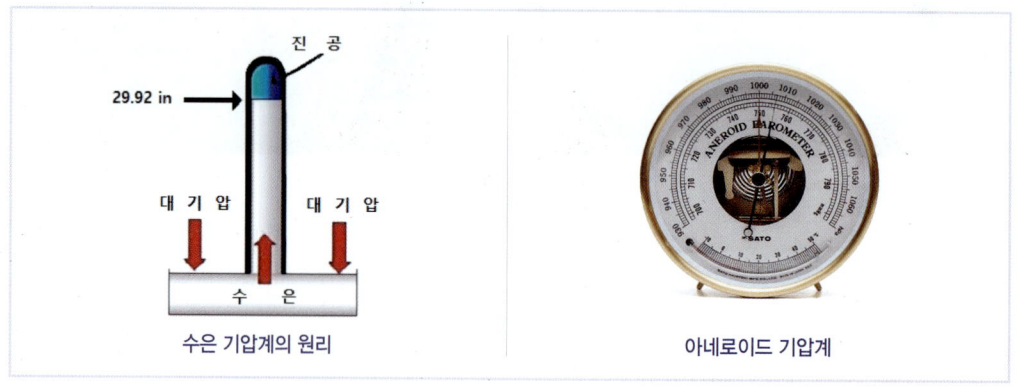

| 수은 기압계의 원리 | 아네로이드 기압계 |

확/인/문/제

01 기온은 직사광선을 피해서 측정을 하게 된다. 이를 위해 몇 m의 높이에서 측정하는가?

① 3m ② 2.5m
③ 2m ④ 1.5m

> **해설**
> 기온의 측정은 직사광선을 피해 1.5m의 높이에서 측정한다.

02 진고도(True Altitude)란?

① 항공기와 지표면의 실측 높이이며 "AGL" 단위를 사용
② 고도계 수정치를 표준 대기압(29.92inHg)에 맞춘 상태에서 고도계가 지시하는 고도
③ 평균 해면 고도로부터 항공기까지의 실제 높이
④ 고도계를 해당 지역이나 인근 공항의 고도계 수정치 값에 수정했을 때 고도계가 지시하는 고도

> **해설**
> • 진고도 : 평균 해면으로부터 항공기까지의 높이
> • 절대 고도 : 현재 위치에서 지면(또는 해면)으로부터 항공기까지의 높이

03 기압 고도(Pressure Altitude)란?

① 항공기와 지표면의 실측 높이이며 "AGL" 단위를 사용
② 고도계 수정치를 표준 대기압(29.92"Hg)에 맞춘 상태에서 고도계가 지시하는 고도
③ 기압 고도에서 비표준 온도와 기압을 수정해서 얻은 고도
④ 고도계를 해당 지역이나 인근 공항의 고도계 수정치 값에 수정했을 때 고도계가 지시하는 고도

> **해설**
> 기압 고도는 고도계 수정치를 표준 대기압(29.92"Hg)에 맞춘 상태에서 고도계가 지시하는 고도

04 고도계를 수정하지 않고 온도가 낮은 지역을 비행할 때 실제 고도는?

① 낮게 지시한다.
② 높게 지시한다.
③ 변화가 없다.
④ 온도와 무관하다.

> **해설**
> 온도가 낮다 = 기압이 높다 = 고도가 낮다.

05 공기 밀도는 습도와 기압이 변화하면 어떻게 되는가?

① 공기 밀도는 기압에 비례하며 습도에 반비례한다.
② 공기 밀도는 기압과 습도에 비례하며 온도에 반비례한다.
③ 공기 밀도는 온도에 비례하고 기압에 반비례한다.
④ 온도와 기압의 변화는 공기 밀도와는 무관하다.

> **해설**
> 공기 밀도는 기압에 비례, 온도에 반비례, 습도에 반비례한다.

06 공기의 온도가 상승하면 기압이 낮아지는 이유는?

① 가열된 공기는 가볍기 때문이다.
② 가열된 공기는 무겁기 때문이다.
③ 가열된 공기는 유동성이 있기 때문이다.
④ 가열된 공기는 유동성이 없기 때문이다.

> **해설**
> 공기는 온도가 상승하면 팽창하면서 가벼워진다.

07 기압 고도계를 장비한 비행기가 일정한 계기 고도를 유지하면서 기압이 낮은 곳에서 높은 곳으로 비행할 때 기압 고도계의 지침의 상태는?

① 실제 고도보다 높게 지시한다.
② 실제 고도와 일치한다.
③ 실제 고도보다 낮게 지시한다.
④ 실제 고도보다 높게 지시한 후에 서서히 일치한다.

> **해설**
> 기압이 높다=온도가 낮다=고도가 낮다.

08 일정 기압의 온도를 하강시켰을 때, 대기가 포화하여 수증기가 작은 물방울로 변하기 시작할 때의 온도의 명칭은?

① 포화 온도 ② 노점 온도
③ 대기 온도 ④ 상대 온도

> **해설**
> - 노점 온도 : 수증기를 포함한 대기의 기압과 수증기량을 변화시키지 않고 기온을 떨어뜨렸을 경우, 수증기가 포화에 달할 때의 온도
> - 포화 온도 : 공기 중 수증기량이 상대 습도 100%에 도달하는 온도

09 섭씨(Celsius) 0도는 화씨(Fahrenheit) 몇 도인가?

① 0°F   ② 32°F
③ 64°F   ④ 212°F

> **해설**
> 섭씨 0도는 화씨 32도이다.

10 기상의 7대 요소는?

① 기압, 전선, 기온, 습도, 구름, 강수, 바람
② 기압, 기온, 습도, 구름, 강수, 바람, 시정
③ 해수면, 전선, 기온, 난기류, 시정, 바람, 습도
④ 기압, 기온, 대기, 안정성, 해수면, 바람, 시정

> **해설**
> 기상의 7요소는 강수, 구름, 기온, 기압, 바람, 습도, 시정

11 불포화 상태의 공기가 냉각되어 포화 상태가 되는 기온은?

① 상대 온도
② 결빙 온도
③ 절대 온도
④ 이슬점(노점) 기온

> **해설**
> 노점 온도 : 수증기를 포함한 대기의 기압과 수증기량을 변화시키지 않고 기온을 떨어뜨렸을 경우, 수증기가 포화에 달할 때의 온도

12 물질 1g의 온도를 1℃ 올리는 데 요구되는 열은?

① 잠열 ② 열량
③ 비열 ④ 현열

> **해설**
> - 잠열 : 물질의 상위 상태로 변화시키는 데 필요한 열에너지
> - 열량 : 물질의 온도가 증가함에 따라 열에너지를 흡수할 수 있는 양
> - 비열 : 물질 1g의 온도를 1℃ 올리는 데 요구되는 열
> - 현열 : 일반적인 온도계로 측정된 온도

13 다음 중 열량에 대한 내용으로 맞는 것은?

① 물질의 온도가 증가함에 따라 열에너지를 흡수할 수 있는 양
② 물질 10g의 온도를 10℃ 올리는 데 요구되는 열
③ 온도계로 측정한 온도
④ 물질의 하위 상태로 변화시키는 데 요구되는 열에너지

> **해설**
> - 잠열 : 물질의 상위 상태로 변화시키는 데 필요한 열에너지
> - 열량 : 물질의 온도가 증가함에 따라 열에너지를 흡수할 수 있는 양
> - 비열 : 물질 1g의 온도를 1℃ 올리는 데 요구되는 열
> - 현열 : 일반적인 온도계로 측정된 온도

14 해수면의 기온과 표준 기압은?

① 15℃와 29.92inHg
② 15℃와 29.92mb
③ 15°F와 29.92Hg
④ 15°F와 29.92mb

> **해설**
> 평균 해수면의 기온과 기압은 15℃와 29.92inHg이다.

15 물질의 상위 상태로 변화시키는 데 요구되는 열에너지는?

① 잠열 ② 열량
③ 비열 ④ 현열

> **해설**
> - 잠열 : 물질의 상위 상태로 변화시키는 데 필요한 열에너지
> - 열량 : 물질의 온도가 증가함에 따라 열에너지를 흡수할 수 있는 양
> - 비열 : 물질 1g의 온도를 1℃ 올리는 데 요구되는 열
> - 현열 : 일반적인 온도계로 측정한 온도

16 현재 지상 기온이 31℃일 때 3,000ft 상공의 기온은? (단, 조건은 ISA 조건이다)

① 25℃ ② 37℃
③ 29℃ ④ 34℃

> **해설**
> 기온감률은 1,000ft당 2도이다.

17 공기 밀도에 관한 설명으로 틀린 것은?

① 온도가 높아질수록 공기 밀도도 증가한다.
② 일반적으로 공기 밀도는 하층보다 상층이 낮다.

③ 수증기가 많이 포함될수록 공기 밀도는 감소한다.
④ 국제표준대기(ISA)의 밀도는 건조 공기로 가정했을 때의 밀도이다.

해설
공기 밀도는 기압에 비례, 온도에 반비례, 습도에 반비례한다.

18 고기압 지역에서 저기압 지역으로 고도계 조정 없이 비행하면 고도계는 어떻게 변화하는가?

① 해면 위 실제 고도보다 낮게 지시
② 해면 위 실제 고도 지시
③ 해면 위 실제 고도보다 높게 지시
④ 변화 없음

해설
기압이 높다=온도가 낮다=고도가 낮다, 기압이 낮다=온도가 높다=고도가 높다.

19 대류권 내에서 기온은 1,000ft마다 몇 도(℃)씩 감소하는가?

① 1℃   ② 2℃
③ 3℃   ④ 4℃

해설
1,000ft마다 기온감률은 2℃이다.

20 평균 해면 온도가 20℃일 때 1,000ft에서의 온도는?

① 40℃   ② 18℃
③ 22℃   ④ 0℃

해설
1,000ft마다 기온감률은 2℃이다.

21 표준 대기(Standard Atmosphere)에 해당하지 않는 것은?

① 온도 15℃
② 압력 760mmHg
③ 지표면의 높이에서 측정
④ 음속 340m/s

해설
표준 대기 온도는 15℃, 압력은 760mmHg, 표준 대기 속에서 소리의 속도는 340m/s이다.

22 다음 중 기압을 표시하는 단위가 아닌 것은?

① Dyne   ② 밀리바(mb)
③ 헥토파스칼(hPa) ④ inHg

해설
기압은 밀리바(mb), 헥토파스칼(hPa), 수은주인치(inHg) 등으로 표시한다.

23 해발 150m의 비행장 상공에 있는 비행기의 진고도가 500m라면 이 비행기의 절대고도는?

① 650m   ② 350m
③ 500m   ④ 150m

해설
• 진고도 : 평균 해면으로부터 항공기까지의 높이
• 절대 고도 : 현재 위치에서 지면(또는 해면)으로부터 항공기까지의 높이

24 절대 고도에 관한 설명으로 맞는 것은?

① 고도계가 지시하는 고도
② 지표면으로부터의 고도
③ 표준 기준면에서의 고도
④ 계기 오차를 보정한 고도

> **해설**
> 절대 고도 : 현재 위치에서 지면(또는 해면)으로부터 항공기까지의 높이

25 고도계를 수정하지 않고 온도가 낮은 지역을 비행할 때 실제 고도는?

① 낮게 지시한다. ② 높게 지시한다.
③ 변화가 없다. ④ 온도와 무관하다.

> **해설**
> 기압이 높다=온도가 낮다=고도가 낮다, 기압이 낮다=온도가 높다=고도가 높다.

26 공기 중의 수증기 양을 나타내는 것이 습도이다. 습도의 양은 무엇에 따라 달라지는가?

① 지표면의 물의 양
② 바람의 세기
③ 기압의 상태
④ 온도

> **해설**
> 공기 밀도는 기압에 비례, 온도에 반비례, 습도에 반비례한다.

27 다음 지역 중 우리나라 평균 해수면 높이를 0m로 선정하여 평균 해수면의 기준이 되는 지역은?

① 영일만 ② 순천만
③ 인천만 ④ 강화만

> **해설**
> 우리나라는 인천만의 평균 해수면의 높이를 0m로 선정하고 인하대학교 안에 수준원점의 높이를 26.6871m로 지정하여 확인하고 있다.

28 다음 중 고기압이나 저기압 시스템에 관하여 맞는 설명은?

① 고기압 지역 또는 마루에서 공기는 올라간다.
② 고기압 지역 또는 마루에서 공기는 내려간다.
③ 저기압 지역 또는 골에서 공기는 정체한다.
④ 저기압 지역 또는 골에서 공기는 내려간다.

> **해설**
> • 고기압 : 마루에서는 하강, 아래에서는 확산한다.
> • 저기압 : 마루에서는 확산, 아래에서는 수렴하여 올라간다.

29 다음 중 기압에 대한 설명으로 틀린 것은?

① 일반적으로 고기압권에서는 날씨가 맑고 저기압권에서는 날씨가 흐린 경향을 보인다.
② 북반구 고기압 지역에서 공기 흐름은 시계방향으로 회전하면서 확산한다.
③ 등압선의 간격이 클수록 바람이 약하다.
④ 해수면 기압 또는 동일한 기압대를 형성하는 지역을 따라서 그은 선을 등고선이라 한다.

> **해설**
> • 등고선 : 지형도에서 높이가 같은 곳을 이은 선
> • 등압선 : 일기도에서 기압이 같은 곳을 이은 선

정답

01	④	02	③	03	②	04	①	05	①
06	①	07	③	08	②	09	②	10	②
11	④	12	③	13	①	14	①	15	②
16	①	17	①	18	②	19	②	20	②
21	③	22	①	23	②	24	②	25	①
26	④	27	③	28	②	29	④		

04

(36-140) 바람과 지형

1 바람(Wind)과 바람의 측정

(01) 바람의 정의 : 공기는 기압이 높은 곳에서 낮은 곳으로 이동하는데, 두 지점의 기압 차이에 의해 수평 방향으로 이동하는 공기의 흐름을 바람이라고 한다.

❶ **가열된 곳** : 공기가 주위보다 가벼워져서 상승한다. → 지표면의 기압이 낮아진다.

❷ **냉각된 곳** : 공기가 주위보다 무거워져서 하강한다. → 지표면의 기압이 높아진다.

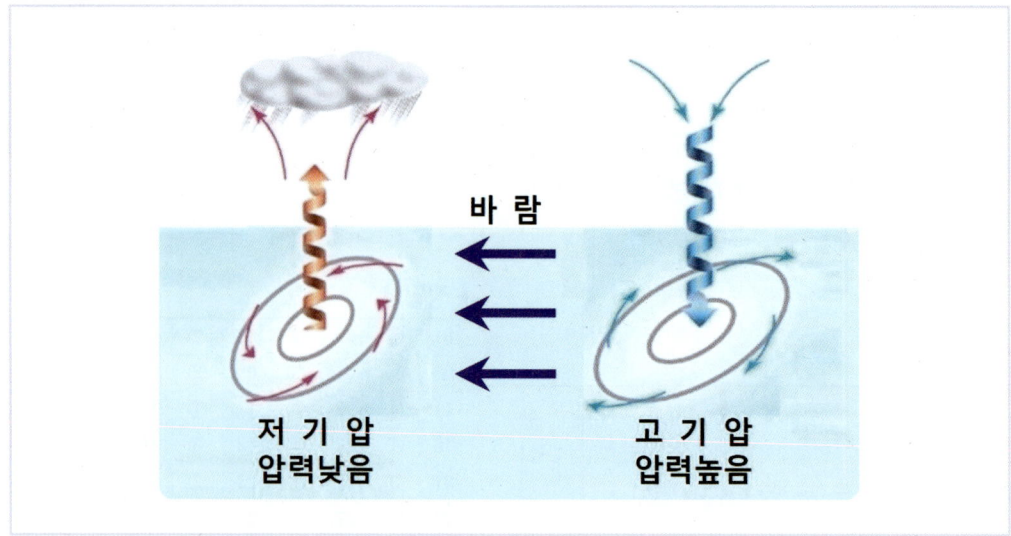

바람이 부는 원리

(02) 바람의 방향과 크기

❶ 바람은 기압이 높은 곳에서 낮은 곳으로 분다.
❷ 두 지점의 기압 차가 클수록 바람이 강하게 분다.

(03) 바람의 측정

❶ **풍향** : 바람이 불어오는 방향을 말하며 일정 시간 동안의 평균 풍향을 제공한다.

- 풍향의 방위는 8방, 16방, 32방으로 나타내고 방위는 진북을 기준으로 한다.
- 풍속이 0.2m/s 이하인 경우는 무풍으로 취급하여 풍향을 표시하지 않는다.

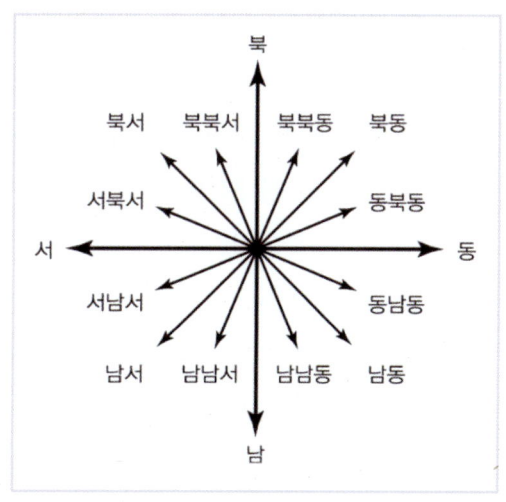

16방위각

❷ **풍속** : 바람이 이동한 거리와 소요된 시간의 비를 말하며 일정 시간의 평균 풍속을 제공한다.

- 평균 풍속은 10분간의 평균치로 m/s, km/h, mile/h, kn 등으로 표시한다.
- 순간(최대) 풍속은 10분 간격의 평균 풍속 중 최대치를 표시한다.

풍향과 풍속의 측정

2 항공기와 드론 운용에 작용하는 바람

(01) 바람 운용의 중요성 : 공중에서 운용하는 비행체는 바람의 영향에 민감하고 운항 성능에 상당한 영향을 미치기 때문에 중요하다.

❶ **맞바람(Head Wind)** : 맞바람(정풍)은 항공기나 드론의 앞부분과 마주하여 정면으로 불어오는 바람으로 항공기의 이착륙 성능을 현저하게 증가시킨다.

❷ **뒷바람(Tail Wind)** : 뒷바람(후풍)은 항공기나 드론의 꼬리 쪽과 마주하여 불어오는 바람으로 상대적으로 이착륙 속도를 증가시키는 요인이 되어 활주 거리를 길게 만들며 이착륙을 불가능하게 만드는 경우도 있다.

❸ **옆바람(Cross Wind)** : 옆바람(측풍)은 항공기나 드론의 좌·우측을 마주하여 불어오는 바람으로 항공기 운항 시 방향 제어에 많은 영향을 미친다.

※ 옆바람 극복 비행 방법

㉮ 항공기 : 크래빙 기동(Crabing – 게걸음), 슬리핑 기동(Slipping – 옆놀이) 조작 중 한 가지 또는 두 가지를 복합하여 대각선으로 비행(착륙)한다.

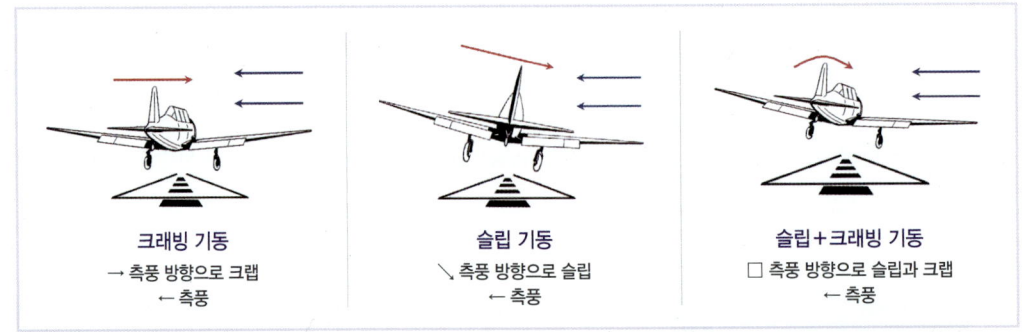

옆바람(측풍) 시 항공기의 이착륙 방법

㉯ 멀티콥터 : 기체를 바람이 불어오는 방향으로 기울인다. (자세 모드 기준)

멀티콥터의 측풍 대응 비행

(02) 측풍 대응 비행

❶ 측풍 이륙
- 스로틀을 올려서 이륙한다.
- 랜딩 기어가 지면에서 떨어지면 즉시 측풍 방향으로 에일러론을 조작한다.
- 바람의 세기를 감안하여 기체가 제자리 비행하도록 만든다.

❷ 측풍 제자리 비행
- 제자리 비행 중 측풍이 불면 기체를 바람이 불어오는 방향으로 기울여 바람을 타고 날아가지 않도록 조종한다. (※ 이때 스틱의 조종 양은 바람에 밀리지도, 바람을 이기고 나아가지도 않고 제자리에서 기울어져 이동하지 않도록 조절하는 것이 중요하다)

❸ 측풍 착륙
- 착륙장 위에 멀티콥터를 정확하게 도착시킨다.
- 측풍이 불어오는 방향으로 조종 스틱을 조작하여 바람의 힘만큼 기울여 정지 비행 시킨다.
- 조종기의 스틱을 잡은 상태(기체는 여전히 기울어짐)를 유지하면서 스로틀을 내려서 착륙한다.

3 바람에 작용하는 힘

(01) 기압 경도력

❶ 기압 경도력(Pressure Gradient) : 바람이 생기는 근본 원인이다. 기압이 높은 곳(고기압)에서 기압이 낮은 곳(저기압)으로 바람이 불게 되는데, 이때 두 지역 간의 기압 차이에 의해 생기는 힘을 말한다.

❷ 기압 경도력은 두 지점 사이의 기압 차에 비례하고 거리에 반비례한다. 따라서 두 등압선의 기압 차이가 일정한 경우 등압선이 조밀한 지역에서 기압 경도력이 크므로 강풍이 분다.

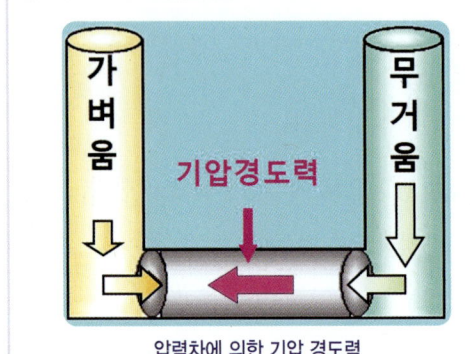
압력차에 의한 기압 경도력

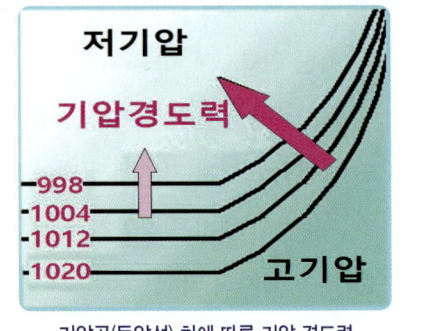
기압골(등압선) 차에 따른 기압 경도력

(02) 전향력

❶ 기압 경도력에 의해 바람이 불어갈 때, 지구의 자전에 의한 전향력(Coriolis Force - 코리올리 힘)을 받게 되어 진행 방향이 변하게 된다.

❷ 전향력이란 지구가 자전하기 때문에 생기는 힘으로 북반구에서는 바람 방향의 오른쪽으로, 남반구에서는 왼쪽으로 작용하는 가상적인 힘이다.

❸ 전향력에 의해 비행기가 북반구 위를 날아갈 때, 비행기는 일직선으로 연장한 선상에 도착하지 않고 오른쪽으로 빗나간 위치에 도착하게 된다.

❹ 전향력은 풍속을 변하게 하지는 않지만 풍향을 변하게 한다.

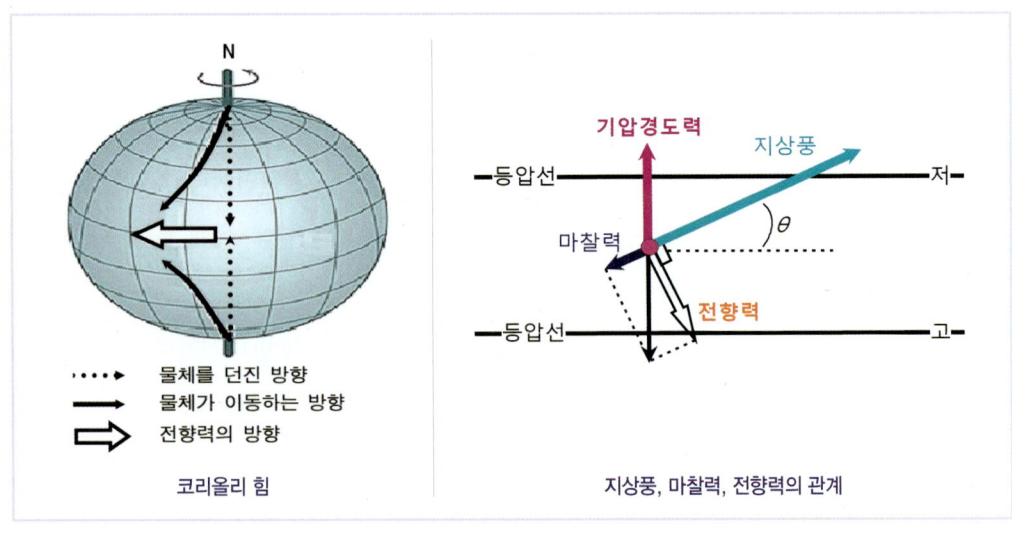

코리올리 힘 | 지상풍, 마찰력, 전향력의 관계

(03) 마찰력

❶ 바람에 미치는 힘은 지표면 및 풍속이 다른 두 층 사이에 작용하는 마찰력이다.
❷ 마찰력은 지표면이 거칠면 크고, 매끄러우면 작다. 따라서 상층으로 올라갈수록 마찰의 영향이 적어지므로 바람이 강하게 분다.

4 바람의 종류(풍계/Wind System/Wind Divide)

지구에는 대규모에서 소규모에 이르기까지 여러 가지 바람이 겹쳐서 불고 있다.

(01) 대규모 풍계(범지구적 범위) : 대규모 풍계에서는 지구의 자전에 의한 전향력 때문에 바람은 기압이 높은 곳으로부터 낮은 곳으로 향해 불지 않고, 보이스 발로트의 법칙에 따라 불게 된다.

❶ **무역풍(Trade Wind)** : 아열대 지방 중위도의 고압대에서 적도 저압대로 부는 항상풍이다. 북반구에서는 북동무역풍, 남반구에서는 남동무역풍으로 부르고 대서양, 태평양, 인도양 무역풍이 있다.

❷ **편서풍(Westerlies)** : 남·북반구의 아열대 고기압이 서쪽으로 치우친 탁월한 바람으로 특히 상층에서 뚜렷하다. 중위도 지방에서 날씨가 서쪽에서 동쪽으로 변해가는 것은 이 편서풍의 영향 때문이다. 북반구에서는 남서풍, 남반구에서는 북서풍으로 분다.

❸ **제트 기류(Jet Stream)** : 대류권 상부 및 성층권에서 거의 수평축으로 불고 있는 강한 바람대로 지상 9,000~10,000m 높이에서 분다. 풍속은 보통 100~250km/h 정도 되지만 최대 500km/h에 이르기도 한다. 제트 기류는 지구의 대기를 골고루 섞어주는 역할을 하고 우리나라와 미국 간 항공기의 운항 시간을 단축한다.

❹ **극동풍(Polar Easterlies)** : 북위 60° 이북의 극고기압대에서 아한대 저기압대를 향하여 부는 바람을 말한다. 극편동풍·한대편동풍·극풍이라고도 한다. 지구의 자전에 의해 생기는 코리올리 힘(전향력)에 의해 동쪽으로 치우쳐서 부는 바람이다.

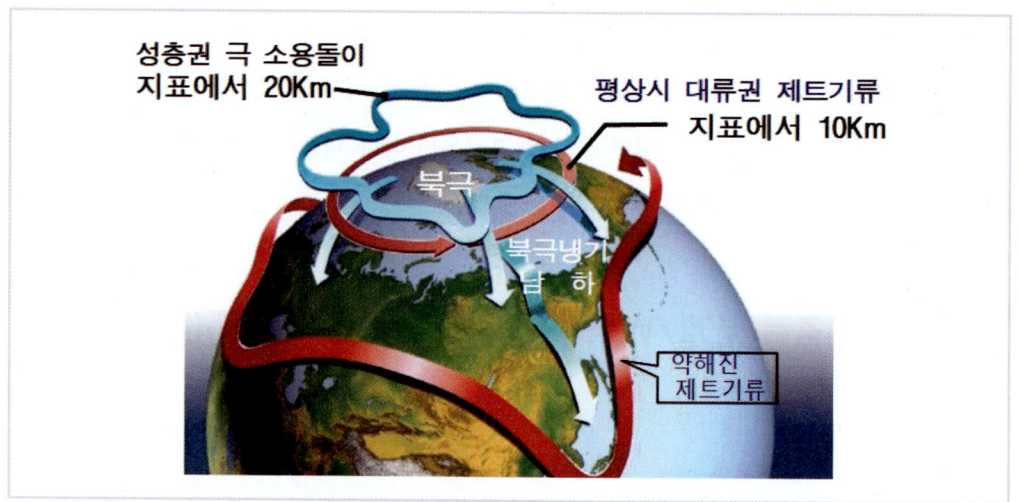

제트 기류

(02) 중규모 풍계(국가, 지역적 범위)

❶ **계절풍(Monsoon)** : 여름과 겨울, 계절에 따라 부는 바람이다. 대륙과 해양의 온도 차로 인해서 일 년 주기로 풍향이 바뀐다. 대륙과 해양 사이에서는 어디서나 계절풍이 불지만 지역에 따른 차이가 크며 극동 지역과 인도 지방에서 뚜렷하고 극동아시아에서 가장 탁월하다.

❷ **기압계의 바람(지상풍/Surface Wind)** : 그날의 일기도 상의 기압 배치에 의해서 부는 바람, 지상 1km 이하의 지표면 부근에서 부는 바람으로 지표 바람이라고도 한다.

(03) 소규모 풍계(국지적 범위)

국지풍(Local Wind)은 국지적인 곳에서 발생하는 바람으로서, 해륙풍, 산곡풍, 용오름, 높새바람(Foehn - 푄 현상) 등이 이에 속한다.

❶ **해륙풍(Land and Sea Breeze)**
- 해풍 : 낮에 태양 복사열의 가열 속도 차에 의해 기압 경도력이 발생하는데, 육지의 가열이 높아지면 기압이 낮아져 해풍이 발생한다.
- 육풍 : 야간에는 지표면과 해수면의 복사 냉각 차에 의해 육지가 먼저 식게 되므로 육지의 기압이 높아져 내륙으로부터 바다를 향해 육풍이 발생한다.

해륙풍

❷ 산곡풍(산들바람)

- 산바람(Mountain Breeze) : 밤에 산꼭대기로부터 골짜기를 향해서 불어내리는 바람
- 골바람(Valley Breeze) : 낮에 골짜기로부터 산꼭대기를 향해서 부는 골짜기 바람

산곡풍

❸ 높새바람(Foehn – 푄 현상/푀엔 현상/휀 현상) : 우리나라 중북부 지방의 국지풍으로 북동풍이다.

- 높새바람은 높바람과 샛바람의 합성어로 순우리말로 '북동풍'이라는 뜻이다.
- 오호츠크해 고기압이 남서쪽으로 확장하여 동해상에 머물 때 이 고기압대에서 출발한 바람이 태백산맥을 만나 상승하면서 수증기가 응결되어 비나 눈이 내린다. 그리고 산맥을 넘어 서쪽으로 불어갈 때 건조해진 공기는 비열이 낮아져 고온 건조한 바람이 된다.
- 높새바람은 경기도, 충청도, 황해도의 늦봄과 여름철에 영향을 준다.

- 높새바람은 꽃이나 이삭을 고온 건조시켜 수정에 장해를 주기 때문에 살곡풍(殺穀風)이라고 부르기도 한다.
- 푄 현상이 발생하면 태백산 서편은 고온 건조하게 되나 동해안은 기온이 낮아져 냉해의 우려가 있다.
- 동해에서 온난다습한 공기가 태백산맥을 타고 오를 때 100m마다 기온이 0.6℃씩 낮아지고, 영서 지방으로 내려오면서 100m마다 1℃씩 높아진다.

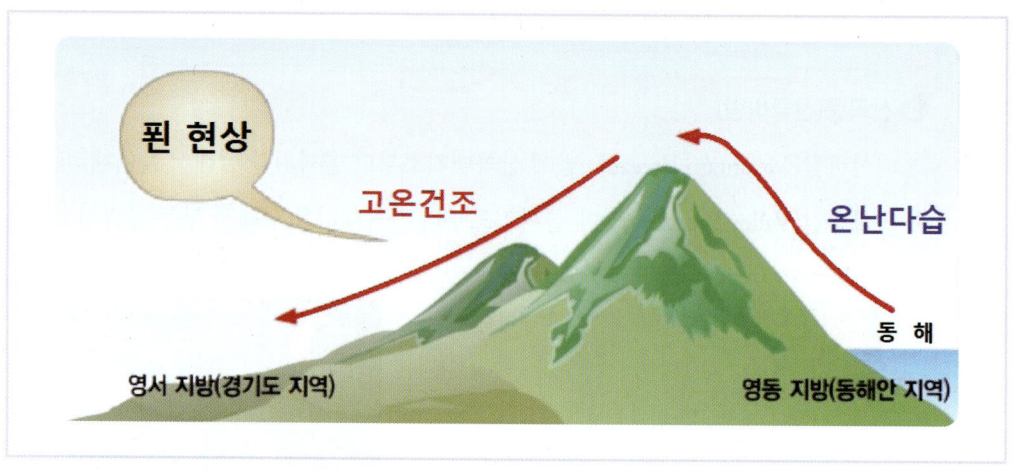

푄 현상(높새바람)

❹ **용오름(토네이도/Tornado)** : 뇌운이나 전선의 영향으로 생기는 소규모의 강한 소용돌이 바람으로서, 일반적으로 토네이도라 부른다. 격심한 회오리바람을 동반하는 기둥 모양의 구름이 적란운 밑에서 지면 또는 해면까지 닿아있으며, 해면에서 바람으로 올려진 물방울들이나 지면에서 올려진 먼지나 모래가 섞여 있는 기상 현상이다. 모양은 기둥처럼 똑바로 서 있는 경우도 있지만 용허리처럼 구불구불 휘어 있어 용이 하늘로 승천하는 모양을 닮았다고 해서 용오름이라 불린다.
- 육지에서 발생 : '랜드 스파우트(Land Spout)' 혹은 '토네이도(Tornado)'로 불린다.
- 해상에서 발생 : '워터스파우트(Waterspout)'로 불린다.

랜드 스파우트/토네이도

워터스파우트/용오름

토네이도/용오름

❺ **돌풍(Gust)** : 강약을 반복하는 바람으로 갑자기 10m/s~40m/s의 강풍이 불다가 수분~수십 분 이내에 약해진다. 돌풍이 불면 풍향도 급변하고 천둥을 동반하기도 한다.

❻ **스콜(Squall)** : 10분 이내의 시간에 지속 풍속 10kn 이상, 순간 풍속 15kn 이상으로 1분 이상 지속하는 강한 바람으로서 대개 특징적인 모양의 구름을 동반한다.

※ knot(노트) = 1해리(1.852km) ISO표준기호: kn
　10kn = 18.52km/h, 15kn = 27.78km/h

확/인/문/제

01 바람을 일으키는 주요 요인은 무엇인가?
① 지구의 회전
② 공기량 증가
③ 태양 복사열의 불균형
④ 습도

해설
지구에서 바람을 일으키는 주요인은 태양 복사 에너지의 불균형이다.

02 다음 중 풍속의 단위가 아닌 것은?
① m/s　　② km/h
③ kn/h　　④ mile

해설
풍속은 m 단위와 kn(낫트, 노트) 단위를 쓴다.

03 주간에 산 사면이 햇빛을 받아 온도가 상승할 때 산 사면을 타고 올라가는 바람을 무엇이라 하는가?

① 산풍　　　② 곡풍
③ 육풍　　　④ 푄(Foehn) 현상

해설
- 산바람(Mountain Breeze) : 밤에 산꼭대기로부터 골짜기를 향해서 불어내리는 바람
- 골바람(Valley Breeze) : 낮에 골짜기로부터 산꼭대기를 향해서 부는 골짜기 바람

04 평균 풍속보다 10kts 이상의 차이가 있으며 순간 최대 풍속이 17kn 이상의 강풍이고, 지속 시간이 초 단위로 순간적 급변을 하는 바람은?

① 돌풍(Gust)　　② 스콜(Squall)
③ Wind Shear　　④ Micro Burst

해설
돌풍(Gust) : 강약을 반복하는 바람으로 갑자기 10m/s~40m/s의 강풍이 불다가 수 분~수십 분 이내에 약해진다. 돌풍이 불면 풍향도 급변하게 되고 천둥을 동반하기도 한다.

05 지표면의 바람이 일기도 상의 등압선과 일치하지 않는 것은 지표면 지형의 형태에 따라 마찰력이 작용하여 심하게 굴곡되기 때문이다. 마찰층의 범위는 몇 feet인가?

① 1,000ft 이내　　② 2,000ft 이내
③ 3,000ft 이내　　④ 4,000ft 이내

해설
지표면에서 바람의 마찰력은 2,000ft 이내에 있다.

06 바람이 고기압에서 저기압 중심부로 불어갈수록 북반구에서는 우측으로 90° 휘게 되는데 이는 무엇 때문인가?

① 편향력
② 지향력
③ 기압 경도력
④ 지면 마찰력

해설
지구 자전의 영향으로 남반구에서는 좌측으로, 북반구에서는 우측으로 90° 휘어지는 현상을 편향력 또는 코리올리(Coriolis) 힘이라고 한다.

07 바람이 존재하는 근본적인 원인은?

① 기압 차이　　　② 고도 차이
③ 공기 밀도 차이　④ 자전과 공전 현상

해설
바람은 기압의 차이에 의해 발생한다.

08 태풍의 명칭과 지역을 잘못 연결한 것은?

① 허리케인 - 북대서양과 북태평양 동부
② 태풍 - 북태평양 서부
③ 사이클론 - 인도
④ 바귀오 - 북한

해설
태풍은 지역별로 부르는 명칭이 다르며 태풍(북태평양 서부 국가), 윌리윌리(태평양 남부 오세아니아주), 사이클론(인도양), 허리케인(멕시코만) 등으로 불린다. 바귀오는 필리핀에 있는 지명이다.

09 바람에 대한 설명으로 틀린 것은?

① 풍속의 단위는 ㎧, kn 등을 사용한다.
② 풍향은 지리학상의 진북을 기준으로 한다.
③ 풍속은 공기가 이동한 거리와 이에 소요되는 시간의 비(比)이다.
④ 바람은 기압의 낮은 곳에서 높은 곳으로 흘러가는 공기의 흐름이다.

> **해설**
> 바람은 기압이 높은 곳에서 낮은 곳으로 흘러가는 현상이다.

10 바람에 대한 설명으로 틀린 것은?

① 지구의 회전, 공기량 증가, 대기 압력의 차이, 습도로 인해 바람이 생성된다.
② 기압이 높은 곳에서 낮은 곳으로 작용한다.
③ 등압선 간격이 넓을수록 바람이 세다.
④ 풍속이 0.2m/s 이하일 때는 무풍이다.

> **해설**
> 바람의 세기는 등압선의 간격이 좁을수록 세다.

11 주간에는 해수면에서 육지로 불며 야간에는 육지에서 해수면으로 부는 바람은?

① 해풍   ② 계절풍
③ 해륙풍   ④ 국지풍

> **해설**
> 해륙풍
> • 해풍 : 낮에 태양 복사열의 가열 속도 차에 의해 기압 경도력이 발생하는데 육지의 가열이 높아지면 기압이 낮아져 해풍이 발생
> • 육풍 : 야간에는 지표면과 해수면의 복사 냉각 차에 의해 육지가 먼저 식게 되므로 육지의 기압이 높아져 내륙으로부터 바다를 향해 육풍이 발생

12 기상의 모든 물리적 현상을 일으키는 것은?

① 공기의 이동   ② 기압의 변화
③ 열 교환   ④ 바람

> **해설**
> 기상의 물리적 현상은 태양으로부터 받은 열에너지의 불균형을 해소하기 위해 이루어지는 열 교환으로 인해 생겨난다.

13 기압 경도에 대한 설명으로 가장 적당한 것은?

① 기압 경도가 크면 등압선은 완만하게 그려진다.
② 기압 경도가 크면 강풍이 존재할 가능성이 높다.
③ 기압 경도는 저기압에서 고기압으로 이동한다.
④ 기압 경도와 등압선은 관계가 없다.

> **해설**
> 기압 경도력(Pressure Gradient) : 바람이 생기는 근본 원인. 기압이 높은 곳(고기압)에서 기압이 낮은 곳(저기압)으로 바람이 불게 되는데 두 지역 간의 기압 차이에 의해 생기는 힘을 말한다.

▶ 정답 ◀

01	③	02	④	03	②	04	①	05	②
06	①	07	①	08	④	09	④	10	③
11	③	12	③	13	②				

05

(37-150) 구름

1 구름

(01) 구름의 정의 : 공기 중의 수분이 물방울이나 작은 얼음 입자가 되어 하늘에 떠 있는 것으로 눈으로 볼 수 있는 상태이다.

- 대기 중에는 약 40조Gal(160조ℓ - 1,600억ton)의 수분이 있고 하루 평균 10% 정도가 비나 눈으로 되어 지표로 떨어진다.
- 구름 입자의 크기는 안개(0.2mm)의 1/10인 0.02mm 정도로 매우 작다.

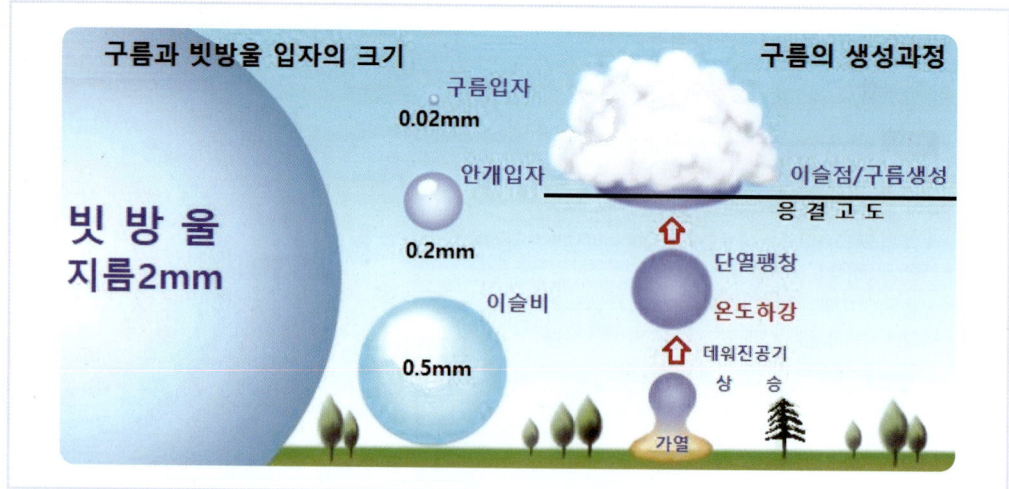

구름의 형성 과정과 구름 입자의 크기

구분	구름	안개	안개비	이슬비	빗방울
입자의 지름(mm)	0.02	0.2	0.2〈 , 〉0.5	0.5	2

(02) 구름의 생성

❶ **수렴 상승** : 대류에 의해 저기압 중심으로 공기가 모여들면서 기류가 수직으로 상승하여 단열과 팽창을 하게 되고, 응결 고도에 이르러 구름을 생성한다.

❷ **지형 상승** : 산을 향해 바람이 불면서 산을 따라 공기가 상승하고 단열과 팽창을 거쳐 구름을 생성한다.

❸ **대류 상승** : 태양열에 의하여 데워진 지표 부근의 공기가 상승하여 구름을 생성한다.

❹ **전선 상승** : 전선은 밀도가 다른 두 기단이 만나 경계면이 생기는 것을 이르며 구름을 생성한다. 찬 공기가 더운 공기 밑을 파고들면서 더운 공기를 강제로 상승시키면 한랭전선이, 더운 공기가 찬 공기 쪽으로 이동하면서 그 위로 상승하면 온난전선이 발생한다.

저기압 중심으로 공기가 모여들며 상승하는 경우

산을 향해 바람이 불면서 산을 따라 공기가 상승하는 경우

지표면의 공기가 가열되어 상승하는 경우

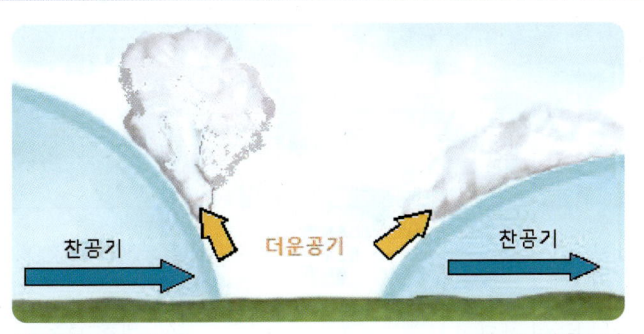

찬 공기가 더운 공기를 상승시킬 경우 / 더운 공기가 찬 공기 위로 상승할 경우

(03) 구름 생성의 조건

❶ 풍부한 수증기를 머금은 상승 기류는 수적, 빙정으로 변화한다.

❷ 차가워진 지표로 인해 냉각되거나 상승하며 단열 팽창으로 인해 포화 상태에 도달한다.

❸ 미세먼지, 소금 입자, 화산 입자 등 수증기를 응결할 수 있는 표면을 제공할 응결핵이 있으면 주위의 수증기를 끌어당겨 구름을 생성한다.

❹ 저기압에서는 대기의 상승으로 인해 구름이 생성되고, 고기압에서는 대기의 하강으로 인해 맑아지며 구름이 사라진다.

(04) 구름의 종류

❶ 형태에 따른 분류

- 적운형(Cumulus Type) : 수직으로 길게 발달하며 상부는 돔 모양으로 융기되어 있고, 밑면은 거의 수평으로 되어 있다. 쎈구름이라고도 한다.
- 층운형(Stratus Type) : 하층운에 속하는 구름으로 층(Layer)을 형성한다.
- 권운형(Cirrus Type) : 상층운에 속하는 구름이며 기본 운형 중 하나로 깃털 모양이다.

❷ 높이에 따른 분류

- 하층운(Low Level Clouds) : 고도 2km 이하에서 형성 - 층운, 난층운
- 중층운(Middle Level Clouds) : 고도 2~6km 범위에서 형성 - 고적운, 고층운
- 상층운(High Level Clouds) : 고도 6~15km 범위에서 형성 - 권운, 권적운, 권층운
- 수직운(Vertical Clouds) : 고도 0.3~12km 이내에서 형성 - 적운, 적란운

구름의 종류

분류		이름	영어 이름	기호	고도(m)	특징
층운계	상층운	권운	Cirrus	Ci	6,000 이상	연달아 있는 새털 모양
		권적운	Cirrocumulus	Cc		잔물결과 연기 모양
		권층운	Cirrostratus	Cs		반투명한 베일 모양
	중층운	고적운	Altocumulus	Ac	2,000~6,000	암회색 연기, 잔물결 모양
		고층운	Altostratus	As		고르게 하늘을 덮음
		난층운	Nimbostratus	Ns	하층~상층	회색, 운량 많음
	하층운	층적운	Stratocumulus	Sc	2,000 이하	부드러운 회색의 조각 모양
		층운	Stratus	St	300~600	회색으로 고르게 하늘을 덮음

적운계	적운	Cumulus	Cu	600~8,000	백색의 뭉게구름
	적란운	Cumulonimbus	Cb	300~12,000	거대하게 부푼 흰색에서 검은색의 다양한 형태

라틴어에 의한 4분류(Luke Howard)

- 적운(Cumulus) : 쌓아 놓은 것, 부풀어 오른 구름
- 권운(Cirrus) : 머리털의 일부
- 층운(Stratus) : 층상을 하고 있는 구름
- 비구름(Nimbus) : 비를 머금은 구름

(05) 구름의 관측

❶ 운고(Cloud Height) : 지표면(AGL)에서 구름까지의 높이로 관측자를 기준으로 보이는 구름의 밑면 높이
 - 구름이 50ft(30m) 이하에서 발생한 경우는 안개(Fog)로 분류한다.
 - 안개는 대기 중 수증기가 응결되어 지표 가까이에 작은 물방울로 떠 있는 것을 말하며 가시거리는 1km 미만이다.

❷ **운량(Cloud Amount)** : 구름양이라고도 한다. 관측자를 기준으로 하늘을 10등분 하여 판단하고 0~10까지 11계급으로 표시한다. 운량은 관찰자의 눈대중으로 관측하므로 관찰자의 주관적인 판단에 의해 등급 차이가 날 수 있다.

등급	구름의 양	
	주간	야간
0	구름이 하늘에 전혀 없을 때	하늘 전 구역에서 별이 보일 때
1~2	맑음	대부분의 하늘에서 별이 보일 때
3~7	구름 다소	별이 안 보이는 하늘이 많을 때
8~9	흐림	별이 보이는 하늘이 거의 없을 때
10	구름이 하늘을 완전히 덮었을 때	하늘에 보이는 별이 전혀 없을 때
(10)	짙은 안개로 하늘을 전혀 볼 수 없을 때 –(괄호) 표시	

8분법	0	1	2	3	4	5	6	7	8	9	/
10분법	0	1	2,3	4	5	6	7,8	9	10	-	/
기호	○	◐	◔	◕	◑	⊖	◕	◑	●	⊗	⊖
운량	구름없음 맑음	10% 맑음	20~30% 구름조금	40% 구름조금	50% 구름조금	60% 구름많음	70~80% 구름많음	90% 흐림	100% 흐림	관측불가	결측

운량의 숫자 부호와 기호

❸ **차폐(Obscured)와 실링(Ceilings)**

- **차폐(Obscured)** : 가려져 있다는 뜻으로 안개나 연기, 먼지, 스모그, 강우, 강설 등으로 우시정이 7마일(약 11km) 이하로 감소할 정도로 하늘이 가려질 때를 말한다.

    ※ 우시정(Prevailing Visibility) : 공항 면적의 50% 이상의 지역에서 보이는 거리의 최대치를 가리키는 것으로 공항 곳곳에 설치된 관측 장비로 측정한다. 한국, 미국, 일본 등에서 이 방식을 채용하며 우리나라는 2004년부터 우시정 제도를 채용하였다.

- **실링(Ceilings)** : 항공기 운항과 관련하여 상승 한도를 결정 짓게 되는 운량 5/8 또는 6/10 이상 덮인 하늘에서 가장 낮은 구름의 높이를 말한다.

확/인/문/제

01 다음 중 강수 현상이 아닌 것은?
① 안개비   ② 안개
③ 우박   ④ 눈

해설
강수 현상은 비, 눈, 우박 등과 같이 강수량(적설량)을 측정할 수 있는 것이어야 한다.

02 하층운에 속하는 구름은?
① 층적운   ② 고층운
③ 권적운   ④ 권운

해설
- 하층운 : 층적운, 층운
- 중층운 : 고적운, 고층운, 난층운
- 상층운 : 권운, 권층운, 권적운

03 구름을 가장 적절하게 분류한 것은?
① 높이에 따른 상층운, 중층운, 하층운, 수직으로 발달한 구름
② 층운, 적운, 난운, 권운
③ 층운, 적란운, 권운
④ 운량에 따라 작은 구름, 중간 구름, 큰 구름 그리고 수직으로 발달한 구름

해설
국제적으로 통일된 기준에 따르면 높이에 따라 상, 중, 하층운과 수직으로 발달한 구름으로 분류한다.

04 구름과 안개의 구분 시 발생 높이의 기준은?
① 구름의 발생이 AGL 50ft 이상 시 구름, 50ft 이하에서 발생 시 안개
② 구름의 발생이 AGL 70ft 이상 시 구름, 70ft 이하에서 발생 시 안개
③ 구름의 발생이 AGL 90ft 이상 시 구름, 90ft 이하에서 발생 시 안개
④ 구름의 발생이 AGL 120ft 이상 시 구름, 120ft 이하에서 발생 시 안개

해설
지표면에서 50ft(15m) 이하에서 생기는 구름을 안개라 부른다.

05 우박 형성과 가장 밀접한 구름은?
① 적운   ② 적란운
③ 층적운   ④ 난층운

해설
강한 상승 기류가 존재하는 적운(적란운)에서는 폭우나 우박이 형성된다.

06 다음 중 구름의 형성 요인으로 가장 관련이 없는 것은?
① 냉각   ② 수증기
③ 온난전선 ④ 응결핵

해설
구름의 발생 조건 : 풍부한 수증기, 응결핵, 냉각 작용

07 불안정한 공기가 존재하며 수직으로 발달한 구름이 아닌 것은?
① 권층운 ② 권적운
③ 고적운 ④ 층적운

> **해설**
> 수직으로 발달한 구름은 '적운'이라 부른다.

08 다음 중 하층운으로 분류되는 구름은?
① St(층운) ② Cu(적운)
③ As(고층운) ④ Ci(권운)

> **해설**
> • 하층운 : 층적운, 층운
> • 중층운 : 고적운, 고층운, 난층운
> • 상층운 : 권운, 권층운, 권적운

09 대류성 기류에 의해 형성되는 구름은?
① 층운 ② 적운
③ 권층운 ④ 고층운

> **해설**
> 대류성 기류=상승 기류를 말하므로 상승 기류를 동반한 적운이 이에 해당한다.

10 국제적으로 통일된 하층운의 높이는 지표면으로부터 얼마인가?
① 4,500ft ② 5,500ft
③ 6,500ft ④ 7,500ft

> **해설**
> 구름의 높이는 하층운은 2,000m 이하, 중층운은 2,000~6,000m, 상층운은 6,000m 이상이다. 2,000m는 6,500ft이다.

11 강우나 시정 장애물에 의해서 하늘이 완전히 가려진 상태는?
① 부분 차폐
② 완전 차폐
③ 실링
④ 차폐

> **해설**
> 차폐(Obscured) : 가려져 있다는 뜻으로 안개나 연기, 먼지, 스모그, 강우, 강설 등으로 우시정이 7마일(약 11km) 이하로 감소할 정도로 하늘이 가려질 때

12 다음 중 안정된 공기의 특성이 아닌 것은?
① 층운형 구름
② 적운형 구름
③ 지속성 강우
④ 잔잔한 기류

> **해설**
> 적운형 구름은 강한 상승 기류를 동반하므로 안정된 공기에서는 발생하지 않는다.

13 구름이 발생하는 고도(AGL)에 대한 설명 중 맞는 것은?
① 하층운은 8,000ft 이하
② 중층운은 6,500~18,000ft
③ 상층운은 20,000ft 이상
④ 상층운은 18,000ft 이상

> **해설**
> 구름의 높이는 하층운 2,000m 이하, 중층운 2,000~6,000m, 상층운 6,000m 이상이다. (하층운 6,500ft 이하, 중층운 6,500~20,000ft, 상층운 20,000ft 이상)

14 이슬비란?

① 빗방울 크기가 직경 0.5㎜ 이하일 때
② 빗방울 크기가 직경 0.7㎜ 이하일 때
③ 빗방울 크기가 직경 0.9㎜ 이하일 때
④ 빗방울 크기가 직경 1㎜ 이하일 때

> **해설**
>
> | 구름 | 안개 | 안개비 | 이슬비 | 빗방울 |
> |------|------|--------|--------|--------|
> | 0.02 | 0.2 | 0.2〈 〉0.5 | 0.5 | 2 |

15 강수 발생률을 강화하는 것은?

① 온난한 하강 기류
② 수직 활동
③ 상승 기류
④ 수평 활동

> **해설**
>
> 강한 상승 기류가 존재하는 적운(적란운)에서는 폭우나 우박이 형성된다.

16 이슬, 안개 또는 구름이 형성될 수 있는 조건은?

① 수증기가 응축될 때
② 수증기가 존재할 때
③ 기온과 노점이 같을 때
④ 수증기가 없을 때

> **해설**
>
> - 구름의 발생 조건 : 풍부한 수증기, 응결핵, 냉각 작용
> - 안개의 발생 조건 : 풍부한 수증기, 노점 온도 이하 냉각, 응결핵 다량, 바람이 약하고 상공에 기온역전

정답

01	②	02	①	03	①	04	①	05	②
06	③	07	①	08	①	09	②	10	③
11	②	12	②	13	③	14	①	15	③
16	①								

06

(38-160) 시정 및 시정 장애 현상

1 시정(Visibility)

(01) 시정(Visibility) : 정상적인 시각을 가진 관측자가 지상에서 수평으로 바라보아 목표물을 인식할 수 있는 최대 가시거리로 대기의 혼탁 정도를 나타내는 기상 요소이다.

❶ 주·야간 모두 밝은 상태라고 가정하고 관측한다.
❷ 단위는 km로 표시하며 값이 아주 적을 때는 m로 표시하거나 시정 계급을 쓰는 경우도 있다.
❸ 시정은 현 위치에 자리한 기단의 영향을 가장 많이 받으며 한랭 기단 속에서는 시정이 좋고, 온난 기단 속에서는 나쁘다. 시정 장애의 요인으로는 안개·황사·강우·강설·하층운 등이 있으며 항공기의 이착륙 상황에 결정적인 영향을 준다.

(02) 시정의 종류

❶ 수직 시정(Vertical Visibility) : 관측자의 위치에서 수직으로 측정한 시정이다.
❷ 우시정(Prevailing Visibility) : 관측자의 위치에서 180° 이상 수평 반원에서의 최대 수평 가시거리이다.

- 활주로 시정 : 시정 측정 장비와 관측자의 측정에 의한 활주로에서의 수평 가시거리이다.
- 활주로 가시거리 : 항공기가 접지한 지점에서 조종사의 평균 높이(지상 5m) 활주로에서의 등화, 표식 등을 확인할 수 있는 최대 가시거리이다.

❸ **최단 시정** : 보는 방향에 따라 시정이 다를 경우 그중에서 가장 짧은 거리이다.

(03) 시정 장애물

❶ **황사(Sand Storm)** : 중국 및 몽골에서 발원하여 편서풍을 타고 우리나라로 확산한다.

❷ **연무(Haze)** : 안정된 공기 속에 산재한 미세 염분 입자 또는 건조 입자가 제한된 층에 집중되어 시정 장애가 발생한다.
- 연무를 지나 태양과 마주하여 정면으로 착륙 시 위험하다.
- 어두운 물체는 파랗게, 밝은 물체는 노랗게 또는 붉게 보이는 착시 현상을 유발한다.
- 연무는 한정된 높이로 인해 일정 높이 이상에서의 수평 시정은 양호하다. 그러나 하향 및 경사 시정이 불량하므로 실제 활주로 거리보다 멀다고 착각하여, 저고도 접근으로 착륙하여 기체와 활주로 간 충격 및 사고를 일으킬 위험이 존재한다.

황사

연무

❸ **연기(Smoke)** : 주로 공장 지대에서 공기가 안정되었을 때 집중적으로 발생하고 기온 역전에 의해 야간 및 아침에 주로 발생한다.

❹ **스모그(Smog)** : 안개가 발생한 지역에서 대기오염 물질 연기가 혼합되어 발생하고 광범위한 지역에 매우 불량한 시정을 제공한다.

연기

스모그

❺ **먼지(Dust)** : 공기 중에 떠 있는 미세한 흙 입자로 태양을 흐리게 보이게 하거나 스스로 노란색 색조를 지니고 있어 멀리 있는 물체를 황갈색 또는 재색으로 보이게 한다.

 - 먼지 보라(Blowing Dust) : 시정을 7마일 이내로 감소시킨다.
 - 먼지 폭풍(Dust Storm) : 난기류 및 시정 장애를 동반하여 비행에 위협이 된다.

❻ **화산재(Volcanic Ash)** : 화산 폭발 시 분출되는 가스, 먼지, 재 등이 혼합되어 주변에 분산되고 때로는 성층권에서 수개월 동안 잔류하기도 한다.

 ㉮ 피토관을 막아 계기를 오작동시킬 수 있다.
 ㉯ 화산재와의 마찰로 인해 조종 면을 손상할 수 있다.
 ㉰ 제트 엔진의 경우 압축기 손상으로 엔진이 정지할 수 있다.
 ㉱ 대류권 계면으로 확산할 경우 구름과 혼합되어 시정을 극도로 방해하므로 항공기 운항에 치명적인 위험을 줄 수 있다.

먼지

화산재

2 안개(Fog)

(01) 안개(Fog), 연무(Haze), 박무(Mist)

❶ **안개(Fog)** : 아주 작은 물방울이나 빙정으로 구성된 구름이다.
- 지표면 부근(50ft/15m)에 생기고 입자의 크기는 약 0.2mm이다.
- 수평 시정 거리가 1km 미만(또는 1마일)이고 습도는 대부분 100%이다.
- 기온과 노점 분포가 5% 이내인 상태에서 냉각 시 쉽게 형성된다.
- 안개는 빛을 산란시켜 불빛의 직진을 막아 조종사에게 제한된 시정을 제공한다.

❷ **연무(Haze)** : 안정된 공기 속에 산재한 미세 염분 입자 또는 건조 입자가 제한된 층에 집중되어 시정 장애를 발생시킨다.

❸ **박무(Mist)** : 안개 입자보다 작고 안개에 비해 다소 건조하다. 습도가 대부분 97%로 시정이 나쁘며 회색으로 보인다.

(02) 안개의 발생과 사라질 조건

❶ **안개의 발생** : 대기 중의 수증기가 응결핵을 중심으로 응결하여 아주 작은 물방울이 되어 대기 하층부를 떠도는 현상이다. 지면 가까이 있으면 안개, 하늘에 떠 있으면 구름이라 부른다.

❷ **안개의 발생 조건**
- 공기 중에 수증기가 충분할 것
- 바람이 약하고 상공에 기온역전 현상이 있을 것
- 공기 중에 응결핵(흡습성 미립자)이 많을 것
- 공기가 노점(이슬점 5℃) 이하로 냉각될 것

❸ **안개가 사라지는 조건**
- 지표면 온도 상승으로 지표면 부근의 기온역전이 해소될 때
- 지표면 부근의 바람이 강해져 난류에 의한 수직 방향으로 혼합하여 상승할 때
- 기온 상승에 따라 입자가 증발할 때
- 건조하고 무거운 공기가 안개 구역으로 유입되어 안개가 증발할 때

(03) 안개의 종류

❶ 복사 안개(Radiation Fog) : 지면 안개, 땅안개라 부른다.
- 야간, 새벽에 잘 형성되고 미풍, 맑은 하늘, 높은 습도, 저지대, 낮은 기온에서 쉽게 발생한다.

❷ 이류 안개(Warm Advection Fog) : 강, 해안 지역에서 주로 발생한다. 물안개, 바다 안개가 있다.
- 주·야간에 생길 수 있고 복사 안개보다 지속 시간이 길다.
- 해상에서 생기는 이류 안개를 해무(Sea Fog/바다 안개)라 부른다.

복사 안개

이류 안개

❸ 증기 안개(Steam Fog) : 한랭한 공기가 따뜻하고 습한 지표면을 통과할 때 많은 양의 수분이 증발하여 수면 바로 위에서 노점까지 냉각되면서 발생한다.
- 기온과 수온의 차가 7~10도 이상일 경우 쉽게 발생한다.
- 호수 및 강 근처에서 넓게 생성되기 때문에 시정이 매우 불량하게 된다.

❹ 활승 안개(Upslope Fog) : 습한 공기가 산 경사면을 따라 상승하면서 노점 이하로 단열 냉각되면서 발생한다.
- 구름의 존재와 관계없이 발생한다.
- 바람이 멈추면 안개도 소멸한다.

증기 안개

활승 안개

❺ **강수 안개(Precipitation Fog)** : 한랭한 공기 속에서 온난한 비나 가랑비가 내릴 때 비의 증발로 인해 공기가 포화되면서 발생한다.

- 온난전선에서 주로 발생한다.
- 난기류, 노우를 동반하는 경우가 많다.

❻ **얼음 안개(Ice Fog)** : 기온이 결빙 온도보다 훨씬 낮을 경우 수증기가 빙정으로 승화되면서 발생한다.

- 기온이 -32°C 이하, 북극 지역에서 주로 발생한다.

❼ **스모그(Smog)** : 안개가 발생한 지역에서 대기오염 물질 연기가 혼합되어 발생하고 광범위한 지역에 매우 불량한 시정을 제공한다.

- 연기 + 안개(Smoke + Fog)의 합성어로, 1905년 영국에서 처음 이 명칭을 사용하였다.

❽ **전선 안개(Frontal Fog)** : 온난전선, 한랭전선, 정체전선 등에서 발생하며 전선의 유형에 따라 안개의 발생 과정에 차이가 있다.

스모그

전선 안개

확/인/문/제

01 안개에 관한 설명으로 틀린 것은?
① 공중에 떠돌아다니는 작은 물방울의 집단으로 지표면 가까이에서 발생한다.
② 수평 가시거리가 3km 이하가 되었을 때 안개라고 한다.
③ 공기가 냉각되고 포화 상태에 도달하며 응결하기 위한 핵이 필요하다.
④ 적당한 바람이 있으면 높은 층으로 발달한다.

> **해설**
> 안개는 수평 시정 거리 1마일 이하의 50ft 이하 높이에 생성된 구름이다.

02 따뜻한 해수면 위를 덮고 있던 기단이 차가운 해면으로 이동했을 때 발생하는 안개는?
① 방사 안개   ② 활승 안개
③ 증기 안개   ④ 바다 안개

> **해설**
> 해수면 위에서 생기는 안개는 바다 안개이다.

03 안개의 시정 조건은?
① 1마일 이하로 제한
② 5마일 이하로 제한
③ 7마일 이하로 제한
④ 10마일 이하로 제한

> **해설**
> 안개는 지표면 근처에 발생하고 시정을 1마일 이하로 제한한다.

04 방사 안개라고도 하며 습윤한 공기로 덮여 있는 지표면이 방사 방열한 결과로, 하층부터 냉각되어 포화 상태에 도달하여 발생하는 안개는?
① 증기 안개   ② 땅안개
③ 활승 안개   ④ 계절풍 안개

> **해설**
> 지표면의 방사로 인해서 생긴 방사 안개는 땅안개라고 부른다.

05 안개의 발생 조건과 비교적 관계가 없는 것은?
① 대기 중에 응결핵이 많은 것
② 공기가 이슬점 온도 이하로 냉각될 때
③ 차고 밀도가 큰 공기가 들어올 때
④ 바람이 강하게 불 때

> **해설**
> 안개의 발생 조건
> • 공기 중에 수증기가 충분할 것
> • 바람이 약하고 상공에 기온역전 현상이 있을 것
> • 공기 중에 응결핵(흡습성 미립자)이 많을 것
> • 공기가 노점(이슬점 5°C) 이하로 냉각될 것
>
> 안개가 사라질 조건
> • 지표면 온도 상승으로 지표면 부근의 기온역전이 해소될 때
> • 지표면 부근의 바람이 강해져 난류에 의한 수직 방향으로 혼합하여 상승할 때
> • 기온 상승에 따라 입자가 증발할 때
> • 건조하고 무거운 공기가 안개 구역으로 유입되어 안개가 증발할 때

06 무풍, 맑은 하늘, 상대 습도가 높은 조건에 낮고 평평한 지형에서 아침에 발생하는 안개는?

① 지면 안개　② 증기 안개
③ 이류 안개　④ 활승 안개

해설
복사 안개(Radiation Fog) : 지면 안개, 땅안개라 부른다. 주로 야간, 새벽에 잘 형성되고 미풍, 맑은 하늘, 높은 습도, 저지대, 낮은 기온에서 쉽게 발생한다.

07 수평 시정에 대한 설명 중 맞는 것은?

① 관제탑에서 알려져 있는 목표물을 볼 수 있는 수평거리이다.
② 조종사가 이륙 시 볼 수 있는 가시거리이다.
③ 조종사가 착륙 시 볼 수 있는 가시거리이다.
④ 관측 지점으로부터 알려져 있는 목표물을 참고하여 측정한 거리이다.

해설
시정(Visibility) : 정상적인 시각을 가진 관측자가 지상에서 수평으로 바라보아 목표물을 인식할 수 있는 최대 가시거리로 대기의 혼탁 정도를 나타내는 기상 요소이다.

08 이류 안개가 가장 많이 발생하는 지역은?

① 산 경사지　② 해안 지역
③ 수평 내륙 지역　④ 산간 내륙 지역

해설
이류 안개(Warm Advection Fog) : 강, 해안 지역에서 주로 발생한다. 물안개, 바다 안개로서 주·야간 생길 수 있고 복사 안개보다 지속 시간이 길다. 해상에서 생기는 이류 안개를 해무(Sea Fog/바다 안개)라 부른다.

09 지표면에서 기온역전이 가장 잘 일어나는 조건은?

① 바람이 많고 기온 차가 매우 높은 낮
② 약한 바람이 불고 구름이 많은 밤
③ 강한 바람과 함께 강한 비가 내리는 낮
④ 맑고 약한 바람이 존재하는 서늘한 밤

해설
바람이 약하고 상공에 기온역전이 있으면 안개가 발생하기 쉽다.

10 다음 중 대기오염 물질과 혼합되어 나타나는 시정 장애물은?

① 스모그　② 연무
③ 안개　④ 해무

해설
Smoke와 Fog의 합성어인 스모그(Smog)는 안개와 대기오염 물질이 혼합된 시정 장애물이다.

11 안개가 발생하기 적합한 조건이 아닌 것은?

① 대기의 상층이 안정될 것
② 냉각 작용이 있을 것
③ 강한 난류가 존재할 것
④ 바람이 없을 것

해설
안개는 바람이 적거나 없어야 한다. 강한 난류가 존재하는 것은 적운형 구름이 발생하기 쉬운 조건이다.

▶ **정답** ◀

01	②	02	④	03	①	04	②	05	④
06	①	07	④	08	②	09	④	10	①
11	③								

07

(39-170) 고기압과 저기압

1 고기압과 저기압(Anticyclone & Cyclone)

주위보다 기압이 높은 곳을 고기압이라 하고, 주위보다 기압이 낮은 곳을 저기압이라 한다. 고기압과 저기압은 주변 기압과 비교하여 상대적으로 정해진다.

(01) 고기압(Anticyclone)

① 주위보다 기압이 높은 곳이다.
② 구름이 사라지고 날씨가 좋아진다. 중심 부위는 바람이 약하다.
③ 중심 기류에서는 연직 운동에 의해 하강 기류가 있고 이 하강 기류에 의해 불려 나간 바람을 보충하기 위해 상공에 있는 공기가 하강한다.
④ 고기압권 대기에서의 단열 가열(Adiabatic Heating/단열승온) 현상에 의해 물방울은 증발한다.
⑤ 고기압권에서 바람의 방향은 북반구의 경우 중심에서 시계방향(CW)으로 회전하며 불어나가고, 남반구에서는 반시계방향(CCW)으로 회전하며 불어나간다.

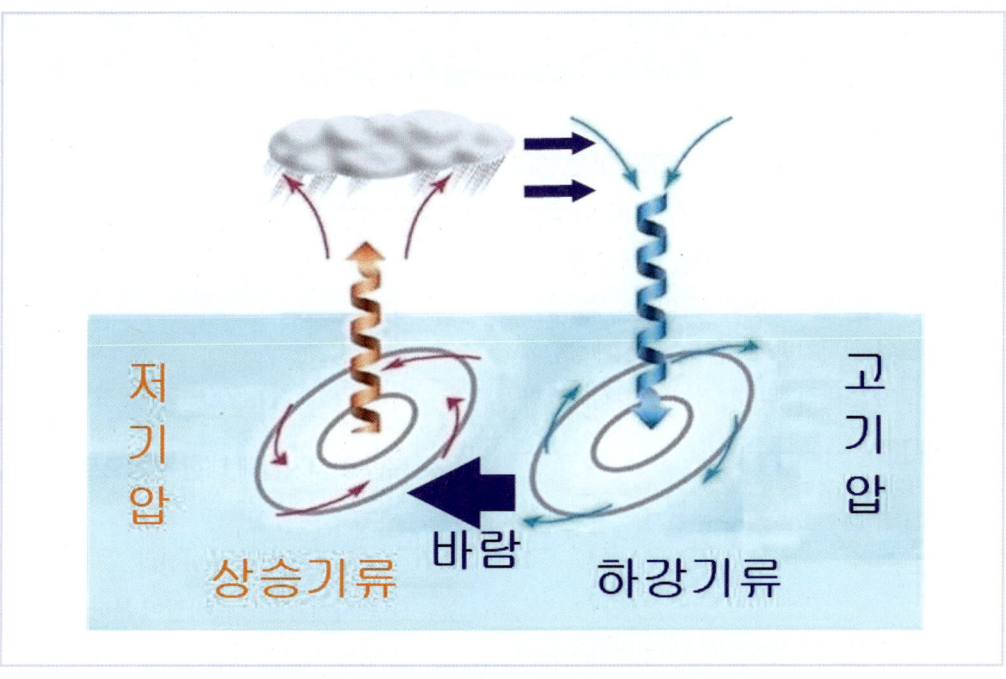

북반구에서의 고기압(시계방향), 저기압(반시계방향)

(02) 저기압(Cyclone)

① 주위보다 기압이 낮은 곳이다.

② 구름이 생성되고 날씨가 흐리고 비나 눈이 내린다.

③ 중심 기류에서는 공기의 연직 운동에 의해 주위에서 바람이 불어 들어와 공기가 밀려 중심부의 상공으로 상승 기류가 생긴다.

④ 상승 기류에 의해 구름과 강수 현상이 있고, 일반적으로 날씨가 나쁘고 바람이 강하다.

⑤ 저기압권에서 바람은 북반구에서는 반시계방향(CCW)으로 불어 들어오고, 남반구에서는 시계방향(CW)으로 회전하며 불어 들어간다.

확/인/문/제

01 북반구에서 고기압과 저기압의 회전 방향으로 맞는 것은?

① 고기압-시계방향, 저기압-시계방향
② 고기압-반시계방향, 저기압-시계방향
③ 고기압-시계방향, 저기압-반시계방향
④ 고기압-반시계방향, 저기압-반시계방향

해설
태풍은 저기압이다. 우리나라에 오는 태풍의 모양은 6자 모양이며 반시계방향으로 회전한다.

02 고기압/저기압 시스템에 대한 설명으로 옳은 것은?

① 고기압 지역의 마루에서 공기는 올라간다.
② 고기압 지역의 마루에서 공기는 내려간다.
③ 저기압 지역의 골에서 공기는 정체한다.
④ 저기압 지역의 골에서 공기는 내려간다.

해설
기압이 낮으면 올라가야 하고 높으면 내려가야 한다. 저기압골↑, 고기압 마루↓

03 기압에 대한 설명으로 옳은 것은?

① 고도가 올라가면 압력의 감소율이 올라간다.
② 온난전선에서는 압력이 낮아진다.
③ 1,000m당 1inch이다.
④ 차가운 곳에서는 압력이 낮아진다.

해설
① 고도가 올라갈수록 압력의 감소율이 낮아진다.
② 온난전선=저기압
③ 1,000ft당 1inch
④ 차가운 곳 = 고기압, 더운 곳 = 저기압

04 북반구 저기압에 대한 설명으로 옳지 않은 것은?

① 비와 악기상을 동반한다.
② 반시계방향으로 바람이 분다.
③ 상승 기류가 있다.
④ 시계방향으로 불며 맑은 날씨를 보인다.

해설
북반구 저기압의 3가지 특징 : ① 상승 기류 ② 반시계방향 ③ 비, 악기상 또는 태풍

05 고기압에 대한 설명으로 틀린 것은?

① 전선이 쉽게 만들어진다.
② 가장 바깥쪽에 있는 닫힌 등압선까지의 거리는 1,000km 이상이다.
③ 중심으로 갈수록 기압 경도가 낮아져 바람이 약해진다.
④ 북반구에서 시계방향 회전을 한다.

해설
전선이 형성되기 위해서는 서로 다른 기단이 만나야 한다. 고기압 혼자서 전선을 만들 수는 없다.

06 고기압에 대한 설명으로 틀린 것은?

① 저기압 방향으로 바람을 일으킨다.
② 기단의 형성이 쉽다.
③ 중심부에 하강 기류가 발생한다.
④ 북반구에서는 시계방향으로 회전한다.

> **해설**
> 고기압 ⇒ 저기압으로 바람이 분다. 중심에서는 하강 기류가 나타나고, 북반구의 고기압은 시계방향, 저기압은 반시계방향이다.

07 고기압에서 저기압 방향으로 흐르는 공기의 흐름은?

① 측풍　　② 대류
③ 바람　　④ 기압

> **해설**
> 기압이 높은 곳에서 낮은 곳으로 흐르는 기류를 바람이라고 한다.
> ② 대류는 데워진 공기가 위로 올라가고 차가워진 공기는 아래로 내려오는 현상을 말한다.

▶ 정답 ◀

01	③	02	②	03	②	04	④	05	①
06	②	07	③						

08

(40-180) 기단과 전선

1 기단(Airmass)

1. 기단

공기의 온도, 수증기의 양, 습도 등이 비슷하여 동일한 성질을 지닌 큰 규모의 공기 덩어리를 기단이라 한다. 기단은 고기압이 오랫동안 정체되면서 대기와 지표면 사이에 열과 수증기 교환이 활발히 일어날 때 더욱 크게 발달하며 규모는 수백 km^2에서 수천 km^2 정도이다.

2. 기단의 종류

(01) 온도에 따른 구분

① 적도 기단(E, Equatorial) : 고온의 큰 공기 덩어리로 적도 부근에서 공급되는 수증기에 의해 비슷한 성질을 지닌 공기 덩어리가 넓게 발달하는 것을 적도 기단이라 한다.

② 열대 기단(T, Tropical) : 고온의 기단으로 아열대 고압대 부근인 위도 20~40° 부근에서 발달하는 기단이다. 주로 여름 태풍을 몰고 온다.

③ 한대 기단(P, Polar) : 한랭한 기단으로 한대 지역인 고위도 지역의 위도 40~60° 부근이 여기에 속한다. 주로 늦봄과 초여름에 활동한다.

❹ 극기단(A, Arctic) : 한랭한 기단으로 극지방에서 발생하므로 극기단이라 한다. 겨울 계절풍으로 추위를 몰고 온다.

(02) 발원지에 따른 구분

❶ 해양성 기단(M, Maritime) : 주로 적도 지방의 바다에서 형성되는 기단으로 넓은 저위도의 바다에서 뜨거운 공기와 충분한 수증기를 공급받은 고온다습한 공기 덩어리이다. 우리나라에 영향을 미치는 기단으로는 북태평양 기단이 대표적인 해양성 기단이다.

❷ 대륙성 기단(C, Continental) : 대륙에서 형성된 기단으로 수증기 공급이 원활하지 못하고 매우 차고 건조한 성질을 지니고 있으며 우리나라에 영향을 미치는 기단으로는 시베리아 기단이 대표적인 대륙성 기단이다.

(03) 기단의 분류 : 기단은 2문자 코드(Two Letter Code)로 분류한다. 지역(위도)을 기준으로 북극(Arctic), 한대(Polar), 열대(Tropical), 적도(Equatorial)의 4종류로 나눈다. 그리고 발생 지역의 수증기 함량 특성을 기준으로는 대륙성(Continental)과 해양성(Maritime)으로 분류한다.

3. 우리나라에 영향을 주는 기단

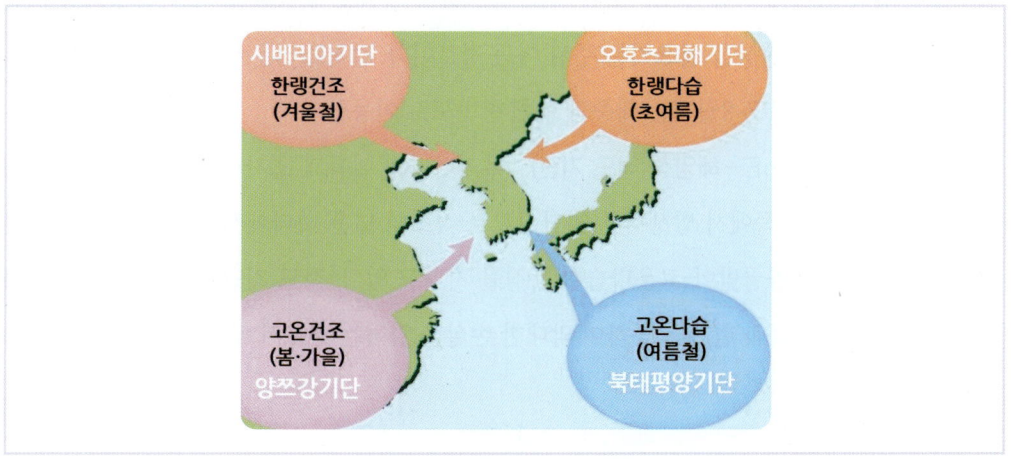

우리나라에 영향을 주는 기단

❶ **시베리아 기단(cP – 대륙성 한대 기단)** : 우리나라의 겨울에 가장 세력이 커지는 기단으로 우리나라의 겨울 날씨는 이 시베리아 기단의 영향에 따라 추운 정도가 결정된다고 할 수 있다. 시베리아 기단은 발원지가 얼음이나 눈으로 덮인 시베리아 대륙으로 기온이 매우 낮고 건조한 성질을 지니고 있다. 이러한 시베리아 기단이 맹위를 떨치는 시기가 24절기 중 소한, 대한의 시기다. 겨울의 긴 밤 동안 강한 복사 냉각이 이루어지므로 기온이 급강하고 대기는 안정화되므로 날씨는 맑게 된다.

❷ **북태평양 기단(mT – 해양성 열대 기단)** : 우리나라의 여름에 가장 세력이 커지는 기단으로 적도 지방의 뜨거운 공기와 습기를 포함한 북태평양 기단은 한여름의 찜통더위를 몰고 온다. 여름철 주요 기상 현상을 초래하는 북태평양 기단은 하층의 고온다습한 공기가 활발한 대류 현상을 통해 불안정한 대기를 만든다. 더불어 짧은 시간에 많은 구름을 생성하거나 적운형 구름을 형성하며 뇌우를 동반한 많은 비를 내리게 한다.

❸ **오호츠크해 기단(mP – 해양성 한대 기단)** : 우리나라의 여름철에 장마전선을 형성하게 되는 기단으로 한반도 북동쪽에 있는 오호츠크해에서 발달한다. 습하고 찬 공기를 가진 기단으로 쉽게 냉각 및 응결하므로 안개를 쉽게 형성하거나 오랫동안 비를 내리게 한다. 보통 여름이 시작되는 6월 말에서 7월 중순까지 세력을 확장하여 장마전선을 형성한다.

❹ **양쯔강 기단(cT – 대륙성 열대 기단)** : 우리나라의 봄과 가을에 영향을 미치는 기단으로 대륙성 열대 기단이다. 중국의 남쪽 양쯔강 주변에서 형성되며 온난건조하다. 주로 봄과 가을에 이동성 고기압을 타고 동진하여 한반도에 영향을 미친다. 양쯔강 기단은 봄에 황사 현상을 일으키는 주된 이동 경로이다. 갑작스러운 날씨 변화에도 영향을 주는 기단으로 7~8월에는 태풍과 함께 한반도로 이동한다.

❺ **적도 기단(mE – 해양성 적도 기단)** : 우리나라의 여름과 초가을에 영향을 미치는 기단이다. 적도 쪽에서 발생하는 기단이므로 적도의 넓은 바다에서 뜨거운 공기와 충분한 수증기를 공급받아 고온다습한 특징을 지니고 있다. 적도 기단은 여름이 거의 끝나갈 무렵에 태풍과 함께 북상하여 막대한 손실을 입히는 경우가 많다.

2 전선(Front)

(01) 전선

성질이 다른 두 기단이 만나 지표면에 형성하는 경계선을 전선이라 하며 그렇게 만난 두 기단의 접촉면을 전선면 또는 불연속선이라 한다. 전선이 형성되는 경우는 공기가 혼합되기 어려워 따뜻한 공기 덩어리가 찬 공기 위를 타고 올라가 구름을 형성하는 경우가 대부분이다. 따라서 전선이 발생하면 곧 강수를 동반하게 된다. 전선에서는 상승 기류가 강할수록 더 두터운 구름을 형성한다.

(02) 전선의 종류

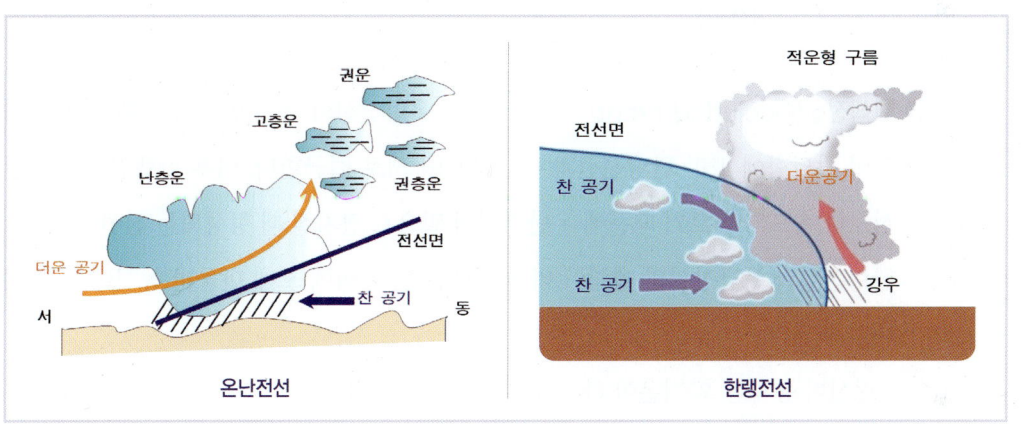

① **온난전선(Warm Front)** : 남쪽에서 올라온 따뜻한 공기와 북쪽에서 내려온 찬 공기가 만나 전선면을 이루는데 이때 전선면의 기울기가 완만하여 타고 오르는 따뜻한 공기가 넓은 면적을 차지하여 형성하는 전선이다. 온난전선은 상승 기류로 인해 넓게 퍼지는 층운형 구름을 형성한다. 넓은 지역에 걸쳐 보슬비나 이슬비 형태로 적은 양의 비가 오랫동안 오는 것이 특징이다. 온난전선이 지나간 후로는 남동풍에서 남서풍으로 풍향이 바뀌며 기온이 더 상승하여 더워지고 기압은 내려가게 된다.

② **한랭전선(Cold Front)** : 북쪽에서 내려온 찬 공기가 남쪽의 따뜻한 공기를 만나, 밀어내듯이 찬 공기가 따뜻한 공기 아래로 들어가는 가파른 전선면을 형성하여 좁고 두터운 적란운을 만들어 내는 전선이다. 이러한 한랭전선의 이동 속도는 온난전선보다 빠

르다. 그리고 두텁게 형성된 적란운은 많은 양의 비를 단시간에 뿌리는 소나기 형태로 내리는 경우가 대부분이다. 한랭전선이 통과한 후에는 남서풍에서 북서풍으로 풍향이 변화하고 기온은 더 내려가 싸늘해지며 기압은 반대로 상승하는 특징이 있다.

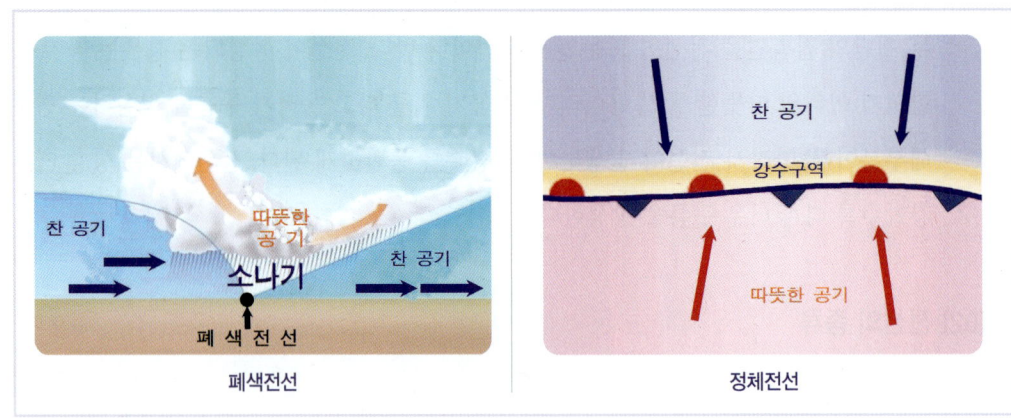

폐색전선   정체전선

❸ **폐색전선(Occluded Front)** : 한랭전선과 온난전선이 동시에 자리할 때 중위도 저기압이 발달함에 따라 한랭전선과 온난전선이 서로 접근한다. 이후 한랭전선이 온난전선보다 속도가 빠르기 때문에 온난전선의 밑으로 겹쳐질 때 형성되는 전선이다.
한랭전선과 온난전선의 세력이 비슷할 때는 한 지역에 오래 머물며 동시에 많은 비를 내리게 된다.
- 전선이 통과한 후 기온이 하강하는 한랭형 폐색전선
- 전선이 통과한 후 기온이 상승하는 온난형 폐색전선

❹ **정체전선(Stationary Front)** : 한랭전선과 온난전선에서 한랭전선의 찬 공기와 온난전선의 따뜻한 공기가 세력이 비슷하여 두 전선이 이동하지 않고 같은 장소에 정체하는 것이다. 양쪽 기단의 세력이 서로 평형을 이룰 때 생기며, 전선이 동서로 길게 생긴다. 장마전선은 대표적인 정체전선이다.

확/인/문/제

01 겨울에는 대륙에서 해양으로, 여름에는 해양에서 대륙으로 부는 바람은?

① 편서풍　② 계절풍
③ 해풍　　④ 대륙풍

> **해설**
> 여름과 겨울에 대륙과 해양의 온도 차로 인해 일 년 주기로 풍향이 바뀌는 바람을 계절풍이라 한다.

02 찬 기단이 따뜻한 기단 쪽으로 이동할 때 생기는 전선은?

① 온난전선
② 한랭전선
③ 정체전선
④ 폐색전선

> **해설**
> 한랭전선이 온난전선보다 속도가 빠르기 때문에 온난전선의 밑으로 겹쳐질 때 형성되는 전선을 폐색전선이라 한다.

03 주로 봄과 가을에 이동성 고기압과 함께 동진해 와서 따뜻하고 건조한 일기를 나타내는 기단은?

① 오호츠크해 기단
② 양쯔강 기단
③ 북태평양 기단
④ 적도 기단

> **해설**
> 양쯔강 기단(cT-대륙성 열대 기단) : 우리나라의 봄과 가을에 영향을 미치는 기단으로 대륙성 열대 기단이다. 중국의 남쪽 양쯔강 주변에서 형성되며 온난건조하다. 주로 봄과 가을에 이동성 고기압을 타고 동진하여 한반도에 영향을 미친다.

04 서로 다른 기단 사이에 있는 공기의 무리를 이르는 말은?

① 전선 발생
② 전선
③ 전선 소멸
④ 전선 충돌

> **해설**
> 성질이 다른 두 기단이 만나 지표면에 형성하는 경계선을 전선이라 한다.

05 한랭전선이 온난전선에 따라붙어 합쳐지면서 중복된 부분은?

① 정체전선
② 대류성 한랭전선
③ 북태평양 고기압
④ 폐색전선

> **해설**
> 한랭전선이 온난전선보다 속도가 빠르기 때문에 온난전선의 밑으로 겹쳐질 때 형성되는 전선을 폐색전선이라 한다.

06 한랭전선의 특징이 아닌 것은?

① 적운형 구름이다.
② 따뜻한 기단 위에 형성된다.
③ 좁은 지역에 소나기나 우박이 내린다.
④ 온난전선에 비해 이동 속도가 빠르다.

해설

한랭전선(Cold Front) : 북쪽에서 내려온 찬 공기가 남쪽의 따뜻한 공기를 만나, 밀어내듯이 찬 공기가 따뜻한 공기 아래로 들어가는 가파른 전선면을 형성하여 좁고 두터운 적란운을 만들어 내는 전선이다. 이러한 한랭전선의 이동 속도는 온난전선보다 빠르다. 그리고 두텁게 형성된 적란운은 많은 양의 비를 단시간에 뿌리는 소나기 형태로 내리는 경우가 대부분이다. 한랭전선이 통과한 후에는 남서풍에서 북서풍으로 풍향이 변화하며 기온은 더 내려가 싸늘해지고 기압은 반대로 상승하는 특징이 있다.

정답

01	②	02	④	03	②	04	②	05	④
06	②								

09

(41-190) 뇌우 및 난기류 등

1 뇌우(Thunderstorm)

(01) 뇌우

번개와 천둥을 발생시키는 하나의 폭풍우로 빈번히 번개, 천둥, 돌풍, 폭우, 우박, 눈, 토네이도 등을 발생시킨다.

(02) 뇌우의 생성 조건

① 온난하고 습한 공기가 하층에 있어야 한다.
② 불안정하고 강한 상승 기류가 필요하다.
③ 공기 덩어리가 두껍고 높은 고도에 이르기까지 기온감률이 커야 한다.

(03) 뇌우의 종류

① 기단 뇌우(Air-mass Thunderstorm) : 주간에 어느 정도 균일한 기단 내에서 국지적 가열에 의한 대류로 일어난다. 주로 여름철 고온다습한 상황에서 산발적으로 발생하며 급속히 발달하고 급속히 쇠퇴하며 밤에는 소멸한다.

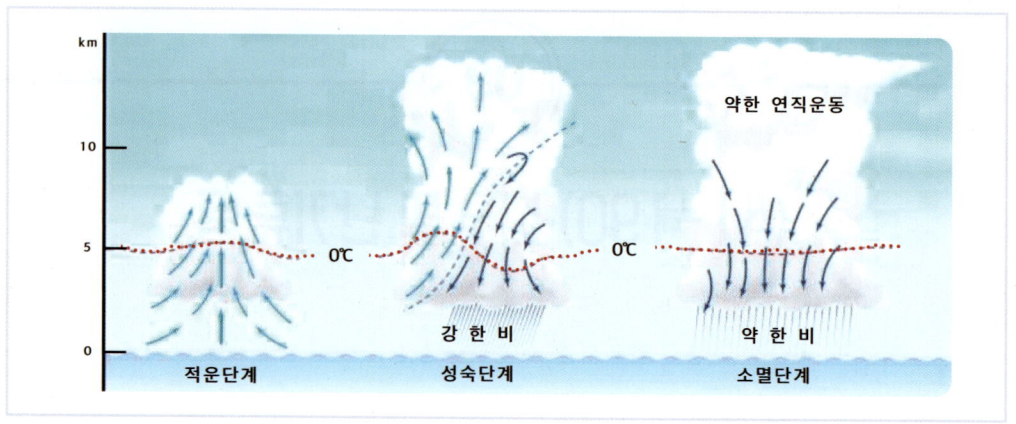

- ❷ 선형 뇌우(Line Thunderstorm) : 주로 낮 시간, 오후에 발생하며 고도의 바람 방향으로 선형이나 띠 모양으로 배열된다.
- ❸ 전선 뇌우(Frontal Thunderstorm) : 온난한 공기가 불안정한 대류 상태에서 전선면을 따라 올라갈 때 발생하며, 전선을 따라 이동하고, 천둥번개를 동반한 비를 뿌린다. 온난전선보다는 한랭전선에서 많이 발생한다.

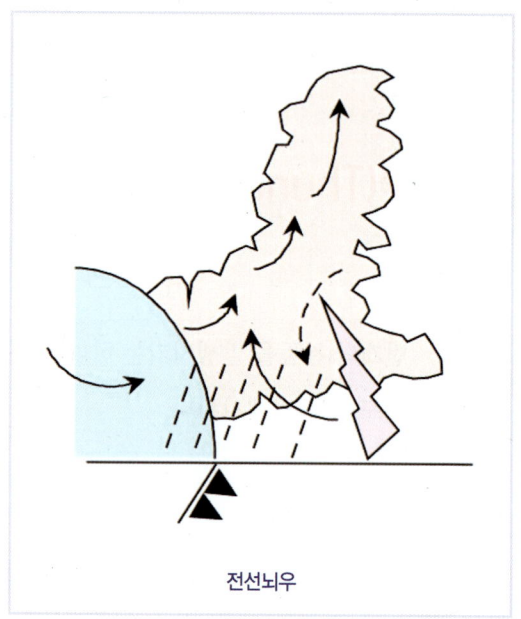

전선뇌우

2 난기류(Turbulent Air)

(01) 난류와 층류(Turbulence Flow/Laminar Flow)

- ❶ 난류(Turbulence Flow) : 유체 역학에서 정의된 용어로, 유체가 불규칙한 운동을 하면서 흘러가는 것을 말한다. 난류는 유체의 불규칙한 흐름을 뜻하고, 난기류는 공기의 흐름이 불규칙한 현상을 말한다.
  - 대기 중에는 소규모의 난기류부터 고기압이나 저기압과 같이 큰 규모의 난기류까지

다양하게 존재한다. 바람의 불규칙한 변화, 상승 기류 및 하강 기류의 수직 기류가 난기류의 원인이다.

❷ **층류(Laminar Flow)** : 난류와 반대되는 개념으로 유체의 규칙적인 흐름, 일정한 유체를 말하며 층흐름이라고도 부른다.

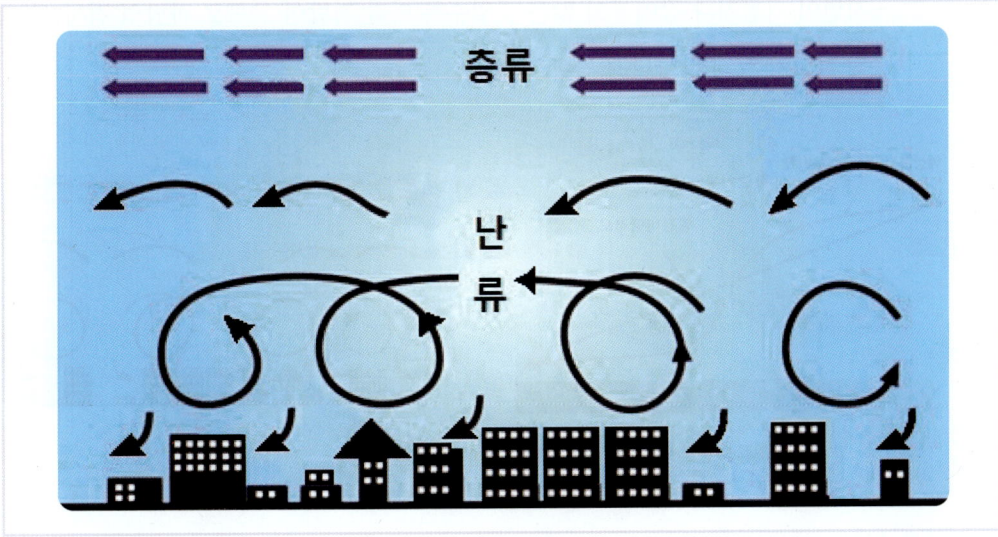

(02) 난류의 특징

❶ 바람의 불규칙한 변화 특히 지표면의 불규칙한 면에서의 마찰로 인해 일어나고 대부분 1km 이하의 대기 경계층에서 발생한다.
❷ 난기류를 만난 기체는 가로세로로 흔들리거나 고도 변위 등을 일으키게 된다.
❸ 난류는 층류에 비해 물체에 대한 저항이 크다.

(03) 난류의 종류

❶ **대류에 의한 난류(Convective Turbulence)** : 대류성 구름 주변과 내부의 연직 기류가 난류를 초래하고 육지에서 열적으로 유도된 난류는 뚜렷한 일변화 경향을 가진다. 가장 강한 난류는 오후에 발생하고 심야에 가장 약해진다.
비행 중에 대류에 의한 난류를 만나면 울퉁불퉁한 길을 지나는 느낌이 들고, 강한 대류성 난류를 만나면 항공기가 구조적인 피해를 입기도 한다.

이착륙 시에 대류성 난류를 만나면 고도의 급변으로 인해 사고가 유발된다.
대류성 난류는 윈드시어와 관련성이 있으므로 윈드시어를 동반하기도 한다.

❷ **기계적 난류(Mechanical Turbulence)** : 바람이 지상의 물체나 산 같은 각종 지형지물을 지날 때 주변에서 발생하는 불규칙한 난류이다.
- 지면이 거칠거나 장애물이 많은 곳일수록 마찰 저항이 크므로 바람의 경사, 즉 풍속의 차이가 크게 나타나게 된다.

❸ **청천 난류(Clear Air Turbulence)** : 구름 한 점 없이 맑은 대기 중에서 풍향이나 풍속의 급변을 가져오는 난기류로 제트 기류 주변에서 발생한다.

❹ **항적 난류(Vortex Wake Turbulence)** : 이륙하는 대형 항공기의 항적에 의한 항적 와도의 결과로 생기는 난류이다.
- 기상학적인 원인보다는 항공기의 무게, 크기, 항공 역학적 특성들에 의해 생긴다.
- 뒤따라 이륙하는 항공기에 엄청난 위험을 초래할 수 있다.
- 선행 항공기가 이륙하고 충분한 시간 후에 다음 항공기가 이륙하면 항적 난류의 위협에서 벗어날 수 있다.
- 습도가 높은 날은 지상에서도 항적 난류의 와도를 눈으로 확인할 수 있다.
- 고고도에서는 선행 항공기가 비행운을 만들면 항적 난류를 피하기 쉽지만 비행운이 없는 경우는 항적 난류를 포착하기 어렵다.

항적 난류

❺ **윈드시어(Wind Shear) 급변풍** : 갑작스럽게 바람의 방향이나 세기가 바뀌는 현상으로 수직, 수평 방향으로 모든 고도에서 어디서나 생길 수 있다.

※ 특히 우리나라의 제주 공항과 일본 도쿄의 나리타 공항은 각각 한라산과 후지산의 영향으로 윈드시어의 위험이 세계에서도 손에 꼽힌다.

- 강한 상승 기류나 하강 기류가 만들어지면 윈드시어가 발생한다.
- 윈드시어는 모든 고도에서 발생하나 특히 2,000ft 범위 내의 항공기 이착륙 및 드론의 운용 범위에서 발생하는 윈드시어의 위험성이 가장 크다.
- 실속 속도보다 약간 빠른 속도로 이착륙을 해야 윈드시어를 만났을 때 양력을 잃고 실속(Stall) 하지 않는다.

윈드시어

확/인/문/제

01 뇌우의 활동 단계 중 그 강도가 최대이고 밑면에서는 강수 현상이 나타나는 단계는?

① 생성 단계 ② 누적 단계
③ 숙성 단계 ④ 소멸 단계

해설
뇌우의 활동 단계에서 강도가 최대로 되었을 때는 숙성 단계이다.

02 뇌우에 관한 설명으로 옳은 것은?

① 뇌우를 만나면 통과할 때까지 직진으로 빨리 빠져나가야만 한다.
② 뇌우 속에서는 엔진 출력을 최대로 하고 수평 자세를 끝까지 유지해야 한다.
③ 뇌우는 반드시 회피해야 한다.
④ 뇌우는 큰 소나기구름이므로 옆을 살짝 피해 가면 된다.

해설
뇌우는 매우 위험한 상황을 초래할 수 있으므로 항공기는 반드시 뇌우를 회피해야 한다.

03 윈드시어(Wind Shear)에 관한 설명으로 틀린 것은?

① Wind Shear는 동일 지역 내에서 바람의 방향이 급변하는 것으로 풍속의 변화는 없다.
② Wind Shear는 어느 고도 층에서나 발생하며 수평, 수직적으로 일어날 수 있다.
③ 저고도 기온역전층 부근에서 Wind Shear가 발생하기도 한다.
④ 착륙 시 양쪽 활주로 끝 모두가 배풍을 지시하면 저고도 Wind Shear로 인식하고 복행을 해야 한다.

해설
윈드시어(Wind Shear) : 갑작스럽게 바람의 방향이나 세기가 바뀌는 현상으로 수직, 수평 방향으로 모든 고도의 어디서나 생길 수 있다.
※ 특히 우리나라의 제주 공항과 일본 도쿄의 나리타 공항은 각각 한라산과 후지산의 영향으로 윈드시어의 위험이 세계에서도 손에 꼽히는 곳이다.

04 항공 기상 용어 중 'Wind Calm'의 의미는?

① 바람의 세기가 무풍이거나 1kts 이하이다.
② 바람의 세기가 5kts 이상이다.
③ 바람의 세기가 10kts 이상이다.
④ 바람의 세기가 15kts 이상이다.

해설
윈드캄(Wind Calm)은 무풍이라는 뜻으로 바람이 전혀 없거나 거의 없다는 뜻이다.

05 평균 풍속보다 10kts 이상의 차이가 있고 순간 최대 풍속이 17kn 이상인 강풍이며, 지속 시간이 초 단위로 순간적 급변하는 바람은?

① 돌풍(Gust)
② 스콜(Squall)
③ Wind Shear
④ Micro

> **해설**
> 돌풍(Gust) : 강약을 반복하는 바람으로 갑자기 10m/s~40m/s의 강풍이 불다가 수 분~수십 분 이내에 약해진다. 돌풍이 불면 풍향도 급변하게 되고 천둥을 동반하기도 한다.

06 난기류(Turbulence)를 형성하는 주요인이 아닌 것은?

① 지속적인 강우와 안개
② 바람의 흐름에 대한 장애물
③ 기류의 수직 대류 현상
④ 후류의 영향

> **해설**
> 난기류 발생 원인 : 대류성 기류, 바람의 흐름에 대한 장애물, 비행 난기류, 전단풍 등

07 산악 지형에서 렌즈형 구름이 나타내는 것은?

① 불안정한 공기
② 비구름
③ 난기류
④ 역전 현상

> **해설**
> 렌즈형 구름 : 바람이 강하게 불기 시작하거나 그치기 전에 생기는 구름이다. 주로 산악 지역에서 수평으로 바람이 불지 못하고 산을 따라 급하게 흐르는 난기류에 의해 생긴다. 고적운, 권적운, 층적운에 주로 생기며, 하층부터 상층운까지 다양한 범위에서 생성된다.

08 번개와 뇌우에 관한 설명 중 틀린 것은?

① 번개가 강할수록 뇌우도 강하다.
② 번개가 자주 일어나면 뇌우도 계속 성장하고 있다는 뜻이다.
③ 번개와 뇌우의 강도는 상관없다.
④ 밤에 멀리서 수평으로 형성되는 번개는 스콜라인이 발달하고 있음을 나타낸다.

> **해설**
> 번개와 뇌우는 밀접한 관계가 있다.

▶ 정답 ◀

| 01 | ③ | 02 | ③ | 03 | ① | 04 | ① | 05 | ① |
| 06 | ① | 07 | ③ | 08 | ③ | | | | |

4 알짜배기 기출문제

모의고사

알짜배기 기출문제 200선
알짜배기 기출문제 200선 정답 및 해설
실전 모의고사 1회
실전 모의고사 2회
실전 모의고사 3회
실전 모의고사 1회 정답 및 해설
실전 모의고사 2회 정답 및 해설
실전 모의고사 3회 정답 및 해설

알짜배기 기출문제 200선

01 우리나라에서 발효 중인 항공법의 기본이 되는 국제법은?

① 일본 동경협약
② 국제민간항공조약 및 같은 조약의 부속서
③ 중국의 항공법
④ 미국의 항공법

02 초경량 비행장치의 운용 가능 시간은?

① 일출부터 일몰까지
② 일출부터 일몰 30분 전까지
③ 일몰부터 일출까지
④ 일출 30분 후부터 일몰 30분 전까지

03 초경량 비행장치의 멸실 등의 사유로 신고를 말소할 경우 그 사유가 발생한 날부터 며칠 이내에 지방항공청장에게 말소 신고서를 제출해야 하는가?

① 5일   ② 10일
③ 15일   ④ 30일

04 초경량 비행장치 조종자 전문 교육기관이 확보해야 할 지도조종자의 최소 비행시간은?

① 50시간   ② 100시간
③ 150시간   ④ 200시간

05 연료 여과기에 대한 설명 중 가장 타당한 것은?

① 연료 탱크 안에 고여 있는 물, 침전물을 외부로 빼낸다.
② 엔진 흡입구에 연료를 공급한다.
③ 외부 공기를 기화된 연료와 혼합하여 실린더로 공급한다.
④ 연료가 엔진에 도달하기 전에 연료 속의 습기나 이물질을 제거한다.

06 주로 봄과 가을에 이동성 고기압과 함께 동진하여 따뜻하고 건조한 일기를 나타내는 기단은?

① 시베리아 기단   ② 양쯔강 기단
③ 북태평양 기단   ④ 오호츠크해 기단

07 항공 기체의 착빙에 대한 설명 중 틀린 것은?

① 양력과 무게를 증가시켜 추진력을 감소시킨다.
② 착빙은 Carburetor, Pitot관 등에도 생긴다.
③ 습한 공기가 기체 표면에 부딪히면서 결빙이 발생한다.
④ 거친 착빙도 날개의 공기 역학에 영향을 줄 수 있다.

08 다음의 설명에 해당하는 것은?

- 소음의 발생을 억제한다.
- 동력용 엔진의 배기구에 결합하며 엔진의 발열을 감소시키는 역할도 한다.
- 비행 직후에는 많은 열을 발생시켜 주의가 필요하다.

① 메인 블레이드 ② 테일 블레이드
③ 연료 탱크 ④ 머플러

09 다음 중 안개가 발생하기 적합한 조건이 아닌 것은?

① 바람이 없다.
② 냉각 작용이 있다.
③ 강한 난류가 존재한다.
④ 대기의 성층이 안정된다.

10 초경량 비행장치 조종자 자격시험에 응시할 수 있는 최소 연령은?

① 만 12세 이상
② 만 13세 이상
③ 만 14세 이상
④ 만 18세 이상

11 우리나라 항공법의 목적에 대해 바르게 설명한 것은?

① 항공기의 안전한 항행과 항공 운송 사업 등의 질서 확립
② 국내 민간 항공의 안전 항행과 발전 도모
③ 국제 민간 항공 여객기의 안전 항행과 발전 도모
④ 항공기 등 안전 항행 기준을 법으로 정함

12 장애물의 높이가 항공기의 항행 안전을 저해할 우려가 있는 경우 지표 또는 수면으로부터 몇 미터 이상인 경우에 항공장애 표시등 및 항공장애 주간 표지를 설치해야 하는가? (단, 장애물 제한 구역 외에 한한다)

① 50m ② 100m
③ 150m ④ 200m

13 초경량 비행장치로 비행 후 기체 점검 사항으로 바르지 않은 것은?

① 동력 계통 부위의 볼트 조임 상태 등을 점검하고 조치한다.
② 메인 블레이드, 테일 블레이드의 결합 상태, 파손 등을 점검한다.
③ 남은 연료(배터리)가 있을 경우 호버링 비행하여 모두 소모한다.
④ 송수신기의 배터리 잔량을 확인하고 부족 시 충전한다.

14 대부분의 기상 현상이 발생하는 대기층은?

① 대류권 ② 성층권
③ 중간권 ④ 열권

15 작은 물방울이 비행장치의 표면에 부딪히면서 표면에 얇게 펴진 수막이 천천히 얼어붙는 투명하고 단단한 착빙은?

① 서리
② 거친 착빙
③ 싸락눈
④ 맑은 착빙

16 다음 중 항공 시설 업무, 절차, 위험 요소, 시설, 운영 상태 및 그 변경에 관한 정보를 수록하여 전기 통신 수단으로 항공 종사자들에게 배포하는 공고문은?

① AIRAC
② AIP
③ AIC
④ NOTAM

17 다음의 내용을 보고 어떤 종류의 안개인지 고르시오.

> 바람이 없거나 미풍, 맑은 하늘, 상대 습도가 높을 때, 낮거나 평평한 지형에서 쉽게 형성된다. 이 같은 안개는 주로 야간 혹은 새벽에 형성된다.

① 이류 안개   ② 활승 안개
③ 증기 안개   ④ 복사 안개

18 리튬폴리머 배터리의 취급/보관 방법으로 부적절한 설명은?

① 습기가 많은 장소에 보관하지 말아야 한다.
② 배터리가 부풀어 오른 것은 바늘로 작은 구멍을 내 가스를 빼고 사용한다.
③ 정격 용량에 맞는 지정된 배터리를 사용해야 한다.
④ 배터리는 -10℃~40℃의 범위에서 사용한다.

19 주로 7~8월에 태풍과 함께 한반도 상공으로 이동하는 기단은?

① 북태평양 기단   ② 양쯔강 기단
③ 오호츠크해 기단   ④ 적도 기단

20 리튬폴리머 배터리의 보관 시 주의 사항이 아닌 것은?

① 여름철 차량에 배터리를 보관하지 말 것
② 배터리를 낙하시키거나 충격, 파손을 주거나 인위적으로 합선시키지 말 것
③ 전력 수준이 50% 이상인 상태에서 배송하지 말 것
④ 추운 겨울에는 전열기 등 열원을 이용하여 따뜻한 장소에 보관할 것

21 비교적 공기가 찬 특성이 있으며 해양의 특성인 많은 습기를 몰고 봄, 초여름에 높새바람과 장마전선을 동반하는 기단은?

① 북태평양 기단
② 양쯔강 기단
③ 오호츠크해 기단
④ 적도 기단

22 지상 METAR 보고에서 바람 방향, 즉 풍향의 기준은?

① 도북   ② 진북
③ 자북   ④ 자북과 도북

23 회전익 비행장치가 등가속도 수평 비행을 할 때 작용하는 힘의 조건은?

① 추력 = 양력 = 항력 = 무게
② 추력 = 항력, 양력 = 무게
③ 추력 = 양력 + 항력 + 중력
④ 추력 = 양력 + 중력

24 다음 중 가장 큰 벌금에 해당하는 것은?

① 사용 사업등록을 하지 않고 방제 사업을 한 자
② 초경량 비행장치를 해당 항공청에 신고(등록)하지 않은 자
③ 조종자 자격증명 없이 사업용 초경량 비행장치를 비행한 자
④ 안전성 인증을 받지 않고 26kg의 초경량 비행장치를 비행한 자

25 호버링 상태에 있던 회전익 비행장치가 전진 비행으로 바뀌는 과도적인 상태는?

① 원추 현상　② 세차 회전
③ 전이 비행　④ 지면 효과

26 날개 골의 임의 지점에 중심을 잡고 받음각의 변화를 주면 기수를 올리고 내리는 피칭 모멘트가 발생한다. 이 모멘트의 값이 받음각과 관계없이 일정한 지점을 말하는 것은?

① 무게 중심　② 공력 중심
③ 압력 중심　④ 평균 공력 시위

27 멀티콥터의 특성이 아닌 것은?

① 간단한 구조로 되어 있다.
② 로터는 일괄적으로만 통제된다.
③ 초보자도 쉽게 조종할 수 있다.
④ 안정적인 비행이 가능하다.

28 기상 현상이 있고, 상승할수록 온도가 내려가는 대기층은?

① 성층권　② 중간권
③ 열권　④ 대류권

29 안전성 인증 검사의 유효기간에 대해 적절하지 않은 설명은?

① 안전성 인증 검사는 발급일로부터 1년이다.
② 비영리 목적 초경량 장치는 2년이다.
③ 안전성 인증 검사는 발급일로부터 2년이다.
④ 불합격은 통지 6개월 이내 다시 검사한다.

30 다음 중 엔진 출력 1마력(HP)을 바르게 표현한 것은?

① 750kg/ms　② 75k·m/s
③ 75kg/ms　④ 750kg·m/s

31 현재 사용되는 배터리의 종류가 아닌 것은?

① Li-Po　② Li-Ch
③ Ni-Mh　④ Ni-Cd

32 퇴진 블레이드의 값을 정확히 표현한 것은?

① 로터의 회전수 × 로터의 지름
② 전진 상대 풍속 × 회전 상대 풍속
③ 회전 상대 풍속 + 전진 상대 풍속
④ 회전 상대 풍속 - 전진 상대 풍속

33 NOTAM의 유효기간으로 적당한 것은?

① 1개월 이내　② 3개월 이내
③ 6개월 이내　④ 1년

34 무인 회전익기의 전진 비행 시 힘의 형식으로 맞는 것은?

① 수직 추력 > 항력　② 양력 > 무게
③ 양력 > 추력　④ 양력 > 항력

35 비행기 날개 종횡비의 비율이 커지면 나타나는 현상이 아닌 것은?
① 실속 증가
② 활공 성능 증가
③ 유도 항력 감소
④ 유해 항력 증가

36 초경량 비행장치의 기체를 등록할 때 신청서를 제출하는 기관은?
① 국토교통부
② 지방항공청
③ 한국교통안전공단
④ 지방경찰청

37 비행 제한 구역에서 비행하기 위한 신청서를 제출하는 기관은?
① 지방항공청
② 국토교통부
③ 국방부
④ 행정안전부

38 바람이 생성되는 가장 근본적인 원인은?
① 태양 복사 에너지의 불균형
② 지구의 자전
③ 구름의 흐름
④ 태풍

39 공기 밀도에 관한 설명으로 틀린 것은?
① 일반적으로 공기 밀도는 하층보다 상층이 높다.
② 온도가 높아질수록 공기 밀도는 감소한다.
③ 수증기가 많이 포함될수록 공기 밀도는 감소한다.
④ 국제표준대기(ISA)의 밀도는 건조한 공기로 가정했을 때의 밀도이다.

40 초경량 동력 비행장치는 연료를 제외한 무게가 얼마 이하여야 하는가?
① 70kg 이하
② 115kg 이하
③ 150kg 이하
④ 225kg 이하

41 이륙 거리를 짧게 하는 방법으로 적당하지 않은 것은?
① 추력을 크게 올린다.
② 무게를 가볍게 한다.
③ 배풍(후풍)으로 이륙한다.
④ 고양력 장치(플랩)를 사용한다.

42 착륙 거리를 짧게 하는 방법으로 적당하지 않은 것은?
① 착륙 중량을 적게 한다.
② 정풍(맞바람)으로 착륙한다.
③ 착륙 마찰 계수를 크게 한다.
④ 접지 속도를 크게 한다.

43 대기오염 물질에 의해 발생한 안개나 연무로 발생하는 시정 장애는?
① 연무
② 안개
③ 스모그
④ 황사

44 다음 중 항공 사진 촬영이 금지된 곳이 아닌 것은?
① 공항
② 항만 시설
③ 군부대
④ 바닷가

45 기압 고도계를 장비한 비행기가 일정한 고도를 유지하면서 기압이 낮은 곳에서 높은 곳으로 비행할 때, 기압 고도계 지침의 상태는?

① 실제 고도보다 높게 지시한다.
② 실제 고도보다 낮게 지시한다.
③ 실제 고도와 일치한다.
④ 실제 고도보다 높게 지시한 후에 서서히 일치한다.

46 북반구에서 고기압과 저기압의 회전 방향으로 맞는 것은?

① 고기압-시계방향, 저기압-시계방향
② 고기압-반시계방향, 저기압-시계방향
③ 고기압-시계방향, 저기압-반시계방향
④ 고기압-반시계방향, 저기압-반시계방향

47 습도와 기압의 변화에 따른 공기 밀도는?

① 공기 밀도는 기압에 비례, 습도에 반비례한다.
② 공기 밀도는 온도에 비례, 기압에 반비례한다.
③ 공기 밀도는 기압과 습도에 비례, 온도에 반비례한다.
④ 온도와 기압의 변화는 공기 밀도와는 무관하다.

48 항공법에서 정한 용어의 정의로 맞는 것은?

① 관제구는 평균 해수면으로부터 500m 이상 높이의 공역으로서 항공 교통의 통제를 위하여 지정된 공역을 말한다.
② 항공 등화는 전파, 불빛, 색채 등으로 항공기 항행을 돕기 위한 시설을 말한다.
③ 관제권은 비행장 및 그 주변의 공역으로서 항공 교통의 안전을 위하여 지정된 공역을 말한다.
④ 항행 안전시설은 전파에 의해서 항공기 항행을 돕기 위한 시설을 말한다.

49 태양 복사 에너지의 불균형으로 발생하는 것은?

① 바람 ② 안개
③ 구름 ④ 태풍

50 착빙(Icing)에 대한 설명 중 틀린 것은?

① 착빙은 날개뿐만 아니라 Carburetor, Pitot 관 등에도 발생한다.
② 거친 착빙도 항공기 날개의 공기 역학에 심각한 영향을 줄 수 있다.
③ 양력과 무게를 증가시켜 추진력을 감소시키고 항력은 증가시킨다.
④ 습한 공기가 기체 표면에 부딪히면서 결빙이 발생하는 현상이다.

51 다음 중 고기압이나 저기압 시스템에 대한 설명으로 맞는 것은?

① 고기압 지역의 마루에서 공기는 올라간다.
② 고기압 지역의 마루에서 공기는 내려간다.
③ 저기압 지역의 골에서 공기는 정체한다.
④ 저기압 지역의 골에서 공기는 내려간다.

52 멀티콥터가 헬리콥터와 다른 점은 무엇인가?
① GPS를 사용할 수 있다.
② 반토크(역토크)를 이용한다.
③ 테일 로터가 없다.
④ 호버링이 더 쉽다.

53 초경량 비행장치 중 프로펠러가 4개인 멀티콥터를 무엇이라 부르는가?
① 트라이콥터 ② 옥토콥터
③ 쿼드콥터   ④ 헥사콥터

54 다음 과태료 중에서 금액이 가장 큰 것은?
① 조종자 준수사항을 위반하였을 때
② 안전성 인증 검사를 받지 않고 비행했을 때
③ 자격증명 없이 비행하였을 때
④ 이전, 말소, 변경 등을 거짓으로 신고하였을 때

55 태풍의 발달 단계를 적절하게 설명한 것은?
① 열대 요란 → 열대 폭풍 → 열대성 저기압 → 태풍
② 열대성 저기압 → 열대 요란 → 열대 폭풍 → 태풍
③ 열대 요란 → 열대성 저기압 → 열대 폭풍 → 태풍
④ 열대 폭풍 → 열대성 저기압 → 열대 요란 → 태풍

56 터널 속, 지하도 등 GPS 신호를 수신할 수 없는 경우에 이용하는 항법은?
① 자동 항법 ② 추측 항법
③ 무선 항법 ④ 관성 항법

57 다음 중 멀티콥터의 비행 모드가 아닌 것은?
① 포지션(GPS) 모드
② 자세(Atti) 모드
③ 수동(Manual) 모드
④ 고도 제한(Altitude) 모드

58 베르누이 정리의 조건끼리 묶은 것은?
① 비압축성, 비유동성, 무점성
② 비압축성, 유동성, 무점성
③ 압축성, 유동성, 유점성
④ 압축성, 비유동성, 유점성

59 다음 중 비관제 공역은 어느 등급인가?
① A등급 공역
② B등급 공역
③ E등급 공역
④ G등급 공역

60 비행 제한 구역에서 비행 승인 없이 비행하면 얼마의 범칙금이 부과되는가?
① 30만 원   ② 200만 원
③ 300만 원   ④ 500만 원

61 초경량 비행장치의 비행계획 승인 신청 시 포함되지 않는 것은?
① 비행경로, 고도
② 동승자의 소지 자격
③ 비행장치의 종류 및 형식
④ 조종자의 비행 경력

62 진한 회색을 띠며 비와 안개를 동반한 구름은?
① 권적운 ② 난층운
③ 층적운 ④ 권층운

63 왕복 엔진 윤활유의 역할이 아닌 것은?
① 윤활력 ② 압축력
③ 냉각력 ④ 방빙력

64 다음 중 착빙의 종류가 아닌 것은?
① 이슬 착빙 ② 거친 착빙
③ 서리 착빙 ④ 맑은 착빙

65 초경량 비행장치 사고 발생 시 사고 조사 담당 기관은?
① 철도·항공사고조사위원회
② 국토교통부
③ 검찰 및 경찰
④ 한국교통안전공단

66 초경량 비행장치 비행 중 갑자기 기체에 이상이 생겼을 때의 행동으로 올바른 것은?
① 주위의 사람들에게 큰 소리로 "비상"을 외친다.
② 최단 거리로 비상 착륙을 한다.
③ 자세 제어 모드로 전환하여 조종한다.
④ 급추락 또는 급착륙시킨다.

67 용오름 또는 회오리바람이라고도 불리며 수직 방향으로 확대하는 강한 바람은?
① 윈드시어 ② 사이클론
③ 스콜 ④ 토네이도

68 지구의 북반구에서 고기압 바람의 방향과 성향은?
① 시계방향, 가운데에서 발산
② 반시계방향, 가운데에서 수렴
③ 시계방향, 가운데에서 수렴
④ 반시계방향, 가운데에서 발산

69 복사 안개 형성의 조건으로 옳은 것은?
① 찬 공기가 유입
② 2~3m/s 이내의 약한 바람
③ 응결핵 다량
④ 흐린 날씨

70 투명하거나 반투명하게 형성되는 착빙(Icing)은?
① 거친 착빙
② 맑은 착빙
③ 이슬 착빙
④ 서리 착빙

71 무인 비행장치의 위치를 제어하는 장치는?
① GPS/GLONASS
② SONAR
③ 레이저 센서
④ Gyroscope

72 겨울철에 사용되는 윤활유의 능력은?
① 고점도성 ② 냉각성
③ 저점도 ④ 응집성

73 동쪽에서 밀려오며 길고 강한 호우를 일으키는 기단은?

① 시베리아 기단
② 오호츠크해 기단
③ 적도 기단
④ 양쯔강 기단

74 멀티콥터에 쓰이는 엔진(동력 장치)으로 맞는 것은?

① 로터리 엔진　② 가솔린
③ 전기 모터　　④ 터보 엔진

75 착륙 장치가 달린 동력 패러글라이딩이 초경량 비행장치가 되려면 몇 kg 이하여야 하는가?

① 70kg　　② 115kg
③ 150kg　④ 180kg

76 무인 멀티콥터의 기수(방향)를 제어하는 부품은?

① Gyro
② 지자기 센서(Compass)
③ 가속도 센서
④ GPS

77 초경량 비행장치의 비행 제한 고도의 높이와 단위를 고르시오.

① 고도 500피트 AGL
② 고도 500피트 MSL
③ 고도 500미터 AGL
④ 고도 500미터 MSL

78 멀티콥터를 운용하는 도중 비상사태 발생 시 가장 먼저 조치해야 할 사항은?

① 비행 모드를 Atti 모드로 전환하여 조종한다.
② 육성으로 주위 사람들에게 큰 소리로 위험을 알린다.
③ 가장 가까운 곳으로 비상 착륙한다.
④ 사람이 없는 곳으로 이동하여 안전한 곳에 착륙한다.

79 멀티콥터 프로펠러의 1회전으로 측정할 수 있는 것은?

① 속도　② 거리
③ 압력　④ 밀도

80 초경량 비행장치 조종자 준수사항을 어길 시 1차 벌금은?

① 50만 원
② 150만 원
③ 225만 원
④ 300만 원

81 항공 종사자로 볼 수 없는 사람은?

① 초경량 비행장치 조종자
② 공항버스 운전사
③ 항공관제사
④ 승무원

82 초경량 비행장치 비행 전 조종기 테스트로 적당한 것은?

① 기체와 30m 떨어진 거리에서 레인지 모드로 테스트한다.
② 기체와 100m 떨어진 거리에서 일반 모드로 테스트한다.
③ 기체의 5m 옆에서 테스트한다.
④ 기체를 이륙한 다음 3m 고도에 호버링 후 조종기를 테스트한다.

83 기상 현상이 가장 많이 일어나는 대기권은?

① 중간권 계면　② 대류권
③ 성층권　④ 중간권

84 비행 중 멀티콥터 기체가 좌우로 불안할 경우 조종기의 조작법은?

① 조종기의 전원을 껐다가 켠다.
② 에일러론을 조작한다.
③ 스로틀을 올린다.
④ 러더를 조작한다.

85 방제용 무인 멀티콥터가 비행할 수 없는 것은?

① 정면 비행　② 삼각 비행
③ 배면 비행　④ 회전 비행

86 배터리를 장기간 보관할 때의 유의사항으로 적절하지 않은 것은?

① 상온 15~28도에서 보관한다.
② 4.2V로 완전 충전해서 보관한다.
③ 밀폐된 가방에 보관한다.
④ 전열기 주변 등 뜨거운 곳에 보관하지 않는다.

87 4행정 왕복 엔진의 행정 순서로 올바른 것은?

① 배기, 폭발, 압력, 흡입
② 압축, 흡입, 배기, 폭발
③ 흡입, 압축, 폭발, 배기
④ 흡입, 폭발, 압축, 배기

88 다음 중 비행 후 점검 사항이 아닌 것은?

① 수신기를 끈다.
② 열이 식을 때까지 뜨거운 부위는 점검하지 않는다.
③ 기체를 안전한 곳으로 옮긴다.
④ 송신기를 끈다.

89 전파의 이동이 활발하게 이루어지는 대기권은?

① 대류권
② 열권
③ 성층권
④ 대류권 계면

90 초경량 비행장치에 의하여 중대 사고가 발생한 경우 사고 조사를 담당하는 기관은?

① 관할 지방항공청
② 철도·항공사고조사위원회
③ 한국교통안전공단
④ 관할 지방검찰청

91 비행체에 작용하는 힘이 아닌 것은?

① 항력　② 압축력
③ 양력　④ 중력

92 초경량 비행장치 멸실, 말소 등록을 하지 않은 경우 1차 벌금은?

① 5만 원　② 15만 원
③ 30만 원　④ 100만 원

93 착빙의 종류가 아닌 것은?

① 이슬 착빙　② 맑은 착빙
③ 혼합 착빙　④ 거친 착빙

94 초경량 비행장치 조종자 전문 교육기관의 구비 조건이 아닌 것은?

① 격납고
② 강의실 1개 이상
③ 사무실 1개 이상
④ 이착륙 공간

95 여름철에 우리나라에 영향을 주는 기단은?

① 오호츠크해 기단
② 북태평양 기단
③ 적도 기단
④ 양쯔강 기단

96 베르누이 정리에 대해 바르게 설명한 것은?

① 정압이 일정
② 동압이 일정
③ 전압이 일정
④ 동압과 전압의 합이 일정

97 베르누이 정리에 대한 바른 설명은?

① 베르누이 정리는 밀도와 무관하다.
② 유체의 속도가 증가하면 정압이 감소한다.
③ 운동 에너지의 변화를 동압이라 한다.
④ 정상 흐름에서 전압과 동압의 합은 일정하다.

98 등고선이 좁은 곳에서 발생하는 현상은?

① 강한 바람
② 태풍 지역
③ 무풍 지역
④ 약한 바람

99 사람이 바람을 느끼고 나뭇잎이 흔들리기 시작할 때의 풍속은?

① 0.3~1.5m/sec　② 1.6~3.3m/sec
③ 3.4~5.4m/sec　④ 5.5~7.9m/sec

100 나뭇잎과 나뭇가지가 부단히 움직이고 엷은 깃발이 휘날릴 때의 풍속은?

① 0.3~1.5m/sec　② 1.6~3.3m/sec
③ 3.4~5.4m/sec　④ 5.5~7.9m/sec

101 다음 중 뇌우의 형성 조건이 아닌 것은?

① 강한 상승 기류
② 풍부한 수증기
③ 대기의 불안정
④ 강한 하강 기류

102 다음 구름의 종류 중 비가 내리는 구름은?
① NS(난층운) ② AC(고적운)
③ ST(층운)   ④ SC(층적운)

103 벡터량이 아닌 것은?
① 가속도 ② 질량
③ 양력   ④ 속도

104 멀티콥터의 비행에서 비틀림과 속도 제어에 사용되는 센서는?
① GPS 센서 ② 가속도 센서
③ 지자기 센서 ④ 기압 센서

105 겨울에는 대륙에서 해양 방향으로, 여름에는 해양에서 대륙 방향으로 부는 바람은?
① 대륙풍 ② 해륙풍
③ 계절풍 ④ 편서풍

106 초경량 비행장치 비행 공역을 나타내는 것은?
① R-35   ② UA-815
③ UA-14 ④ P-73A

107 기체의 앞뒤 또는 좌우의 흔들림을 제어하는 장치는?
① Gyro   ② Compass
③ Barometer ④ GPS

108 회색 또는 검은색의 먹구름이며 비와 눈을 포함하고, 두께가 두꺼우며 수직으로 발달한 구름은?
① Altostratus(고층운)
② Cumulonimbus(적란운)
③ Nimbostratus(난층운)
④ Stratocumulus(층적운)

109 대기의 기온이 상승하여 공기가 위로 향하고 기압이 낮아져 응결할 때 공기가 아래로 향하는 현상은?
① 대류 현상 ② 역전 현상
③ 이류 현상 ④ 푄 현상

110 멀티콥터를 우측으로 이동을 할 때 각 모터의 형태를 바르게 설명한 것은?
① 왼쪽에 위치한 모터의 회전수가 증가한다.
② 오른쪽에 위치한 모터의 회전수가 증가한다.
③ 왼쪽으로 회전하는 모터의 회전수가 증가한다.
④ 오른쪽으로 회전하는 모터의 회전수가 증가한다.

111 대기가 안정화(Atmospheric Stability)될 때 나타나는 현상은?
① 소나기가 내린다.
② 시정이 좋아진다.
③ 난류가 생긴다.
④ 안개가 생성된다.

112 고기압에 대한 설명으로 틀린 것은?
① 저기압 방향으로 바람을 일으킨다.
② 기단의 형성이 쉽다.
③ 중심부에 하강 기류가 발생한다.
④ 북반구에서는 시계방향으로 회전한다.

113 고기압에서 저기압 방향으로 흐르는 공기의 흐름은?
① 측풍   ② 대류
③ 바람   ④ 기압

114 비행기의 고도 상승에 따른 공기 밀도와 엔진 출력 관계를 맞게 설명한 것은?
① 공기 밀도 감소, 엔진 출력 감소
② 공기 밀도 감소, 엔진 출력 증가
③ 공기 밀도 증가, 엔진 출력 감소
④ 공기 밀도 증가, 엔진 출력 증가

115 항공기가 아닌 것은?
① 우주선
② 중량을 초과한 비행기
③ 속도가 빠르도록 개조한 비행기
④ 계류식 무인 비행선

116 초경량 비행장치 비행계획 신청 시 포함되지 않는 것은?
① 조종자의 비행 경력
② 비행기 제작사
③ 신청인 성명
④ 비행장 및 비행경로

117 다음 중 멀티콥터의 제어 장치가 아닌 것은?
① GPS   ② FC
③ ESC   ④ Propeller

118 모터에 대한 설명으로 맞는 것은?
① DC 모터는 영구적으로 사용할 수 없는 단점이 있다.
② DC 모터는 BLDC 모터보다 수명이 길다.
③ BLDC 모터는 브러시가 있는 모터이다.
④ BLDC 모터는 변속기가 필요 없다.

119 멀티콥터의 무게 중심은 어느 곳에 위치하는가?
① 전진 모터의 뒤쪽
② 후진 모터의 앞쪽
③ 기체의 중심
④ 랜딩 스키드 아래쪽

120 초경량 비행장치의 신고 기관으로 적당한 곳은?
① 국토교통부
② 한국교통안전공단
③ 지방항공청
④ 가까운 공항

121 멀티콥터의 하강 시 조작해야 할 조종기의 스틱은?
① Elevator   ② Throttle
③ Aileron   ④ Rudder

122 비행 승인을 받기 위해 서류를 제출해야 하는 기관은?

① 지방항공청
② 지역경찰서
③ 한국교통안전공단
④ 국방부

123 초경량 비행장치 신고 번호를 발급하는 기관은?

① 국방부　　② 국토교통부
③ 지방항공청　　④ 한국교통안전공단

124 배터리 사용 시 주의 사항으로 틀린 것은?

① 매 비행 시 배터리를 완충시켜 사용한다.
② 제조사에서 정해준 모델의 전용 충전기만 사용한다.
③ 비행 중 저전압 경고가 표시되면 즉시 복귀 및 착륙시킨다.
④ 배부른 배터리는 수리해서 사용한다.

125 프로펠러의 역할이 아닌 것은?

① 양력 발생　　② 추력 발생
③ 반토크 발생　　④ 중력 발생

126 난류 중 항공기의 고도 및 속도가 급하게 변하고 순간적으로 조종을 할 수 없는 상태가 되는 요란 기류는?

① 보통 난류　　② 강한 난류
③ 약한 난류　　④ 심한 난류

127 다음 중 통제 공역에 포함되지 않는 구역은?

① 비행 금지 구역
② 비행 제한 구역
③ 초경량 비행장치 비행 제한 구역
④ 군 작전 구역

128 초경량 비행장치 소유자가 주소 이전을 했을 때 신고 기간은?

① 5일　　② 10일
③ 30일　　④ 60일

129 평균 해수면에서 온도가 20℃일 때 1,000ft 에서의 온도는?

① 18℃　　② 22℃
③ 40℃　　④ 0℃

130 태풍이 발생하는 조건으로 알맞은 요소는?

① 열대성 저기압
② 열대성 고기압
③ 열대성 폭풍
④ 편서풍

131 다음 중 초경량 비행장치의 사고로 볼 수 없는 것은?

① 초경량 비행장치의 위치를 확인할 수 없거나 장치에 접근이 불가능한 경우
② 초경량 비행장치의 부품이 일부 파손
③ 초경량 비행장치의 추락, 충돌 또는 화재 발생
④ 초경량 비행장치에 의한 사람의 사망, 중상 또는 행방불명

132 멀티콥터의 착륙 지점으로 바르지 않은 것은?
① 고압선이 없는 평평한 지역
② 평평한 바닷가
③ 바람에 날리는 물체가 없는 평평한 지역
④ 평평하면서 경사진 곳

133 조종기를 장기간 사용하지 않을 시 보관 방법으로 옳은 것은?
① 배터리를 충전한 후 보관한다.
② 장기간 보관 시 배터리 커넥터를 분리한다.
③ 배터리를 방전한 후에 보관한다.
④ 온도에 상관없이 보관 가능하다.

134 항공 장애등의 설치 높이로 적당한 것은?
① 300ft AGL　② 500ft AGL
③ 300ft MSL　④ 500ft MSL

135 대기 온도, 대기압에 적당하지 않은 것은?
① 760mmHg
② 1,035.15hPa
③ 29.92inHg
④ 평균 해수면 온도 섭씨 15°C, 화씨 59°F

136 무인 멀티콥터가 이륙할 때 필요 없는 장치는?
① Motor　② ESC
③ Battery　④ GPS

137 두 기단이 만나서 머물게 되는 전선은?
① 한랭전선　② 정체전선
③ 온난전선　④ 폐색전선

138 베르누이 정리의 내용으로 바르지 않은 것은?
① 동압은 공기의 밀도와 비례한다.
② 동압은 공기 흐름 속도의 제곱에 비례한다.
③ 동압은 부딪히는 면적에 비례한다.
④ 동압은 정압의 크기에 비례한다.

139 베르누이 정리에 대한 설명으로 맞는 것은?
① 유체 속도가 빠르면 정압이 낮아진다.
② 유체 속도는 정압에 비례한다.
③ 정압은 속도와 비례한다.
④ 유체 속도는 압력과 무관하다.

140 자이로플레인은 어느 항공기에 속하는가?
① 계류식 비행장치
② 회전익 비행장치
③ 동력 비행장치
④ 모터 비행장치

141 비행 정보를 고시할 때 어디를 통해서 고시하는가?
① 관보
② 일간신문
③ 항공협회 회람
④ 항공협회 정기 간행물

142 박리 현상에 의한 상황이 아닌 것은?
① 양력 증가
② 유도 항력 증가
③ 기체 손상
④ 조종 능력 상실

143 다음 중 항공 정보 간행물은?

① NOTAM　② AIP
③ AIC　④ AIRAC

144 법령, 규정, 절차 및 시설 등의 변경이 장기간 예상될 때 이에 대한 설명과 조언 정보를 통지하는 것은?

① 항공 고시보(NOTAM)
② 항공 정보 간행물(AIP)
③ 항공 정보 회람(AIC)
④ AIRAC

145 비행 금지 구역, 제한 구역, 위험 구역 설정 등 공역에 대한 정보를 제공하는 것은?

① AIC　② NOTAM
③ AIRAC　④ AIP

146 신고를 요하지 않는 초경량 비행장치는?

① 계류식 무인 비행선
② 7m를 초과하는 무인 비행선
③ 초경량 헬리콥터
④ 판매를 목적으로 만들었으나 사용하지 않고 보관해놓은 무인 비행기

147 착빙(Icing)에 관한 내용으로 틀린 것은?

① 항력 증가
② 추력 감소
③ 양력 증가
④ 실속 속도 증가

148 난기류(Turbulence)가 발생하는 주요인이 아닌 것은?

① 안정된 대기 상태
② 바람의 흐름에 대한 장애물
③ 기류의 수직 대류 현상
④ 대형 항공기에서 발생하는 후류

149 양력에 대한 설명으로 옳은 것은?

① 양력은 항상 중력의 반대 방향으로 작용한다.
② 속도의 제곱에 비례하고 받음각의 영향을 받는다.
③ 속도의 변화가 없으면 양력의 변화가 없다.
④ 유체의 흐름 방향에 대해 수평으로 작용하는 힘이다.

150 양력을 발생시키는 원리를 설명할 수 있는 것은?

① 파스칼 원리
② 베르누이 정리
③ 에너지 보존 법칙
④ 작용 반작용 법칙

151 고기압에 대한 설명으로 틀린 것은?

① 전선이 쉽게 만들어진다.
② 가장 바깥쪽에 있는 닫힌 등압선까지의 거리는 1,000km 이상 된다.
③ 중심으로 갈수록 기압 경도가 낮아져 바람이 약해진다.
④ 북반구에서 시계방향 회전을 한다.

152 프로펠러의 피치에 대한 설명으로 맞는 것은?

① 프로펠러가 블레이드 각의 기준선이다.
② 프로펠러가 한번 회전할 때 전방으로 진행한 이론적 거리를 기하학적 피치라 한다.
③ 프로펠러가 한 번 회전할 때 전방으로 진행한 실제 거리를 기하학적 피치라 한다.
④ 바람의 속도가 증가할 때 프로펠러의 회전을 유지하기 위해서는 피치를 감소시킨다.

153 레이놀즈수에 대한 설명으로 옳은 것은?

① 아임계와 초임계를 구분하는 척도이다.
② 층류와 난류를 구분하는 척도이다.
③ 레이놀즈수가 크면 점성의 영향이 크다.
④ 균속도 유동, 비균속도 유동 구분의 척도이다.

154 항공기의 비행 시 조종사의 특별한 주의·경계·식별 등이 필요한 공역은?

① 관제 공역
② 통제 공역
③ 주의 공역
④ 비관제 공역

155 비행 중 떨림 현상이 발견되었을 때, 착륙 후 올바른 조치 사항을 모두 고른 것은?

가. 출력을 낮추고 낮게 비행한다.
나. 프로펠러와 모터의 파손 여부를 점검한다.
다. 각종 볼트, 너트의 잠김 상태를 점검한다.
라. 기체의 무게를 가볍게 한다.

① 가, 나
② 나, 다
③ 나, 라
④ 다, 라

156 다음 중 신고해야 할 기체가 아닌 것은?

① 동력 비행장치
② 초소형 헬리콥터
③ 초소형 자이로플레인
④ 계류식 무인 기구

157 구름의 생성과 관련이 없는 것은?

① 냉각
② 수증기
③ 온난전선
④ 응결핵

158 우시정에 대한 설명으로 틀린 것은?

① 우리나라에서는 2004년부터 우시정 제도를 채용하고 있다.
② 최대치의 수평 시정을 말하는 것이다.
③ 관측자로부터 수평원의 절반 또는 그 이상의 거리를 식별할 수 있는 시정이다.
④ 방향에 따라 보이는 시정이 다를 때 가장 작은 값으로부터 더해 각도의 합계가 180도 이상이 될 때의 값을 말한다.

159 초경량 비행장치를 사용할 때 법으로 정한 보험에 가입해야 하는 경우는?

① 모든 초경량 비행장치
② 국제대회에 참가하는 초경량 비행장치
③ 동호회 등 많은 사람이 공동으로 사용하는 비행장치
④ 영리 목적으로 사용되는 초경량 비행장치

160 멀티콥터에 열이 가장 적게 발생할 때는?

① 무거운 짐을 많이 싣고 호버링할 때
② 기온이 30℃ 이상일 때
③ 착륙한 직후
④ 조종기의 트림이 틀어졌을 때

161 비행 전 점검 사항에 해당하지 않는 것은?
① 조종기 외부 깨짐을 확인
② 보조 조종기의 점검
③ 배터리 충전 상태 확인
④ 기체 각 부품의 상태 및 파손 확인

162 뉴턴의 법칙 중 토크와 관련 있는 법칙은?
① 작용 반작용 법칙
② 관성의 법칙
③ 가속도의 법칙
④ 베르누이 정리

163 강수 현상이 아닌 것은?
① 안개비   ② 안개
③ 우박   ④ 눈

164 안개의 시정은 몇 m인가?
① 100m   ② 1,000m
③ 150m   ④ 2,000m

165 조종기 관리법으로 적당하지 않은 것은?
① 조종기는 비행 전 점검한다.
② 조종기 장기 보관 시 배터리 커넥터를 분리한다.
③ 조종기는 하루에 한 번씩 체크한다.
④ 조종기는 22~28℃ 상온에서 보관한다.

166 초경량 비행장치의 등록 번호는 어디에서 교부하는가?
① 국방부   ② 국토교통부
③ 지방항공청 ④ 교통안전공단

167 일반적인 비행 상태에서 바람이 불 경우 가장 멀리 날아가는 형태의 바람은?
① 정풍   ② 측풍
③ 배풍   ④ 없다.

168 멀티콥터 비행 시 비행체에 진동이 느껴졌을 때 취해야 하는 행동은?
① 착륙 후 기체 점검을 한다.
② 진동이 멈출 때까지 호버링을 한다.
③ 비행 상태에서 기체 점검과 조종기 점검을 한다.
④ 착륙 후 블레이드만 점검한다.

169 프로펠러에 이상이 있을 시 가장 먼저 발생하는 현상은?
① 진동이 발생한다.
② 기체가 추락한다.
③ 경고등이 들어온다.
④ 경고음이 들어온다.

170 초경량 비행장치 사고 시 조치 사항으로 알맞은 것은?
① 조사 기관에 신고한다.
② 인명을 구조한다.
③ 기체를 수거한다.
④ 사람들에게 도움을 청한다.

171 약물 복용 판단 기준으로 맞지 않는 것은?
① 육안 검사   ② 혈액 검사
③ 소변 검사   ④ 음주 측정 기기

172 구름을 구분한 것 중 가장 적절하게 분류한 것은?

① 높이에 따른 상층운, 중층운, 하층운, 수직으로 발달한 구름
② 층운, 적운, 난운, 권운
③ 층운, 적란운, 권운
④ 운량에 따라 작은 구름, 중간 구름, 큰 구름 그리고 수직으로 발달한 구름

173 뇌우가 생성되는 조건이 아닌 것은?

① 구름이 많이 모여든다.
② 고기압에서 상승 기류가 발생한다.
③ 수증기가 많이 모여든다.
④ 저기압에서 상승 기류가 발생한다.

174 배터리 충전 및 관리 요령으로 맞는 것은?

① 30℃ 이하 상온에서 관리한다.
② 배터리 매뉴얼보다 전압을 높여 충전한다.
③ 충전될 때까지 자리를 비우지 않는다.
④ 배터리의 배가 부를 때까지 충전한다.

175 대기 중 가장 많이 차지하는 가스는?

① 산소　　② 질소
③ 아르곤　④ 수증기

176 뇌우의 형성 과정과 성숙 단계에서 나타나는 현상이 아닌 것은?

① 물방울이 형성된다.
② 차가운 하강 바람이 있다.
③ 적운이 형성된다.
④ 비가 내린다.

177 6,500ft 이하에서 발생하는 구름의 종류는?

① 권층운　② 고층운
③ 적운　　④ 층운

178 베르누이 정리에 대한 설명으로 맞는 것은?

① 유체 속도가 빠르면 정압은 낮아진다.
② 유체 속도는 정압에 비례한다.
③ 전압은 속도에 비례한다.
④ 전압은 정압에 반비례한다.

179 해풍의 특징으로 적당한 것은?

① 주간에 바다에서 육지로 분다.
② 야간에 바다에서 육지로 분다.
③ 주간에 육지에서 바다로 분다.
④ 야간에 육지에서 바다로 분다.

180 아래 설명에 해당하는 안개의 종류는?

> 차가운 지면이나 수면 위로 따뜻한 공기가 이동해 오면, 공기의 밑 부분이 냉각되어 응결이 일어나는 안개이다. 대부분 연안이나 해상에서 발생한다.

① 활승 안개　② 복사 안개
③ 이류 안개　④ 증기 안개

181 비행 승인을 받기 위해 필요하지 않은 것은?

① 비행경로와 고도
② 조종자의 비행 경력
③ 비행장치의 제원
④ 조종자 자격증의 소지 여부

182 무인 멀티콥터가 비행 가능한 지역은?

① 인파가 많고 차량이 많은 곳
② 전파 수신이 많은 지역
③ 전깃줄 및 장애물이 많은 곳
④ 장애물이 없고 한적한 곳

183 아침에 발생하는 안개는?

① 활승 안개
② 복사 안개
③ 이류 안개
④ 증기 안개

184 항공 종사자의 음주 단속 기준은?

① 0.02% ② 0.2%
③ 0.03% ④ 0.3%

185 무인 멀티콥터의 명칭과 설명으로 옳지 않은 것은?

① 프로펠러는 양력을 높이기 위해 금속으로 만든다.
② 지자기 센서와 자이로 센서는 흔들리지 않게 고정한다.
③ 모터는 BLDC 모터를 사용한다.
④ 비행 시 배터리는 완전 충전해서 사용한다.

186 중층운에 해당하는 약자는?

① CU ② NS
③ AC ④ ST

187 자동 제어 기술의 발달에 따른 항공 사고의 원인이 될 수 없는 것은?

① 불충분한 사전 학습
② 기술의 진보에 따른 즉각적 반응
③ 새로운 자동화 장치의 새로운 오류
④ 자동화의 발달과 인간의 숙달 간의 시간차

188 북반구 저기압에 대해 옳지 않은 것은?

① 비와 악기상을 동반한다.
② 반시계방향으로 바람이 분다.
③ 상승 기류가 있다.
④ 시계방향으로 불며 맑은 날씨를 보인다.

189 고도 1,000ft당 온도 감소율은?

① 2℃ ② 2℉
③ 6.5℃ ④ 6.5℉

190 서리가 내릴 때의 비행 상태로 적당한 것은?

① 항력 감소
② 양력 감소
③ 실속 감소
④ 비행과는 상관없다.

191 기압에 대한 설명으로 올바른 것은?

① 고도가 올라가면 압력의 감소율이 올라간다.
② 온난전선에서는 압력이 낮아진다.
③ 1,000m당 1inch이다.
④ 차가운 곳에서는 압력이 낮아진다.

192 날개에 작용하는 양력에 대한 설명으로 맞는 것은?
① 양력은 날개의 시위선 방향의 수직 아래 방향으로 작용한다.
② 양력은 날개의 받음각 방향의 수직 아래 방향으로 작용한다.
③ 양력은 날개의 상대풍이 흐르는 방향의 수직 아래 방향으로 작용한다.
④ 양력은 날개의 상대풍이 흐르는 방향의 수직 위 방향으로 작용한다.

193 베르누이의 정리에서 항상 일정한 것은?
① 동압
② 정압
③ 전압
④ 유속

194 정압공에 결빙이 생겼을 경우 정상적으로 작동을 하지 못하는 계기는?
① 속도계
② 고도계
③ 승강계
④ 모두 해당한다.

195 비행 중 마주 보고 오는 다른 비행기를 회피하는 방향으로 바른 것은?
① 좌측
② 우측
③ 위
④ 아래

196 벡터량에 해당하는 것은?
① 질량
② 속도
③ 부피
④ 길이

197 기관과 업무가 바르게 연결되지 않은 것은?
① 국방부-항공 촬영 허가 및 승인 업무
② 한국교통안전공단-항공기 운항 안전에 관한 업무
③ 지방항공청-초경량 비행장치 등록, 사용 사업등록 업무
④ 철도·항공사고조사위원회-항공 사고의 조사 업무

198 난류 중 항공기의 고도 및 속도가 급격히 변하고 순간적으로 조종 불능 상태가 되는 요란 기류를 부르는 명칭은?
① 약한 난류
② 보통 난류
③ 심한 난류
④ 극심한 난류

199 한랭전선이 온난전선에 붙으면서 합쳐져 중복된 부분을 무엇이라 하는가?
① 정체전선
② 대류성 한랭전선
③ 장마전선
④ 폐색전선

200 뇌우 중 주로 주간에 국지적 가열에 의한 대류로 일어나고 좁은 범위에서 급히 발달하는 것은?
① 대류성 뇌우
② 전선성 뇌우
③ 기단성 뇌우
④ 가열성 뇌우

알짜배기 기출문제 200선 정답 및 해설

01	②	02	①	03	③	04	②	05	④	06	②	07	①	08	④	09	③	10	③
11	①	12	③	13	③	14	①	15	④	16	④	17	④	18	②	19	①	20	④
21	③	22	②	23	②	24	①	25	③	26	②	27	①	28	④	29	①	30	②
31	②	32	④	33	②	34	①	35	①	36	③	37	①	38	②	39	①	40	②
41	③	42	④	43	③	44	④	45	②	46	③	47	①	48	②	49	①	50	③
51	②	52	③	53	③	54	②	55	③	56	②	57	④	58	①	59	④	60	③
61	②	62	②	63	④	64	①	65	①	66	①	67	④	68	①	69	④	70	②
71	①	72	③	73	②	74	③	75	②	76	②	77	①	78	②	79	②	80	②
81	②	82	①	83	②	84	③	85	②	86	②	87	①	88	④	89	②	90	②
91	②	92	②	93	①	94	①	95	②	96	①	97	②	98	①	99	②	100	③
101	④	102	①	103	②	104	②	105	③	106	③	107	①	108	②	109	①	110	①
111	④	112	②	113	③	114	①	115	①	116	②	117	④	118	①	119	③	120	③
121	②	122	①	123	④	124	④	125	④	126	④	127	④	128	③	129	①	130	①
131	②	132	④	133	②	134	②	135	②	136	④	137	②	138	④	139	①	140	②
141	①	142	①	143	②	144	③	145	②	146	④	147	③	148	①	149	②	150	②
151	①	152	②	153	②	154	③	155	②	156	④	157	③	158	④	159	④	160	④
161	②	162	①	163	②	164	②	165	③	166	③	167	②	168	①	169	①	170	②
171	①	172	①	173	②	174	③	175	②	176	②	177	④	178	①	179	①	180	③
181	③	182	②	183	②	184	①	185	①	186	③	187	②	188	④	189	①	190	②
191	②	192	②	193	②	194	④	195	②	196	②	197	②	198	②	199	④	200	③

01 ②
국제민간항공기구(ICAO)의 조약 및 조약의 부속서는 우리나라를 포함한 대부분의 나라에서 자국 항공법의 기본으로 하고 있다.

02 ①
초경량 비행장치의 운용 시간은 일출 시로부터 일몰 시까지이다.

03 ③
초경량 비행장치의 말소 신고는 15일 이내에 해야 한다.

04 ②
조종자 : 20시간, 지도조종자 : 100시간, 평가조종자 : 150시간

05 ④
연료 여과기는 연료가 엔진으로 들어가기 직전에 습기나 이물질 제거를 위하여 거치는 장치이다.

06 ②
- 양쯔강 = 봄·가을(두 번)
- 초여름 = 오호츠크
- 여름 = 태풍 = 북태평양
- 겨울 = 시베리아

07 ①
착빙은 양력을 감소시키고 무게를 증가시킨다.

08 ④
머플러(소음기)에 대한 설명이다.

09 ③

안개의 발생 조건은 바람이 없고, 대기가 안정되고, 냉각 작용이 있어야 한다는 것이다.

10 ③

초경량 비행장치 조종자는 만 14세 이상, 지도조종자와 평가조종자는 만 20세 이상 응시 가능하다.

11 ①

항공법의 목적 2가지를 기억할 것!
① 항공기의 안전 항행 ② 항공 운송 사업 질서 확립

12 ③

항공장애 표시 및 주간 표지는 지상으로부터 150m(500ft)에 설치한다.

13 ③

초경량 비행장치의 연료나 배터리를 반드시 모두 소모하고 착륙할 필요는 없다.

14 ①

기상 현상 = 대류 현상 = 대류권

15 ④

얇게 펴진 수막 + 투명 = 단단함 ☞ 맑은 착빙
백색, 우윳빛 또는 불투명 = 깨지기 쉬움 ☞ 거친 착빙

16 ④

중요 변경 사항 사전 통보, 설명, 조언 ☞ AIC
정해진 사이클(Cycle)에 따라 개정 ☞ AIRAC
전기 통신 수단으로 배포 ☞ NOTAM
비행장, 항행 안전, 교통, 통신, 기상 기본 절차 ☞ AIP

17 ④

- 평평한 지형 + 바람이 없거나 + 야간, 새벽 ☞ 복사 안개(땅안개, 지면 안개) / (평평 ☞ 복사)
- 습한 공기 + 산을 타고 + 상승 + 단열 냉각 ☞ 활승 안개 / (상승 ☞ 활승)
- (흘러가는) 강, 해안 ☞ 이류 안개(물안개, 바다 안개, 해무) / (흘러 ☞ 이류)
- 한랭 공기 + 따뜻하고 습한 지표 + 수분 증발 ☞ 증기 안개 / (증발 ☞ 증기)

18 ②

리포 배터리 꼭 기억할 것!
Ⓐ 습기 × Ⓑ 수리 × Ⓒ 보관 20℃대 온도 Ⓓ 사용 -10~40℃ Ⓔ 장기 보관-만충 금지 Ⓕ 충전-비행 시마다 Ⓖ 충격, 합선, 낙하× Ⓗ 과충전 금지 Ⓘ 배부름 금지 Ⓙ 충전 시 자리 지키기

19 ①

태풍 = 북태평양, (두 번) 양쯔강 = 봄·가을, 초여름 = 오호츠크

20 ④

리포 배터리 꼭 기억할 것!
Ⓐ 습기 × Ⓑ 수리 × Ⓒ 보관 20℃대 온도 Ⓓ 사용 -10~40℃ Ⓔ 장기 보관-만충 금지 Ⓕ 충전-비행 시마다 Ⓖ 충격, 합선, 낙하 ×

21 ③

(여름) 태풍 = 북태평양, (두 번) 양쯔강 = 봄·가을, 초여름 = 오호츠크

22 ②

- 도북 : 지도상의 북쪽
- 자북 : 나침반(지자기)이 가리키는 북쪽-드론이 사용하는 북쪽
- 진북 : 북극성이 있는 지구 자전축 상의 북쪽
- METAR 보고서는 진북을 사용한다.

23 ②

중력(무게) ⇔ 양력, 추력 ⇔ 항력. 상반된 힘이 = 될 때는 등가속도 수평 비행 시이다.

24 ①

위반 시 과태료 사항

조종자 준수	조종자 증명	보험 가입	안전성 인증	비행승인 (25kg 이하)
300만원	400만원	500만원	500만원	300만원

위반 시 벌금 사항

장치신고	사용사업등록	음주비행	비행승인 (25kg 초과)
500만 원	1,000만 원	3,000만 원	300만 원

25 ③
- 원추 현상 ☞ 과도한 블레이드 깃각 또는 무게 초과, 저출력
- 세차 회전 ☞ 회전체에 힘을 가하면 90° 지난 지점에서 힘을 받은 것 같은 현상
- 전이 비행 ☞ 전진 = 전이, 수직 + 수평 양력을 회전판을 기울여 추력과 양력으로 바꾸는 과정
- 지면 효과 ☞ 지면 부근에서 양력이 증가하는 현상

26 ②
공력 중심 : 받음각(AOA)이 변해도 피칭 모멘트의 값이 변하지 않는 지점

27 ①
멀티콥터는 첨단 장비(GPS, GYRO, 가속도 센서, 지자기 센서, 기압 센서)를 탑재하여 초보자도 비행하기 쉬운 구조로 되어 있으며 비행 컨트롤러(FC)와 모터의 조합으로 매우 간단한 구조로 되어 있다. 각각의 로터는 조종자가 원하는 대로 제어가 가능하며 특히 정지 비행에서 매우 안정적인 성능을 보여준다.

28 ④
기상 현상은 대류권과 관계가 있다.

29 ①
- 안전성 인증검사 : 유효기간 2년
- 재검사 : 6개월 이내

30 ②
1마력(HP)은 한 마리의 말이 1초 동안에 75kg의 중량을 1m 움직일 수 있는 일의 크기를 말하며, 공학적으로는 간단히 75kg·m/sec로 나타낸다.
PS(Pferde Starke, 마력의 독일어 표기), 1PS = 75kg-m/sec = 0.735Kw
HP(Horse Power, 영(英) 마력. 미터 단위계 표기), 1HP = 550ft-lb/sec = 0.746Kw

31 ②
① Li-Po : 리튬폴리머
② Li-Ch : 존재하지 않는 배터리
③ Ni-Mh : 니켈수소 배터리
④ Ni-Cd : 니켈카드뮴 배터리

32 ④
- 전진 = 회전 상대 풍속 + 전진 상대 풍속
- 후진 = 회전 상대 풍속 - 전진 상대 풍속

33 ②
NOTAM : 항공 시설, 업무 절차 또는 업무 위험 요소의 시설 등을 수록하여 항공 종사자들에게 배포하는 공고문으로 "항공 고시보"라 부르며 유효 기간은 3개월이다.

34 ①
회전익기가 전진하기 위해서는 항력보다 수직 추력이 커야 한다.

35 ①
날개의 종횡비가 커지면 실속 감소, 활공 성능 증가, 유도 항력 감소, 유해 항력 증가 현상이 생긴다.

36 ③
- 지방항공청: 비행승인(허가)
- 한국교통안전공단 : 기체등록, 사용사업등록, 항공종사자 자격시험/자격발급
- 국토교통부 : 항공청, 교통안전공단의 국가 주무 부처

37 ①
비행 승인 : 지방항공청, 항공 촬영 승인 : 국방부

38 ①

태양 에너지 ⇒ 지역적 불균형 ⇒ 대류 ⇒ 바람

39 ①

지표에 가까울수록, 온도가 낮을수록 공기 밀도는 높다. 또한 고도와 온도가 높아지면 공기 밀도는 감소한다.

40 ②

연료를 제외한 무게가 115kg 이하인 경우를 초경량 비행장치라 한다.

41 ③

비행기는 항상 맞바람(정풍)으로 이륙해야 한다.

42 ④

착륙 중량은 가볍게 하고 접지 속도를 느리게 하기 위해 정풍으로 착륙한다.

43 ③

대기오염 물질에 의해 발생하는 시정 장애 현상은 Smoke + Fog를 합성하여 Smog라 부른다.

44 ④

촬영 허가를 요하는 국가 중요 시설 : 공항, 항만, 발전소, 군부대 등

45 ②

- 고도계는 공기의 밀도를 이용한다. 밀도가 높다 = 고도가 낮다, 밀도가 낮다 = 고도가 높다.
- 기압 ⇔ 고도. 고도는 기압이 높으면 실제보다 낮게, 기압이 낮으면 높게 지시한다.
- 기압 = 온도. 고도는 온도가 높으면 실제보다 높게, 온도가 낮으면 낮게 지시한다.

46 ③

태풍은 저기압이다. 우리나라에 오는 태풍의 모양은 6자 모양으로 반시계방향으로 회전한다.

47 ①

온도 ⇔ 공기 밀도(기압) ⇔ 습도

48 ③

- 관제구 = 200m(500ft) 이상의 공역
- 항행 안전시설 = 유선 통신, 무선 통신, 인공위성, 불빛, 색채 또는 전파

49 ①

태양 에너지 ⇒ 지역적 불균형 ⇒ 대류 ⇒ 바람

50 ③

- 착빙 : 유리한 것은 감소, 불리한 것은 증가
- 양력, 추진력 : 감소
- 항력, 무게 : 증가

51 ②

낮으면 올라가야 하고 높으면 내려가야 한다. 저기압골↑, 고기압 마루↓

52 ③

헬리콥터는 메인로터를 회전시키기 위해 발생시킨 회전토크의 반대방향으로 발생되는 역토크를 상쇄하기 위하여 테일로터를 장착하여 반토크를 발생시킨다. 하지만 멀티콥터는 역토크를 반대방향으로 회전하는 로터의 토크로 상쇄하기 때문에 테일로터가 없다. 꼬리날개(Tail rotor)의 원래 이름은 반토크날개(Anti torque rotor)이다.

※ 무인멀티콥터 이론에서 가장 많이 헷갈리는 내용 정확하게 알아두기

헬리콥터에서 생긴 힘	로터의 회전을 위하여 발생시킨 힘	로터의 회전에 의하여 반대방향으로 발생한 불필요한 힘	불필요한 힘을 제거하는 방법
틀린 정보	토크(Torque)	반토크(Anti torque)	테일로터(Tail rotor)를 장착하여 반토크(Anti torque)를 상쇄한다.
바른 정보	토크(Torque)	역토크(Counter torque)	테일로터(Tail rotor)를 장착하여 역토크(Counter torque)만큼의 반대방향의 힘인 반토크(Anti torque)를 발생시켜 상쇄한다.

53 ③

1 : 모노, 2 : 바이, 3 : 트라이, 4 : 쿼드, 5 : 펜타, 6 : 헥사, 8 : 옥토, 12 : 도데카, 16 : 헥사데카

54 ②

위반 행위	근거 법 조항 (항공안전법)	과태료 금액 (만원)		
		1차 위반 50%	2차 위반 75%	3차 이상 위반 100%
안전성 인증검사를 받지 않고 비행	166조1항10호	250	350	500
조종자 증명을 받지 않고 비행	166조2항	200	300	400
조종자 증명을 대여·임차·알선	166조3항4호	150	225	300
비행승인을 받지 않고 비행	166조3항5호	150	225	300
조종자준수사항을 따르지 않고 비행	166조3항6호	150	225	300
국토부장관이 승인한 범위 외 비행	166조3항7호	150	225	300
신고번호 미 표기, 허위표기	166조5항4호	50	75	100
국토부령으로 정하는 장비를 장착하거나 휴대하지 않고 비행	166조5항5호	50	75	100
말소신고를 하지 않은 경우	166조7항1호	15	22.5	30
사고보고를 하지 않거나 허위보고	166조7항2호	15	22.5	30

55 ③

열대 요란 ⇒ 열대성 저기압 ⇒ 열대 폭풍 ⇒ 태풍

56 ②

- 추측 항법 : 천체, 지상 설비 등 외계 센서 정보를 이용하지 않고, 자이로(Gyro), 주행거리계(Encoder), 속도계 등으로만 이동체의 위치와 방향을 구하는 방법
- 관성 항법 : 비행체에 내장된 자이로스코프와 가속도계 등의 감지기에 의하여 비행체의 위치나 속도 등의 정보를 산출하는 방법
- 무선 항법 : 지상 또는 인공위성으로부터 온 무선 정보를 이용하여 현재의 위치를 파악하는 항법
- 자동 항법 : 위성 항법이라고도 하고 비행기·선박·자동차뿐만 아니라 세계 어느 곳에서든지 인공위성을 이용하여 자신의 위치를 정확히 알 수 있는 시스템

57 ④

① 포지션 모드 : 주로 항공 촬영 시에 많이 사용
② 자세 모드 : 방제, 방역 시에 많이 사용
③ 수동 모드 : 레이싱 드론에서 사용
④ 고도 제한 모드 : 멀티콥터에서 지원되는 비행 모드가 아님

58 ①

정상 상태에 있고 외력이 작용하지 않는 비압축성, 비점성을 가지는 이상적인 유체의 경우, 유체의 속도가 빨라지면 압력이 낮아진다는 정리이다. 이상 유체에 적용된 에너지 보존 법칙이다.

59 ④

구분		내용
관제 공역	A등급 공역	모든 항공기가 계기 비행을 해야 하는 공역
	B등급 공역	계기 비행 및 시계 비행을 하는 항공기가 비행 가능하고, 모든 항공기에 분리를 포함한 항공 교통관제 업무가 제공되는 공역
	C등급 공역	모든 항공기에 항공 교통관제 업무가 제공되나, 시계 비행을 하는 항공기 간에는 교통 정보만 제공되는 공역
	D등급 공역	모든 항공기에 항공 교통관제 업무가 제공되나, 계기 비행을 하는 항공기와 시계 비행을 하는 항공기 및 시계 비행을 하는 항공기 간에는 교통 정보만 제공되는 공역
	E등급 공역	계기 비행을 하는 항공기에 항공 교통관제 업무가 제공되고, 시계 비행을 하는 항공기에 교통 정보가 제공되는 공역
비관제 공역	F등급 공역	계기 비행을 하는 항공기에 비행 정보 업무와 항공 교통 조언 업무가 제공되고, 시계 비행을 하는 항공기에 비행 정보 업무가 제공되는 공역
	G등급 공역	모든 항공기에 비행 정보 업무만 제공되는 공역

60 ③

위반 시 과태료 사항

조종자준수사항	조종자증명	보험가입	안전성인증	비행승인 (25kg 이하)
300만 원	400만 원	500만 원	500만 원	300만 원

위반 시 벌금 사항

장치신고	사용사업등록	음주비행	비행승인 (25kg 초과)
500만 원	1,000만 원	3,000만 원	300만 원

61 ②

비행 승인 신고서에 포함될 내용으로는 신청인 정보, 비행장치의 종류 및 형식, 소유자, 신고 번호, 비행계획(비행 일시, 비행 목적, 경로/고도, 보험 가입 여부), 안전성 인증서 번호, 조종자 인적 사항, 탑재 장비 목록 등이 있다.

62 ②

층계	이름	우리말 이름	국제명	국제기호	모양
상층운	권운	털구름, 새털구름	Cirrus	Ci	흰색 새 깃털 모양
	권적운	털쌘구름, 비늘구름	Cirrocumulus	Cc	흰색 작은 구름의 규칙적 배열
	권층운	털층구름	Cirrostratus	Cs	높은 하늘에 희미하게 깔림
중층운	고적운	높쌘구름	Altocumulus	Ac	흰색 구름 덩어리 모양
	고층운	높층구름	Altostratus	As	하늘을 덮은 연한 회색 구름
	난층운	비층구름	Nimbostratus	Ns	암흑색(진한 회색) 비구름
하층운	층적운	층쌘구름	Stratocumulus	Sc	회색 덩어리 구름
	층운	층구름	Stratus	St	낮게 덮이는 회색 구름
적운계	적운	쌘구름	Cumulus	Cu	밑면이 평평함
	적란운	쌘비구름	Cumulonimbus	Cb	오후에 형성되는 소나기구름

63 ④

64 ①

- 거친 착빙 : 뿌옇거나 우윳빛이며, 잘 부서진다.
- 서리 착빙 : 서리가 굳어서 얼음이 되는 것을 말한다.
- 맑은 착빙 : 얇게 퍼진 수분이 단단하게 얼어붙는다.
- 이슬 착빙 : 이슬 착빙은 존재하지 않는다.

65 ①

- 철도·항공사고조사위원회 : 철도, 항공 관련 사고 조사 기관
- 한국교통안전공단 : 자동차 검사, 비행기 검사, 조종자 면허 시험·발급 기관
- 검찰 및 경찰 : 자동차 사고 및 일반 사고, 범죄 등의 조사

66 ①

① 비상 발생 : 제일 먼저 주변에 비상 상황임을 알려야 한다. 큰 소리로 '비상'을 외치고 기체와 사람들 사이의 안전거리를 확보해야 한다.
② 지체 없이 인명과 시설의 피해가 없는 곳에 착륙시켜야 한다.
③ GPS 모드로 조작이 되지 않을 경우 자세 모드(Attitude)로 변환하여 착륙한다. 자세 모드에서도 제어가 되지 않을 경우 인명과 시설에 피해가 가지 않는 곳에 착륙하거나 추락시켜야 한다.

67 ④

- 윈드시어(Wind Shear) : 갑작스럽게 바람의 방향이나 세기가 바뀌는 현상
- 사이클론(Cyclone) : 인도양, 아라비아해, 벵골만에서 발생하는 열대 저기압(태풍)
- 스콜(Squall) : 갑자기 불기 시작하여 몇 분 동안 계속된 후 갑자기 멈추는 바람
- 용오름, 토네이도(Tornado) : 뇌운이나 전선의 영향으로 생기는 소규모의 강한 소용돌이 바람

68 ①

저기압은 6자 모양으로 반시계방향 (͝) 가운데서 수렴
고기압은 p자 모양으로 시계방향 (͡) 가운데서 발산

69 ④
- 평평한 지형 + 바람이 없거나 + 야간, 새벽 ☞ 복사 안개(땅안개, 지면 안개) / (평평☞복사)
- 습한 공기 + 산을 타고 + 상승 + 단열 냉각 ☞ 활승 안개 / (상승☞활승)
- (흘러가는) 강, 해안 ☞ 이류 안개(물안개, 바다 안개, 해무) / (흘러☞이류)
- 한랭 공기 + 따뜻하고 습한 지표 + 수분 증발 ☞ 증기 안개 / (증발☞증기)

70 ②
- 거친 착빙 : 뿌옇거나 우윳빛이며, 잘 부서진다.
- 맑은 착빙 : 얇게 펴진 수분이 단단하게 얼어붙는다.
- 서리 착빙 : 서리가 굳어서 얼음이 되는 것을 말한다.
- 이슬 착빙 : 이슬 착빙은 존재하지 않는다.

71 ①
- GPS/GLONASS : 위성 항법 장치
- SONAR : 초음파 탐지기
- 레이저 센서 : 거리 측정
- Gyroscope : 자세 제어

72 ③
- 고점도(응집성), 냉각성 : 여름철 필요한 능력
- 저점도 : 겨울철 필요한 능력

73 ②
- 봄·가을 : 양쯔강 기단(황사 기단) - 따뜻하고 건조한 날씨
- 겨울 : 시베리아 기단(한파 기단) - 차고 건조한 날씨
- 초여름 : 오호츠크해 기단(장마 기단) - 차고 습한 날씨
- 여름 : 북태평양 기단(태풍 기단) - 따뜻하고 습한 날씨

74 ③
멀티콥터는 로터의 수가 많으므로 제어하기 편리한 전기 모터를 주로 사용한다.

75 ②

구분	초경량 비행장치	경량 항공기
무게 기준	자체 중량 115kg 이하	최대 이륙 중량 600kg 이하
좌석 수	1인승	2인승 이하

76 ②
- Gyro : 각 방향으로 틀어지는 양을 계산
- Compass : 방향을 제어
- 가속도 센서 : 이동하는 양을 계산
- GPS : 위치를 제어

77 ①
초경량 비행장치의 비행 제한 고도는 절대 고도(현재의 위치) 기준 150m(500ft)이다.
- AGL(Above Ground Level, Absolute Altitude) : 절대 고도
- MSL(Mean Sea Level) : 평균 해수면 고도

78 ②
비상시 절차
① 비상 발생 : 제일 먼저 주변에 비상 상황임을 알려야 한다. 큰 소리로 '비상'을 외치고 기체와 사람들 사이의 안전거리를 확보해야 한다.
② 지체 없이 인명과 시설의 피해가 없는 곳에 착륙시켜야 한다.
③ GPS 모드로 조작이 되지 않을 경우는 자세 모드(Attitude)로 변환하여 착륙하고 자세 모드에서도 제어가 되지 않을 경우는 인명과 시설에 피해가 가지 않는 곳에 착륙하거나 추락시켜야 한다.

79 ②
프로펠러의 피치는 1회전 시 이동하는 거리를 말한다.

80 ②

위반 행위	근거 법 조항 (항공안전법)	과태료 금액 (만원)		
		1차 위반 50%	2차 위반 75%	3차 이상 위반 100%
안전성 인증검사를 받지 않고 비행	166조1항10호	250	350	500
조종자 증명을 받지 않고 비행	166조2항	200	300	400
조종자 증명을 대여·임차·알선	166조3항4호	150	225	300
비행승인을 받지 않고 비행	166조3항5호	150	225	300
조종자준수사항을 따르지 않고 비행	166조3항6호	150	225	300
국토부장관이 승인한 범위 외 비행	166조3항7호	150	225	300
신고번호 미 표기, 허위표기	166조5항4호	50	75	100
국토부령으로 정하는 장비를 장착하거나 휴대하지 않고 비행	166조5항5호	50	75	100
말소신고를 하지 않은 경우	166조7항1호	15	22.5	30
사고보고를 하지 않거나 허위보고	166조7항2호	15	22.5	30

81 ②

항공 종사자는 조종사, 승무원, 관제사, 초경량 비행장치 조종자 등 항공과 관련된 업무를 하는 사람을 말한다.

82 ①

비행 전에는 최소한 기체와 30m 떨어진 거리에서 레인지(Range) 모드로 테스트한다.
Range Mode란 드론에서 송수신기의 신호가 정상인지 Range(조종 범위)를 확인하는 것으로 조종기의 배터리 양이 줄어든 경우의 긴급 상황을 대비하기 위해서 드론과 조종기의 최대 수신 거리를 테스트하는 것이다.

83 ②

기상 현상은 대류권과 관계가 있다.

84 ③

멀티콥터 기체가 불안정할 경우 스로틀을 올리면 모든 로터의 출력이 증가하면서 기체는 수직으로 상승하며 이 과정에서 안정을 되찾게 된다. 또한 멀티콥터를 비행하다가 충돌 등이 일어나 급하게 회피해야 할 때도 고도를 낮추는 것보다는 급하게 상승하여 보다 넓은 하늘 공간을 이용해서 회피하는 것이 안전하다.

85 ③

방제용 멀티콥터는 레이싱 드론과는 달리 배면 비행은 할 수 없다.

86 ②

리포 배터리 꼭 기억할 것!
Ⓐ 습기 × Ⓑ 수리 × Ⓒ 보관 20℃대 온도 Ⓓ 사용 -10~40℃ Ⓔ 장기 보관-만충 금지 Ⓕ 충전-비행시마다 Ⓖ 충격, 합선, 낙하× Ⓗ 과충전 금지 Ⓘ 배부름 금지 Ⓙ 충전 시 자리 지키기

87 ③

4행정 기관은 흡입, 압축, 폭발, 배기 행정이 엔진이 2회전 하는 동안 순차적으로 일어난다.

88 ①

비행 후 점검 및 조치
① 기체 전원 분리 ② 조종기 전원 OFF ③ 아워미터 확인 ④ 기체 점검 ⑤ 기체 이동

89 ②

대기권 중 열권에서는 자유전자와 이온이 밀집되어 전리층을 이루고 있어서 전파를 반사하거나 흡수할 수 있다.

90 ②

초경량 비행장치의 사고조사를 담당하는 기관은 철도·항공사고조사위원회이다.

91 ②

비행체에 작용하는 4가지 힘 : 추력 ⇔ 항력, 양력 ⇔ 중력

92 ②

위반 행위	근거 법 조항 (항공안전법)	과태료 금액 (만원)		
		1차 위반 50%	2차 위반 75%	3차 이상 위반 100%
안전성 인증검사를 받지 않고 비행	166조1항10호	250	350	500
조종자 증명을 받지 않고 비행	166조2항	200	300	400
조종자 증명을 대여 · 임차 · 알선	166조3항4호	150	225	300
비행승인을 받지 않고 비행	166조3항5호	150	225	300
조종자준수사항을 따르지 않고 비행	166조3항6호	150	225	300
국토부장관이 승인한 범위 외 비행	166조3항7호	150	225	300
신고번호 미 표기, 허위표기	166조5항4호	50	75	100
국토부령으로 정하는 장비를 장착하거나 휴대하지 않고 비행	166조5항5호	50	75	100
말소신고를 하지 않은 경우	166조7항1호	15	22.5	30
사고보고를 하지 않거나 허위보고	166조7항2호	15	22.5	30

93 ①

- 거친 착빙 : 뿌옇거나 우윳빛이며, 잘 부서진다.
- 맑은 착빙 : 얇게 펴진 수분이 단단하게 얼어붙는다.
- 서리 착빙 : 서리가 굳어서 얼음이 되는 것을 말한다.
- 혼합 착빙 : 거친 착빙, 맑은 착빙, 서리 착빙 중 2가지 이상 혼합하여 생기는 것이다.
- 이슬 착빙 : 이슬 착빙은 존재하지 않는다.

94 ①

전문 교육기관의 구비 요건
① 강의실 1개 이상 ② 사무실 1개 이상 ③ 휴게실 및 화장실 ④ 기체 1대 이상 ⑤ 이착륙 공간

95 ②

(여름) 태풍 = 북태평양, (두 번) 양쯔강 = 봄 · 가을, 초여름 = 오호츠크

96 ③

베르누이 정리 : 전압 = 동압 + 정압 ☞ 전압은 항상 일정, 유체의 속도와 정압은 반비례

97 ②

베르누이 정리에서 유체의 속도와 정압은 반비례한다.

98 ①

등고선은 기압이 같은 곳을 이은 선으로 등고선이 좁은 지역은 기압의 차이가 급하게 변하는 지역으로 기압 경도력이 강해 강한 바람이 불게 된다.

99 ②

계급	이름	풍속	육지에 미치는 영향
0	고요	0.0~0.2m/s	연기가 똑바로 올라감
1	실바람	0.3~1.5m/s	연기는 날리지만, 바람개비는 돌지 않음
2	남실바람	1.6~3.3m/s	바람이 얼굴에 느껴지고 나뭇잎이 흔들리며 바람개비가 약하게 움직임
3	산들바람	3.4~5.3m/s	나뭇가지가 쉴 새 없이 흔들리고 깃발이 약하게 흔들림
4	건들바람	5.4~7.9m/s	먼지가 일고 종잇조각이 날리며 작은 나뭇가지가 흔들림
5	흔들바람	8.0~10.7m/s	작은 나무 전체가 흔들리고 강물에 잔물결이 잎
6	된바람	10.8~13.8m/s	큰 나무가 흔들리며 우산을 들고 있기가 힘듦
7	센바람	13.9~17.1m/s	큰 나무 전체가 흔들리고, 바람을 거슬러 걷기가 힘듦
8	큰바람	17.2~20.7m/s	잔가지가 꺾이고, 걸어갈 수가 없음
9	큰센바람	20.8~24.4m/s	지붕의 기와가 날아감
10	노대바람	24.5~28.4m/s	건물이 부서지고, 나무가 쓰러짐
11	왕바람	28.5~32.6m/s	건물이 심하게 부서지고, 나무가 뿌리째 뽑힘. 바다에서는 산더미 같은 파도가 잎
12	싹쓸바람	32.7m/s 이상	피해가 아주 큼

100 ③

101 ④

뇌우 생성 조건
① 온난하고 습한 공기가 하층에 있어야 한다.
② 불안정하고 강한 상승 기류가 필요하다.
③ 공기 덩어리가 두껍고 높은 고도에 이르기까지 기온감률이 커야 한다.

102 ①

층계	이름	우리말 이름	국제명	국제기호	모양
상층운	권운	털구름, 새털구름	Cirrus	Ci	흰색 새 깃털 모양
	권적운	털쌘구름, 비늘구름	Cirrocumulus	Cc	흰색 작은 구름의 규칙적 배열
	권층운	털층구름	Cirrostratus	Cs	높은 하늘에 희미하게 깔림
중층운	고적운	높쌘구름	Altocumulus	Ac	흰색 구름 덩어리 모양
	고층운	높층구름	Altostratus	As	하늘을 덮은 연한 회색 구름
	난층운	비층구름	Nimbostratus	Ns	암흑색(진한 회색) 비구름
하층운	층적운	층쌘구름	Stratocumulus	Sc	회색 덩어리 구름
	층운	층구름	Stratus	St	낮게 덮이는 회색 구름
적운계	적운	쌘구름	Cumulus	Cu	밑면이 평평함
	적란운	쌘비구름	Cumulonimbus	Cb	오후에 형성되는 소나기구름

103 ②

- 벡터 : 크기 + 방향을 가진다.
- 스칼라 : 크기만 가진다.

104 ②

GPS : 위치 제어, FC : 비행 제어, ESC : 모터 속도 제어, COMPASS : 방향 제어, GYRO : 자세 제어, 가속도 센서 : 기울어짐과 속도 제어

105 ③

- 대륙풍 : 대륙 쪽에서 해양 쪽으로 부는 바람이다.
- 해륙풍 : 해안 지방 국지풍으로 낮에는 해상에서 육지를 향해 해풍이 불고 밤에는 육지에서 해상을 향해 육풍이 분다.
- 계절풍 : 여름과 겨울, 계절에 따라 부는 바람이다. 대륙과 해양의 온도 차로 인해서 일 년 주기로 풍향이 바뀐다.
- 편서풍 : 위도 30~65° 사이의 중위도 지방에서 일 년 내내 서쪽으로 치우쳐 부는 바람이다.

106 ③

- P73 : 서울 중심부로 비행 금지 구역
- R75 : P73의 외곽 지역으로 비행 제한 공역
- P518 : 휴전선 인근 비행 금지 구역
- P61-65 : 원자력 발전소와 연구소 등으로 비행 금지 구역
- 초경량 비행장치 비행 공역 : UA-2(구성산). UA-3(약산), UA-4(봉화산). UA-5(덕두산). UA-6(금산). UA-7(홍산), UA-9(양평). UA-10(고창). UA-14(공주), UA-19(시화), UA-20(성화대), UA-21(방장산), UA-22(고흥). UA-23(담양), UA-24(구좌). UA-25(하동). UA-26(장암산). UA-27(미악산), UA-28(서운산). UA 29(옥천). UA 30(북좌), UA-31(청라), UA-32(토천), UA-33(변천천), UA-34(미호천), UA-35(김해). UA-36(밀양). UA-37(창원) 등 28개

107 ①

- Gyro : 각 방향으로 틀어지는 양을 계산
- Compass : 방향을 제어
- Barometer : 기압계(고도를 제어)
- GPS : 위치를 제어

108 ②

층계	이름	우리말 이름	국제명	국제기호	모양
상층운	권운	털구름, 새털구름	Cirrus	Ci	흰색 새 깃털 모양
	권적운	털쌘구름, 비늘구름	Cirrocumulus	Cc	흰색 작은 구름의 규칙적 배열
	권층운	털층구름	Cirrostratus	Cs	높은 하늘에 희미하게 깔림
중층운	고적운	높쌘구름	Altocumulus	Ac	흰색 구름 덩어리 모양
	고층운	높층구름	Altostratus	As	하늘을 덮은 연한 회색 구름
	난층운	비층구름	Nimbostratus	Ns	암흑색(진한 회색) 비구름
하층운	층적운	층쌘구름	Stratocumulus	Sc	회색 덩어리 구름
	층운	층구름	Stratus	St	낮게 덮이는 회색 구름
적운계	적운	쌘구름	Cumulus	Cu	밑면이 평평함
	적란운	쌘비구름	Cumulonimbus	Cb	오후에 형성되는 소나기구름

109 ①

- 대류 현상 : 더운 공기는 위로 올라가서 압력이 낮아지고 차가워지면 아래로 내려오는 현상
- 역전 현상 : 공기 순환이 잘되지 않아 높은 상공의 기온이 아래보다 높아지는 현상
- 이류 현상 : 기류가 수직으로 상승하지 않고 수평으로 이동하여 해무를 발생시키는 현상
- 푄 현상 : 높은 산을 넘어온 고온 건조한 바람이 부는 현상

110 ①

- 전진 : 뒤쪽에 위치한 모터 회전수 증가
- 후진 : 앞쪽에 위치한 모터 회전수 증가
- 좌로 이동 : 우측 모터 회전수 증가
- 우로 이동 : 좌측 모터 회전수 증가
- 좌회전 : 오른쪽으로 회전하는(시계방향, CW) 모터의 회전수 증가
- 우회전 : 왼쪽으로 회전하는(반시계방향, CCW) 모터의 회전수 증가

111 ④

안개의 발생 조건
- 공기 중에 수증기가 충분할 것
- 바람이 약하고 상공에 기온역전 현상이 있을 것
- 공기 중에 응결핵(흡습성 미립자)이 많을 것
- 공기가 노점(이슬점 5℃) 이하로 냉각될 것

112 ②

고기압 ⇒ 저기압으로 바람이 분다.
중심-하강 기류, 북반구의 고기압-시계방향, 저기압-반시계방향

113 ③

기압이 높은 곳에서 낮은 곳으로 흐르는 기류를 바람이라고 한다.
② 대류 : 데워진 공기가 위로 올라가고 차가워진 공기는 아래로 내려오는 현상

114 ①

'고도 ⇔ 기압'이므로 낮은 공기 밀도 또한 '고도 ⇔ 공기 밀도'
낮은 공기 밀도는 엔진의 출력을 감소시킨다. (여름보다 겨울에 엔진 출력이 높은 이유)

115 ①

항공기의 정의 : 공기의 반작용(지표면 또는 수면에 대한 공기의 반작용은 제외한다. 이하 같다)으로 뜰 수 있는 기기로서 최대 이륙 중량, 좌석 수 등 국토교통부령으로 정하는 기준에 해당하는 다음 각 목의 기기와 그 밖에 대통령령으로 정하는 기기(비행기, 헬리콥터, 비행선, 활공기)이다. 위의 기준에 따르면 지표면과 수면의 반작용을 이용하는 위 그선은 항공기가 될 수 없고, 우주선 또한 위의 기준과 상이하므로 항공기가 될 수 없다.

116 ②

비행 승인 신고서에 포함될 내용으로는 신청인 정보, 비행장치의 종류 및 형식, 소유자, 신고 번호, 비행계획(비행 일시, 비행 목적, 경로/고도, 보험 가입

여부), 안전성 인증서 번호, 조종자 인적 사항, 탑재 장비 목록 등이다.

117 ④

GPS : 위치 제어, FC : 비행 제어, ESC : 모터의 속도 제어, COMPASS : 방향 제어, GYRO : 자세 제어

118 ①

BLDC(Brush Less DC Moter)는 출력 및 수명이 매우 길고 정확한 속도의 제어가 가능한 반면 반드시 제어용 변속기를 함께 사용해야 한다. DC 모터는 BLDC 모터에 비해 출력·수명의 정확한 제어는 불가능하지만 전자 변속기가 없어도 동작하는 장점이 있다.

119 ③

멀티콥터의 CG(Center of Gravity : 무게 중심)는 기체의 메인 프레임 중심에 위치한다.

120 ③

초경량 비행장치의 신고 및 초경량 비행장치 사용사업등록은 각 지방항공청에 한다.

121 ②

- Throttle(스로틀) : 상승과 하강을 담당
- Elevator(엘리베이터) : 전진과 후진을 담당
- Aileron(에일러론) : 좌우로 이동을 담당
- Rudder(러더) : 좌우 방향 회전을 담당

122 ①

- 지방항공청 : 비행 승인
- 국방부 : 항공 촬영 승인
- 한국교통안전공단 : 자격, 면허 시험 및 발급

123 ④

- 지방항공청 : 비행승인(허가)
- 국방부 : 항공촬영 승인
- 국교통안전공단 : 장치등록, 사용사업등록, 자격 면허 시험 및 발급

124 ④

리포 배터리는 한 번 배가 불러오면 수리가 불가능하다.

125 ④

프로펠러는 양력과 추력을 발생시키기 위한 장치로이다. 멀티콥터에서는 프로펠러 회전에 의한 반토크를 이용하여 회전한다. 프로펠러도 무게를 갖고 있기 때문에 중력은 작용하지만 양력과 추력을 발생시키지는 않는다.

126 ④

항공기의 고도 및 속도가 급하게 변하고 순간 조종 불능이 되는 난류는 '심한 난류'이다.

127 ④

- 통제 공역 : 비행 금지 구역, 비행 제한 구역, 초경량 비행장치 비행 제한 구역
- 주의 공역 : 훈련 구역, 군 작전 구역, 위험 구역, 경계 구역

128 ③

초경량 비행장치의 소유자는 주소 이전, 변경 신고 사유 발생 시 30일 이내에 신고해야 한다.

129 ①

기온감률은 1,000ft에 -2°C, 1km에 -6°C이다.

130 ①

태풍의 발달 단계 : 열대 요란 → 열대성 저기압 → 열대 폭풍 → 태풍

131 ②

초경량 비행장치의 부품 일부가 파손되는 단순 고장 등은 사고로 볼 수 없다. 초경량 비행장치의 사고에 대해서 항공안전법 제2조는 다음과 같이 정의한다.
- 초경량 비행장치에 의한 사람의 사망, 중상 또는 행방불명

- 초경량 비행장치의 추락, 충돌 또는 화재 발생
- 초경량 비행장치의 위치를 확인할 수 없거나 초경량 비행장치에 접근이 불가능한 경우

132 ④

멀티콥터는 수직으로 이착륙이 가능한 비행장치로서, 바닥 면이 평평하고 경사지지 않은 곳이어야 안전하게 착륙할 수 있다.

133 ②

조종기를 장기간 보관할 때는 교체형 배터리의 경우 전원 커넥터를 분리하여 보관하고 내장형 배터리의 경우 장기 보관 모드(3.8V 내외-60% 충전)로 보관하며 전용 상자에 넣어 습하지 않은 곳에 두어야 한다.

134 ②

항공 장애등은 150m 이상의 고도에 설치해야 하므로 500ft AGL(150m 절대 고도/지상 고도)에 설치해야 한다.

135 ②

평균 대기 온도와 대기압은 15℃, 59℉/760mmHg, 29.92inHg이다.

136 ④

멀티콥터가 이륙하기 위해서는 전원 공급을 위한 배터리, 프로펠러에 동력을 공급하기 위한 모터, 모터에 전원을 공급하고 속도를 제어할 수 있는 전자 변속기가 필요하다.

137 ②

- 한랭전선과 온난전선의 세력이 비슷할 때 : 정체전선
- 한랭전선의 속도가 빨라 온난전선 밑으로 겹쳐질 때 : 폐색전선

138 ④

동압과 정압은 반비례한다.

139 ①

유체 속도와 정압은 반비례한다.

140 ②

자이로플레인은 양력을 발생시키는 부분이 로터이며 그 로터의 회전에 의한 양력으로 비행을 하게 되므로 회전익 비행장치에 해당한다.

141 ①

비행 정보는 관보에 해당한다.

142 ①

박리 현상은 항공기(날개)가 유체를 가르고 비행하는데 위쪽 공기가 날개 표면을 따라 정상적으로 흐르지 않고 경계층에서 떨어져 나가 양력을 잃는 현상이다. 이때 양력이 감소하여 조종 능력을 상실하고 심하면 추락하게 된다.

143 ②

② AIP(Aeronautical Information Publication/항공 정보 간행물) : 한글과 영어로 된 단행본으로 발간되며, 국내에서 운항하는 모든 민간 항공기의 능률적이고 안전한 운항을 위한 영구성 있는 항공 정보를 수록함

③ AIC(Aeronautical Information Circular/항공 정보 회람) : AIP나 NOTAM으로 전파하기 어려운 행정 사항을 담은 항공 정보를 제공
- 법령, 규정, 절차 및 시설 등 주요한 변경이 장기간 예상되는 경우 또는 비행기 안전에 영향을 미치는 사항
- 기술, 법령 또는 행정 사항에 관련된 설명과 조언
- 매년 새로운 일련번호를 부여하며 최근 대조표는 연 1회 발행

④ AIRAC(Aeronautical Information Regulation And Control/항공 정보 관리 절차) : 운영 방식에 대한 변경이 필요한 사항을 발효 일자를 기준으로 사전 통보하는 것

144 ③

145 ②

146 ④
신고를 하지 않아도 되는 초경량 비행장치
① 행글라이더, 패러글라이더 등 동력을 이용하지 아니하는 비행장치
② 계류식(繫留式) 기구류(사람이 탑승하는 것은 제외한다)
③ 계류식 무인 비행장치
④ 낙하산류
⑤ 무인 동력 비행장치 중에서 최대이륙중량이 2kg 이하인 것
⑥ 무인 비행선 중에서 연료의 무게를 제외한 자체 무게가 12kg 이하이고, 길이가 7m 이하인 것
⑦ 연구기관 등이 시험·조사·연구 또는 개발을 위하여 제작한 초경량 비행장치
⑧ 제작자 등이 판매를 목적으로 제작하였으나 판매되지 아니한 것으로서 비행에 사용되지 아니하는 초경량 비행장치
⑨ 군사 목적으로 사용되는 초경량 비행장치

147 ③
착빙의 결과 : 항력 증가 → 추력 감소, 양력 감소 → 실속 속도 증가

148 ①
안정적인 대기 상태는 안개 발생의 주요인이다.

149 ②
양력은 속도의 제곱에 비례하여 커지고, 유체 흐름의 수직 방향으로 작용하는 힘이다. 양력은 속도와 받음각의 영향을 크게 받는다. 비행기가 배면으로 비행하면 양력은 지구 중심을 향해서 발생할 수도 있다.

150 ②
- 파스칼 원리 : 유압브레이크에 적용
- 베르누이 정리 : 양력 발생에 적용
- 에너지 보존 법칙 : 롤러코스터에 적용
- 작용 반작용 법칙 : 반토크(멀티콥터 회전에 적용)

151 ①
전선이 형성되기 위해서는 서로 다른 기단이 만나야 한다. 고기압 혼자서 전선을 만들 수는 없다.

152 ②
프로펠러의 피치는 이론상 프로펠러 1회전당 전진하는 거리를 말하고, 보통 인치로 표기한다.

153 ②
레이놀즈수 : 점성력에 대한 관성의 비, 층류와 난류를 구분하는 척도이다.
Re = Vx/y (Re : 레이놀즈수, V : 속도, x : 직경, y : 점성 계수)

154 ③

주의 공역	훈련 구역	민간 항공기의 훈련 공역으로서 계기 비행 항공기로부터 분리를 유지할 필요가 있는 공역
	군 작전 구역	군사 작전을 위하여 설정된 공역으로서 계기 비행 항공기로부터 분리를 유지할 필요가 있는 공역
	위험 구역	항공기의 비행 시 항공기 또는 지상 시설물에 대한 위험이 예상되는 공역
	경계 구역	대규모 조종사의 훈련이나 비정상 형태의 항공 활동이 수행되는 공역

155 ②
비행 중 떨림 발생 시 즉시 착륙해야 하며, 착륙 후 조치 사항은 각 부분의 파손 및 고정 상태 등을 점검하는 것이다.

156 ④
계류식 무인 기구는 신고 대상이 아니다.

157 ③
구름의 발생 조건 : 풍부한 수증기, 응결핵, 냉각 작용
안개의 발생 조건 : 풍부한 수증기, 노점 온도 이하 냉각, 많은 응결핵, 바람이 약하고 상공에 기온역전

158 ④

우시정(Prevailing Visibility) : 공항 면적의 50% 이상인 지역에서 보이는 거리의 최대치를 가리키는 것으로 관측자의 위치에서 180° 이상의 수평 반원에서의 최대 수평 가시거리를 말한다. 공항 곳곳에 설치된 관측 장비로 측정한다. 한국, 미국, 일본 등에서 이 방식을 채용하며 우리나라는 2004년부터 우시정 제도를 채용하였다.

159 ④

영리를 목적으로 사용하는 초경량 비행장치는 법으로 정한 보험에 가입해야 한다. 위반 시 벌금 500만 원에 해당한다.

160 ④

① 중량이 증가하면 더 많은 양력 생성을 위해 모터의 출력이 높아지므로 열이 발생한다.
② 비행 당시의 기온이 높으면 기체와 모든 전기 사용 부분에 열이 더 많이 발생한다.
③ 비행하고 착륙한 직후는 많은 열을 갖고 있다.
④ 조종기의 트림이 틀어져도 임무를 수행하는 동안은 열이 추가로 발생하지 않는다.

161 ②

비행 전에는 기체의 각 부분과 조종기, 배터리 등을 점검해야 한다.
보조 조종기는 항공 교육기관에서 교육을 위한 비행 시에만 필요하며 이 점검은 교육기관 관계자들이 별도로 시행한다.

162 ①

멀티콥터의 회전과 관련된 반토크는 뉴턴의 작용 반작용 법칙을 설명한 것이다.

163 ②

강수 현상은 비, 눈, 우박 등과 같이 강수량(적설량)을 측정할 수 있어야 한다.

164 ②

안개는 지표면 근처에 발생하고 시정을 1km(또는 1마일) 이하로 제한한다.

165 ③

조종기는 비행 전에 반드시 점검하고 장기 보관 시는 배터리 커넥터를 분리하는 것이 좋다. 조종기 또한 리튬폴리머 배터리를 사용하므로 리튬폴리머 배터리와 같은 온도 범위에서 보관 및 사용하는 것이 좋다.

166 ③

초경량 비행장치는 국토교통부의 각 지방항공청에서 관리한다.

167 ③

- 정풍 : 이륙 시 활주 거리를 짧게 하고 실속 속도를 낮게 한다.
- 측풍 : 이착륙을 방해하는 위험 요소이다.
- 배풍 : 비행 중 연료 효율을 높이고 비행시간을 단축해 준다. (한국 ⇒ 미국 제트 기류 배풍)

168 ①

비행 중 기체의 이상을 발견하면 즉시 착륙하고 기체 점검을 해야 한다.

169 ①

프로펠러의 균열, 비틀림 등 이상 발생 시 우선적으로 진동이 발생하고 그 진동으로 인해 로터 축이 흔들리면서 프로펠러가 축으로부터 분리되고 이어서 추락하게 된다.

170 ②

사고 발생 시 조치 사항
① 인명 구호를 위해 신속히 필요한 조치를 취할 것
② 사고 조사를 위해 기체, 현장을 보존하고 도움이 될 수 있는 정황 및 장비 사진 및 동영상을 촬영할 것
③ 사고에 따른 보험 처리 - 지체 없이 가입한 보험사에 보상을 위한 접수를 할 것

171 ①
약물 검사는 혈액 검사, 소변 검사, 호흡 검사 등 반드시 수치로 나타낼 수 있는 방식으로 검사해야 한다.

172 ①
국제적으로 통일된 구름의 분류는 높이에 따라 상, 중, 하층운과 수직으로 발달한 구름으로 구분한다.

173 ②
뇌우 생성 조건
① 온난하고 습한 공기가 하층에 있어야 한다.
② 불안정하고 강한 상승 기류가 필요
③ 공기 덩어리가 두껍고 높은 고도에 이르기까지 기온감률이 커야 한다.

174 ③
리포 배터리 꼭 기억할 것!
Ⓐ 습기 × Ⓑ 수리 × Ⓒ 보관 20℃대 온도 Ⓓ 사용 -10~40℃ Ⓔ 장기 보관-만충 금지 Ⓕ 충전-비행 시마다 Ⓖ 충격, 합선, 낙하× Ⓗ 과충전 금지 Ⓘ 배부름 금지 Ⓙ 충전 시 자리 지키기

175 ②
대기의 구성 : 질소 78%, 산소 21%, 아르곤 0.93%, 이산화탄소 0.04%

176 ②
뇌우 생성 조건
① 온난하고 습한 공기가 하층에 있어야 한다.
② 불안정하고 강한 상승 기류가 필요하다.
③ 공기 덩어리가 두껍고 높은 고도에 이르기까지 기온감률이 커야 한다.

177 ④
구름의 높이는 하층운 2,000m 이하, 중층운 2,000~6,000m, 상층운 6,000m 이상이다. (하층운 6,500ft 이하, 중층운 6,500~20,000ft, 상층운 20,000ft 이상)

178 ①
베르누이 정리에서 유체의 속도와 정압은 반비례한다.
베르누이 정리 : 전압 = 동압 + 정압 ☞ 전압은 항상 일정하다.

179 ①
해륙풍은 국지풍의 일종이다.
-해풍 : 낮에 태양 복사열의 가열 속도 차에 의해 기압 경도력이 발생하는데 육지의 가열이 높아지면 기압이 낮아져 해풍이 발생
-육풍 : 야간에는 지표면과 해수면의 복사 냉각 차에 의해 육지가 먼저 식게 되므로 육지의 기압이 높아져 내륙으로부터 바다를 향해 육풍이 발생

180 ③
- 평평한 지형 + 바람이 없거나 + 야간, 새벽 ☞ 복사 안개(땅안개, 지면 안개) / (평평☞복사)
- 습한 공기 + 산을 타고 + 상승 + 단열 냉각 ☞ 활승 안개 / (상승☞활승)
- (흘러가는) 강, 해안 ☞ 이류 안개 (물안개, 바다 안개, 해무) / (흘러☞이류)
- 한랭 공기 + 따뜻하고 습한 지표 + 수분 증발 ☞ 증기 안개 / (증발☞증기)

181 ③
비행 승인 신고서에 포함될 내용은 신청인 정보, 비행장치의 종류 및 형식, 소유자, 신고 번호, 비행계획(비행 일시, 비행 목적, 경로/고도, 보험 가입 여부), 안전성 인증서 번호, 조종자 인적 사항, 탑재 장비 목록 등이다.

182 ④
무인 멀티콥터의 비행 가능 지역은 조종자 준수사항을 준수할 수 있는 곳이어야 하고 무선 조종 장치 운용에 지장을 받지 않는 곳이어야 한다.

183 ②
- 평평한 지형 + 바람이 없거나 + 야간, 새벽 ☞ 복사 안개(땅안개, 지면 안개) / (평평 ☞ 복사)

- 습한 공기 + 산을 타고 + 상승 + 단열냉각 ☞ 활승 안개 / (상승 ☞ 활승)
- (흘러가는) 강, 해안 ☞ 이류 안개(물안개, 바다 안개, 해무) / (흘러 ☞ 이류)
- 한랭 공기 + 따뜻하고 습한 지표 + 수분 증발 ☞ 증기 안개 / (증발 ☞ 증기)

184 ①

항공 종사자 음주 적발 기준은 혈중알코올농도 0.02%이고, 적발 시 3년 이하 징역 또는 3천만 원 이하의 벌금에 처한다.

장치신고	사용사업등록	음주비행	비행승인 (25kg 초과)
500만 원	1,000만 원	3,000만 원	300만원

185 ①

프로펠러는 가볍고 성형성이 좋으며 강성이 좋은 재료를 쓴다. 주로 복합 소재의 FRP 또는 카본 파이버 소재를 많이 사용한다.

186 ③

분류		이름	영어 이름	기호	고도(m)	특징
층운계	상층운	권운	Cirrus	Ci	6,000 이상	연달아 있는 새털 모양
		권적운	Cirrocumulus	Cc		잔물결과 연기 모양
		권층운	Cirrostratus	Cs		반투명한 베일 모양
	중층운	고적운	Altocumulus	Ac	2,000~6,000	암회색 연기, 잔물결 모양
		고층운	Altostratus	As		고르게 하늘을 덮음
층운계	하층운	난층운	Nimbostratus	Ns	하층~상층	회색, 운량 많음
		층적운	Stratocumulus	Sc	2,000 이하	부드러운 회색의 조각 모양
		층운	Stratus	St	300~600	회색으로 고르게 하늘을 덮음

187 ②

자동 제어 기술의 진보로 충분한 사전 학습의 부재로 인한 사고가 발생할 수 있다. 또 새로운 자동화 장치에 의한 새로운 오류나 결함으로 사고가 발생할 수 있으며, 자동화 속도보다 늦은 인간의 숙달에 의한 시간차로 인해 사고가 발생할 수 있다.

188 ④

북반구 저기압 3가지 특징 : ① 상승 기류 ② 반시계방향 ③ 비, 악성 기상 또는 태풍

189 ①

기온감률은 -2℃/1,000ft 또는 -6℃/1,000m이다.

190 ②

서리 ⇒ 착빙
착빙은 유리한 것은 감소, 불리한 것은 증가시킨다. 양력과 추진력은 감소시키고, 항력과 무게는 증가시킨다.

191 ②

① 고도가 올라갈수록 압력의 감소율이 낮아진다.
② 온난전선 = 저기압
③ 1,000ft당 1inch
④ 차가운 곳 = 고기압, 더운 곳 = 저기압

192 ④

양력
① 유체 속에서 물체가 진행 방향의 수직 방향으로 받는 힘을 말하며 위쪽으로 작용한다.
② 양력은 물체에 닿은 유체를 밀어내려는 힘에 대한 반작용이며 물체가 진행하는 방향에 대한 경사각과 물체의 면적, 흐름의 속도, 유체의 밀도에 따라 정해진다.

193 ③

베르누이 정리 : 전압 = 동압 + 정압 ☞ 전압은 항상 일정, 유체의 속도와 정압은 반비례

194 ④

정압공에 결빙이 생기거나 막히게 되면 모든 지시계가 정상적으로 작동할 수 없다.

195 ②

- 마주 오는 비행기를 회피할 때 : 우측
- 뒤따르는 항공기에 양보할 때 : 좌측

196 ②

- 벡터 : 크기 + 방향을 가진다.
- 스칼라 : 크기만 가진다.

197 ②

- 한국교통안전공단 : 항공 종사자의 자격 및 면허 관련 업무를 담당한다.
- 지방항공청 : 항공기의 운항, 안전, 장치의 등록, 사용 사업등록 업무를 담당한다.

198 ③

수직 속도(m/sec)	난류 강도
1~3	약한 난류(Light)
3~10	중간(보통) 난류(Moderate)
10~25	강한(심한) 난류(Severe)
25~100	극심한 난류(Extreme)

199 ④

한랭전선이 온난전선보다 속도가 빠르기 때문에 온난전선의 밑으로 겹쳐질 때 형성되는 전선을 폐색전선이라 한다.

200 ③

① 기단 뇌우(Air-mass Thunderstorm) : 주간에 어느 정도 균일한 기단 내에서 국지적 가열에 의한 대류로 일어난다. 주로 여름철 고온다습한 상황에서 산발적으로 발생하며 급속히 발달하고 급속히 쇠퇴하며 밤에는 소멸한다.

② 선형 뇌우(Line Thunderstorm) : 낮, 주로 오후에 발생하며 고도의 바람 방향으로 선형이나 띠 모양으로 배열된다.

③ 전선 뇌우(Frontal Thunderstorm) : 온난한 공기가 불안정한 대류 상태에서 전면을 따라 올라갈 때 발생하며, 전선을 따라 이동하고, 천둥·번개를 동반한 비를 뿌린다. 온난전선보다는 한랭전선에서 많이 발생한다.

실전 모의고사 1회

■ 난이도 낮음

01 국제민간항공기구(ICAO)에서 공식 용어로 사용하는 무인 항공기 용어는?
① Drone ② UAV
③ RPV ④ RPAS

02 완전히 비행이 금지된 곳은 아니지만 대공포 사격, 유도탄 사격 등으로 항공기에 보이지 않는 위험이 존재하므로 민간 비행기의 비행이 금지된 공역은?
① 금지 공역
② 제한 공역
③ 경고 공역
④ 군사 작전/훈련 공역

03 항공법상 초경량 비행장치라고 할 수 없는 것은?
① 낙하산류에 추진력을 얻는 장치를 부착한 동력 패러글라이더
② 하나 이상의 회전익에서 양력을 얻는 초경량 자이로플레인
③ 좌석이 2개인 비행장치로서 자체 중량 115kg을 초과하는 동력 비행장치
④ 기체의 성질과 온도 차를 이용한 유인 또는 계류식 기구류

04 신고하지 않아도 되는 초경량 비행장치는?
① 동력 비행장치 ② 인력 활공기
③ 초경량 헬리콥터 ④ 자이로플레인

05 초경량 비행장치를 소유한 자가 지방항공청장에게 신고할 때 첨부해야 할 것이 아닌 것은?
① 초경량 동력 비행장치를 소유하고 있음을 증명하는 서류
② 비행 안전을 확보하기 위한 기술상의 기준에 적합함을 증명하는 서류
③ 초경량 동력 비행장치의 설계도, 설계 개요서, 부품 목록
④ 제원 및 성능표

06 초경량 비행장치의 멸실 등의 사유로 신고를 말소할 경우에 그 사유가 발생한 날부터 며칠 이내에 지방항공청장에게 말소 신고서를 제출해야 하는가?
① 5일 ② 10일
③ 15일 ④ 30일

07 초경량 동력 비행장치의 자격증명 응시 자격 연령은?
① 만 14세 ② 만 16세
③ 만 18세 ④ 만 20세

08 초경량 비행장치를 제한 공역에서 비행하고자 하는 자는 비행계획 승인 신청서를 누구에게 제출해야 하는가?
① 대통령 ② 국토교통부 장관
③ 국방부 장관 ④ 지방항공청장

09 초경량 비행장치의 운용 시간은?

① 일출부터 일몰 30분 전까지
② 일출부터 일몰까지
③ 일출 30분 후부터 일몰까지
④ 일출 30분 후부터 일몰 30분 전까지

10 초경량 비행장치의 사고를 보고해야 할 의무가 있는 자는?

① 기장
② 항공기 소유자
③ 정비사
④ 기장 및 항공기의 소유자

11 비행 전 반드시 해야 하는 점검 사항이 아닌 것은?

① 조종기 점검
② 배터리 점검
③ 조종자 점검
④ 기체 점검

12 비행 전 공역 확인의 내용에 해당하지 않는 것은?

① 사방 확인
② 온도, 습도 확인
③ 풍향, 풍속 확인
④ 시정 거리 확인

13 비행 후 점검하지 않아도 되는 것은?

① 배터리 ② 조종기
③ 변속기 ④ 프로펠러

14 다음은 항공기를 부분별로 나눈 것이다. 맞는 것은?

① 날개, 착륙 장치, 동체, 꼬리 날개부, 동력 장치
② 동체, 날개, 동력 장치, 장비 장치
③ 날개, 동체, 꼬리 날개부, 착륙 장치, 각종 장비 장치
④ 날개, 동체, 꼬리 날개부, 착륙 장치, 엔진 장착부

15 동력 비행장치의 성능에서 상승력에 관한 설명으로 적절하지 않은 것은?

① 필요 마력이 작고 이용 마력이 크면 상승력이 좋다.
② 이용 마력이 크고 여유 마력이 크면 상승력이 좋다.
③ 여유 마력이 작고 이용 마력이 크면 상승력이 좋다.
④ 필요 마력이 작고 여유 마력이 크면 상승력이 좋다.

16 멀티콥터의 구성에서 필요 없는 요소는?

① 메인 로터 ② 프로펠러
③ 랜딩 기어 ④ 테일 로터

17 측풍이 심하게 불어올 때 멀티콥터 모터의 회전수 변화는?

① 전체적으로 회전수가 증가한다.
② 시계방향으로 회전하는 모터의 회전수가 증가한다.
③ 바람이 불어오는 쪽 모터의 회전수가 증가한다.
④ 바람이 불어가는 쪽 모터의 회전수가 증가한다.

18 비행 중 GPS 수신이 정상적으로 되지 않아 비행이 원활하지 않을 경우 가장 먼저 해야 하는 행동은?

① 주위 사람들에게 "비상"이라고 크게 외치고 신속하게 안전한 곳에 착륙시킨다.
② Toggle 스위치 불량이므로 스위치를 다른 위치로 이동하는 것을 여러 번 반복해본다.
③ 지체 없이 인명과 시설의 피해가 없는 곳에 추락시킨다.
④ Attitude(애띠/자세 제어) 모드로 변환하여 착륙시킨다.

19 비행 중인 비행장치에 작용하는 4가지의 힘이 균형을 이룰 때는?

① 가속 중일 때
② 지상에 정지 상태로 있을 때
③ 등가속도 비행 시
④ 상승을 시작할 때

20 조종기와 수신기의 전원을 켤 때마다 서로를 인식할 수 있도록 연결해주는 것의 용어는?

① 바인딩(Binding)
② 페어링(Pairing)
③ 커넥팅(Connection)
④ 부팅(Booting)

21 리튬폴리머(Li-Po) 배터리의 취급/보관 방법으로 부적절한 설명은?

① 배터리가 부풀거나, 누유 또는 손상된 상태일 경우에는 수리하여 사용한다.
② 빗속이나 습기가 많은 장소에 보관하지 말아야 한다.
③ 정격 용량 및 장비별 지정된 정품 배터리를 사용해야 한다.
④ 배터리는 -10℃~40℃의 온도 범위에서 사용한다.

22 왕복 엔진에서 윤활유의 역할이 아닌 것은?

① 기밀   ② 윤활
③ 냉각   ④ 방빙

23 무인 비행장치 조종자의 자격 요건이라 할 수 없는 것은?

① 정확하고 신속한 상황 판단력
② 합리적인 정보처리 능력
③ 신체적, 정신적 안정
④ 독선적이고 옹고집인 심성

24 공기의 밀도는 동력 비행장치의 추력에 영향을 주는데, 이 공기 밀도의 압력과 온도의 변화에 대한 설명으로 맞는 것은?

① 공기 밀도는 압력과 온도가 각각 증가할 때 비례하여 커진다.
② 공기 밀도는 온도가 증가하면 증가하고 압력이 증가하면 감소한다.
③ 공기 밀도는 온도가 증가하면 감소하고 압력이 증가하면 커진다.
④ 공기 밀도는 압력과 온도가 각각 증가할 때 반비례하여 감소한다.

25 비행 중 비행기의 전면에 작용하는 압력에 대한 설명으로 맞는 것은?

① 비행기의 모든 면에 작용하는 압력은 같다.
② 전압=동압+정압이다.
③ 공기 밀도가 증가하면 감소한다.
④ 공기 온도가 증가하면 증가한다.

26 무풍 상태에서 지상에 계류 중인 비행기의 날개에 작용하는 압력을 설명한 것으로 맞는 것은?

① 날개 아랫부분의 압력보다 윗부분을 누르는 압력이 높다.
② 날개 윗부분의 압력이 아랫부분을 들어 올리는 압력보다 높다.
③ 날개 아랫부분의 압력과 윗부분의 압력은 같다.
④ 날개의 형태에 따라 다르다.

27 항공기의 착륙 시 비행기가 지면 또는 수면에 접근함에 따라 날개 끝의 와류가 지면에 부딪히면서 항력이 감소하여, 지면 가까운 고도에서 비행기가 침하하지 않고 머무는 현상은?

① 대기 효과   ② 날개 효과
③ 지면 효과   ④ 간섭 효과

28 오늘날 항공기의 Weight & Balance를 고려하는 가장 중요한 이유는?

① 비행 시의 효율성 때문에
② 소음을 줄이기 위해
③ 안전을 위해
④ Payload를 늘리기 위해

29 최근 들어 연료 전지로 이용되는 이 기체는 초기에는 분자가 매우 작고 가벼워 기구 또는 비행선에 주로 사용하는 GAS였다. 이 기체의 이름은?

① 헬륨   ② 아르곤
③ 수소   ④ 산소

30 항공법에 의해 설치된 항공 장애등 및 주간 장애 표식의 관리 책임이 있는 자는?

① 항공 장애등 및 주간 장애 표식 설치자
② 국토교통부 장관
③ 비행장 소유자 또는 점유자
④ 해당 지방항공청

31 무인 항공기의 인적 요인 중 지식적 요인이 아닌 것은?

① 위험 요소 인식   ② 정서적 통제
③ 사전 지식 습득   ④ 규정 절차의 이해

32 항공 고시보(NOTAM)의 유효기간은?

① 1주   ② 1개월
③ 3개월   ④ 1년

33 대기권 중 기상 변화가 일어나는 층으로, 상승할수록 온도가 내려가는 층은?

① 성층권   ② 중간권
② 열권   ④ 대류권

34 착빙(Icing)에 대한 설명으로 틀린 것은?

① 양력과 무게를 증가시켜 추진력을 감소시키고 항력은 증가시킨다.
② 거친 착빙도 항공기 날개의 공기 역학에 심각한 영향을 줄 수 있다.
③ 착빙은 날개뿐만 아니라 Carburetor, Pitot 관 등에도 발생한다.
④ 습한 공기가 기체 표면에 부딪히면서 결빙이 발생하는 현상이다.

35 기온은 직사광선을 피해서 측정한다. 이때 몇 미터 높이에서 측정하는가?

① 3m   ② 2.5m
③ 2m   ④ 1.5m

36 바람을 일으키는 주요인은?

① 지구의 회전
② 공기량 증가
③ 태양 복사열의 불균형
④ 습도

37 강수 현상이 아닌 것은?

① 안개비   ② 안개
③ 우박   ④ 눈

38 안개의 발생 조건과 비교적 관계가 없는 것은?

① 대기 중에 응결핵이 많을 때
② 공기가 이슬점 온도 이하로 냉각될 때
③ 차고 밀도가 큰 공기가 들어올 때
④ 바람이 강하게 불 때

39 북반구에서 고기압과 저기압의 회전 방향으로 맞는 것은?

① 고기압-시계방향, 저기압-시계방향
② 고기압-반시계방향, 저기압-시계방향
③ 고기압-시계방향, 저기압-반시계방향
④ 고기압-반시계방향, 저기압-반시계방향

40 겨울에는 대륙에서 해양으로, 여름에는 해양에서 대륙으로 부는 바람은?

① 편서풍   ② 계절풍
③ 해풍   ④ 대륙풍

실전 모의고사 2회

■ ■ 난이도 보통

01 국제민간항공기구(ICAO)에서 공식 용어로 사용하는 무인 항공기 용어는?

① Drone ② UAV
③ RPV ④ RPAS

02 통제 공역이 아닌 것은?

① 군 작전 구역
② 비행 제한 구역
③ 초경량 비행장치 비행 제한 구역
④ 비행 금지 구역

03 다음 초경량 비행장치 중 인력 활공기에 해당하는 것은?

① 비행선
② 패러플레인
③ 행글라이더
④ 자이로플레인

04 신고를 요하지 아니하는 초경량 비행장치의 범위에 들지 않는 것은?

① 계류식 기구류
② 프로펠러로 추진력을 얻는 것
③ 동력을 이용하지 아니하는 비행장치
④ 낙하산류

05 안전성 인증 검사를 받지 않은 비행장치를 비행에 사용하다 적발되었을 경우 부과되는 과태료는?

① 200만 원 이하
② 300만 원 이하
③ 400만 원 이하
④ 500만 원 이하

06 초경량 비행장치 소유자가 주소 이전을 했을 때 신고해야 하는 기간은?

① 5일 ② 10일
③ 30일 ④ 60일

07 초경량 비행장치 조종자 전문 교육기관 지정을 위해 국토교통부 장관에게 제출할 서류가 아닌 것은?

① 전문 교관의 현황
② 보유한 비행장치의 제원
③ 교육 훈련 계획 및 교육 훈련 규정
④ 교육 시설 및 장비의 현황

08 초경량 비행장치를 비행 정보 구역 내에서 비행하기 위해 제출하는 비행계획서에 포함되는 사항이 아닌 것은?

① 교체 비행장
② 연료 재보급 비행장 또는 지점
③ 기장의 성명
④ 예상 소요 비행시간

09 초경량 비행장치 조종자는 비행 시 다음 각 호에 해당하는 행위를 해서는 아니 된다. 해당 사항이 아닌 것은?

① 인명이나 재산에 위험을 초래할 우려가 있는 낙하물을 투하하는 행위
② 인명 또는 재산에 위험을 초래할 우려가 있는 방법으로 비행하는 행위
③ 승인을 얻지 않고 비행 제한을 고시하는 구역 또는 관제 공역·통제 공역·주의 공역에서 비행하는 행위
④ 안개 등으로 인하여 지상 목표물을 육안으로 식별할 수 없는 상태에서 계기 비행 하는 행위

10 초경량 비행장치 사고를 일으킨 조종자 또는 소유자는 사고 발생 즉시 지방항공청장에게 보고해야 한다. 그 내용이 아닌 것은?

① 초경량 비행장치 소유자의 성명 또는 명칭
② 사고의 정확한 원인 분석 결과
③ 사고의 경위
④ 사람의 사상 또는 물건의 파손 개요

11 시계 비행을 하는 항공기에서 갖추어야 할 항공계기가 아닌 것은?

① 나침반　　② 승강계
③ 시계　　　④ 정밀 고도계

12 비행 시작 시 "워밍업"을 하는 이유로 맞는 것은?

① 배터리를 빨리 닳게 하기 위해
② 배터리의 전압을 맞추기 위해
③ 배터리를 보호하기 위해
④ 배터리의 효율을 증대시키기 위해

13 비행 후 조종기를 들고 기체를 향해 가는 이유는?

① 조종기는 고가품이므로 지키기 위해
② 조종기 신호를 더 잘 받게 하기 위해
③ 다른 사람이 조종하여 기체를 훔쳐 가므로
④ 기체 전원 분리 전에 다른 사람이 시동을 걸 수 있으므로

14 조종 면의 힌지 모멘트를 감소시켜 조종사의 조종력을 "0"으로 환원시키는 장치는?

① 트림 탭　　② 평형 탭
③ 서보 탭　　④ 스프링 탭

15 동력 비행장치가 100km/h의 속도로 10km/h의 바람을 거슬러 직선 비행하고 있다. 이 동력 비행장치의 대지 속도(Ground Speed)는 얼마인가?

① 90km/h
② 110km/h
③ 100km/h
④ 해면 상공에서는 100km/h

16 멀티콥터를 비행하던 중 좌회전 또는 우회전을 하였더니 고도가 상승하였다. 이때 고장난 것은?

① 비행 컨트롤러(FC)
② GPS 수신기
③ 변속기
④ IMU(관성 측정 장치)

17 다음 중 항공기의 측풍 착륙 방법이 아닌 것은?

① 사이드슬립(Side-slip) 착륙법
② 크래빙(Crabbing) 착륙법
③ 사이드슬립, 크래빙 혼합 착륙법
④ 롤링(Rolling) 착륙법

18 멀티콥터의 로터는 4개만으로도 모든 제어가 충분하다. 그런데 6개(헥사), 8개(옥토)를 쓰는 이유는?

① 더 무거운 짐을 들기 위해서
② 프로펠러의 크기를 작게 하기 위해서
③ 비행 시 방향성을 좋게 하기 위해서
④ 임무 장비 보호와 안전을 위해서

19 실속(Stall) 시 조종 능력을 상실하는 순서를 차례대로 맞게 쓴 것은?

① 방향타(Rudder)-횡전타(Aileron)-승강타(Elevator)
② 횡전타(Aileron)-방향타(Rudder)-승강타(Elevator)
③ 방향타(Rudder)-승강타(Elevator)-횡전타(Aileron)
④ 횡전타(Aileron)-승강타(Elevator)-방향타(Rudder)

20 조종기의 RTH 기능에 대해서 옳게 설명한 것은?

① RTH 버튼을 누르면 드론이 집으로 돌아온다.
② RTH 버튼을 누르면 처음으로 이륙한 장소로 돌아온다.
③ RTH 버튼을 누르면 그 자리에서 안전하게 착륙한다.
④ RTH 버튼을 누르면 마지막으로 이륙한 장소로 돌아온다.

21 멀티콥터를 비행한 후 배터리를 분리할 때의 순서는?

① +극을 먼저 뗀다.
② 동시에 떼어낸다.
③ 아무것이나 무방하다.
④ -극을 먼저 뗀다.

22 연료 탱크는 온도 팽창을 고려하여 여유 공간이 있어야 한다. 필요한 여유 공간의 정도는?

① 2% 이상   ② 4% 이상
③ 6% 이상   ④ 8% 이상

23 방제를 실시하는 멀티콥터 조종자가 갖추어야 할 신체 요소가 아닌 것은?

① 시력   ② 청력
③ 건강   ④ 장애가 없을 것

24 다음에 열거한 것은 항력의 종류이다. 초경량 동력 비행장치에서 발생하지 않는 항력은?

① 마찰 항력   ② 압력 항력
③ 유도 항력   ④ 조파 항력

25 동력 비행장치에 장착된 프로펠러의 피치를 비행 중 임의로 변경할 수 있을 때의 조치로 맞는 것은?

① 이륙 중에는 순항 때보다 깃각을 비교적 크게 한다.
② 순항 중에는 이륙 때보다 깃각을 비교적 작게 한다.
③ 엔진이 정지했을 경우 깃각을 0°에 가깝게 해야 엔진의 손상을 줄일 수 있다.
④ 깃각은 비행 속도가 빠르면 크게, 느리면 작게 조절하는 것이 좋다.

26 비행 중 최대 휨 모멘트는 날개의 어느 부분에서 발생하는가?

① 날개 뿌리(Wing Root)
② 날개 끝(Wing Tip)
③ 날개 중앙
④ 날개 모든 부분에서 받는 휨 모멘트는 동일

27 Ground Effect와 관계가 먼 것은?

① 이륙 시 정상 속도보다 낮은 속도로 이륙이 가능하나 그 효과를 벗어나면 실속이나 침하가 될 수 있다.
② Ground Effect의 영향이 미치는 고도는 날개 길이(Span) 이하이다.
③ Down Wash와 Up Wash의 감소로 인하여 유도 항력이 감소한다.
④ 착륙 시 활주 거리가 짧아진다.

28 비행기의 가로 안정성을 좋게 하는 요소로 틀린 것은?

① 상반각(쳐든각)
② 킬 효과(Keel Effect)
③ 무게 중심의 후방 이동
④ 후퇴각(뒤처짐, Sweep Back)

29 외부로부터 에너지를 받지 않고 가장 오랫동안 비행할 수 있는 비행체는?

① 글라이더   ② 열기구
③ 비행선   ④ 헬륨 기구

30 비행 중 마주 보고 오는 다른 비행기를 회피하는 방법으로 바른 것은?

① 우측   ② 좌측
③ 위   ④ 아래

31 컴퓨터의 발달과 보급으로 1980년대 이후 항공 사고의 유형이 바뀌었다. 다음 중 맞는 것은?

① 기계적인 결함으로 인한 사고는 일정하고 인적 요인으로 인한 사고는 늘어났다.
② 복잡한 기계들이 제어하게 되므로 오히려 기계적 결함으로 인한 사고가 늘어났다.
③ 기계적 결함으로 인한 사고와 인적 요인으로 인한 사고가 함께 감소했다.
④ 인간 조직의 문제로 인한 사고의 비율이 급격하게 증가하고 있다.

32 항법의 4요소는?

① 위치, 거리, 속도, 자세
② 위치, 방향, 거리, 도착 예정 시각
③ 속도, 유도, 거리, 방향
④ 속도, 고도, 자세, 유도

33 장거리 무선 통신이 가능한 전리층이 있는 대기층은?

① 대류권   ② 성층권
③ 열권   ④ 중간권

34 투명하고 단단한 얼음으로, 처음 물방울이 얼어버리기 전에 다음 물방울이 붙기 때문에 전체가 하나의 덩어리가 되며 0°C일 때 잘 발생하는 착빙(Icing)은?

① 서리(Frost)
② 수빙(Rime Ice)
③ 우빙(Clear Ice)
④ 나무얼음

35 진고도(True Altitude)란?

① 항공기와 지표면의 실측 높이이며 "AGL" 단위를 사용한다.
② 고도계 수정치를 표준 대기압(29.92inHg)에 맞춘 상태에서 고도계가 지시하는 고도이다.
③ 평균 해면 고도로부터 항공기까지의 실제 높이이다.
④ 고도계를 해당 지역이나 인근 공항의 고도계 수정치 값에 수정했을 때 고도계가 지시하는 고도이다.

36 주간에 산 사면이 햇빛을 받아 온도가 상승하여 산 사면을 타고 올라가는 바람은?

① 산풍 ② 곡풍
③ 육풍 ④ 푄(Foehn) 현상

37 이슬, 안개 또는 구름이 형성될 수 있는 조건은?

① 수증기가 응축될 때
② 수증기가 존재할 때
③ 기온과 노점이 같을 때
④ 수증기가 없을 때

38 안개에 관한 설명으로 틀린 것은?

① 공중에 떠돌아다니는 작은 물방울의 집단으로 지표면 가까이에서 발생한다.
② 수평 가시거리가 3km 이하가 되었을 때 안개라고 한다.
③ 공기가 냉각되고 포화 상태에 도달하고 응결하기 위한 핵이 필요하다.
④ 적당한 바람이 있으면 높은 층으로 발달한다.

39 고기압이나 저기압 시스템에 관한 설명으로 맞는 것은?

① 고기압 지역의 마루에서 공기는 올라간다.
② 고기압 지역의 마루에서 공기는 내려간다.
③ 저기압 지역의 골에서 공기는 정체한다.
④ 저기압 지역의 골에서 공기는 내려간다.

40 한랭전선이 온난전선에 따라붙고 합쳐져 중복된 부분은?

① 정체전선
② 대류성 한랭전선
③ 북태평양 고기압
④ 폐색전선

실전 모의고사 3회

■ ■ ■ 난이도 높음

01 현재 취득하고자 하는 자격증명의 공식 명칭은?

① 초경량 비행장치 멀티콥터 조종자 자격증
② 드론 조종자 국가 자격증
③ 초경량 비행장치 조종자 자격증
④ 초경량 비행장치 무인 멀티콥터 조종자 자격증

02 프로펠러의 피치에 대해 바르게 설명한 것은?

① 프로펠러의 두께
② 프로펠러 1회전 시 밀어내는 공기의 양
③ 프로펠러가 비틀어진 정도
④ 프로펠러 1회전 시 이론적으로 전진한 거리

03 다음 중 멀티콥터의 크기를 결정짓는 요소는?

① 로터의 크기
② 모터 축과 대각선 모터 축과의 거리
③ 모터의 개수
④ 기체의 무게 중심으로부터 가장 먼 부분까지의 거리

04 다음 중 멀티콥터와 조종기에 사용되는 배터리로만 구성된 것은?

① 납산 배터리, 리포 배터리
② 니켈수소 배터리, 리튬이온 배터리
③ 리튬이온 배터리, 리포 배터리
④ 납산 배터리, 리튬인산철 배터리

05 다음 중 멀티콥터의 비행을 제어하는 장치는?

① GPS
② IMU
③ CPU
④ FC

06 멀티콥터의 핵심장치인 IMU에 대하여 옳게 설명한 것은?

① Inertial Measurement Unit 관성 측정 장치, 기체의 속도와 방향, 중력, 가속도를 측정하는 장치
② Income Massage Unit 메시지 수신 장치, 조종기로부터 수신된 신호로 기체를 제어하는 장치
③ Inertial Measurement Unit 내부 측정 장치, 기체 내부의 전압, 비행시간, 현재 위치, 배터리 잔량 등을 측정하는 장치
④ Intelligent Measurement Unit 지능형 측정 장치, 기체의 비행에 필요한 모든 정보를 전자동으로 제어하는 장치

07 다음 중 멀티콥터의 비행에 관여하는 센서를 바르게 나열한 것은?

① GLONASS, 자이로 센서, 가속도 센서, 지자기 센서, 고도 센서
② GPS, 자이로 센서, 컴퍼스 센서, 전자 나침반, 중력 센서
③ GLONASS, 자이로 센서, 지자기 센서, 전압 센서, 장애물 센서
④ GPS, 자이로 센서, 가속도 센서, 지자기 센서, 기압 센서

08 다음 중 리튬폴리머(Li-Po) 배터리의 공칭 전압과 만충 전압을 바르게 표시한 것은?

① 공칭 전압 3.2V, 만충 전압 4.2V
② 공칭 전압 3.7V, 만충 전압 4.7V
③ 공칭 전압 3.7V, 만충 전압 4.2V
④ 공칭 전압 4.2V, 만충 전압 3.7V

09 다음 중 엔진 출력 1마력(HP)을 바르게 표현한 것은?

① 750kg/ms
② 75kg·m/s
③ 75kg/ms
④ 750kg·m/s

10 다음 중 항공 종사자의 음주 단속 기준과 그 처벌에 대해 바르게 설명한 것은?

① 혈중알코올농도 0.02%, 2,000만 원 이하 벌금, 2년 이하 징역
② 혈중알코올농도 0.05%, 5,000만 원 이하 벌금, 5년 이하 징역
③ 혈중알코올농도 0.02%, 3,000만 원 이하 벌금, 3년 이하 징역
④ 혈중알코올농도 0.1%, 1,000만 원 이하 벌금, 1년 이하 징역

11 국제민간항공기구(ICAO)에서 항공 보안을 위한 시설·업무 방식 등의 설치·변경 등 운항 관계자에게 전기 통신 수단으로 국가에서 배포하는 고시는?

① AIRAC
② AIP
③ AIC
④ NOTAM

12 다음 중 멀티콥터에서 비행에 필수적으로 필요한 3가지의 센서를 바르게 나열한 것은?

① GPS, 자이로 센서, 지자기 센서
② 지자기 센서, 고도계, 가속도 센서
③ 지자기 센서, 자이로 센서, 가속도 센서
④ 자이로 센서, 지자기 센서, 기압 센서

13 다음 중 프로펠러의 개수에 따른 멀티콥터의 명칭 중 틀리게 표시한 것은?

① 2개-바이콥터
② 3개-트라이콥터
③ 6개-옥토콥터
④ 16개-헥사데카콥터

14 비행장치의 무게 중심을 CG(Center of Gravity)라 한다. 멀티콥터 CG의 위치는?

① 기체의 가장 아랫부분
② 멀티콥터는 CG가 로터마다 있다.
③ GPS 안테나의 아랫부분
④ 기체 프레임의 중심

15 베르누이 정리를 가장 잘 설명한 것은?

① 정압+동압=전압으로, 일정하다.
② 동압과 전압은 항상 일정하다.
③ 정압이 높으면 동압도 높아진다.
④ 전압+동압=정압으로, 일정하다.

16 다음 중 기상의 7대 요소를 바르게 나열한 것은?

① 기압, 기온, 습도, 구름, 강수, 바람, 시정
② 기압, 기온, 습도, 구름, 강우, 바람, 안개
③ 온도, 습도, 기압, 구름, 강수, 바람, 풍향
④ 온도, 습도, 강수, 안개, 구름, 기압, 바람

17 다음 자격 명칭 중 초경량 무인 비행장치에 해당하지 않는 것은?

① 무인 헬리콥터 ② 무인 비행기
③ 무인 비행선 ④ 무인 자이로플레인

18 초경량 비행장치 비행 금지 구역으로 지정된 공항 주변 관제 공역의 범위는?

① 공항의 가장자리 경계로부터 9.3km까지
② 관제탑을 중심으로 지름 9.3km까지
③ 관제탑을 중심으로 반경 9.3km까지
④ 공항의 중심으로부터 반경 9.3km까지

19 원자력 발전소의 비행 금지 구역의 범위는?

① 원자력 발전소 중심 반경 18.6km
② 원자력 발전소 중심 반경 9.3km
③ 원자력 발전소 중심 지름 18.6km
④ 원자력 발전소 중심 지름 9.3km

20 초경량 비행장치 사용 사업에 이용되는 무인 동력 비행장치의 기준은?

① 연료 포함 자체 중량 12kg 초과, 150kg 이하
② 연료 포함 자체 중량 12kg 이상, 150kg 미만
③ 연료 제외 자체 중량 12kg 초과, 150kg 이하
④ 연료 제외 자체 중량 12kg 이상, 150kg 미만

21 다음 중 비행 승인 신청을 하는 곳이 아닌 것은?

① 서울지방항공청
② 부산지방항공청
③ 광주지방항공청
④ 제주지방항공청

22 초경량 비행장치의 안전성 검사 기관과 인증서의 유효기간을 바르게 나열한 것은?

① 도로교통공단, 2년
② 각 지방항공청, 2년
③ 한국교통안전공단, 1년
④ 항공안전기술원, 2년

23 다음 중 비행 금지 구역만을 바르게 나열한 것은?

① P-73A, P-73B, P-618
② P-518, R-75, UA-2
③ P-73B, R-75, P-518
④ P-73A, P-518, UA-14

24 비행 금지 구역에 대한 설명으로 틀린 것은?

① P-73A : 서울 도심(서울 종로구)
② P-518 : 휴전선 지역
③ P-63 : 월성 원자력 발전소
④ P-65 : 대전 원자력 발전소

25 사업용 초경량 비행장치로 비행 시 필수적으로 휴대해야 하는 것이 아닌 것은?

① 조종자 자격증
② 비행 승인서
③ 기체의 안전 인증서
④ 기체의 제원표

26 초경량 비행장치 최대 이륙 고도는?

① 150m MSL
② 150m AGL
③ 200m MSL
④ 200m AGL

27 다음 중 항공 기상과 관련하여 멀티콥터를 비행하면 안 되는 경우를 맞게 나열한 것은?

① 비, 우박, 태풍, 해일, 지진
② 우박, 태풍, 해일, 지진, 바람
③ 해일, 지진, 천둥, 안개, 태풍
④ 안개, 연기, 해무, 일출 전, 일몰 후

28 비행체의 주 조종 면 3축에 해당하지 않는 것은?

① 피치(Pitch) : 멀티콥터 기체의 전/후 기울기, 전진 및 후진
② 롤(Roll) : 멀티콥터 기체의 좌/우 기울기, 좌/우로 이동
③ 요(Yaw) : 멀티콥터 기체의 좌/우 회전
④ 스로틀(Throttle) : 멀티콥터 기체의 상승과 하강

29 멀티콥터의 비행 중 비상조치 순서를 바르게 나열한 것은?

① 비상 착륙 실시-정비사 도움 요청-정비 및 점검
② 비상 외치기-안전 착륙 유도(애띠 모드가 안 되면 착륙, 추락시킴)-정비 및 점검
③ 119 또는 112에 도움 요청-비상 외치기-119나 112가 올 때까지 호버링으로 대기
④ 리턴 홈 버튼 누르기-리턴 홈 작동이 안 되면 비상 착륙 실시-정비사에게 정비 및 점검 요청

30 기체에 작용하는 힘 중 서로 반대인 것끼리 묶은 것은?

① 양력 ⇔ 항력
② 중력 ⇔ 추력
③ 중력 ⇔ 양력
④ 양력 ⇔ 추력

31 국내 원자력 발전소의 위치와 명칭 및 비행 금지 구역 코드가 틀리게 연결된 것은?

① P-61 기장-고리
② P-62 경주-월성
③ P-63 영광-한빛
④ P-64 대전-한울

32 초경량 비행장치의 소유자가 변경되었을 때는 며칠 이내에 신고해야 하는가?

① 10일
② 15일
③ 30일
④ 60일

33 교통안전공단에서 실시하는 안전성 인증 검사의 종류가 아닌 것은?

① 초도 검사
② 중도 검사
③ 수시 검사
④ 재검사

34 항공법 시행규칙에서 규정한 초경량 비행장치 사용 사업 중 무인 비행장치를 이용할 수 있는 사업 범위가 아닌 것은?

① 비료, 농약 살포, 씨앗 뿌리기 등 농업 지원 사업
② (항공) 사진 촬영, 육상 및 해상 측량 또는 탐사, 산림 또는 공원 등의 관측 및 탐사 사업
③ 초경량 비행장치 조종자격 취득을 위한 조종 교육 사업
④ 레저 및 스포츠 사업

35 현재 국내 농업에 사용되는 방제용 멀티콥터의 에너지원과 동력 발생 방법을 옳게 설명한 것은?

① 발전기-배터리   ② 엔진-모터
③ 배터리-모터   ④ 발전기-모터

36 우리나라 항공법의 목적은?

① 항공기의 안전한 항행과 항공운송 사업 등의 질서 확립
② 항공기 등 안전 항행 기준을 법으로 지정
③ 국제 민간 항공의 안전 항행과 발전 도모
④ 국내 민간 항공의 안전 항행과 발전 도모

37 항공기의 항행 안전을 저해할 우려가 있는 장애물 높이가 지표 또는 수면으로부터 몇 미터 이상이면 항공장애 표시등 및 항공장애 주간 표지를 설치해야 하는가? (단, 장애물 제한구역 외에 한한다)

① 50미터   ② 100미터
③ 150미터   ④ 200미터

38 고유의 안정성이 의미하는 것은?

① 실속(Stall)이 잘되지 않는다.
② 잘 기울어지지 않는다.
③ 이착륙이 수월하다.
④ 조종이 용이하다.

39 무인 고정익 비행기와 무인 멀티콥터의 비행 특성 중 가장 두드러지게 차이가 나는 것은?

① 전진 비행   ② 선회 비행
③ 제자리 비행 ④ 사선 비행

40 다음 중 지자기(Compass) 센서를 보정(Calibration)해야 하는 상황으로 옳은 것은?

① 같은 장소에서 비행할 경우 매일 첫 시동을 걸 때 보정한다.
② 지자기가 흐르는 남북 방향으로는 상관이 없으나 동서 방향으로 20km 이상 이동하여 비행할 경우 보정한다.
③ 기수를 전방으로 하고 전진 비행을 실시하였더니 좌측 또는 우측으로 기울어지며 전진하는 경우 보정한다.
④ 일주일 또는 한 달 주기로 실시한다.

실전 모의고사 4회

신규 기출문제
■■■ 난이도 높음

01 다음은 무인동력비행장치의 종별에 관한 설명이다. 이 중 틀린 것은?

① 1종 무인동력비행장치 : 연료를 제외한 최대이륙중량이 25kg을 초과하고 150kg 이하인 무인동력비행장치
② 2종 무인동력비행장치 : 최대이륙중량이 7kg을 초과하고 25kg이하인 무인동력비행장치
③ 3종 무인동력비행장치 : 최대이륙중량이 2kg을 초과하고 7kg이하인 무인동력비행장치
④ 4종 무인동력비행장치 : 최대이륙중량이 250g을 초과하고 2kg이하인 무인동력비행장치

02 한국교통안전공단배움터 온라인교육을 이수함으로써 취득할 수 있는 무인동력비행장치 조종자 증명은?

① 1종 조종자증명 ② 2종 조종자증명
③ 3종 조종자증명 ④ 4종 조종자증명

03 다음 기압고도계 설정방식에 대한 설명 중 관제탑에서 제공하는 고도 입력으로 항공기의 기압고도계를 맞추는 방식으로 옳은 것은?

① QNH 방식   ② QNE 방식
③ QFH 방식   ④ QFE 방식

04 다음 초경량비행장치 조종자증명에 대한 설명 중 옳지 않은 것은?

① 초경량비행장치 조종자증명 기준은 국토교통부령으로 정한다.
② 부정한 방법으로 조종자증명을 받은 경우, 조종자증명을 취소한다.
③ 효력정지 기간에 초경량비행장치를 비행한 경우, 조종자증명을 취소한다.
④ 조종자준수사항 위반의 경우, 2년 이내 기간을 정하여 효력정지를 명할 수 있다.

05 프로펠러의 회전방향에 대한 설명으로 옳은 것은?

① 프로펠러의 회전방향은 항상 시계방향이다.
② 시계방향회전은 CW, 반시계방향 회전은 CCW라 부른다.
③ 정피치 프로펠러를 뒤집어 장착하면 역피치 프로펠러가 된다.
④ 프로펠러의 회전방향을 변경하기 위해 직경을 변경하면 된다.

06 수면에 대한 설명으로 옳지 않은 것은?

① 수면은 크게 REM수면, 비 REM수면으로 구분한다.
② REM 수면은 심장박동 및 호흡이 불규칙적이고 꿈을 꾸는 단계이다.
③ 3단계 수면은 외부에서 오는 정보처리를 멈추고 뇌의 뉴런이 거대하고 빠른 전기파를 생성한다.
④ 수면이 부족할 경우는 시각지각, 단기기억, 논리적 추론 등의 저하를 가져온다.

07 벡터에 대한 설명 중 틀린 것은?

① 가속도　　② 속도
③ 양력　　　④ 질량

08 초경량비행장치가 비행 가능한 공역에 대한 설명 중 옳지 않은 것은?

① 관제권 또는 비행금지구역에서 비행하려는 경우, 비행승인을 받아야 한다.
② 이착륙장을 관리하는 자와 협의된 경우에는 이착륙장 중심으로부터 반경 3km밖에서 150m 이하의 고도로 비행할 수 있다.
③ 사람 또는 건축물이 밀집된 지역에서는 해당 초경량비행장치를 중심으로 수평거리 500ft(150m) 이상의 고도에서 비행하는 경우에는 비행승인을 받아야 한다.
④ 사람 또는 건축물이 밀집된 지역이 아닌 곳에서는 지표면, 수면 또는 물건의 상단에서 500ft(150m) 이상의 고도에서 비행하는 경우에는 비행승인을 받아야 한다.

09 프로펠러에 대한 설명으로 옳지 않은 것은?

① 프로펠러의 규격은 D×P 로 나타내며 D는 피치, P는 직경을 의미한다.
② 회전 방향에 따라 정피치 또는 역피치 프로펠러를 구분해서 사용 및 장착이 필요하다.
③ 단면이 에어포일 형태인 회전 날개의 원리로 추력을 발생시킨다.
④ 프로펠러의 무게중심과 회전중심을 일치시키는 밸런싱을 통한 진동 최소화가 필요하다.

10 다음 중 국지 비행에 영향을 미치는 구름과 거리가 먼 것은?

① 층운(ST, Stratus)
② 적운(CU, Cumulus)
③ 적란운(CB, Cumulonimbus)
④ 권층운(CS, Cirrocumulus)

11 다음 중 국제민간항공협약 부속서의 항공기 상 특보의 종류가 아닌 것은?

① AIRMET 정보(AIRMET information)
② 뇌우 경보(Thunderstorm Warning)
③ SIGMET 정보(SIGMET information)
④ 공항 경보(Aerodrome Warning)

12 다음 중 무인비행장치 조종자가 준수해야하는 사항으로 옳은 것은?

① 일몰 후부터 일출 전까지 야간에 비행하는 행위
② 주류 등의 영향으로 조종업무를 정상적으로 수행할 수 없는 상태에서 조종하는 행위
③ 비행 중 주류 등을 섭취하거나 사용하는 행위
④ 무인비행장치를 육안으로 확인할 수 있는 범위에서 조종하는 행위

13 인적요인의 대표적 모델인 쉘(SHELL)모델의 구성요소가 아닌 것은?

① Environment　② Software
③ Human　　　④ Liveware

14 비행기의 기준축과 각 축에 대한 회전운동에 대하여 옳게 연결된 것은?

① x축 – 세로축 – 옆놀이(rolling)
② x축 – 가로축 – 빗놀이(yawing)
③ y축 – 세로축 – 키놀이(pitching)
④ z축 – 세로축 – 옆놀이(rolling)

15 다음 브러쉬리스(BLDC)모터에 대한 설명 중 옳은 것은?

① KV가 높을수록 회전수와 토크(Torque)가 커진다.
② 별도의 제어회로(ESC)가 필요 없는 매우 단순한 구조를 갖고 있다.
③ 모터의 규격에 KV(속도상수)가 존재하며, 전압10V를 인가했을 때 무부하상태의 회전수를 말한다.
④ DC모터나 BLDC 모터나 권선의 전자기력을 이용해 회전력을 발생시키는 원리는 같다.

16 다음 중 최대이륙중량이 15kg인 무인멀티콥터를 비행할 때 비행승인을 받아야 하는 공역이 아닌 것은?

① 비행금지구역
② 관제권
③ 지표면에서 200m에 해당하는 고도에서의 비행
④ ①,②가 아닌 구역에서 150m 이하의 고도에서의 비행

17 지구대기권에 대한 설명 중 옳지 않은 것은?

① 지구대기권은 물리적 특성에 따라 대류권, 성층권, 중간권, 열권, 극외권으로 나뉜다.
② 대류권은 지상으로부터 최대높이가 8~18km정도까지이며, 대류 및 기상현상이 발생한다.
③ 성층권은 10~50km정도까지이며, 상승할수록 온도가 내려가는 특성을 가진다.
④ 중간권은 약 50~80km정도까지이며, 상승할수록 온도가 내려가는 특성을 가진다.

18 다음 중 항공사업법의 목적이 아닌 것은?

① 항공사업의 질서유지
② 국민경제의 발전
③ 대한민국 항공사업의 체계적인 성장기반 마련
④ 사업주의 편의증진

19 다음 대기의 열전달 방식에 대한 설명 중 옳지 않은 것은?

① 복사(Radiation) : 물체로부터 방출되는 전자파의 총칭
② 전도(Conduction) : 분자운동을 통한 에너지의 전달 방법
③ 대류(Convection) : 밀도가 낮으면 상승, 밀도가 높으면 하강하는 현상
④ 이류(Advection) : 수직(연직)방향으로 유체가 이동하는 현상

20 다음 바람용어에 대한 설명 중 옳지 않은 것은?

① 바람이 불어오는 방향을 풍향이라 한다.
② 바람의 속도는 풍속과 같은 개념이므로 스칼라양으로 측정한다.
③ 풍속은 바람의 이동거리와 시간의 비로 계산할 수 있다.
④ 바람시어는 바람의 진행방향에 대하여 수직 또는 수평방향으로 변하는 풍속의 변화를 말한다.

21 다음 중 항공안전법에서 정하고 있는 초경량비행장치의 범위에 포함되지 않는 것은?

① 동력비행장치 ② 행글라이더
③ 비행선류   ④ 무인비행장치

22 다음 중 항공예보의 분류에 포함되지 않는 것은?

① 공항특보
② 공역 및 항공로 기상예보
③ 이착륙예보
④ 중요기상예보

23 다음 중 비행 중 기체에 작용하는 힘에 대한 설명이 아닌 것은?

① 양력 : 기체속도에 따라 무게중심(CG)을 기준으로 상승하는 힘
② 중력 : 기체의 양력을 방해하는 힘
③ 추력 : 항력을 이기고 전진하는 힘
④ 기체에 작용하는 힘은 무게중심(CG)포인트 보다는 추력이 우선한다.

24 브러쉬리스 모터에 사용되는 전자변속기(ESC)에 대한 설명으로 옳은 것은?

① 모터의 회전수를 제어하기 위해 사용한다.
② 모터의 토크를 제어하기 위해 사용한다.
③ 모터의 무게를 제어하기 위해 사용한다.
④ 모터의 온도를 제어하기 위해 사용한다.

25 초경량비행장치 안전성인증에 대한 설명 중 옳은 것은?

① 안전성인증 대상은 대통령령으로 정한다.
② 초경량비행장치 중 무인비행기는 안전성 인증대상이 아니다.
③ 무인비행장치 안전성인증 대상은 연료를 제외한 중량이 25kg 초과하는 기체이다.
④ 초경량비행장치 안전성 인증기관은 한국교통안전공단이다.

26 지구 대기권의 구성성분의 비율에 대한 설명 중 옳은 것은?

① 산소(O_2) : 78%
② 질소(N_2) : 21%
③ 아르곤(Ar), 이산화탄소(CO_2), 기타 : 2%
④ 지표로부터 고도80km까지 균일한 구성분포를 유지하며, 균질권(homosphere)라 부른다.

27 다음 브러쉬 모터에 대한 설명 중 옳지 않은 것은?

① 정류자와 브러쉬를 이용하여 전자석의 극성을 변경하여 움직인다.
② 모터의 수명은 반영구적이다.
③ 브러쉬의 마찰로 인해 발열과 마모가 심하다.
④ 권선의 전자기력을 이용해 회전력을 발생시키는 원리다.

28 리튬폴리머 배터리 관리방법에 대한 설명으로 옳지 않은 것은?

① 장기간 보관 전에는 완충하여 보관한다.
② 부풀어 오른(스웰링, swelling, 일명 붕어빵) 배터리는 사용을 금한다.
③ 배터리를 폐기할 때는 완전히 방전시킨 후 일반쓰레기로 버린다.
④ 폐기할 배터리는 소금물에 담가 환기가 잘 되는 곳에서 방전시킨다.

29 다음 중 초경량비행장치 사용사업의 등록요건이 아닌 것은?

① 초경량비행장치 조종자 1명이상 보유
② 제3자 보험 가입(대인/대물 영업책임보험)
③ 초경량비행장치(무인) 1대 이상 보유
④ 자본금 5,000만원 이상 보유

30 다음 중 무인비행장치 전문교관 등록취소 사유가 아닌 것은?

① 항공안전법 위반으로 15일 이상의 행정처분을 받은 경우
② 허위로 작성된 비행경력증명서등을 확인하지 않고 서명 날인한 경우
③ 비행경력증명서등을 허위로 제출한 경우
④ 실기시험위원으로 지정된 사람이 부정한 방법으로 실기시험을 진행한 경우

31 광수용기에 대한 설명으로 옳은 것은?

① 추상체 : 야간에 흑백을 본다.
② 간상체 : 주간에 높은 해상도로 본다.
③ 추상체 : 망막주변에 위치하며 야간 시 암점과 관련이 있다.
④ 수용체의 개수 : 간상체 > 추상체

32 프로펠러의 피치에 대한 설명으로 옳은 것은?

① 프로펠러의 두께를 말하는 것이다.
② 프로펠러를 한 바퀴 회전시켰을 때 앞으로 나아가는 기하학적 거리를 말한다.
③ 프로펠러의 피치와 직경은 반비례한다.
④ 저속비행 시는 고피치, 고속비행 시는 저피치 프로펠러가 유리하다.

33 프로펠러의 진동에 대한 설명 중 옳지 않은 것은?

① 프로펠러의 회전중심과 무게중심이 다를 경우 발생한다.
② 프로펠러의 직경을 크게 함으로서 진동을 줄일 수 있다.
③ 프로펠러의 진동이 심하면 모터의 수명이 매우 줄어들게 된다.
④ 프로펠러 밸런싱을 통해 진동을 줄일 수 있다.

34 다음 중 초경량비행장치를 적법하게 운용한 사람은?

① A씨는 이착륙장 관리자와 사전에 협의하여, 비행승인 없이 이착륙장에서 반경 2.5km 범위에서 140m 고도로 비행하였다.
② B씨는 비행승인 없이 초경량비행장치 비행제한 구역에서 200m 고도로 비행하였다.
③ C씨는 비행승인 없이 비행금지구역에서 50m 고도로 비행하였다.
④ D씨는 비행승인 없이 관제권이 운영되는 공항의 관제탑으로부터 9.2km 지점에서 100m 고도로 비행하였다.

35. 초경량비행장치 조종자가 고의 또는 중대한 과실로 사고를 일으켜 사망자가 발생한 경우 행정처분으로 맞는 것은?
   ① 효력정지 30일
   ② 효력정지 90일
   ③ 효력정비 180일
   ④ 조종자증명 취소

36. 다음 중 초경량비행장치 사용사업의 범위에 해당하지 않는 것은?
   ① 비료 또는 농약살포, 씨앗 뿌리기 등 농업 지원
   ② 사진촬영, 육상·해상 측량 또는 탐사
   ③ 산림 또는 공원 등의 관측 또는 탐사
   ④ 국민의 생명과 재산 등 공공의 안전에 위해를 일으킬 수 있는 임무

37. 푸르키네 현상에 따르면 다음의 보기 중에서 어두운 밤에 가장 잘 보이는 색은?
   ① 노랑
   ② 파랑
   ③ 초록
   ④ 빨강

38. 다음 구름의 분류에 대한 설명 중 옳지 않은 것은?
   ① 구름은 상층운, 중층운, 하층운, 수직운으로 분류하며, 운형은 10종류가 있다.
   ② 상층운은 운저고도가 보통 6km 이상으로 권운, 권적운, 권층운이 있다.
   ③ 중층운은 중위도지방 기준 구름높이가 2~6km이고 고적운, 고층운이 있다.
   ④ 하층운은 운저고도가 보통 2km 이하이며 적운, 적란운이 있다.

39. 다음의 초경량비행장치를 사용하여 비행하고자 하는 경우 이의 자격증명이 필요한 것은 다음 중 어느 것인가?
   ① 회전익비행장치
   ② 패러글라이더(Paraglider)
   ③ 계류식 기구
   ④ 낙하산

40. 선회경사계는 자이로스코프의 어떠한 특성을 이용한 것인가?
   ① 회전성
   ② 자기성
   ③ 섭동성
   ④ 강직성

실전 모의고사 5회

신규 기출문제
■■■ 난이도 높음

01 다음 중 초경량비행장치의 기체신고를 해야 하는 대상이 아닌 것은?

① 비사업용인 최대이륙중량 2kg인 무인멀티콥터
② 사업용으로서의 초경량비행장치 무인비행기
③ 자체중량 12kg초과 180kg 이하의 무인비행선
④ 초경량 동력패러글라이더

02 다음 중 조종자 증명을 필요로 하는 초경량비행장치는?

① 비사업용으로서의 행글라이더
② 최대이륙중량 250g 이하인 무인멀티콥터
③ 길이 8m인 초경량비행장치 무인비행선
④ 최대이륙중량 200g인 무인비행기

03 다음 중 비관제공역에 해당하는 공역은?

① C등급 공역
② D등급 공역
③ E등급 공역
④ F등급 공역

04 다음 중 초경량 비행장치 조종자 준수사항으로 틀린 것은?

① 안전성인증검사를 받지 아니하는 초경량비행장치를 관제권이 아닌 곳 또는 비행금지구역이 아닌 곳에서 150m 이하로 비행하는 것
② 모든 초경량비행장치 조종자는 비행 전 승인을 반드시 받아야 한다.
③ 인명이나 재산에 위험을 초래할 우려가 있는 낙하물 투하 금지
④ 일몰 후부터 일출 전까지의 야간에 비행하는 행위 금지

05 다음 중 프로펠러의 규격에 대한 설명으로 옳은 것은?

① 프로펠러에서의 피치는 가상의 유체내에서 프로펠러가 1회전 했을 때 모터의 회전수를 말한다.
② 00×00으로 표기하고, 앞의 숫자는 프로펠러의 직경이고 단위는 cm이다.
③ 프로펠러의 재질 중 우드(Wood)의 경우, 탄소섬유강화플라스틱(CFRP)보다 비교적 무게가 많이 나가고 가격이 비싼 단점이 있다.
④ 빠른 속도의 비행을 목적으로 할 경우는 고 피치의 프로펠러를 사용하는 것이 효율적이다.

06 2차 배터리인 리포(Li-Po)배터리의 취급 시 주의 사항으로 옳은 것은?

① 배터리의 폐기는 1:1 비율의 소금물에 담가, 1~2일정도 환기시키며 방전한다.
② 리포배터리는 여름철보다는 겨울에 배터리의 효율이 좋다.
③ 장기보관의 경우 80%이상 충전하여 방전되지 않도록 주기적으로 충전한다.
④ 셀 당 충전되는 전압의 차이가 큰 경우는 해당 셀을 교체하여 사용한다.

07 다음 비행금지구역 중 틀린 것은?

① P61 - 부산 고리원전
② P62 - 경주 월성원전
③ P63 - 영광 한빛원전
④ P64 - 울릉 한울원전

08 다음 중 항공고시보(NOTAM)의 발행기간에 대해 옳은 것은?

① 비행을 제한하고자 하는 날의 최소 10일전
② 비행을 제한하고자 하는 날의 최소 7일전
③ 비행을 제한하고자 하는 날의 최소 5일전
④ 비행을 제한하고자 하는 날 당일

09 다음 중 초경량비행장치 중 무인비행장치에 대한 설명으로 옳지 않는 것은?

① 무인비행선은 주로 행사나 광고에 사용된다.
② 무인비행기는 무인고정익비행장치로 분류된다.
③ 무인헬리콥터는 농업용으로는 적합하지 않다.
④ 무인비행장치는 UAV, RPAS 등으로 불린다.

10 다음 중 비행계획 승인 담당기관이 부산지방항공청이 아닌 곳은?

① 대구광역시
② 전라남도
③ 전라북도
④ 광주광역시

11 다음 중 국토교통부령으로 정하는 초경량비행장치사고가 아닌 것은?

① 비행을 위해 초경량비행장치를 점검하던 중 기체에 심각한 문제가 생긴 경우
② 초경량비행장치를 비행하던 중 추락한 경우
③ 이륙한 상태에서 초경량비행장치에 접근이 불가한 경우
④ 초경량비행장치를 비행하던 중 사람이 중상을 입은 경우

12 다음 중 무인멀티콥터의 형식에 따른 명칭으로 옳은 것은?

① 프로펠러6개: 펜타콥터
② 프로펠러12개: 더블헥사콥터
③ 프로펠러4개: 멀티콥터
④ 프로펠러8개: 옥토콥터

13 바람을 일으키는 주된 요인은 무엇인가?

① 지구의 자전과 공전
② 기압의 상승
③ 태양 복사에너지의 불균형
④ 지구온난화의 영향

14 평균해수면에서의 기압 값으로 옳은 것은?

① 1013.52inHg
② 1013.25inHg
③ 29.29inHg
④ 29.92inHg

15 다음 중 무인멀티콥터의 1~4종에 대한 분류로 틀린 것은?

① 1종: 최대이륙중량 25kg초과-150kg이하
② 2종: 최대이륙중량 7kg초과-25kg이하
③ 3종: 최대이륙중량 2kg초과-7kg이하
④ 4종: 최대이륙중량 250g초과-2kg이하

16 다음 중 동력비행장치의 연료제외 무게로 옳은 것은?

① 115kg 이하
② 115kg 미만
③ 150kg 이하
④ 150kg 미만

17 다음 중 초경량비행장치의 기체신고를 누구에게 하여야하는가?

① 지방항공청장
② 국토교통부 항공과
③ 국토교통부장관
④ 한국교통안전공단 이사장

18 멀티콥터에서 자세를 수평으로 안정하게 유지하는 가장 중요한 센서의 이름은?

① 지구자기센서(지자계, Compass)
② 위성항법센서(GPS, GNSS)
③ 가속도센서(Accelerometer)
④ 자이로센서(각속도계, Gyro)

19 다음 중에서 항공기가 아닌 것은?

① 기준 중량을 초과하는 비행기
② 우주선
③ 군사용 전투기
④ 초급활공기

20 태풍은 세력이 약해지면 무엇으로 변하는가?

① 열대 저압부(열대성 저기압)
② 열대 고기압
③ 열대성 강풍
④ 허리케인

21 기체에 작용하는 4가지 힘은?

① 양력, 동력, 추력, 마력
② 양력, 중력, 추력, 항력
③ 마찰, 중력, 양력, 항력
④ 동력, 중력, 추력, 마력

22 초경량비행장치 무인멀티콥터(드론) 자격시험 응시자격 연령은 몇 세 인가?

① 만10세 이상
② 만14세 이상
③ 만16세 이상
④ 만18세 이상

23 초경량비행장치의 운용가능 시간으로 옳은 것은?

① 일몰부터 일출까지
② 일출부터 일몰까지
③ 일출부터 일출까지
④ 일몰부터 일몰까지

24 약물 복용을 판단하기 위한 검사방법으로 옳지 않은 것은?

① 혈액으로 확인하는 검사
② 소변으로 확인하는 검사
③ 육안으로 확인하는 검사
④ 알코올측정기로 확인하는 음주검사

25 다음 중 초경량비행장치에 해당하지 않는 것은?

① 착륙장치가 있는 동력패러글라이더
② 착륙장치가 없는 동력패러글라이더
③ 낙하산
④ 초급활공기

26 다음 중 조종자 준수사항 1차 위반 시 과태료는?

① 100만 원
② 150만 원
③ 200만 원
④ 250만 원

27 다음 중 비행을 위한 시정요건에 직접적인 영향이 없는 것은?

① 바람　　② 해무
③ 황사　　④ 연무

28 다음 중 무인비행장치의 동력장치로 가장 적합한 것은?

① 가솔린(휘발유)엔진
② 터보제트엔진
③ 전기모터
④ 왕복엔진

29 다음 중 착빙의 종류가 아닌 것은?

① 이슬착빙　　② 서리착빙
③ 거친착빙　　④ 맑은착빙

30 국제민간항공기구(ICAO)에서 공식으로 사용하는 무인항공기에 대한 용어는?

① UAV　　② UAM
③ Drone　　④ RPAS

31 초경량비행장치의 비행계획승인 신청에 포함되지 않는 것은?

① 동승자의 자격소지여부
② 비행경로 및 고도
③ 비행장의 종류 및 형식
④ 조종자의 비행경력

32 다음 중 초경량비행장치의 비행이 가능한 지역에 대한 기호는?

① R75　　② P518
③ MOA　　④ UA

33 다음 중 토크작용과 관련된 뉴턴의 법칙은?

① 관성의 법칙
② 작용 반작용의 법칙
③ 가속도의 법칙
④ 만유인력의 법칙

34 다음의 내용이 설명하는 용어는?

> 날개골의 임의 지점에 중심을 잡고 받음각의 변화를 주면 기수를 들고 내리게 하는 피칭 모멘트가 발생하는데 이 모멘트의 값이 받음각에 관계없이 일정한 지점

① 압력중심 ② 무게중심
③ 공력중심 ④ 평균공력시위

35 다음이 설명하는 내용은 어떤 안개인가?

> 강이나 해안지역에서 주로 발생하는 안개로 물안개, 바다안개로 불리우는 안개

① 복사안개 ② 이류안개
③ 증기안개 ④ 활승안개

36 다음 중 항공장애등 설치기준은?

① 300ft(AGL) ② 500ft(AGL)
③ 300ft(MSL) ④ 500ft(MSL)

37 북반구의 고기압 바람의 방향으로 옳은 것은?

① 시계방향으로 중심부에서 수렴한다.
② 반시계방향으로 중심부에서 수렴한다.
③ 시계방향으로 중심부에서 발산한다.
④ 반시계방향으로 중심부에서 발산한다.

38 지면에서 약11km까지의 구간으로 대류가 발생하고 기상현상이 나타나는 대기층은?

① 대류권 ② 성층권
③ 중간권 ④ 외기권

39 조종자 교육 시 논평(Criticize)을 실시하는 목적은 무엇인가?

① 잘못을 질책하여 고치도록하기 위함
② 지도조종자의 우월함과 품위를 유지하기 위함
③ 주변의 타교육생들에게 경각심을 주기 위함
④ 문제점을 발견하여 발전을 도모하기 위함

40 다음 중 멀티콥터의 주요 구성요소가 아닌 것은?

① FC ② ESC
③ Propeller ④ GPS/GNSS

실전 모의고사 1회 정답 및 해설

01	④	02	②	03	③	04	②	05	③	06	③	07	①	08	④	09	②	10	④
11	③	12	②	13	②	14	①	15	③	16	④	17	④	18	①	19	③	20	①
21	①	22	④	23	④	24	③	25	②	26	③	27	③	28	③	29	③	30	④
31	②	32	③	33	④	34	①	35	④	36	③	37	②	38	④	39	③	40	②

01 ④

ICAO는 RPAS(Remote Piloted Aircraft System)를 무인 항공기의 공식 명칭으로 하고 있다.

02 ②

어떠한 위험으로부터 항공기의 안전을 도모하거나 그 밖의 이유로 비행 허가를 받지 아니한 항공기의 비행을 제한하는 공역을 비행 제한 공역이라 한다.

03 ③

초경량 비행장치는 좌석이 1개 이하이고, 자체 중량 115kg 이하여야 한다.

04 ②

동력을 이용하지 않는 초경량 비행장치는 신고를 하지 않아도 된다.

05 ③

초경량 비행장치를 신고할 때는 초경량 비행장치를 소유하고 있음을 증명하는 서류와 제원 및 성능표, 비행 안전을 확보하기 위한 기술상의 기준에 적합함을 증명하는 서류 등을 첨부해야 한다.

06 ③

초경량 비행장치의 변경 신고는 30일 이내, 말소 및 멸실 신고는 15일 이내에 해야 한다.

07 ①

초경량 비행장치의 자격증명은 만 14세, 지도조종자는 만 19세에 응시 자격이 생긴다.

08 ④

지방항공청장에게 비행 승인 신청을 해야 한다.

09 ②

초경량 비행장치는 일출 시로부터 일몰 시까지 운용할 수 있다.
일출 전 30분, 일몰 후 30분 또는 해가 뜨거나 진 후 해가 지평선(수평선)으로부터 약 -6° 기울어질 때까지 일상생활에 지장이 없는 밝은 상태의 시간에도 비행을 해서는 안 된다.
이 시간을 시민박명(상용박명)이라 하며, 해가 뜨기 전에는 미명, 해가 진 후에는 여명이라 부르기도 한다.
※ 참고 : 시민박명(상용박명)은 0~-6°, 항해박명은 -6~12°, 천문박명은 -12~18°로 각각 30분씩 지속된다.

10 ④

초경량 비행장치의 사고를 일으킨 조종자(기장) 또는 소유자

11 ③

비행 전에 기체, 조종기, 배터리를 점검해야 한다.

12 ②

공역 확인은 눈으로 확인할 수 있는 부분에 대하여 가능하다.

13 ②

조종기는 비행 전에 충전 전압과 각종 선택 스위치의 위치 및 조작의 원활성을 점검하면 충분하다.

14 ①

항공기의 5개 부분은 (동체, 날개, 꼬리 날개부, 동력 장치, 착륙 장치)이다.

15 ③

필요 마력이 적을수록 항공기 출력의 여유가 있고, 이용 마력이 클수록 여유 마력도 커지게 된다. 나머지 ①, ②, ④는 모두 같은 뜻이다.

16 ④

멀티콥터는 반토크는 발생시키지만 테일 로터는 필요가 없다.

17 ④

측풍이 불어오는 쪽으로 기체를 기울이기 위해서는 측풍이 불어가는 쪽 모터의 회전이 증가해야 한다.

18 ①

GPS가 고장 나면 주위 사람들에게 "비상"을 외쳐 안전거리를 확보하고 즉시 안전한 곳에 착륙시켜야 한다. 조작이 원활하지 않은 경우는 우선적으로 자세 모드(Atti)로 전환하여 안전하게 착륙시킨 후 원인을 점검해야 한다.

19 ③

항력 = 추력, 중력=양력 모두 균형을 이룰 때는 등가속도 비행 시이다.
지상에 정지해 있을 때는 추력, 항력이 모두 0이므로 균형을 이룬 것 같지만 양력이 0이고 중력만 작용하므로 4가지 힘이 모두 균형을 이루었다고 볼 수 없다.

20 ①

- Binding : 서로 묶는다는 뜻으로 조종기를 켤 때마다 다시 바인딩을 해주어야 한다.
- Pairing : 서로 짝짓는다는 뜻으로 한 번 페어링 하면 전원을 켤 시 자동으로 서로 연결된다.

21 ①

리포 배터리는 수리하여 사용하지 않는다.
리포 배터리 꼭 기억할 것!
Ⓐ 습기 × Ⓑ 수리 × Ⓒ 보관 20℃대 온도 Ⓓ 사용 -10~40℃ Ⓔ 장기 보관-만충 금지 Ⓕ 충전-비행 시마다 Ⓖ 충격, 합선, 낙하× Ⓗ 과충전 금지 Ⓘ 배부름 금지 Ⓙ 충전 시 자리 지키기

22 ④

윤활유의 역할은 윤활, 냉각, 방청(녹 방지), 약간의 기밀 유지 기능이다.

23 ④

조종자는 최종적으로 비행에 대한 최종 판단을 해야 하므로 합리적인 정보처리 능력을 갖추고 신체적, 정신적으로 안정되어야 한다.

24 ③

공기 밀도와 온도는 서로 반비례한다.

25 ②

비행기의 모든 면에 작용하는 압력은 다르며 밀도가 증가하면 압력은 증가한다.

26 ③

지상에 계류 중인 항공기의 날개는 양력을 발생시키지 않으므로 날개의 위아래에 작용하는 압력은 같다. 하지만 내부 응력 위쪽은 인장 응력이, 아래쪽은 압축 응력이 발생한다.

27 ③

지면 효과는 지면과 가까운 고도에서 양력을 증가시키는 역할을 한다.

28 ③

Weight & Balance를 하는 이유는 기체의 안정성을 확보하여 안전하게 운항하기 위함이다.

29 ③

수소는 모든 기체 중에서 가장 가볍다.

30 ④

항공 장애등 및 표지 등은 각 지방항공청에서 관리한다.

31 ②

정서적 통제는 심리적 요인에 해당한다.

32 ③

NOTAM의 유효기간은 3개월이다.

33 ④

대류권은 0~13km에 걸쳐있고 대류 현상이 일어나며 높아질수록 기온은 내려간다.

34 ①

착빙은 무게를 증가시키고 양력을 감소시키며 항력은 증가시킨다.

35 ④

기온의 측정은 직사광선을 피해 1.5m의 높이에서 측정한다.

36 ③

지구에서 바람을 일으키는 주요인은 태양 복사 에너지의 불균형이다.

37 ②

강수 현상은 비, 눈, 우박 등과 같이 강수량(적설량)을 측정할 수 있는 것이어야 한다.

38 ④

안개가 발생하는 조건
- 공기 중에 수증기가 충분할 것
- 바람이 약하고 상공에 기온역전 현상이 있을 것
- 공기 중에 응결핵(흡습성 미립자)이 많을 것
- 공기가 노점(이슬점 5℃) 이하로 냉각될 것

안개가 사라지는 조건
- 지표면 온도 상승으로 지표면 부근의 기온역전이 해소될 때
- 지표면 부근의 바람이 강해져 난류에 의한 수직 방향으로 혼합하여 상승할 때
- 기온 상승에 따라 입자가 증발할 때
- 건조하고 무거운 공기가 안개 구역으로 유입되어 안개가 증발할 때

39 ③

태풍은 저기압이다. 우리나라에 오는 태풍의 모양은 6자 모양으로, 반시계방향으로 회전한다.

40 ②

여름과 겨울에 대륙과 해양의 온도 차로 인해 1년 주기로 풍향이 바뀌는 바람을 계절풍이라 한다.

실전 모의고사 2회 정답 및 해설

01	④	02	①	03	③	04	②	05	④	06	③	07	②	08	④	09	④	10	②
11	①	12	④	13	④	14	①	15	①	16	④	17	④	18	④	19	④	20	④
21	①	22	①	23	③	24	④	25	④	26	①	27	④	28	③	29	④	30	①
31	④	32	②	33	③	34	④	35	③	36	②	37	①	38	②	39	②	40	④

01 ④
ICAO는 RPAS(Remote Piloted Aircraft System)를 무인 항공기의 공식 명칭으로 하고 있다.

02 ①
통제 공역은 비행 금지 구역, 비행 제한 구역, 초경량 비행장치 비행 제한 구역이 해당한다.

03 ③
행글라이더와 패러글라이더는 대표적인 체중 이동형 비행장치이다.

04 ②
신고를 요하지 않는 초경량 비행장치는 동력을 이용하지 않거나, 계류식 기구 또는 낙하산류가 해당한다.

05 ④
안전성 인증 검사를 받지 않고 비행을 한 경우 벌칙은 500만 원 이하의 과태료에 해당한다.

위반 시 과태료 사항

조종자 준수	조종자 증명	보험 가입	안전성 인증	비행 승인 (25kg 이하)
200만 원	300만 원	500만 원	500만 원	200만 원

위반 시 벌금 사항

장치 신고	사용 사업등록	음주 비행	비행 승인 (25kg 초과)
500만 원	1,000만 원	3,000만 원	200만 원

06 ③
초경량 비행장치의 소유자는 주소 이전, 변경 신고 사유 발생 시 30일 이내에 신고해야 한다.

07 ②
전문 교육기관이 국토교통부에 제출해야 할 서류는 교육 시설 및 장비의 현황, 지도조종자 등 교육 인력의 현황, 교육 훈련 계획 및 규정, 보유한 장치의 증명 등이다.

08 ④
비행 승인 신고서에 포함될 내용은 신청인 정보, 비행장치의 종류 및 형식, 소유자, 신고 번호, 비행 계획(비행 일시, 비행 목적, 경로/고도, 보험 가입 여부), 안전성 인증서 번호, 조종자 인적 사항, 탑재 장비 목록 등이다.

09 ④
초경량 비행장치는 계기 비행을 할 수 없고, 육안으로 식별 가능한 거리까지 시계 비행만 가능하다.

10 ②
초경량 비행장치로 인한 사고의 보고 내용
① 조종자 및 비행장치 소유자의 성명 및 명칭
② 사고 발생 일시 및 장소
③ 사고 기체의 종류 및 신고 번호
④ 사고 경위

11 ①
시계 비행은 눈으로 방향을 직접 확인하므로 방위각의 의미가 약하다.

12 ④
워밍업을 하면 배터리를 약간 소모하면서 배터리 온도를 올려 배터리의 효율이 높아진다.

13 ④
비행 후 기체의 전원을 분리하기 전에 다른 사람이 조종기를 만져서 멀티콥터의 시동을 걸면 매우 위험한 상황이 된다. 조종자는 반드시 조종기를 들고 기체 옆에 안전하게 위치시킨 후 기체의 배터리를 분리해야 한다.

14 ①
트림 탭은 조종간을 계속 일정 방향으로 잡고 있어야 하는 상황을 0 위치에 놓아도 그 기능이 가능하도록 환원시켜 주는 장치이다.

15 ①
맞바람 속을 비행할 때의 지상 속도는 '비행 속도-바람 속도=90km/h'이다. 그리고 뒷바람 속을 비행할 때의 지상 속도는 '비행 속도+바람 속도'이다.

16 ④
멀티콥터가 회전하기 위해서는 회전하려는 반대 방향 모터의 회전수는 증가하고, 회전하려는 방향 모터의 회전수는 약간 감소해야 동일한 고도를 유지하면서 회전이 가능하다. 하지만 IMU(관성 측정 장치)가 고장 나면 고도가 상승하거나 하강하는 증상이 생긴다.

17 ④
측풍 착륙 방법에는 사이드슬립(Side-slip), 크래빙(Crabbing), 혼합(Mixing) 착륙법이 있다.

18 ④
일반적인 헬리캠의 경우 로터가 4개인 경우가 대부분이다. 멀티콥터의 로터 개수를 많게 하는 이유는 다음과 같다.
① 고가의 임무 장비를 탑재하는 경우 고장으로 인한 추락이 유발하는 장비의 파손을 막기 위해
② 임무에 따라 무거워진 기체의 추락 시 인명피해가 크므로 고장으로 인한 추락을 막기 위해

19 ④
비행기가 실속하게 되면 횡전타-승강타-방향타 순으로 조종 능력을 상실한다. 그 이유는 과도한 받음각으로 인한 양력의 상실이므로 양력을 발생시키는 주익과 양력을 발생시키는 면과 나란한 수평 안정판이 순차적으로 조종 능력을 상실한다. 그리고 양력과는 상관없이 동작하는 방향타가 마지막으로 조종 능력을 상실하게 된다.

20 ④
Return to Home 기능을 실행하면 드론이 마지막으로 이륙한 장소를 Home으로 기억하고 설정된 고도로 돌아온 다음 그 위치에 착륙한다.

21 ①
전원 커넥터의 +와 -가 분리된 배터리의 경우 안티 스파크(Anti-spark)기능이 설치된 + 단자를 반드시 뒤에 연결해야한다. 배터리를 연결할 때는 - ☞ + 순으로, 배터리를 분리할 때는 반대로 + ☞ - 순으로 한다.
※ 일체형커넥터의 경우는 순서에 상관이 없다.

22 ①
연료 탱크는 비행 직후 연료를 다시 가득 채워 빈 공간으로 인한 결로를 방지해야 하며 온도에 따른 팽창 여유를 2%가량 둔다.

23 ③
멀티콥터 조종자는 신체적으로 시력, 청력 및 작업을 수행하기에 불리한 장애가 없어야 한다. 건강은 생리적 요소에 해당한다.

24 ④
조파 항력은 초음속 항공기의 후류에서 발생하므로 초경량 동력 비행장치에서는 발생할 수 없다.

25 ④

이륙 시에는 깃각을 순항 시보다 작게 하고, 순항 중에는 이륙 때보다 크게 하며, 엔진 정지 시에는 깃각을 90°에 놓아 엔진의 손상을 줄인다. 비행 속도를 빨리할수록 깃각을 크게 한다.

26 ①

날개의 휨 모멘트는 중심부인 날개의 뿌리 부분에서 발생한다.

27 ④

지면 효과는 지면과 가까운 공중에 떠 있을 때 또는 이륙을 할 때 이득을 얻는 것이다. 이륙할 때는 활주 거리가 짧아지지만, 착륙할 때는 활주 거리가 짧아지지 않는다.

28 ③

비행기의 가로 안정성을 좋게 하는 요소는 상반각, 킬 효과, 후퇴각 등이다.

29 ④

글라이더는 활공하면서 멀리까지 비행하도록 설계된 비행체이고, 열기구는 열을 내는 에너지를 다 소모하면 착륙하는 비행체이다. 그리고 비행선은 이동을 위해 동력을 소모하는 비행체이며, 헬륨 기구는 별도의 에너지가 필요하지 않다.

30 ①

마주 오는 비행기를 회피할 때는 우측으로 회피해야 한다.

31 ④

컴퓨터가 보급되면서 기계적 결함으로 인한 항공기 사고가 급격하게 줄어들었다. 또 지속적인 인적 요인의 분석과 교육이 진행되면서 인적 요인으로 인한 사고도 2010년대 들어 감소하고 있다. 하지만 인간 조직의 문제로 인한 사고의 비율이 2000년대 들어서 급격하게 증가하고 있다.

32 ②

항법의 4요소는 위치, 방향, 거리, 도착 시각이다.

33 ③

대기권 중 열권에서는 자유전자와 이온이 밀집되어 전리층을 이루고 있어, 전파를 반사하거나 흡수할 수 있다.

34 ②

수빙에 대한 설명이다.
- 거친 착빙 : 뿌옇거나 우윳빛, 잘 부서짐
- 맑은 착빙 : 얇게 펴진 수분이 단단하게 얼어붙음
- 서리 착빙 : 서리가 굳어서 얼음이 되는 것

35 ③

- 진고도 : 평균 해면으로부터 항공기까지의 높이 MSL(Mean Sea Level)
- 절대 고도 : 현재 위치에서 지면(또는 해면)으로부터 항공기까지의 높이 AGL(Above Ground Level)

36 ②

- 산바람(Mountain Breeze) - 산풍 : 밤에 산꼭대기로부터 골짜기를 향해서 불어 내리는 바람
- 골바람(Valley Breeze) - 곡풍 : 낮에 골짜기로부터 산꼭대기를 향해서 부는 골짜기 바람

37 ①

- 구름의 발생 조건 : 풍부한 수증기, 응결핵, 냉각 작용
- 안개의 발생 조건 : 풍부한 수증기, 노점 온도 이하 냉각, 응결핵 다량, 바람이 약하고 상공에 기온 역전

38 ②

안개는 수평 시정 거리 1마일 이하, 50ft 이하의 높이에 생성된 구름이다.

39 ②

낮으면 올라가야 하고 높으면 내려가야 한다. 저기압 골↑, 고기압 마루↓

40 ④

한랭전선이 온난전선보다 속도가 빠르기 때문에 온난전선의 밑으로 겹쳐질 때 형성되는 전선을 폐색전선이라 한다.

실전 모의고사 3회 정답 및 해설

01	④	02	④	03	②	04	③	05	④	06	①	07	④	08	③	09	②	10	③
11	④	12	③	13	③	14	④	15	①	16	①	17	④	18	③	19	①	20	③
21	③	22	④	23	③	24	③	25	④	26	①	27	①	28	④	29	②	30	③
31	④	32	③	33	②	34	④	35	③	36	①	37	③	38	④	39	③	40	③

01 ④
- 초경량 비행장치 : 연료를 제외한 자체 중량 115kg 이하인 비행체(무인 비행선은 길이 20m 이하, 180kg 이하)
- 무인 비행장치의 종류 : 무인 비행기, 무인 헬리콥터, 무인 멀티콥터, 무인 비행선

02 ④
움직이지 않는 가상의 유체 속에서 프로펠러가 1회전 할 때 전진하는 거리를 프로펠러 피치라고 한다.

03 ②
300급 멀티콥터 : 모터의 중심축과 대각선으로 마주하는 모터의 중심축 간의 거리가 300mm인 것을 말한다.
※ DJI S1000은 모터 중심의 대각선 길이가 1,000mm이다.

04 ③
- 멀티콥터 : 리튬폴리머(Li-Po) 배터리를 주로 사용
- 조종기 : 리튬폴리머(또는 리튬이온) 배터리를 주로 사용

05 ④
- GPS : Global Positioning System - 위성 항법 장치
- IMU : Inertial Measurement Unit - 관성 측정 장치
- CPU : Central Processing Unit - 컴퓨터의 중앙 처리 장치
- FC : Flight Controller - 비행 제어 장치

06 ①
IMU : Inertial Measurement Unit - 관성 측정 장치는 멀티콥터의 속도, 방향, 중력, 가속도 등을 측정하여 비행에 필요한 신호를 FC에 전달하는 장치이다.

07 ④
- GPS, GLONASS(위성 수신기) : 위성 항법 장치로 현재의 정확한 위치를 유지하는 기능을 한다.
- Gyro(기울기 센서) : 기체의 각 방향으로의 기울기를 측정하여 기체의 자세를 안정시키는 기능을 한다.
- Acceleration Sensor(가속도 센서) : 기체의 이동 속도를 측정하여 비행 시 속도를 안정시킨다.
- Compass(지자기 센서) : 지구 자기의 방향을 기준으로 기체의 방향을 안정시키는 기능을 한다.
- Barometer(기압계) : 실시간 기압의 변화를 측정하여 기체의 고도를 안정시키는 기능을 한다.

08 ③
리튬폴리머(Li-Po) 배터리는 공칭 전압 3.7V, 완전 충전 시 전압 4.2V로 운용한다. 조종자 자격시험용 기체는 대부분 6Cell의 Li-Po 배터리를 사용하므로 정격 전압 22.2V, 만충 전압 25.2V가 된다.

09 ②
1마력(HP)은 한 마리의 말이 1초 동안에 75kg의 중량을 1m 움직일 수 있는 일의 크기를 말하며, 공학적으로는 간단히 75kg·m/sec로 나타낸다.

10 ③

항공 종사자의 음주 단속 기준은 혈중알코올농도 0.02%이며 처벌은 3,000만 원 이하의 벌금 또는 3년 이하 징역에 해당한다.

11 ④

- 중요 변경 사항 사전 통보, 설명, 조언 ☞ AIC
- 정해진 Cycle에 따라 개정 ☞ AIRAC
- 전기 통신 수단으로 배포 ☞ NOTAM
- 비행장, 항행 안전, 교통, 통신, 기상 기본 절차 ☞ AIP

12 ③

드론에 사용하는 기본적인 3가지 센서는 지자기 센서(기수 방향), 자이로 센서(기체 수평 유지), 가속도 센서(속도 유지)

13 ③

프롭의 개수에 따른 명칭 : 바이콥터-2개, 트라이콥터-3개, 쿼드콥터-4개, 펜타콥터-5개, 헥사콥터-6개, 옥터콥터-8개, 도데카콥터-12개, 헥사데카콥터-16개

14 ④

고정익 항공기의 CG는 가로축과 세로축이 만나는 지점에 있고, 멀티콥터의 CG는 각 암대가 만나는 프레임의 중심에 위치한다.

15 ①

베르누이 정리는 일종의 에너지 보존 법칙이다. 그 내용은 정압과 동압의 합은 전압이며 전압은 항상 일정하다는 것이다.

16 ①

기온은 기압과 바람에 관여하고, 습도는 구름과 강수를 만든다. 이들 중 눈에 보이지 않는 것이 많으므로 시정이 중요하다.

17 ④

초경량 무인 비행장치에는 무인 비행기, 무인 헬리콥터, 무인 멀티콥터, 무인 비행선이 있다.

18 ③

관제권은 비행장과 그 주변의 공역으로서 항공 교통의 안전을 위하여 국토교통부 장관이 지정한 공역이다. 그 범위는 관제탑을 중심으로 반경 9.3km(지름 18.3km)까지의 원형 구역이다.

19 ①

원자력 발전소의 비행 금지 구역(No Fly Zone)은 원자력 발전소의 중심으로부터 반경 18.6km(지름 37.2km)까지의 원형 구역이다.

20 ③

무인 비행장치는 연료를 제외한 자체 중량 150kg 이하의 무인 비행기 또는 회전익 비행장치를 말한다.

21 ③

우리나라에는 서울, 부산, 제주 3개의 항공청이 있고 산하 지역별 공항에 출장소를 두고 있다. 광지 지역은 부산지방항공청의 관할 구역이므로 광주에서 비행 승인이 필요할 때는 부산지방항공청에 신청해야 한다.

22 ④

초경량 비행장치의 안전성 검사는 항공안전기술원에서 실시하며 유효기간은 1년(비영리용은 2년)이다.

23 ③

- P-73A : 서울 도심(서울 종로구)
- P-73B : 서울 종로구, 강북구, 마포구, 성동구 등 강북 지역
- R-75 : 서울 전 지역과 서울과 인접한 경기도 일부 지역
- P-518 : 휴전선 지역, 강화도, 백령도, 파주시, 연천군, 의정부시, 동두천시, 철원군, 화천군, 양구

군, 인제군, 속초시 북부 등
- P-61 : 고리
- P-62 : 월성
- P-63 : 한빛
- P-64 : 한울
- P-65 : 원자력 연구소
- UA-XX 구역은 초경량 비행장치 비행 공역
〈비행 금지 구역의 구분〉
◎ P : Prohibited, 비행 금지 구역, 미확인 시 경고 사격 및 경고 없이 사격 가능
◎ R : Restricted, 비행 제한 구역, 지대지, 지대공, 공대지 공격 가능
◎ D : Danger, 비행 위험 구역, 실탄 배치
◎ A : Alert, 비행 정보 구역

24 ③

P-63 : 영광 한빛 원전

25 ④

비행 시 반드시 휴대해야 하는 것은 조종자 자격증, 비행 승인서, 안전 인증서, 비행 기록부이다.

26 ②

초경량 비행장치의 최대 이륙 고도는 150m AGL(Above Ground Level-지상 고도)이다.
MSL : (Mean Sea Level - 평균 해수면 고도)

27 ①

기상 악조건으로 인해 초경량 비행장치를 비행할 수 없는 경우는 비, 우박, 태풍, 해일, 지진, 번개(천둥·번개), 안개, 해무, 일출 전, 일몰 후 등이다.

28 ④

비행체의 주 조종 면은 '피치, 롤, 요'이며 기체의 세로축, 가로축, 수직축을 제어하여 비행 방향 및 안정성을 확보한다. 스로틀은 비행체의 추력을 담당하는 부분으로 비행 속도와 관련이 있다.

29 ②

비행 중 고장 등 비상 상황 시의 조치 순서 :
① 큰 소리로 주위 사람들에게 비상 상황임을 알림 ② 즉시 안전한 곳에 착륙 ③ 정상적인 조종이 불가할 때에는 애띠 모드(자세 제어 모드)로 전환하여 착륙하고, 애띠 모드로 착륙이 어려울 경우 인명과 재산의 피해가 적은 방향으로 추락 ④ 착륙(추락) 후에는 기체를 정비, 점검하고 이동

30 ③

기체에는 양력, 중력(무게), 추력, 항력의 4가지 힘이 작용하며 등가속도 비행 시에는 양력과 중력이 같고, 추력과 항력이 같게 된다. 따라서 위로 뜨려는 성질의 양력과 지구가 잡아당기는 중력은 서로 반대의 힘, 앞으로 나아가려는 성질의 추력과 방해하는 항력은 서로 반대의 힘이 된다. (양력 ⇔ 중력, 추력 ⇔ 항력)

31 ④

P61 기장-고리, P62 경주-월성, P63 영광-한빛, P64 울진-한울, P65 대전-원자력 연구소

32 ③

초경량 비행장치의 변경 신고는 30일 이내, 말소 및 멸실 신고는 15일 이내에 해야 한다.

33 ②

안전성 인증 검사의 종류
- 초도 검사 : 비행장치의 설계 및 제작 후 최초로 안전성 인증을 받기 위해 실시하는 검사
- 정기 검사 : 초도 검사 이후 안전성 인증서의 유효기간이 도래하여 새로운 안전성 인증서를 교부받기 위해 실시하는 검사
- 수시 검사 : 비행장치의 비행 안전에 영향을 미치는 엔진 및 부품의 교체나 수리, 개조 후 비행장치의 안전 기준에 적합한지를 확인하기 위해 실시하는 검사
- 재검사 : 정기 검사 또는 수시 검사에서 불합격 처분을 받은 항목에 대하여 보완, 수정 후 실시하는 검사

34 ④

초경량 무인 비행장치로 할 수 있는 사업의 종류는 비료, 농약 살포, 씨앗 뿌리기 등 농업 지원, 사진 촬영, 육상 및 해상 측량 또는 탐사, 산림 또는 공원 등의 관측 및 탐사, 그 외에 유사한 사업으로 국토교통부 장관이 인정하는 사업이 있다.

35 ③

현재 멀티콥터의 에너지원은 (리튬폴리머) 배터리이며, 동력원은 모터이다. 수소 연료 전지, 엔진 등 다양한 에너지원과 동력원이 개발되고 있다.

36 ①

항공법은 항공과 항공기 항행의 안전, 발전, 효율 증대, 질서 확립 등을 위해 만들어졌다.

37 ③

항공장애 표시와 주간 표지는 150m 이상의 고도에 설치한다.

38 ④

안정성이란 항공기가 비행하는 상태를 계속 유지할 수 있는 정도를 말하며 안정성이 좋을수록 조종이 용이하다.

39 ③

계속해서 전진 방향으로 가속을 해야만 비행이 가능한 고정익 비행기와는 달리 멀티콥터는 수직으로 이륙과 착륙을 할 수 있고 제자리 비행(Hovering / 호버링)이 가능한 것이 가장 큰 특징이다.

40 ③

지자기 센서는 지구의 자기를 측정하여 방향을 제어하는 장치로서 한 번 보정한 후 같은 지역에서 계속하여 비행하는 경우는 보정을 할 필요가 거의 없다. 다만 다음의 경우는 보정이 필요하다.
① 기수를 정렬하여 전진하였더니 좌우로 기울어지며 비행하는 경우
② 기존 비행하던 지역에서 50km 이상 떨어진 곳에서 다시 시동을 걸게 되는 경우
③ 기체의 중요 부품을 수리하고 시운전을 하는 경우
④ 최초로 비행체를 수령하여 비행을 하는 경우
⑤ 장기간 보관된 기체를 꺼내어 다시 시동을 거는 경우

실전 모의고사 4회 정답 및 해설

01	①	02	④	03	①	04	④	05	②	06	③	07	④	08	②	09	①	10	④
11	②	12	④	13	③	14	①	15	④	16	④	17	③	18	④	19	④	20	②
21	①	22	③	23	④	24	①	25	④	26	④	27	②	28	①	29	④	30	①
31	④	32	④	33	②	34	①	35	①	36	④	37	②	38	④	39	①	40	③

01 ①

1종	최대이륙중량 25kg 초과, 연료를 제외한 자체중량 150kg 이하
2종	최대이륙중량 7kg 초과 25kg 이하
3종	최대이륙중량 2kg 초과 7kg 이하
4종	최대이륙중량 250g 초과 2kg 이하

※ 2, 3, 4종은 최대이륙중량의 범위를 정하고 있지만, 1종의 경우는 최대이륙중량이 25kg을 초과함과 동시에 연료를 제외한 자체중량이 150kg 이하인 기체로 최대이륙중량은 150kg을 초과할 수 있다.

02 ④

한국교통안전공단배움터 온라인 교육 및 온라인 평가를 통해 취득할 수 있는 제4종 조종자 증명은 최대이륙중량이 250g을 초과하고 2kg 이하인 무인동력비행장치를 조종할 수 있다.

03 ①

- QFE(Q-Field Elevation) 기준기압 : 활주로면의 기압으로 고도는 절대고도를 쓰며 단거리비행이나 이착륙 훈련에 많이 사용하며 지상에서의 고도는 0ft이다.
- QNH(Q-Nautical Height) 기준기압 : 비행 당시의 해면기압으로 고도는 진고도를 쓰며 14,000ft(4,200m) 미만의 고도에서 비행할 경우 주로 쓰이며 시상에서의 고도는 0ft이다.
- QNE(기준기압 : 표준대기압(29.92Hg))으로 고도는 기압고도를 쓰며 14,000ft(4,200m) 이상의 고고도에서 비행할 경우 주로 쓴다.

04 ④

위반행위	근거 법조문	처분내용
1) 거짓이나 그 밖의 부정한 방법으로 자격증명 등을 받은 경우	법 제43조제1항 제1호	자격증명 취소
2) 이 법을 위반하여 벌금 이상의 형을 선고 받은 경우 가) 벌금 200만 원 이상 나) 벌금 100만 원 이상 200만 원 미만 다) 벌금 100만 원 미만	법 제43조제1항 제2호	자격증명 취소 효력정지 50일 효력정지 30일
3) 고의 또는 중대한 과실로 항공기사고를 일으켜 다음 각 목의 인명피해를 발생한 경우 가) 사망자가 발생한 경우 나) 중상자가 발생한 경우 다) 중상자 외의 부상자가 발생한 경우	법 제43조제1항 제3호	자격증명 취소 효력 정지 90일 이상 효력 정지 30일 이상
4) 고의 또는 중대한 과실로 항공기사고를 일으켜 다음 각 목의 재산피해를 발생하게 한 경우 가) 항공기 또는 제3자의 재산피해가 100억 원 이상인 경우 나) 항공기 또는 제3자의 재산피해가 10억 원 이상 100억 원 미만인 경우 다) 항공기 또는 제3자의 재산피해가 10억 원 미만인 경우	법 제43조제1항 제3호	자격증명 취소 효력 정지 90일 이상 효력 정지 30일 이상

5) 법 제57조제1항을 위반하여 주류 등의 영향으로 항공업무를 정상적으로 수행할 수 없는 상태에서 항공업무에 종사한 경우	법 제43조제1항 제13호	가. 주류의 경우 1) 혈중알코올농도 0.02% 이상 0.06% 미만 : 효력 정지 60일 2) 혈중알코올농도 0.06% 이상 0.09% 미만 : 효력 정지 120일 3) 혈중알코올농도 0.09% 이상: 자격증명 취소 나. 마약류 또는 환각물질의 경우 1) 1차 위반 : 효력 정지 60일 2) 2차 위반 : 효력 정지 120일 3) 3차 이상 위반 : 자격증명 취소
34) 자격증명 등의 정지명령을 위반하여 정지 기간에 항공업무에 종사한 경우		자격증명 취소

05 ②

프로펠러는 회전하는 방향에 따라 시계방향 회전은 CW(Clockwise), 반시계방향 회전은 CCW(Counter-clockwise)라 부르고, 정피치 프로펠러를 반대로 장착하면 추력이 거의 발생하지 않는다.

06 ③

수면 : REM수면, 비REM수면으로 구분

비REM수면	REM(Rapid Eye Movement : 급속안구운동)수면
- 뇌파에 따라 1~3단계로 구분 - 1, 2단계를 거쳐 3단계의 깊은 수면으로 진행 - 1, 2단계는 얕은 잠을 자는 단계 (55%) - 3단계 수면 = 서파수면(Slow wave sleep : 숙면) - 3단계 수면시기에는 외부에서 오는 정보처리를 멈추고 뇌의 뉴런이 거대하고 느린 전기파를 생성, 기억병합이 일어나 학습에 중요	- 수면 중 빠른 눈동자 움직임이 특징 - 뇌파는 각성상태와 유사 - 심장박동 및 호흡이 불규칙 - 꿈을 꾸는 단계 - 전체 수면의 약 25%

07 ④

- 스칼라 양 : 온도 시간 질량 밀도 에너지 파워 등
- 벡터 양 : 속도 가속도 힘 충격 운동량 등

08 ②

- 이착륙장의 중심으로부터 3km 이내에서 비행하고자 하는 경우는 관리자와 협의하여 비행이 가능
- 이착륙장 : 경량항공기 및 초경량비행장치가 이착륙할 수 있도록 허가 받은 장소
- 비행금지장소
① 비행장으로부터 반경 9.3km 이내인 곳 – 관제권으로 이착륙하는 항공기와 충돌위험 있음
② 비행금지구역(휴전선 인근, 서울도심 상공 일부) - 국방, 보안상 이유로 비행 금지
③ 150m 이상의 고도 – 항공기 비행항로가 설치된 공역
④ 인구밀집지역 또는 사람이 많이 모인 곳의 상공 – 기체 추락 시 인명피해 위험이 높은 곳

09 ①

- 프로펠러는 단면을 절단하여 보면 에어포일(비행기의 날개)형태의 회전날개 원리로 만들어진 추력발생기구이다.
- 프로펠러는 빠른 회전을 통한 추력(양력)발생장치로 무게의 밸런싱이 매우 중요하며 시계방향(CW), 반시계방향(CCW)의 양방향으로 제작이 가능하며 각각의 방향을 기준으로 정피치 또는 역피치의 기능을 사용하는 프로펠러도 있다.
- 프로펠러 규격은 지름(직경) × 피치로 표현한다.
예: 2475 = 지름 24인치 × 피치 7.5인치

10 ④

- 층운(ST, Stratus) : 300~600m
- 적운(CU, Cumulus) : 600~8,000m
- 적란운(CB, Cumulonimbus) : 300~12,000m
- 권층운(CS, Cirrocumulus) : 6,000m 이상

11 ②

공항특보	SIGMET (위험기상정보)	- 항공기 안전운항에 영향을 미칠 수 있는 위험한 기상 현상 (뇌전, 태풍, 심한 난류, 착빙, 산악파, 강한모래폭풍, 화산재 등)이 발생/예상될 때 발표 - 유효기간은 6시간 초과하지 않는 범위 내(4시간 이내가 적당)
	AIRMET (저고도 위험기상정보)	- 10,000ft 이하 저고도 운항에 영향을 미칠 수 있는 위험한 기상 현상 (뇌전, 태풍, 심한 난류, 착빙, 산악파, 지상강풍 30kt 이상, 지상시정 3sm 미만, 운고 300ft 이하, 산악차폐 등)이 발생/예상될 때 발표
공항특보	Aerodrome Warning (공항경보)	- 공항주의보와 공항경보로 강도에 따라 상황에 맞게 수시로 발표 1. 공항주의보 – 시정, 강풍, 호우, 대설, 뇌전, 착빙, 저층난류(LLWS) 2. 공항경보 – 강풍, 호우, 대설
	Wind shear warnings (윈드시어경보)	활주로 표면으로부터 고도 1,600ft(500m)l 사이의 항공기에 영향을 미칠 수 있는 윈드시어가 관측/예상되는 경우 발표

12 ④

초경량비행장치 조종자준수사항(항공안전법 제129조, 시행규칙 제310조)
① 일몰 후부터 일출 전까지 야간비행 금지
② 안개, 비 등 시야가 흐려 안전한 비행이 어려울 경우 비행 금지
③ 관제권(비행장으로부터 반경 9.3km 이내인 곳) 비행 금지
④ 휴전선, 서울도심 상공 일부 등 국방, 보안상의 이유로 비행이 금지된 곳 비행 금지
⑤ 항공기의 비행항로가 설치된 공역(150m 이상의 고도) 비행 금지
⑥ 인구밀집지역 또는 사람이 많이 모인 상공 등 기체가 떨어질 경우 인명피해의 위험이 있는 곳 비행 금지
⑦ 비행 중 낙하물 등 투하 금지
⑧ 음주 상태에서의 비행 금지

13 ③

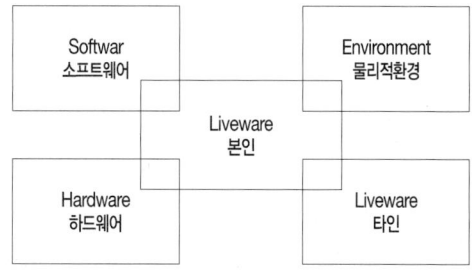

- Liveware(인간) : 성격, 의사소통, 리더십, 문화
- Hardware(장비, 하드웨어) : 항공기, 장비, 연장, 시설(작업장/건물)
- Software(시스템, 소프트웨어) : 규정, 절차, 매뉴얼, 작업카드
- Environment(물리적환경) : 온도, 습도, 조명, 기상상태 등

14 ①

- x축-세로축(Longitudinal Axis)-옆놀이(rolling)-도움날개(또는 횡전타)(aileron)
- y축-가로축(Lateral Axis)-키놀이(pitching)-승강타(elevator)
- z축-수직축(Vertical Axis)-빗놀이(yawing)-방향타(rudder)

15 ④

① KV가 낮을수록 회전수와 토크(Torque)가 커진다.
② 회전수의 제어를 위해 별도의 제어회로(ESC)가 반드시 필요하다.
③ 모터의 규격에 KV(속도상수)가 존재하며, 전압 1V를 인가했을 때 무부하상태의 회전수를 말한다.
④ DC모터나 BLDC 모터나 권선의 전자기력을 이용해 회전력을 발생시키는 원리는 같다.

16 ④

① 비행금지구역, ② 관제권, ③ 지표면에서 200m 에 해당하는 고도에서의 비행 => 모두 비행승인을 받아야 한다.
④ ①,②가 아닌 구역(관제구)에서 150m 이하의 고도에서 최대이륙중량 25kg이하의 초경량비행장치를 비행을 하고자 하는 경우는 비행승인이 필요 없다.

17 ③

대기권은 대류권(0~13km), 성층권(13~50km), 중간권(50~80km), 열권(80~500km), 극외권(500~3,000km)이 있고
각 기권별로 고도가 올라갈수록 대류권에서는 하강, 성층권에서는 상승, 중간권에서는 하강, 열권에서는 상승한다.
(유행가의 위아래처럼 순서를 외우면 쉽다. ↓↑↓↑)

18 ④

항공사업법 제1조
항공사업법은 항공정책의 수립 및 항공사업에 관하여 필요한 사항을 정하여 대한민국 항공사업의 체계적인 성장과 경쟁력 강화 기반을 마련하는 한편, 항공사업의 질서유지 및 건전한 발전을 도모하고 이용자의 편의를 향상시켜 국민경제의 발전과 공공복리의 증진에 이바지함을 목적으로 한다.

19 ④

- 복사(Radiation) : 물체로부터 방출되는 전자파의 총칭
- 전도(Conduction) : 분자운동을 통한 에너지의 전달 방법
- 대류(Convection) : 밀도가 낮으면 상승, 밀도가 높으면 하강하는 현상
- 이류(Advection) : 기단의 성질이 대기 운동으로 변하는 과정으로 바람에 의한 대기의 수평 수송

20 ②

- 풍속은 속도 + 방향 = 벡터 양(풍속 벡터)이다.
- 스칼라 양 : 온도 시간 질량 밀도 에너지 파워 등
- 벡터 양 : 속도 가속도 힘 충격 운동량 등
- 바람시어 : 짧은 거리에 걸쳐 갑자기 바람의 속도나 부는 방향, 또는 두 가지가 동시에 변하는 현상

22 ③

비행선 = 항공기, 무인비행선 = 초경량비행장치

21 ①

분류	코드	내용	
관측보고	METAR (정시항공 기상 관측)	1시간 혹은 30분 간격	
	SPECI (특별항공 기상 관측)	정시관측 외 기상변화 시	
예보	TAF (공항예보)	FT(장기예보)	국제공항, 1일 4회 발표 후 24시간 유효
		FC(단기예보)	국내지성공항, 1일 4회 발표 후 12시간 유효
	SIGWX (중요기상예보)	항로에 영향을 미칠 수 있는 기상현상예보, 매일 4회 6시간 간격 발표	
	TREND (착륙예보)	- 공항 기상상태가 착륙에 중대한 변화가 예상될 경우 발표 - 근지이용자 또는 1시간 이내 비행거리에 있는 항공기 운항에 사용, 관측시간 후 2시간 유효	
	TAKEOFF FORECAST (이륙예보)	- 최대적재중량 계획에 필요한 예보(바람, 기온, 기압 등) 예상 발표 - 1일 2회 발표 3시간 유효	
	ARFOR (공역예보)	- 인천비행정보구역을 동, 서, 남, 북, 중 5개 구역으로 구분하여 예보 - 1일 4회 발표 후 12시간 유효	
	ROFOR (항공로예보)	- 인천FIR내 5개 항로 예보 : 인천-제주, 인천-김해, 인천-양양, 김해-제주, 김해-양양 - 1일 4회 발표 후 12시간 유효	
	VOLMET (항공기상음성 방송)	- 인천공항 예보와 활주로 상태나 특별한 NOTAM 내용을 녹음하여 방송 - 매시 10분에서 5분 간격으로 방송	
공항특보	SIGMET (위험기상정보)	- 항공기 안전운항에 영향을 미칠 수 있는 위험한 기상 현상(뇌정, 태풍, 심한 난류, 착빙, 산악파, 강한모래폭풍, 화산재 등)이 발생/예상될 때 발표 - 유효기간은 6시간 초과하지 않는 범위 내(4시간 이내가 적당)	

	AIRMET (저고도 위험기 상정보)	- 10,000ft 이하 저고도 운항에 영향을 미칠 수 있는 위험한 기상 현상(뇌전, 태풍, 심한 난류, 착빙, 산악파, 지상강풍 30kt 이상, 지상시정 3sm 미만, 운고 300ft 이하, 산악차폐 등)이 발생/예상될 때 발표
공항 특보	Aerodrome Warning	- 공항주의보와 공항경보로 강도에 따라 상황에 맞게 수시로 발표 1. 공항주의보 – 시정, 강풍, 호우, 대설, 뇌전, 착빙, 저층난류(LLWS) 2. 공항경보 – 강풍, 호우, 대설
	Wind shear warnings (윈드시어경보)	활주로 표면으로부터 고도 1,600ft(500m)l 사이의 항공기에 영향을 미칠 수 있는 윈드시어가 관측/예상되는 경우 발표
화산재 주의보	VAA	- 전 세계 9개 센터에서 해당지역의 화산폭발에 따른 영향지역의 정보를 제공 - 우리나라는 동경VAA에서 관할
기장 보고서	PIREP	- 화산, 착빙, 난류, 뇌전 등

23 ④

- 양력(lift) : 비행기의 날개에 작용하여 어느 정도의 전진 속도에 이르면 비행기를 공중에 떠 있게 하는 힘
- 항력(drag) : 추력과는 반대 방향의 힘으로 비행기의 전진에 저항을 만들어내는 힘
- 중력(weight) : 지구 중력의 효과로 인해 비행기의 질량에 작용하는 힘
- 추력(thrust) : 엔진과 프로펠러에 의해 생겨나는 비행기를 앞으로 나아가게 하는 힘

24 ①

ESC(Electronic Speed Controls)는 배터리에서 입력된 전원을 3상 주파수를 발생시켜 모터를 제어하는 장치다. 직류 모터는 직류 전류를 사용하지만, 브러쉬리스(BLDC) 모터는 3상전류를 사용하기 때문에 반드시 ESC가 필요하다. ESC는 모터 회전을 위해서 지속적으로 다른 위상의 고주파 신호를 만들어 모터로 전송한다.

25 ④

초경량비행장치 안전성인증(항공안전법 제124조)
시험비행 등 국토교통부령으로 정하는 경우로서 국토교통부장관의 허가를 받은 경우를 제외하고는 동력비행장치 등 국토교통부령으로 정하는 초경량비행장치를 사용하여 비행하려는 사람은 국토교통부령으로 정하는 기관 또는 단체의 장으로부터 그가 정한 안정성인증의 유효기간 및 절차·방법 등에 따라 그 초경량비행장치가 국토교통부장관이 정하여 고시하는 비행안전을 위한 기술상의 기준에 적합하다는 안전성인증을 받지 아니하고 비행하여서는 아니 된다. 이 경우 안전성인증의 유효기간 및 절차·방법 등에 대해서는 국토교통부장관의 승인을 받아야 하며, 변경할 때에도 또한 같다.

초경량비행장치 안전성인증 대상 등(항공안전법 시행규칙 제305조)
① 법 제124조 전단에서 "동력비행장치 등 국토교통부령으로 정하는 초경량비행장치"란 다음 각 호의 어느 하나에 해당하는 초경량비행장치를 말한다.
1. 동력비행장치
2. 행글라이더, 패러글라이더 및 낙하산류(항공레저스포츠사업에 사용되는 것만 해당한다)
3. 기구류(사람이 탑승하는 것만 해당한다)
4. 다음 각 목의 어느 하나에 해당하는 무인비행장치
  가. 제5조제5호가목에 따른 무인비행기, 무인헬리콥터 또는 무인멀티콥터 중에서 최대이륙중량이 25킬로그램을 초과하는 것
  나. 제5조제5호나목에 따른 무인비행선 중에서 연료의 중량을 제외한 자체중량이 12킬로그램을 초과하거나 길이가 7미터를 초과하는 것
5. 회전익비행장치
6. 동력패러글라이더
② 법 제124조 전단에서 "국토교통부령으로 정하는 기관 또는 단체"란 교통안전공단, 기술원 또는 별표 43에 따른 시설기준을 충족하는 기관 또는 단체 중에서 국토교통부장관이 정하여 고시하는 기관 또는 단체(이하 "초경량비행장치 안전성 인증기관"이라 한다)를 말한다.

26 ④

지구의 대기는 질소 약 78.03%, 산소 약 20.99%, 아르곤 약 0.93%, 이산화탄소 약 0.03%, 기타 약 0.02% 등으로 이루어져 있으며, 지표면에서부터

상공으로 올라갈수록 희박해지지만, 80km까지는 거의 일정한 비율로 혼합되어 있다.

27 ②

모터의 비교	AC모터(교류)	DC모터(브러시)	BLDC모터(브러쉬리스)
내구성	길다	짧다	반영구적
소음	크다	크다	적다
운전방향	양방향	단방향	양방향
소비전력	크다	적다	가장 적다

28 ①

- 리포배터리 관리 방법 (리포배터리는 수리하여 사용하지 않는다)
- 리포배터리 꼭 기억할 것!
  Ⓐ 습기×, Ⓑ 수리×, Ⓒ 보관 20℃대 온도, Ⓓ 사용온도 10~40℃, Ⓔ 장기보관 – 만 충 금지, Ⓕ 충전-비행 시마다, Ⓖ 충격, 합선, 낙하×, Ⓗ 과 충전 금지, Ⓘ 배부름 금지, Ⓙ 충전 시 자리 지키기, ⓚ 소금물에 담가 방전하여 버린다.

29 ④

초경량비행장치 사용사업의 등록요건(항공사업법 시행령 23조, 별표9)

구분	기준
자본금 또는 자산평가액	- 법인 : 납입자본금 3천만 원 이상 - 개인 : 자산평가액 3천만 원 이상
조종자	1명 이상
장치	초경량비행장치(무인비행장치로 한정한다) 1대 이상
보험 또는 공제 가입	초경량비행장치마다 또는 사업자별로 다음의 보험 또는 공제에 가입할 것 가. 다른 사람이 사망하거나 부상한 경우에 피해자(피해자가 사망한 경우에는 손해배상을 받을 권리를 가진 자를 말한다. 이하 이 호에서 같다)에게 「자동차손해배상 보장법 시행령」 제3조제1항 각 호에 따른 금액 이상을 보장하는 보험 또는 공제 나. 다른 사람의 재물이 멸실되거나 훼손된 경우에 피해자에게 「자동차손해배상 보장법 시행령」 제3조제3항에 따른 금액 이상을 보장하는 보험 또는 공제

30 ①

초경량비행장치 지도조종자(전문교관) 등록취소 사유

- 허위로 작성된 비행경력증명서 등을 확인하지 않고 서명 날인한 경우
- 비행경력증명서(로그북 포함) 등을 허위로 제출한 경우
- 실기시험위원으로 지정된 사람이 부정한 방법으로 실기시험을 진행한 경우
- 거짓이나 그 밖의 부정한 방법으로 지도조종자로 등록된 경우

31 ④

- 간상체(간상세포) : 막대 모양으로 주로 망막에서 다수를 차지하는 광수용기로 약한 빛을 감지하는 특징을 가지고 있어 어두운 곳에서 사물을 인지할 때 사용된다. 로돕신이라는 시각색소를 가지고 있다.
- 추상체(원추세포) : 고도의 시각과 색 감지에 사용되며 밝은 빛에서의 시력, 색각 등에 관여하여 간상세포에 대한 보완적인 역할을 넘어서 일상에서 간상세포 보다 더 중요한 역할을 한다. 파랑, 빨강, 초록의 3가지 원추세포가 있다.
- 간상체와 추상체의 개수는 한쪽 눈에 추상체 약 300만 개, 간상체 약 1억 개이다.

32 ④

프로펠러의 피치는 이륙·상승 등 속도가 느릴 때는 피치를 작게, 고속으로 순항할 때는 피치를 크게 하여 큰 효율을 얻을 수 있다.

33 ②

- 프로펠러의 진동은 프로펠러의 회전중심과 무게중심이 다를 경우 발생하며 프로펠러의 직경이 클수록 진동 또한 커진다. 프로펠러에서 발생한 진동은 모터 축에 연속적으로 피로를 주어 베어링의 손상 등 모터 수명에 악영향을 주게 된다.
- 프로펠러의 진동을 줄일 수 있는 방법
- 프로펠러의 무게중심을 정밀하게 한다.
- 프로펠러의 직경을 작게 한다.
- 프로펠러를 가벼운 재료로 만든다.
- 무게중심이 맞지 않을 때는 밸런싱 작업을 실시한다.

34 ①
- 이착륙장의 중심으로부터 3km 이내에서 비행하고자 하는 경우는 관리자와 협의하여 비행이 가능하다.
- 이착륙장 : 경량항공기 및 초경량비행장치가 이착륙할 수 있도록 허가 받은 장소
- 비행금지장소
  ① 비행장으로부터 반경 9.3km 이내인 곳 – 관제권으로 이착륙하는 항공기와 충돌위험 있음
  ② 비행금지구역(휴전선 인근, 서울도심 상공 일부) - 국방, 보안상 이유로 비행금지
  ③ 150m 이상의 고도 – 항공기 비행항로가 설치된 공역
  ④ 인구밀집지역 또는 사람이 많이 모인 곳의 상공 – 기체 추락 시 인명피해 위험이 높은 곳

35 ④
고의 또는 중대한 과실로 초경량비행장치의 사고를 일으켜 사망자가 발생한 경우는 조종자 증명 취소, 중상은 효력정지 90일, 부상자가 발생한 경우는 30일의 효력정지에 처한다.(항공안전법 시행규칙 별표44-2)

36 ④
국민의 생명과 재산 등 공공의 안전에 위해를 일으킬 수 있는 임무는 초경량비행장치 사용사업의 범위가 아니다.
초경량비행장치 사용사업의 범위(항공사업법 시행규칙 제6조)
1. 비료 또는 농약 살포, 씨앗 뿌리기 등 농업 지원
2. 사진촬영, 육상·해상 측량 또는 탐사
3. 산림 또는 공원 등의 관측 또는 탐사
4. 조종교육
5. 그 밖의 업무로서 다음 각 목의 어느 하나에 해당하지 아니하는 업무
   가. 국민의 생명과 재산 등 공공의 안전에 위해를 일으킬 수 있는 업무
   나. 국방·보안 등에 관련된 업무로서 국가 안보를 위협할 수 있는 업무

37 ②
- 푸르키네 효과(Purkinje Phenomenon, Purkinje effect) : 19세기의 체코의 생리학자 얀 에바게리스타 푸르키네의 해명에서 붙여진 이름으로, 시감도가 어긋나는 현상이다.
- 간상세포의 기능에 의해 밝은 장소에서는 빨강이 선명하게 먼 곳까지 보이고 파랑은 거무스름하게 보인다. 한편, 어두운 장소에서는 반대로 파랑이 먼 곳까지 선명하게 보이고, 빨강은 거무스름해져 보이는 현상으로 사람의 눈은 어두워질수록 푸른색에 민감하게 된다.

38 ④
- 적란운은 하층~상층 모든 구역에 걸쳐 발생할 수 있다.
- 구름의 종류

분류		이름	영어이름	기호	고도(m)	특징
상층운계		권운	cirrus	Ci	6,000 이상	연달이 있는 새털모양
		권적운	cirrocumulus	Cc		잔물결과 연기모양
		권층운	cirrostratus	Cs		반투명한 베일 모양
중층운계		고적운	altocumulus	Ac	2,000~6,000	암회색연기, 잔물결 모양
		고층운	altostratus	As		고르게 하늘을 덮음
		난층운	nimbostratus	Ns	하층~상층	회색, 운량 많음
하층운계		층적운	stratocumulus	Sc	2,000 이하	부드러운 회색의 조각 모양
		층운	stratus	St	300~600	회색으로 고르게 하늘을 덮음
적운계		적운	cumulus	Cu	600~8,000	백색의 뭉게구름
		적란운	cumulonimbus	Cb	300~12,000	거대하게 부푼 흰색에서 검은색의 다양한 형태

39 ①
조종자증명이 필요한 초경량비행장치의 종류(항공안전법 시행규칙 제306조)
① 동력비행장치
② 행글라이더, 패러글라이더, 및 낙하산류(항공레저스포츠사업에 사용되는 것만 해당한다)
③ 유인자유기구
④ 초경량비행장치 사용사업에 사용되는 무인비행장치 다만, 다음 각 목의 어느 하나에 해당하는 것은 제외한다.
   가. 무인비행기, 무인헬리콥터 또는 무인멀티콥

터 중에서 연료의 중량을 포함한 최대이륙중량이 250g 이하인 것
나. 무인비행선 중에서 연료의 중량을 제외한 자체중량이 12kg 이하이고, 길이가 7m 이하인 것
⑤ 회전익비행장치
⑥ 동력패러글라이더

40 ③

자이로(Gyro, Gyroscope, 자이로스코프) : 섭동성과 강직성의 기능을 갖춘 회전체의 역학적인 운동을 관찰하는 기구이다.
섭동성(precession) : 회전방향을 기준으로 90° 진행된 곳에서 힘이 작용하여 기울어지는 성질로 주로 선회경사계에 사용되는 기능
강직성(rigidity) : 외력을 가하지 않는 한 그 자세를 계속 유지하려고 하는 성질로 주로 방향지시계에 사용되는 기능

실전 모의고사 5회 정답 및 해설

01	①	02	③	03	④	04	②	05	④	06	①	07	④	08	②	09	③	10	②
11	①	12	④	13	③	14	④	15	①	16	①	17	④	18	④	19	②	20	①
21	②	22	②	23	②	24	③	25	②	26	②	27	①	28	③	29	①	30	④
31	①	32	④	33	②	34	③	35	②	36	②	37	③	38	①	39	④	40	④

01 ①
비사업용으로서 2kg을 초과하는 초경량비행장치 무인멀티콥터는 신고대상이 되고, 사업용으로 사용되는 기체는 무게와 관계없이 기체신고를 하여야 한다.

02 ③
조종자증명을 필요로 하는 초경량비행장치
1) 동력비행장치(타면 조종형, 체중 이동형)
2) 행글라이더, 패러글라이더 및 낙하산류(항공레저스포츠사업에 사용되는 것만 해당)
3) 유인자유기구
4) 무인비행장치(※는 제외)
 ※ 연료를 포함한 중량이 250g 이하인 경우
 ※ 연료중량을 제외한 자체중량이 12kg이하, 길이 7m 이하인 무인비행선
5) 회전익비행장치(초경량헬리콥터)
6) 동력패러글라이더

03 ④
등급에 따른 공역의 구분
관제공역: A, B, C, D, E등급 공역
비관제공역: F, G공역

04 ②
초경량 비행장치의 조종자는 초경량 비행장치로 인하여 인명이나 재산에 피해가 발생하지 아니하도록 국토교통부령으로 정하는 준수사항을 지켜야 한다.
 ※ 항공안전법 제310조에서 조종자 준수사항은 1) 금지항목 2) 준수항목으로 구분한다.
1) 금지항목(항공안전법 시행규칙 제310조제1항)
 (01) 초경량 비행장치 조종자는 다음 각 호의 어느 하나에 해당하는 행위를 해서는 안 된다.
 (무인비행장치는 4, 5 항 제외)
① 인명이나 재산에 위험을 초래할 우려가 있는 낙하물을 투하(投下)하는 행위
② 주거지역, 상업지역 등 인구가 밀집된 지역이나 그밖에 사람이 많이 모인 장소의 상공에서 인명 또는 재산에 위험을 초래할 우려가 있는 방법으로 비행하는 행위
②-② 사람 또는 건축물이 밀집된 지역의 상공에서 건축물과 충돌할 우려가 있는 방법 으로 근접하여 비행하는 행위
③ 법 제78조 제1항에 따른 관제 공역 통제 공역 주의 공역에서 비행하는 행위 다만, 법 제127조에 따라 비행 승인을 받은 경우와 다음 각 목의 행위는 제외한다.
 ㉮ 군사 목적으로 사용되는 초경량 비행장치를 비행하는 행위
 ㉯ 다음의 어느 하나에 해당하는 비행장치를 별표 23 제2호에 따른 관제권 또는 비행 금지 구역이 아닌 곳에서 제199조 제1호 나목에 따른 최저 비행 고도(150m) 미만의 고도에서 비행하는 행위
  • 무인 비행기 무인 헬리콥터 또는 무인 멀티콥터 중 최대 이륙 중량이 25kg 이하인 것
  • 무인 비행선 중 연료의 무게를 제외한 자체 무게가 12kg 이하이고, 길이가 7m 이하인 것
④ 안개 등으로 인하여 지상 목표물을 육안으로 식

별할 수 없는 상태에서 비행하는 행위
⑤ 별표 24에 따른 비행 시정 및 구름으로부터의 거리 기준을 위반하여 비행하는 행위
⑥ 일몰 후부터 일출 전까지의 야간에 비행하는 행위 다만 제199조 제1호 나목에 따른 최저 비행고도(150m) 미만의 고도에서 운영하는 계류식 기구 또는 법 제124조 전단 에 따른 허가를 받아 비행하는 초경량 비행장치는 제외한다.
⑦ 「주세법」 제3조 제1호에 따른 주류 「마약류 관리에 관한 법률」 제2조 제1호에 따른 마약류 또는 「화학물질관리법」 제22조 제1항에 따른 환각물질 등(이하 "주류 등"이라 한 다)의 영향으로 조종 업무를 정상적으로 수행할 수 없는 상태에서 조종하는 행위 또는 비행 중 주류 등을 섭취하거나 사용하는 행위
⑧ 제308조제4항에 따른 조건을 위반하여 비행하는 행위
- 탑승자에 대한 안전점검 등 안전관리에 관한 사항
- 비행장치 운용 한계치에 따른 기상요건에 관한 사항(항공레저스포츠사업에 사용되 는 기구류 중 계류식으로 운영되지 않는 기구류만 해당한다)
- 비행경로에 관한 사항
⑧ - ② 지표면 또는 장애물과 가까운 상공에서 360° 선회하는 등 조종자의 인명에 위험 을 초래할 우려가 있는 방법으로 패러글라이더를 비행하는 행위
⑨ 그밖에 비정상적인 방법으로 비행하는 행위

05 ④

프로펠러 재질:
- 우드(Wood): 다른 재질에 비해 가볍고 저렴
- 탄소섬유강화플라스틱(CFRP): 다른 재질에 비해 무겁지만 가공이 용이하고 비교적 저렴하다.
- 카본-탄소섬유(Carbon fiber): 다른 재질보다 매우 가볍고, 탄성, 강성이 좋다. 단점으로는 비싼 가격과 외부충격에 취약하다.

프로펠러 표기:
프로펠러의 규격은 00×00으로 표기하고 앞 두 자리는 직경, 뒤 두 자리는 피치를 말한다.
※ 직경 10인치 이하는 0X로 표기하고 뒤 두 자리는 단 자리이므로 3.0, 5.5식으로 이해하면 된다.
(예) 3095 – 직경30인치, 피치9.5인치, 0980 – 직경 9인치, 피치8인치

06 ①

리포배터리 취급 및 주의사항
① 배터리 사용 온도는 -10 ~ +40℃
② 적정 보관 장소 온도는 22~28℃
③ 더운 날씨엔 차량에 보관하지 않는다.
④ 배터리를 낙하, 충격, 파손 및 인위적으로 합선시키지 않는다.
⑤ 손상된 배터리이거나 전력량 50%이상 충전된 상태에서 배송하지 않는다.
⑥ 10일 이상 장기 미사용 시 60~70% 방전(또는 충전) 후 보관
⑦ 빗속이나 습기가 많은 장소에 보관하지 않는다.
⑧ 추울 때 난로 및 전열기 주변에 보관하지 않는다.
⑨ 부풀어 오르거나, 손상된 배터리는 수리하여 사용하지 않는다.
⑩ 배터리 폐기는 1:1의 소금물에 환기가 잘 되도록 하여 1~2일 방전 후 폐기한다.

07 ④

비행금지구역
P61 - 부산 고리원전
P62 - 경주 월성원전
P63 – 영광 한빛원전
P64 – 울진 한울원전
P65 – 대전 원자력연구소
P73 – 대통령실 인근
P518 – 휴전선 인근

08 ②

항공교통센터장은 이미 설정된 위험구역, 제한구역 또는 비행금지구영의 운영에 관한 사항과 일시적인 공역제한에 관한 사항은 긴급한 경우를 제외하고는 당해 공역을 운영 또는 제한하고자 하는 날로부터 최소한 7일 이전에 공고하여야한다.

09 ③

무인멀티콥터(드론)이 등장하기 전 까지는 무인헬리콥터가 농약살포 등 농업용으로 주로 사용되었고 현재는 무인헬리콥터와 무인멀티콥터가 무인방제분야에 주로 쓰이고 있으며, 무인헬리콥터는 현재까지 멀티콥터보다 규모가 커 멀티콥터 대비 약3배의 방제효율을 가지고 있다.

10 ②

우리나라에는 서울, 부산, 제주 3곳에 지방항공청이 있다.
① 서울지방항공청: 서울, 경기, 인천, 강원, 대전, 충남, 충북, 세종, 전북
② 부산지방항공청: 부산, 대구, 울산, 광주, 경남, 경북, 전남
③ 제주지방항공청: 제주특별자치도

11 ①

초경량비행장치 사고
초경량비행장치를 사용하여 비행을 목적으로 이륙하는 순간부터 착륙하는 순간까지 발생한 사고
① 초경량비행장치에 의한 사람의 사망, 중상 또는 행방불명
② 초경량비행장치의 추락, 충돌 또는 화재발생
③ 초경량비행장치의 위치를 확인할 수 없거나 초경량비행장치에 접근이 불가능한 경우

12 ④

로터의 개수	드론이름	우리말	라틴어	그리스어
1	mono-copter	모노콥터	uni	mono
2	bi-copter	바이콥터	bi	di
3	tri-copter	트라이콥터	tri	tri
4	quad-copter	쿼드콥터	quad	tetra
5	penta-copter	펜타콥터	penta	penta
6	hexa-copter	헥사콥터	hexa	hexa
8	octo-copter	옥토콥터	octo	okto
12	dodeca-copter	도데카콥터	duodecim	dodeca
16	hexadeca-copter	헥사데카콥터	sedecim	hexadeca
18	octadeca-copter	옥타데카콥터	octodecim	octadeca

13 ③

바람을 일으키는 주된 요인은 태양 복사에너지의 불균형이다.
지구의 자전과 공전: 태양복사에너지의 불균형을 가져오는 원인이기도 하다.
기압의 상승: 기압이 높아지면(고기압) 기압이 낮은(저기압)쪽으로 바람이 분다.

14 ④

해면기압: 평균해수면에서의 기압
1표준기압(atm) = 760mmHg = 1,013.25hPa
= 29.92inHg

15 ①

※ 많이 틀리는 문제!
1종의 경우 최대이륙중량이 25kg을 초과하고, 연료를 제외한 자체중량이 150kg이하여야 한다.

종류	무게 기준
1종	최대이륙중량 25kg초과, 자체연료제외중량 150kg이하
2종	최대이륙중량 7kg초과, 25kg이하
3종	최대이륙중량 2kg초과, 7kg이하
4종	최대이륙중량 250g초과, 2kg이하

16 ①

동력비행장치는 좌석1개, 연료를 제외한 자체중량 115kg이하이다.

17 ④

항공안전법 시행규칙은 한국교통안전공단 이사장에게 기체를 신고하여 등록증을 발급받도록 규정하고 있다. (신청은 온라인 드론원스톱민원서비스 drone.onestop.go.kr를 통해 신청)

18 ④

① 지구자기센서(지자계, Compass): 방향
② 위성항법센서(GPS, GNSS): 위치
③ 가속도센서(Accelerometer): 속도
④ 자이로센서(각속도계, Gyro): 자세(기울기)

19 ②

항공기의 정의: 공기의 반작용으로 지면에서 뜰 수 있는 기기(수면에 대한 공기의 반작용 제외 - 위그선)
항공기의 종류: 비행기, 헬리콥터, 비행선, 활공기 등
경량항공기: 항공기외에 공기의 반작용으로 뜰 수 있는 기기로 최대이륙중량, 좌석 수 등을 국토부령으로 정함
경량항공기의 종류: (경량)비행기, (경량)헬리콥터, 자이로플레인, 동력패러슈트 등

20 ①

중심최대풍속이 17m/s 이상인 열대저기압(TS, STS, TY)을 총칭하여 태풍(typhoon)이라 하고, 그 이하의 경우 열대저압부 라고 부른다.
열대저압부는 두 가지로 나뉜다.
① 분석단계 열대저압부(aTD): 중심최대풍속이 11m/s 이상, 17m/s 미만이고 24시간 이내에 태풍으로 발달할 가능성이 낮은 열대저압부
② 예보단계 열대저압부(fTD): 중심최대풍속이 14m/s 이상, 17m/s 미만이고 24시간 이내에 태풍으로 발달할 가능성이 높은 열대저압부
허리케인(hurricane): 북대서양 또는 북동태평양에서 발생(미국 좌우측으로)
사이클론(cyclone): 인도양과 남반구, 지중해에서 발생
윌리윌리(willy-willy): 남반구에서 생겨나 호주로 이동 → 현재는 사이클론으로 부름

21 ②

기체에 작용하는 4가지 힘은 양력, 중력, 추력, 항력으로 양력⟨=⟩중력, 추력⟨=⟩항력 서로 반대로 작용하는 힘이다. 4가지 힘이 서로 평형을 이룰 때 기체는 등가속도 수평비행을 하게 된다.

22 ②

초경량비행장치의 비행자격 등은 항공안전법 제125조, 동법 시행규칙 제306조에서 4종(자격증 아님, 이수증-드론배움터에서 온라인 교육으로 이수)은 만10세, 1~3종(조종자 자격면허)은 만14세, 지도조종자(교관)이상은 만18세 이상으로 정하고 있다.

23 ②

초경량비행장치 운용가능 시간은 항공안전법 시행규칙 제310조 제1항의 조종자준수사항 및 금지항목에서 규정하고 있다. 일몰 후부터 일출 전까지의 야간에 비행하는 행위. 다만, 제199조 제1호 나목에 따른 최저 비행고도(150m) 미만의 고도에서 운영하는 계류식 기구 또는 법 제124조 전단에 따른 허가를 받아 비행하는 초경량 비행장치는 제외한다.
제199조 제1호 나목: 150m 미만에 설치된 애드벌룬이 이에 해당함
제124조 전단에 따른 허가: 특별비행승인 (야간에 실시하는 드론쇼 등)

24 ③

육안으로는 약물의 복용에 대한 정확한 판단이 어려워 부적합하다.
※ 우리나라의 경우 경찰의 음주측정은 과거 종이컵에 입김을 불어 냄새를 맡아 확인되면 별도로 음주측정기를 다시 사용하는 방식에서 현재는 바로 음주측정기를 이용하고, 미국의 경우는 길 가장자리에 그려진 도로 표시선을 10m 이상 걸어갈 수 있으면 음주가 아니라고 판단한다.

25 ④

초경량 동력패러글라이더: 착륙장치가 없으면 초경량, 착륙장치 있으면 좌석1개, (자체중량)115kg 이하 인 경우
낙하산류: 무게에 관계없이 초경량비행장치
초급활공기: 경량항공기에 해당한다. ※ 인력활공기의 경우는 초경량비행장치에 해당한다.

26 ②

조종자 준수사항 위반의 경우 과태료 300만 원에 해당한다.

차수	1차 위반	2차 위반	3차 위반 이상
적용률	50%	75%	100%
금액	150만 원	225만 원	300만 원

27 ①

시정(Visibility): 정상적인 시각을 가진 관측자가 지상에서 수평으로 바라보아 목표물을 인식할 수 있는 최대 가시거리로 대기의 혼탁정도를 나타내는 기상요소로 시정장애 요소는
① 황사(Sand storm): 중국 및 몽골에서 발원하여 편서풍을 타고 우리나라로 확산
② 연무(Haze): 안정된 공기 속에 산재한 미세염분 입자 또는 건조입자가 제한된 층에 집중되는 현상
③ 연기(Smoke): 주로 공장지대에서 공기가 안정 되었을 때 집중적으로 발생하는 것
④ 스모그(Smog): 안개가 발생한 지역에서 대기오염 물질 연기가 혼합되어 발생
※ 해무는 안개에 해당한다.

28 ③

일반적으로 대부분의 무인비행장치는 구조가 간단하고 제어가 편리한 전기모터를 사용한다.
군사용 또는 탐사용 고정익 무인비행장치는 규모가 크고, 비행거리가 길어 가솔린엔진(로터리엔진)을 쓰는 경우가 많다.

29 ①

착빙의 종류: 맑은착빙, 거친착빙, 혼합착빙, 서리착빙

30 ④

국제민간항공기구(ICAO)에서 무인항공기에 대한 공식명칭은 RPAS(Remote Piloted Aircraft Systems/원격조종항공기시스템)라고 규정하고 있다.

UAV: Unmanned Aero Vehicle
UAM: Urban Air Mobility(도심항공교통)
Drone: 수벌의(여왕벌의 반대)날개짓 소리로서 비행음이 웅웅거린다 하여 붙여진 대명사

31 ①

비행승인 신청 시 필요서류
① 조종자 증명
② 안전성인증서
③ 비행계획서
④ 운영자 매뉴얼(기체제원)
⑤ 비행기록부

32 ④

UA(Ultralight-Vehicle Area)는 초경량비행장치 비행구역이다.

	구분	내용
통제공역	비행금지구역 (P/Prohibited Area)	안전, 국방상, 그 밖의 이유로 항공기의 비행을 금지하는 공역 ex) P37A, P37B, P618, P518W, P519E등
	비행제한구역 (R/Restricted Area)	항공사격·대공사격 등으로 인한 위험으로부터 항공기의 안전을 보호하거나 그 밖의 이유로 비행 허가를 받지 않은 항공기의 비행을 제한하는 공역 ex) R74, R107등
	초경량비행장치 비행제한구역 (URA/Ultralight Vehicle Restricted Area)	초경량비행장치의 비행안전을 확보하기 위하여 초경량비행장치의 비행활동에 대한 제한이 필요한 공역 ex) 초경량비행장치비행구역(UA) 외 전 지역
주의공역	훈련구역 (CATA/Civil Aircraft Training Area)	민간항공기의 훈련공역으로서 IFR 항공기로부터 분리를 유지할 필요가 있는 공역 ex) CATA1, 2, 3, 4, 5, 6등
	군작전 구역 (MOA/Military Operation Area)	군사작전을 위하여 설정된 공역으로 IFR 항공기로부터 분리를 유지할 필요가 있는 공역 ex) MOA40, 41등
	위험구역 (D/Danger Area)	항공기가 비행 시, 항공기 또는 지상 시설물에 대한 위험이 예상되는 공역 ex) 원전시설, 서울 강서구, 부산 해운대구 등
	경계(위험) 구역 (A/Alert Area)	대규모 조종사의 훈련이나 비정상 형태의 항공 활동이 수행되는 공역 ex) A18, 19등

33 ②

한쪽방향으로 회전하는 힘(Torque)과 반대방향으로 작용하는 동일한 힘(Counter Torque)은 뉴턴의 작용 반작용 법칙으로 설명된다.

34 ③

① 압력중심: 모든 항공역학의 힘이 집중되는 에어포일의 익현선상의 점
② 무게중심: 중력에 의한 토크가 0이 되는 점
③ 공력중심: 받음각에 대하여 에어포일의 피칭 모멘트의 값이 변하지 않는 기준점
④ 평균공력시위: 날개의 앞전(Leading edge)에서 뒷전(Trailing edge)까지의 평균 길이

35 ②

안개의 종류
① 복사안개(Radiation fog) : 지면안개, 땅안개라 부른다.
  - 야간, 새벽에 잘 형성되고 미풍, 맑은 하늘, 높은 습도, 저지대, 낮은 기온에서 쉽게 발생
② 이류안개(Warm advection fog) : 강, 해안지역에서 주로 발생, 물안개, 바다안개
  - 주·야간 생길 수 있고 복사안개보다 지속시간이 길다.
  - 해상에서 생기는 이류안개를 해무(Sea fog/바다안개)라 부른다.
③ 증기안개(Steam fog) : 한랭한 공기가 따뜻하고 습한 지표면을 통과할 때 많은 양의 수분이 증발하여 수면 바로위에서 노점까지 냉각되면서 발생
  - 기온과 수온의 차가 7~10도 이상일 경우 쉽게 발생
  - 호수 및 강 근처에서 넓게 생성되기 때문에 시정이 매우 불량하게 됨
④ 활승안개(Upslope fog) : 습한 공기가 산 경사면을 따라 상승하면서 노점 이하로 단열냉각 되면서 발생
  - 구름의 존재와 관계없이 발생된다.
  - 바람이 멈추면 안개도 소멸된다.

36 ②

항공장애등을 설치하는 곳
① 지표 또는 수면에서 150m(AGL)이상인 고층 건물
② 철탑기둥 형태의 구조물
③ 풍력발전, 케이블 현수선(고압송전선) 등을 지지하는 탑
  - AGL(Above Ground Level) 표면고도, 절대고도: 현 위치에서의 고도
  - MSL(Mean Sea Level) 진고도(또는 표준대기의 기압고도): 표준해수면 으로 부터의 고도

37 ③

고기압권: 북반구의 경우 중심에서 시계방향(CW)으로 회전하며 불어나가고(발산), 남반구에서는 반시계방향(CCW)으로 회전하며 불어나간다(발산).
저기압권: 북반구의 경우 반시계방향(CCW)으로 불어 들어오고(수렴), 남반구에서는 시계방향(CW)으로 불어 들어간다(수렴).

38 ①

대기권은 대류권(0-11Km) - 성층권(11-50Km) - 중간권(50-80Km) - 열권(80-500Km) 순으로 구성된다. 열권 밖에는 극외권(외기권/500~3,000Km)이 있다.
- 대류권: 기상현상O, 기온하강
- 성층권: 대류X, 오존층 존재, 기온상승
- 중간권: 대류O, 기상현상X, 기온하강
- 열권: 전리층O, 기온상승, 오로라, 유성 발생
- 외기권: 통신용 인공위성 구역

39 ④

논평을 실시하는 이유는 교육 시 발생된 문제점을 발굴하여 재차 발생하지 않도록 하기 위함이다.

40 ④

멀티콥터의 주요 구성요소는 비행에 반드시 필요한 것들로 본체(Frame), 암(Arm), 전자변속기(ESC), 모터(Motor), 프로펠러(Propeller), 조종기/수신기(Transmitter/Receiver), 비행제어기(Flight Controller), 착륙장치(Landing gear) 등이며 GPS/GNSS, COMPASS 등은 보조요소에 해당하고, 카메라, 짐벌 등은 임무장비에 해당한다.

비법전수 레전드 드론
무인멀티콥터 필기시험문제

발 행 일	2025년 4월 10일 개정3판 1쇄 발행 2026년 1월 10일 개정3판 2쇄 발행
저 자	이찬석
발 행 처	크라운출판사 http://www.crownbook.co.kr
발 행 인	李尙原
신고번호	제 300-2007-143호
주 소	서울시 종로구 율곡로13길 21
공 급 처	(02) 765-4787, 1566-5937
전 화	(02) 745-0311~3
팩 스	(02) 743-2688, 02) 741-3231
홈페이지	www.crownbook.co.kr
I S B N	978-89-406-4927-5 / 13550

저자협의
인지생략

특별판매정가 26,000원

이 도서의 판권은 크라운출판사에 있으며, 수록된 내용은
무단으로 복제, 변형하여 사용할 수 없습니다.
Copyright CROWN, ⓒ 2026 Printed in Korea

이 도서의 문의를 편집부(02-6430-7007)로 연락주시면
친절하게 응답해 드립니다.